电气工程、自动化专业规划教材

系统辨识理论及 MATLAB 仿真
（第 2 版）

刘金琨　　沈晓蓉　　赵　龙　编著

U0178450

电子工业出版社

Publishing House of Electronics Industry

北京 · BEIJING

内 容 简 介

本书系统介绍系统辨识的基本理论、基本方法和应用技术,共 12 章,包括绪论、系统辨识的输入信号、最小二乘参数辨识方法及应用、极大似然参数辨识方法及应用、传递函数的时域和频域辨识、神经网络辨识及应用、模糊系统辨识、智能优化算法辨识、智能辨识算法在机械手和飞行器中的应用、智能辨识算法在控制系统中的应用、微分器的信号提取及参数辨识、集员辨识理论及应用。书中提供大量实例,每个实例都进行了仿真分析,并给出相应的 MATLAB 仿真程序。

本书可作为高等院校自动化、计算机应用、机械电子工程等专业高年级本科生或研究生的教材或参考书,也可供相关专业的工程技术人员阅读。

图书在版编目(CIP)数据

系统辨识理论及 MATLAB 仿真 / 刘金琨,沈晓蓉,赵龙编著. — 2 版. — 北京:电子工业出版社,2020.9
ISBN 978-7-121-39696-0

Ⅰ. ①系… Ⅱ. ①刘… ②沈… ③赵… Ⅲ. ①系统辨识-计算机仿真-Matlab 软件-高等学校-教材
Ⅳ. ①TP317

中国版本图书馆 CIP 数据核字(2020)第 185511 号

责任编辑:凌　毅
印　　刷:涿州市般润文化传播有限公司
装　　订:涿州市般润文化传播有限公司
出版发行:电子工业出版社
　　　　　北京市海淀区万寿路 173 信箱　邮编 100036
开　　本:787×1092　1/16　印张:19.75　字数:536 千字
版　　次:2013 年 2 月第 1 版
　　　　　2020 年 9 月第 2 版
印　　次:2025 年 2 月第 6 次印刷
定　　价:59.80 元

凡所购买电子工业出版社图书有缺损问题,请向购买书店调换。若书店售缺,请与本社发行部联系。联系及邮购电话:(010)88254888,88258888。

质量投诉请发邮件至 zlts@phei.com.cn,盗版侵权举报请发邮件至 dbqq@phei.com.cn。

本书咨询联系方式:(010)88254528,lingyi@phei.com.cn。

前　言

系统辨识理论是一门应用范围很广的学科,其应用已经遍及许多领域。目前不仅在控制领域需要建立数学模型,在其他领域如生物学、生态学、医学、天文学及社会经济学等,也需要建立数学模型,人们根据数学模型来确定最终的决策。而对于实际的复杂系统,很难用理论分析的方法获得数学模型。系统辨识是根据系统的实验数据来确定系统的数学模型的,为已经存在的系统建立数学模型提供了有效的解决方案。

有关系统辨识理论及其工程应用,已有大量的论文和著作发表。本书介绍系统辨识的基本理论、基本方法和应用技术,同时融入了国内外同行近年来所取得的新成果。为了使读者能了解、掌握和应用这一领域的最新技术,并学会用 MATLAB 语言进行系统辨识算法的设计,作者编写了本书,以抛砖引玉,供广大读者学习参考。

本书特点如下:

(1) 系统辨识算法着重于基本概念、基本理论和基本方法,并介绍了一些有潜力的新思想、新方法和新技术。

(2) 针对每种系统辨识算法都给出了完整的 MATLAB 仿真程序,程序设计力求简单明了,并给出了程序的说明和仿真结果,具有很强的可读性,便于自学和进一步开发。

(3) 着重从应用领域角度出发,突出理论联系实际,面向广大工程技术人员,具有很强的工程性和实用性。书中有许多应用实例及其结果分析,为读者提供了有益的借鉴。

本书是在第 1 版的基础上修订而成的,全书共 12 章,包括绪论、系统辨识的输入信号、最小二乘参数辨识方法及应用、极大似然参数辨识方法及应用、传递函数的时域和频域辨识、神经网络辨识及应用、模糊系统辨识、智能优化算法辨识、智能辨识算法在机械手和飞行器中的应用、智能辨识算法在控制系统中的应用、微分器的信号提取及参数辨识和集员辨识理论及应用。书中提供大量实例,每个实例都进行了仿真分析,并给出相应的 MATLAB 仿真程序(受篇幅所限,部分仿真程序书中没有提供,读者可从网上下载)。本书可作为高等院校自动化、计算机应用、机械电子工程等专业高年级本科生或研究生的教材或参考书,也可供相关专业的工程技术人员阅读。

本书是基于 MATLAB 的 R2014a 环境开发的,各个章节的内容具有很强的独立性,读者可以结合自己的方向深入进行研究。

本书由刘金琨、沈晓蓉、赵龙共同编著,其中,沈晓蓉编写第 2 章和第 4 章,赵龙编写第 3 章,其余各章由刘金琨编写。

本书提供免费的电子课件、MATLAB 仿真程序,读者可登录网站 http://shi. buaa. edu. cn/liujinkun 下载;或登录电子工业出版社的华信教育资源网 www. hxedu. com. cn,注册后免费下载;或通过邮件 ljk@buaa. edu. cn 与作者联系索取。

由于作者水平有限,书中难免存在一些不足和错误之处,欢迎广大读者批评指正。

作者

2020 年 9 月于北京航空航天大学

目　　录

第1章 绪 论

有些对象,如化学反应过程等,由于其复杂性,很难用理论分析的方法推导出数学模型,有时只知道数学模型的一般形式及部分参数,有时甚至连数学模型的一般形式都不知道。因此,提出了怎样确定系统的数学模型及参数的问题,这就是所谓的系统辨识问题。

对于许多领域,由于系统比较复杂,不能用理论分析的方法获得数学模型。凡是需要通过实验数据确定数学模型和估计参数的场合都要利用辨识技术,辨识技术已经推广到工程和非工程的许多领域,如化学化工过程、核反应堆、电力系统、航空航天飞行器、生物医学系统、社会经济系统、环境系统、生态系统等。为了实现自适应控制,要不断估计其模型参数,自适应控制系统是辨识与控制相结合的一个范例,也是辨识在控制系统中的应用。

系统辨识是控制论的一个分支,系统辨识、状态估计和控制理论是现代控制理论的三大支柱。这三大支柱是互相渗透的,系统辨识和状态估计离不开控制理论的支持,控制理论的应用不能脱离对象的数学模型和状态估计技术。

系统辨识根据系统的实验数据来确定系统的数学模型,因此,系统辨识为已经存在的系统建立数学模型提供了有效的方案。

1.1 建立数学模型的基本方法

所谓模型,就是把关于实际过程的本质部分的信息简写成有用的描述形式。用数学结构和形式来反映实际过程行为特性的模型就是数学模型。一般来说,建立数学模型有两种基本方法。

1. 理论分析法

这种方法主要通过分析系统的运动规律,运用已知的定律、定理和原理,例如力学原理、生物学定律、牛顿定理、能量平衡方程、传热传质原理等,利用数学方法进行推导,建立系统的数学模型。这种方法也称为机理分析法。

【例 1.1】Vertical Take-Off and Landing (VTOL) 空间飞行器的理论建模。

VTOL 空间飞行器是能够垂直起飞、垂直着陆的具有 3 个空间自由度的系统。如图 1-1 所示为 X-Y 平面上的 VTOL 受力图。由于只考虑起飞过程,因此只考虑横向 X 轴和竖向 Y 轴,忽略了前后运动(Z 方向)。X-Y 为惯性坐标系,X_b-Y_b 为飞行器的机体坐标系。

设状态变量是飞行器质心的 X,Y 位置和滚转角 θ,相应的速度为 $dX/dt,dY/dt$ 和 $d\theta/dt$,控制输入 T,l 是推力(直接从飞行器的底部推动)力矩和滚动力矩。利用牛顿定理,VTOL 空间飞行器的动力学模型表示为

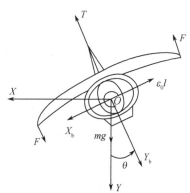

图 1-1 VTOL 空间飞行器
坐标示意图

$$-m\ddot{X} = -T\sin\theta + \varepsilon_0 l\cos\theta \qquad (1.1)$$

$$-m\ddot{Y} = T\cos\theta + \varepsilon_0 l\sin\theta - mg \qquad (1.2)$$

$$I_x\ddot{\theta} = l \qquad (1.3)$$

式中，g 是重力加速度；ε_0 是刻画滚动力矩和横向加速度关系的系数。进一步简化动态方程，并定义 $x = X/g, y = -Y/g, u_1 = T/(mg), u_2 = l/I_x, \varepsilon = \varepsilon_0 l/(mg)$，系统简化为

$$\ddot{x} = -u_1\sin\theta + \varepsilon u_2\cos\theta \qquad (1.4)$$

$$\ddot{y} = u_1\cos\theta + \varepsilon u_2\sin\theta - g \qquad (1.5)$$

$$\ddot{\theta} = u_2 \qquad (1.6)$$

虽然 VTOL 飞行器的数学模型可以根据力学原理较准确地推导出来，但要想获得精确的模型参数 ε_0, I_x, m，就要进行辨识。

由例 1.1 可知，理论分析法只能用于较简单系统的建模，并且对系统的机理要有较清楚的了解。对于比较复杂的实际系统，这种建模方法有很大的局限性。这是因为在建模时必须对实际的系统提出合理的简化假设，然而这些假设未必符合实际情况。另外，有时实际系统的机理也并非完全可知的。

2. 测试法

系统的输入/输出一般总是可以测量的。由于系统的动态特性必然表现在这些输入/输出数据中，故可以利用输入/输出数据所提供的信息来建立系统的数学模型。这种建模方法就是系统辨识。

与理论分析法相比，测试法的优点是不需要深入了解系统的机理，不足之处是必须设计一个合理的实验以获取所需要的大量信息，而设计合理的实验是很困难的。

在实际研究中，往往将理论分析法和测试法相结合，机理已知部分（名义模型）采用理论分析法，机理未知部分采用测试法。

【例 1.2】通过实验确定一个热敏电阻的电阻 R 和温度 t 的关系。为此，在不同的温度 t 下，对电阻 R 进行多次测量获得了一组测量数据 (t_i, R_i)。由于每次测量中，不可避免地含有随机误差，因此想寻找一个函数 $R = f(t)$ 来真实地表达电阻 R 和温度 t 之间的关系。

假设模型结构为

$$R = a + bt$$

式中，a 和 b 为待估计参数。

如果测量没有误差，只需要两个不同温度下的电阻值，便可以解出 a 和 b。但是由于每次测量中总存在随机误差，即

$$y_i = R_i + v_i \quad \text{或} \quad y_i = a + bt + v_i$$

式中，y_i 为测量数据；R_i 为真值；v_i 为随机误差。

显然，将每次测量误差相加，可构成总误差

$$\sum_{i=1}^{N} v_i = v_1 + v_2 + \cdots + v_N$$

如何使测量的总误差最小，选择不同的评判准则会获得不同的方法，当采用每次测量误差的平方和最小时，即

$$J_{\min} = \sum_{i=1}^{N} v_i^2 = \sum_{i=1}^{N} [R_i - (a + bt_i)]^2 \qquad (1.7)$$

由于上式中的平方运算又称为"二乘",而且是按照 J 最小来估计 a 和 b 的,因此称这种估计方法为最小二乘估计算法,简称最小二乘法。

1.2　系统辨识的定义

控制理论对系统辨识有多种定义。其通俗含义是根据被控对象或被辨识系统的输入/输出观测信息来估计它的数学模型。目前有几个比较典型的定义。

① L. A. Zadeh 定义(1962 年):辨识就是在输入和输出数据的基础上,从一组给定的模型类中,确定一个与所测系统等价的模型。

② P. Eykhoff 定义(1974 年):辨识问题可以归结为用一个模型来表示客观系统(或将要构造的系统)本质特征的一种演算,并用这个模型把客观系统表示成有用的形式。

③ L. Ljung 定义(1978 年):辨识有 3 个要素,即数据、模型类和准则。其中,数据是辨识的基础,准则是辨识的依据,模型类是辨识的范围。辨识就是按照一个准则在一组模型类中选择一个对数据拟合得最好的模型。

1.3　系统辨识的研究目的

在提出和解决一个辨识问题时,明确最终模型的使用目的是至关重要的。它对模型类(模型结构)、输入信号和等价准则的选择都有很大的影响。通过辨识建立数学模型通常有 6 个目的。

(1)系统仿真

为了研究不同输入下系统的输出,最直接的方法是对系统本身进行实验,但实际上是很难实现的。例如,利用实际系统进行实验的费用太大;实验过程中系统可能会不稳定,从而导致实验过程带有一定的危险性;系统的时间常数可能会很大,以致实验周期太长。为此,需要建立数学模型,利用模型仿真系统的特性或行为,间接地对系统进行仿真研究。

(2)系统预测

无论是在自然科学领域还是在社会科学领域,往往需要研究系统未来发展的规律和变化趋势,才能预先作出决策和采取措施。科学的定量预测大多需要采用模型预测方法,即建立所预测系统的数学模型,根据模型对系统中的某些变量的未来状态进行预测。

(3)系统设计和控制

在工程设计中,必须掌握系统中所包括的所有部件的特性或者子系统的特性,一项完善的设计,必须使系统各部件的特性与系统的总体设计要求(如产量指标、误差、稳定性、安全性和可靠性等)相适应。为此,需要建立数学模型,在设计中分析、考察系统各部分的特性,以及各部分之间的相互作用和它们对总体系统特性的影响。

(4)系统分析

根据实验数据建立系统的数学模型后,可以将所研究的系统的主要特征及其主要变化规律表达出来,将所要研究系统中主要变量之间的关系比较集中地揭示出来,从而为分析该系统提供线索和依据。

(5)故障诊断

许多复杂的系统,如导弹、飞机、核反应堆、大型化工和动力装置及大型传动机械等,需要经常监视和检测可能出现的故障,以便及时排除故障。这就要求必须不断收集系统运行过程中的信息,通过建立数学模型,推断过程动态特性的变化情况。然后,根据动态特性的变化情况判断故障是否已经发生、何时发生、故障大小及故障的位置等。

(6) 验证机理模型

根据实验数据建立系统的数学模型后,将非常有利于理解所获得的实验数据,从而可以探索和分析不同的输入条件对该系统输出变量的影响,以检验所提出的理论,更全面地理解系统的动态行为。

1.4 数学模型的分类

数学模型的分类方法有很多。

(1) 按提供的实验信息分为:黑箱、灰箱和白箱

如果系统的结构、组成和运动规律是已知的,适合用理论分析法进行建模,则称系统为"白箱"。如果对系统的客观规律不清楚,只能根据实验测量系统的响应数据,应用辨识方法建立系统的数学模型,则称系统为"黑箱"。如果已知系统的某些基本规律,但又有些机理还不清楚,则称系统为"灰箱"。

(2) 按概率分为:确定性模型和随机性模型

确定性模型所描述的系统,在状态确定后,其输出响应是唯一确定的。而随机性模型所描述的系统,在状态确定后,其输出响应是不确定的。

(3) 按模型与时间的关系分为:静态模型和动态模型

静态模型用于描述系统处于稳态时(各状态变量的各阶导数为零)各状态变量之间的关系,一般不是时间的函数。动态模型用于描述系统处于过渡过程时各状态变量之间的关系,一般为时间的函数。

(4) 按时间刻度分为:连续模型和离散模型

用来描述连续系统的模型有微分方程、传递函数等,用来描述离散系统的模型有差分方程、状态方程等。

(5) 按参数与时间的关系分为:定常模型和时变模型

定常系统的模型参数不随时间的变化而改变,而时变系统的模型参数随时间的变化而改变。

(6) 按参数与输入/输出关系分为:线性模型和非线性模型

线性模型用来描述线性系统,其显著特点是满足叠加原理和均匀性;而非线性模型用来描述非线性系统,一般不满足叠加原理。

(7) 按模型的表达形式分为:参数模型和非参数模型

非参数模型是指从一个实际系统的实验过程中,直接或间接地所获得的响应,是确定性的模型,例如阶跃响应、脉冲响应、频率响应都属于反映该系统特性的非参数模型。采用推理的方法所建立的模型则为参数模型,它可以由非参数模型转化而来,例如状态方程和差分方程。

(8) 按参数的性质分为:分布参数模型和集中参数模型

当系统的状态参数仅是时间的函数时,描述系统特性的状态方程组为常微分方程组,则系统称为集中参数系统。当系统的状态参数是时间和空间的函数时,描述系统特性的状态方程组为偏微分方程组,则系统称为分布参数系统。

(9) 按输入/输出个数分为:单输入单输出(SISO)模型和多输入多输出(MIMO)模型

（10）按模型的使用形式分为：离线模型和在线模型

对系统进行实验，获取全部数据后，运用辨识算法对数据进行集中处理，以得到模型参数的估计值，这种方法称为离线辨识。而在线辨识需要知道模型的结构和阶次，当获得新的输入/输出数据之后，采用递推辨识法对原来的参数估计值进行修正，得到新的参数估计值。

1.5　几种常见数学模型的数学表示

在控制理论中，数学模型有多种形式。时域中常用的数学模型有微分方程、差分方程和状态方程；复数域中有传递函数和结构图；频域中有频率特性等。这里仅介绍系统辨识中常用的数学模型：离散脉冲响应函数、线性差分方程和状态空间模型。

1. 离散脉冲响应函数

SISO 系统的离散脉冲响应函数是指当初始条件为零时，线性系统对于单位脉冲序列产生的输出响应，记为 $\{g(k)\}$，$k=0,1,2,\cdots$。则在任意输入 $u(k)$ 的作用下，系统的输出表示为

$$y(k) = \left(\sum_{i=0}^{\infty} g(i)z^{-i} \right) u(k)$$

式中，z 为时延因子，$z^{-1}u(k)=u(k-1)$。

对于稳态系统，有

$$y(k) = \left(\sum_{i=0}^{N_s} g(i)z^{-i} \right) u(k) \tag{1.8}$$

上式称为移动平均（Moving Average）模型，简称 MA 模型。记

$$B(z^{-1}) = \sum_{i=0}^{N_s} g(i)z^{-i}$$

对于随机系统，考虑噪声项的影响，则

$$y(k) = B(z^{-1}) \cdot u(k) + e(k) \tag{1.9}$$

式中，$e(k)$ 为噪声项。

2. 线性差分方程

差分方程是离散系统最基本的一种模型，动态的离散系统输入/输出采样值序列 $u(k)$ 和 $y(k)$ 之间的关系可表示成如下的 n 阶线性差分方程

$$y(k)+a_1y(k-1)+\cdots+a_ny(k-n) = b_0u(k)+b_1u(k-1)+\cdots+b_nu(k-n)$$

$$\tag{1.10}$$

该方程称为自回归滑动平均（Auto-Regressive Moving Average）模型，简称 ARMA 模型。

3. 状态空间模型

线性时不变连续系统的状态空间描述为

$$\begin{cases} \dot{\boldsymbol{x}}(t) = \boldsymbol{A}\boldsymbol{x}(t) + \boldsymbol{B}u(t) \\ \boldsymbol{y}(t) = \boldsymbol{C}\boldsymbol{x}(t) \end{cases} \tag{1.11}$$

式中，$\boldsymbol{x}(t) \in R^n$ 为系统的状态变量；$u(k) \in R^m$ 为系统的输入量；$y(k) \in R^r$ 是系统的输出量；$\boldsymbol{A} \in R^{n \times n}$ 为系统矩阵；$\boldsymbol{B} \in R^{n \times m}$ 为输入矩阵；$\boldsymbol{C} \in R^{r \times n}$ 为输出矩阵。

线性时不变离散系统的状态空间模型为

$$\begin{cases} \boldsymbol{x}(k+1) = \boldsymbol{A}\boldsymbol{x}(k) + \boldsymbol{B}u(k) \\ \boldsymbol{y}(k) = \boldsymbol{C}\boldsymbol{x}(k) \end{cases} \tag{1.12}$$

式中，$x(k) \in R^n$，$y(k) \in R^r$，$u(k) \in R^m$；$A \in R^{n \times n}$，$B \in R^{n \times m}$，$C \in R^{r \times n}$；系数矩阵 A、B、C 的维数分别为 $n \times n$、$n \times m$、$r \times n$。

1.6 系统辨识常用的误差准则

辨识时所采用的误差准则是辨识问题的 3 个要素之一，是用来衡量模型接近实际系统的标准。

误差准则常被表示为误差的泛函数，即

$$J(\theta) = \sum_{k=1}^{N} f(\varepsilon(k)) \tag{1.13}$$

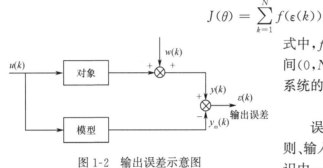

图 1-2 输出误差示意图

式中，$f(\cdot)$ 为 $\varepsilon(k)$ 的函数；$\varepsilon(k)$ 是定义在区间 $(0, N)$ 上的误差函数，一般指模型与实际系统的误差。其中

$$f(\varepsilon(k)) = \varepsilon^2(k)$$

误差 $\varepsilon(k)$ 的确定准则分为输出误差准则、输入误差准则和广义误差准则。系统辨识中一般采用输出误差准则，如图 1-2 所示，当实际系统的输出、模型的输出分别为 $y(k)$ 和 $y_m(k)$ 时，输出误差为

$$\varepsilon(k) = y(k) - y_m(k) \tag{1.14}$$

1.7 系统辨识的分类

系统辨识的分类方法有很多，根据描述系统数学模型的不同可分为线性系统辨识和非线性系统辨识、集中参数系统辨识和分布参数系统辨识；根据系统的结构可分为开环系统辨识与闭环系统辨识；根据参数估计方法可分为离线辨识和在线辨识等。另外，还有经典系统辨识和近代系统辨识、系统结构辨识和系统参数辨识等分类。其中，离线辨识与在线辨识是系统辨识中常用的两个基本概念。

1.7.1 离线辨识

如图 1-3 所示，离线辨识要求把被辨识对象从整个系统中分离出来，然后将大量输入/输出数据存储起来，并按照一定的辨识算法进行数据处理。如果系统的模型结构已经选好，阶数也已确定，在获得全部数据之后，用最小二乘法、极大似然法或其他估计方法，对数据进行集中处理，得到模型参数的估计值，这种方法称为离线辨识。

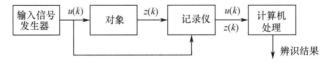

图 1-3 离线辨识

离线辨识的优点是参数估计值的精度较高，对于计算时间没有苛刻的限制；缺点是需要存储大量数据，运算量也大。

1.7.2 在线辨识

有些对象,为了进行离线辨识而中断系统的正常运行,会造成人力和生产线上的极大损耗。另外,有些对象根本不允许离线辨识。例如,自适应控制系统和某些不允许中断正常运行的工业系统中的被控对象。这时,就必须采用在线辨识,如图1-4所示。

在线辨识时,系统的模型结构和阶数是事先确定好的。当获得一部分新的输入/输出数据后,在线估计采用递推方法进行处理,从而得到模型新的估计值。在线辨识不要求存储从过去到现在的全部输入/输出信息,而是在某个初值下,不断利用新

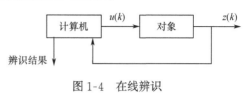

图1-4 在线辨识

信息进行递推运算,从而不断修正模型参数的估计值。这就要求计算机在一个采样周期内,能够完成一次递推运算,要求递推算法有足够快的收敛速度。

在线辨识的优点是所要求的计算机存储量较小,辨识计算时运算量较小,适合于实时控制;缺点是参数估计的精度较差,要求足够高的计算速度,相应地会增加设备费用。

1.8 辨识的内容和步骤

简单地说,辨识就是从一组观测到的含有噪声的输入/输出数据中提取数学模型的方法。然而,辨识具体应用到一个实际对象时,就需要做很多辅助工作。明确模型应用的最终目的是至关重要的,这将决定模型的类型、精度要求及采用什么辨识方法等问题。另外,系统辨识还应当解决一些问题,例如,如何选定和预测系统的数学模型,用什么输入信号及怎样产生这种信号,如何在系统的输出受噪声污染的情况下进行数据处理和参数估计,如何验证建立的模型是否符合实际等。虽然系统辨识在数据、模型种类和准则的选择上有相当大的自由度,但在进行辨识时,一般遵循下面的步骤,如图1-5所示。

① 明确辨识的目的。它决定模型的类型、精度要求和所采用的辨识方法。

② 掌握和利用先验知识。如系统的非线性程度、时变或非时变、比例或积分特性、时间常数、过渡过程时间、截止频率、时滞特性、静态放大倍数、噪声特性等,这些先验知识对预选系统数学模型种类和辨识实验设计将起到指导性的作用。

③ 实验设计。选择实验信号、采样间隔、数据长度等,记录输入和输出数据。

④ 数据预处理。输入和输出数据中常含有的低频成分和高频成分,对辨识精度都有不利的影响,需要采用滤波等方法进行去除。

⑤ 模型结构选取和辨识。在假定模型结构的前提下,利用辨识方法确定模型结构参数,如差分方程中的阶次、纯延迟等。

⑥ 模型参数辨识。在假定模型结构确定之后,选择估计方法,利用测量数据估计模型中的未知参数。

⑦ 模型检验。从不同的侧面检验模型是否可靠,检验模型的

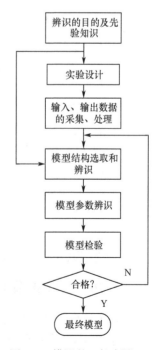

图1-5 辨识的一般步骤

标准是模型的实际应用效果,最后验证所确定的模型是否恰当地表示了被辨识的系统。工程中常用的模型验证方法有以下 4 种。

i. 用不同时间段内采集的数据分别建模,如果模型基本符合,则认为模型是可靠的。

ii. 用采集到的部分数据进行建模,用其余的实验数据进行预测。然后与相同条件下实际测量到的数据进行比较,如果相差较小,可认为模型正确。

iii. 利用不同实验方法得到的结果相互验证。例如,气动力参数可以从飞行数据中辨识出来,也可以通过数值模拟和风洞实验获得,如果几种手段较为一致,也可验证模型的正确性。

iv. 利用模型和实测数据的残差进行验证。正确的模型对应的残差序列应该是零均值的白噪声,否则表明模型与系统有偏差。

如果所确定的系统模型合适,则辨识结束。否则,必须改变系统的实验前模型结构,并重新执行辨识过程,即执行第③步至第⑦步,直到获得一个满意的模型为止。

1.9 系统辨识方法

以飞行器的系统辨识为例,其系统辨识方法包括 4 个方面,即信号激励、信号测量、辨识模型的建立和系统辨识方法。信号激励是指在飞行实验中对飞行器施加的激励。由于系统辨识建模是通过飞行实验数据反推系统的数学模型,所以要得到高精度的飞行动力学模型,就需要输入足够充分地激励出飞行器的运动模态,以保证产生的飞行实验数据充分反映飞行器的物理特性。

信号测量包括两部分:一是实验数据的采集,二是实验数据的处理。实验数据的采集主要是通过各种传感器等测量设备记录飞行器的响应,如速度、加速度、角速度等参数。所记录的飞行实验数据由于存在漂移、跳点、噪声等,并不能直接用于模型的辨识,需要通过实验数据的处理,主要包括数据野值的剔除与补正、低通滤波、传感器位置校正及数据相容性检查与数据重建等。

辨识模型的建立是指建立参数化形式的辨识模型。以直升机飞行动力学模型为例[1],可以分为纵、横向分离模型和耦合模型、六自由度刚体模型与包含旋翼运动的高阶模型等。飞行器从其物理本质来说,是一个耦合严重的、高阶的系统,简单的模型往往与物理实质不符,复杂的模型要求更先进的辨识方法。在实际应用中,应根据不同的应用情况来选择最恰当的模型结构。

系统辨识方法指的是根据实验数据辨识出系统数学模型的具体手段,如最常用的最小二乘法、极大似然法等。飞行器辨识模型的参数众多,灵敏度差异大,辨识方法的选取与设计是能否得到高精度飞行动力学模型的关键。

1.10 系统辨识方法分类

系统辨识方法包括经典系统辨识方法和现代系统辨识方法。

1.10.1 经典系统辨识方法

该方法已经比较成熟和完善,包括阶跃响应法、脉冲响应法、频率响应法、相关分析法、谱分析法、最小二乘法和极大似然法等。其中,最小二乘法是一种经典的和最基本的方法,也是应用最广泛的方法。但是,最小二乘估计是有偏差的,为了克服最小二乘估计的缺陷,形成了一些以最小二乘法为基础的系统辨识方法,包括广义最小二乘法、辅助变量法、增广最小二乘法和广义最小二乘法,以及将一般的最小二乘法与其他方法相结合的方法,如最小二乘两步法和随机逼近算法等。

实际系统很多都是具有不确定性的复杂系统,经典的系统辨识方法还存在一定的不足:利用最小二乘法的系统辨识方法一般要求输入信号已知,并且必须具有较丰富的变化,而在某些动态系统中,系统的输入常常无法保证;极大似然法计算开销大,可能得到的是损失函数的局部极小值;经典的辨识方法对于某些复杂系统在一些情况下无能为力。

1.10.2　现代系统辨识方法

随着智能控制理论研究的不断深入及其在控制领域的广泛应用,从逼近理论和模型研究的发展来看,非线性系统建模已从用线性模型逼近发展到用非线性模型逼近的阶段。由于非线性系统本身所包含的现象非常复杂,很难推导出能适应各种非线性系统的辨识方法,因此非线性系统的辨识还没有构成完整的科学体系。下面简要介绍几种方法。

1. 集员辨识法

1979 年集员辨识首先出现于 Fogel[2] 撰写的文献中,1982 年 Fogel 和 Huang 对其做了进一步的改进[3]。集员辨识假设在噪声或噪声功率未知但有界的情况下,利用数据提供的信息给参数或传递函数确定一个总是包含真参数或传递函数的成员集(如椭球体、多面体、平行六面体等)。

飞行器系统是一个较复杂的非线性系统,噪声统计分布特性难以确定,要较好地描述未知参数的可行解,用统计类的辨识方法辨识飞行器运动参数很难达到理想效果。采用集员辨识可解决这个问题。首先用递推法给出参数的中心估计,然后对参数进行集员估计(区间估计)。这种方法能处理一般非线性系统参数的集员辨识,已经成功地应用于飞行器运动参数的辨识[4]。集员辨识作为系统辨识的一种新的方法,给系统辨识带来了巨大的方便。

2. 神经网络辨识法

神经网络是 20 世纪末迅速发展起来的一门学科,已经在各个领域得到了广泛应用,尤其在智能系统的非线性建模及控制器设计、模式分类与模式识别、联想记忆和优化计算等方面引起了人们极大的兴趣。

由于神经网络具有良好的非线性映射能力、自学习自适应能力和并行信息处理能力,为解决未知不确定非线性系统的辨识问题提供了一条新的思路。在辨识非线性系统时,可根据非线性系统的神经网络辨识结构,利用神经网络所具有的对任意非线性映射的任意逼近能力来模拟实际系统的输入/输出关系,利用神经网络的自学习自适应能力,经过学习训练可得到系统的正向模型或逆向模型。神经网络被广泛应用于非线性动态系统辨识[5,6]和参数辨识[7,8]。在神经网络辨识中,神经网络将确定某一非线性映射的问题转化为求解优化问题,而优化过程可根据某种学习算法,通过调整网络的权值矩阵来实现。神经网络也可以与模糊系统相结合,实现非线性系统的建模[9]。

与传统的基于算法的辨识方法相比较,神经网络用于系统辨识有以下优点:不要求建立实际系统的辨识模型,可以省去对系统建模这一步骤;可以对本质非线性系统进行辨识;辨识的收敛速度仅与神经网络的本身及所采用的学习算法有关;通过调节神经元之间的连接权值即可使网络的输出来逼近系统的输出;神经网络辨识可用于系统的在线控制。

神经网络在非线性系统辨识中的应用具有很重要的研究价值和广泛的应用前景。

3. 模糊逻辑辨识法

模糊逻辑辨识采用模糊集合理论,从系统输入和输出的测量值来辨识系统的模糊模型,是系统辨识的一种有效的方法,在非线性系统辨识领域有十分广泛的应用。模糊逻辑辨识具有独特的优越性:能够有效地辨识复杂和病态结构的系统;能够有效地辨识具有大时延、时变、多输入单输出的非线性复杂系统;能够辨识性能优越的人类控制器;能够得到被控对象的定性与定量相结合的模型。模糊逻辑建模方法的主要内容可分为两个层次:一是模型结构的辨识,另一个是模型参数的估计。1985 年,Takagi 和 Sugeno 提出了 T-S 模糊模型[10],该模糊模型以局部线性化为基础,通过模糊推理的方法实现全局的非线性[11],并且可以克服以往模型的高维问题,具有结构简单、逼近能力强等特点,已成为模糊逻辑辨识中的常用模型[12,13]。

典型的模糊逻辑辨识法有:模糊网格法、自适应模糊网格法、模糊聚类法及模糊搜索树法等。其中,针对 T-S 模糊模型的模糊聚类法是目前最常用的模糊逻辑辨识法[14,15],其中心问题是设定合理的聚类指标,根据该指标所确定的聚类中心可以使模糊输入空间划分最优。

4. 智能算法辨识法

随着优化理论的发展,智能算法得到了迅速发展和广泛应用,成为解决传统系统辨识问题的新方法,如遗传算法、蚁群算法、粒子群算法等,这些算法丰富了系统辨识技术。这些算法都是通过模拟揭示自然现象和过程来实现的,其优点和机制的独特,为具有非线性系统的辨识问题提供了切实可行的解决方案。

20 世纪 70 年代初,美国密歇根大学的霍兰教授和他的学生提出并创立了一种新型的优化算法——遗传算法[16]。遗传算法的基本思想来源于达尔文的进化论,该算法将待求的问题表示成串(或称染色体),即二进制码串或整数码串,从而构成一群串,并将它们置于问题的求解环境中。根据适者生存的法则,从中选择出适应环境的串进行复制,并且通过交叉、变异两种操作,产生出新一代的更加适应环境的群串。经过一代代的不断变化,最后收敛到一个最适应环境的串上,即求得问题的最优解。

粒子群算法也是一种进化计算技术,1995 年由 Eberhart 和 Kennedy 提出[17],该算法源于对鸟群觅食的行为研究。与遗传算法相似,粒子群算法也从随机解出发,通过迭代寻找最优解。粒子群算法也通过适应度来评价解的品质,但它比遗传算法更简单,没有遗传算法的交叉和变异操作,通过追随当前搜索到的最优值来寻找全局最优。这种算法以其实现容易、精度高、收敛快等优点引起了学术界的重视,并且在解决系统辨识问题中展示了其特殊的优越性。

文献[18]利用遗传算法设计了一种辨识系统参数的方法,获得了伺服系统摩擦参数的高精度估计。文献[19]中采用适应值比例法与最优保留策略相结合的方法进行繁殖操作,同时又自适应地改变了交叉和变异的概率,成功地辨识了非线性系统模型。文献[20]利用粒子群算法设计了一种辨识非线性系统物理参数的方法,有效地实现了 RX-60 机械手中 16 个物理参数的辨识。

差分进化算法是一种新兴的进化计算技术,由 Storn 等人于 1995 年提出[21]。该算法保留了基于种群的全局搜索策略,采用实数编码、基于差分的简单变异操作和一对一的竞争生存策略,降低了遗传算法的复杂性。同时,差分进化算法特有的记忆能力使其可以动态跟踪当前的搜索情况,以调整其搜索策略,具有较强的全局收敛能力和鲁棒性,且不需要借助问题的特征信息,适于求解一些利用常规的数学规划方法所无法求解的复杂环境中的优化问题。采用差分进化算法可实现复杂系统的参数辨识[22,23]。

智能算法不依赖于问题模型本身的特性,能够快速有效地搜索复杂、高度非线性和多维的空间,非常适合于辨识系统参数,为系统辨识的研究与应用开辟了一条新的途径。

从线性系统的研究过渡到非线性系统的研究是科学发展的必然结果,这不仅是对研究人员的一种新的挑战,而且也是人类社会向更高级形式演化的一种必然。随着智能算法理论等的不断成熟,逐渐形成了形式多样的现代系统辨识方法,并且已在实际问题应用中取得了较好的效果。

近几十年来,系统辨识获得了长足的发展,已经成为控制理论的一个十分活跃而又重要的分支。由于系统辨识具有很好的工程应用价值,近年来在国内外出版了许多关于系统辨识理论及应用研究的著作,有代表性的主要有文献[24～35],这些著作的出版,有力地促进了该学科的发展。

系统辨识未来的发展趋势将是经典系统辨识方法理论的逐步完善,同时随着一些新型学科的产生,有可能形成与之相关的系统辨识方法,使系统辨识成为综合性多学科理论的科学。

思考题与习题 1

1.1 根据系统辨识的定义,阐述辨识的原理。

1.2 阐述系统辨识的 3 个要素及其在辨识中的重要性。

1.3 请结合身边的实际问题,阐述系统辨识的设计过程。

1.4 系统辨识中常用的误差准则是什么?在自动控制领域中还有哪些误差准则?它们之间有何异同?

1.5 简述系统辨识的内容和步骤。

参 考 文 献

[1] 吴伟 . 直升机飞行动力学模型辨识与机动飞行研究 . 南京航空航天大学博士学位论文,2010,11.

[2] E. Fogel. System identification via membership set constraints with energy constrained noise. IEEE Transaction on Automatic Control,1979,24(5):752-758.

[3] E. Fogel, Y. F. Huang. On the value of information in system identification bounded noise case. IEEE Transaction on Automatic Control,1982,18(2):229-238.

[4] 王文正,蔡金狮 . 飞行器气动参数的集员辨识 . 宇航学报,1998,19(2):31-36.

[5] K. S. Narendra, K. Parthasarathy. Identification and control of dynamical system using neural networks. IEEE Transaction on Neural Networks,1990,1(1):4-27.

[6] A. U. Levin, K. S. Narendra. Control of nonlinear dynamical systems using neural networks-Part II: observability,identification,and control. IEEE Transactions on Neural Networks,1996,7(1):30-42.

[7] N. Yadaiah, B. L. Deekshatulu, L. Sivakumar, V. S. H. Rao. Neural network algorithm for parameter identification of dynamical systems involving time delays. Applied Soft Computing,2007,7(3):1084-1091.

[8] M. Atencia, G. Joya, F. Sandoval. Hopfield neural networks for parametric identification of dynamical systems. Neural Processing Letters,2005,21:143-152.

[9] Y. H. Lin, G. A. Cunningham. A new approach to fuzzy-neural system modeling. IEEE Transacions on Fuzzy Systems,1995,3(2):190-198.

[10] T. Takagi, M. Sugeno. Fuzzy identification of systems and its application to modeling and control. IEEE Transaction on Systems, Man, and Cybernetics,1985,15(1):116-132.

[11] T. A. Johansen, S. R. Murray. On the interpretation and identification of dynamic Takagi-Sugeno fuzzy

models. IEEE Transaction on Fuzzy Systems,2000,8(3):297-313.

[12] D. Kukolj,E. Levi. Identification of complex systems based on neural and Takagi-Sugeno fuzzy model. IEEE Transactions on Systems,Man,and Cybernetics,Part B:Cybernetics,2004,34(1):272-282.

[13] J. Abonyi,R. Babuska,F. Szeifert. Modified Gath-Geva fuzzy clustering for identification of Takagi-Sugeno fuzzy models. IEEE Transactions on Systems, Man, and Cybernetics,Part B: Cybernetics,2002,32(5): 612-621.

[14] E. Kim,M. Park,S. Ji,M. Park. A new approach to fuzzy modeling. IEEE Transactions on Fuzzy Systems,1997,5(3): 328-337.

[15] M. Park,S. Ji,E. Kim,M. Park. A new approach to the identification of a fuzzy model. Fuzzy Sets and Systems,1999,104(2):169-181.

[16] J. H. Holland. Adaptation in Natural and Artificial Systems. Chicago:The University of Michigan Press, 1975.

[17] J. Kennedy,R. Eberhart. Particle swarm optimization. IEEE International Conference on Neural Networks,1995,4:1942-1948.

[18] 刘强,扈宏杰,刘金琨,尔联洁. 基于遗传算法的伺服系统摩擦参数辨识研究. 系统工程与电子技术,2003,25(1):77-80.

[19] 徐丽娜,李琳琳. 遗传算法在非线性系统辨识中的应用研究. 哈尔滨工业大学学报,1999,31(2):39-42.

[20] Z. Bingül,O. Karahan. Dynamic identification of Staubli RX-60 robot using PSO and LS methods. Expert Systems with Applications,2011,38:4136-4149.

[21] R. Storn,K. Price. Differential evolution—a simple and efficient heuristic for global optimization over continuous spaces. Journal of Global Optimization, 1997,11:341-59.

[22] R. K. Ursem. Parameter identification of induction motors using differential evolution. The 2003 Congress on Evolutionary Computation,2003,2:790-796.

[23] W. D. Chang. Parameter identification of Chen and Lü systems:A differential evolution approach,Chaos, Solitons & Fractals,2007,32(4):1469-1476.

[24] T. C. Hsia. System identification:Least-squares Methods. Lexington,Mass ,D. C:Heath and Co,1977.

[25] G. C. Goodwin,R. L. Payne. Dynamic system identification:Experiment Design and Data Analysis. New York:Academic Press,1977.

[26] T. Soderstrom,P. Stoica. System Identification. New Jersey:Prentice Hall,1988.

[27] J. N. Juang. Applied System Identification. New Jersey:Prentice Hall,1994.

[28] L. Ljung. System Identification. Wiley Encyclopedia of Electrical and Electronics Engineering,1999.

[29] O. Nelles. Nonlinear System Identification:From Classical Approaches to Neural Networks and Fuzzy Models. Springer,2000.

[30] M. B. Tischler,R. K. Remple. Aircraft and Rotorcraft System Identification. New York:AIAA Education Series,2006.

[31] R. Pintelon, J. Schoukens. System Identification:A Frequency Domain Approach. John Wiley & Sons,2012.

[32] 方崇智,萧德云. 过程辨识. 北京:清华大学出版社,1998.

[33] 蔡金师. 飞行器系统辨识学. 北京:国防工业出版社,2003.

[34] 冯培悌. 系统辨识. 杭州:浙江大学出版社,2004.

[35] 刘党辉. 系统辨识方法及应用. 北京:国防工业出版社,2010.

第2章　系统辨识的输入信号

合理地选用或设计辨识用输入信号,是确保较好辨识性能的前提。本章在分析系统辨识对输入信号要求的基础上,介绍辨识常用的白噪声、M序列等输入信号及其性质。

2.1　系统辨识对输入信号的要求

离线辨识对于输入信号(辨识实验信号)有一定的要求,最低要求是在整个观测周期内,系统所有模态必须被输入信号持续激励。更进一步,要求输入信号应能使给定系统的辨识模型精度最高,这就引出了最优输入信号设计问题,包括输入信号类型的选择、信号幅值、带宽等参数的调整。对于在线辨识,如果不直接利用被辨识系统的正常运行信号,而采用在正常运行信号基础上外加辨识输入信号,则必须防止外加输入信号对被辨识系统正常运行产生严重干扰。

1. 持续激励条件

所谓持续激励,即输入信号能够充分激励被辨识系统的所有模态。为了满足持续激励条件,要求输入信号相对被辨识系统具有足够宽的频带,至少能覆盖被辨识系统的频带,这是系统辨识对输入信号的基本要求。以连续的非参数模型辨识为例,如果系统的通频带为$\omega_{min} \leqslant \omega \leqslant \omega_{max}$,则持续激励条件要求输入信号的功率谱密度在$[\omega_{min}, \omega_{max}]$范围内不等于零。

2. 最优输入信号条件

为了使最优输入信号的设计与参数估计的有效性联系起来,大多数最优输入信号准则都采用 Fisher 信息矩阵逆的标量函数作为指标函数 J,即

$$J = \phi(\boldsymbol{M}^{-1}) \tag{2.1}$$

其中,$\boldsymbol{M}$ 为 Fisher 信息矩阵,即

$$\boldsymbol{M} = \boldsymbol{E}_{y|\theta} \left\{ \left[\frac{\partial \log p(\boldsymbol{Y}|\boldsymbol{\theta})}{\partial \boldsymbol{\theta}} \right] \left[\frac{\partial \log p(\boldsymbol{Y}|\boldsymbol{\theta})}{\partial \boldsymbol{\theta}} \right]^{\mathrm{T}} \right\}$$

因此,使 Fisher 信息矩阵逆的一个标量函数达到最小的输入信号即为最优输入信号。标量函数 $\phi(\cdot)$ 可以作为评价模型辨识精度的度量函数,常用的形式有

A-最优准则：$\qquad J = \mathrm{Tr}(\boldsymbol{M}^{-1}) \quad$ 或 $\quad J = \mathrm{Tr}(\boldsymbol{W}\boldsymbol{M}^{-1}) \tag{2.2}$

D-最优准则：$\qquad J = \det(\boldsymbol{M}^{-1}) \quad$ 或 $\quad J = \log[\det(\boldsymbol{M}^{-1})] \tag{2.3}$

其中,$\boldsymbol{W}$ 为非负定矩阵。

结合被辨识系统,选择最优输入信号准则后,就可以进行最优输入信号的设计。下面以一个线性定常离散单输入单输出系统为例,介绍最优输入信号的设计方法。

设含有噪声的单输入单输出系统为

$$y(k) = b_1 u(k-1) + b_2 u(k-2) + \cdots + b_n u(k-n) + v(k) \tag{2.4}$$

其中,$\{u(k)\}$,$\{y(k)\}$ 为系统的输入/输出序列；$\{v(k)\}$ 为零均值独立同分布正态随机噪声序列,其协方差为 Σ。

根据最优输入信号准则,首先需要推导 Fisher 信息矩阵 $\boldsymbol{M}$ 与输入序列 $\{u(k)\}$ 之间的关系。设

$$\boldsymbol{\beta}^{\mathrm{T}}=[b_1,b_2,\cdots,b_n,\Sigma]\overset{\Delta}{=}[\boldsymbol{\theta}^{\mathrm{T}},\Sigma] \tag{2.5}$$

$$v(k)=y(k)-\boldsymbol{\psi}^{\mathrm{T}}(k)\boldsymbol{\theta} \tag{2.6}$$

其中，$\boldsymbol{\psi}^{\mathrm{T}}(k)=[u(k-1)\quad u(k-2)\quad\cdots\quad u(k-n)]$。

当 $k=1,2,\cdots,N$ 时，得

$$\boldsymbol{V}=\boldsymbol{Y}-\boldsymbol{\Psi}\boldsymbol{\theta} \tag{2.7}$$

其中，$\boldsymbol{V}=[v(1)\quad v(2)\quad\cdots\quad v(N)]^{\mathrm{T}}$，$\boldsymbol{Y}=[y(1)\quad y(2)\quad\cdots\quad y(N)]^{\mathrm{T}}$，$\boldsymbol{\Psi}=[\boldsymbol{\psi}^{\mathrm{T}}(1)\quad\boldsymbol{\psi}^{\mathrm{T}}(2)$ $\cdots\quad\boldsymbol{\psi}^{\mathrm{T}}(N)]$。根据输入/输出观测序列，$\boldsymbol{\Psi}$ 为已知。Fisher 信息矩阵 $\boldsymbol{M}$ 为

$$\boldsymbol{M}=\boldsymbol{E}_{Y|\boldsymbol{\beta}}\left\{\left[\frac{\partial\log p(\boldsymbol{Y}\mid\boldsymbol{\beta})}{\partial\boldsymbol{\beta}}\right]\left[\frac{\partial\log p(\boldsymbol{Y}\mid\boldsymbol{\beta})}{\partial\boldsymbol{\beta}}\right]^{\mathrm{T}}\right\} \tag{2.8}$$

因 $\{v(k)\}$ 为独立同分布正态序列，条件概率密度函数为

$$p(\boldsymbol{Y}|\boldsymbol{\beta})=(2\pi\Sigma)^{-\frac{N}{2}}\cdot\exp\left\{-\frac{1}{2}\cdot\frac{1}{\Sigma}(\boldsymbol{Y}-\boldsymbol{\Psi}\boldsymbol{\theta})^{\mathrm{T}}(\boldsymbol{Y}-\boldsymbol{\Psi}\boldsymbol{\theta})\right\} \tag{2.9}$$

所以

$$\frac{\partial\log p(\boldsymbol{Y}|\boldsymbol{\beta})}{\partial\boldsymbol{\theta}}=\frac{1}{\Sigma}\boldsymbol{\Psi}^{\mathrm{T}}(\boldsymbol{Y}-\boldsymbol{\Psi}\boldsymbol{\theta})\overset{\Delta}{=}\boldsymbol{V}_1 \tag{2.10}$$

$$\frac{\partial\log p(\boldsymbol{Y}|\boldsymbol{\beta})}{\partial\Sigma}=-\frac{N}{2\Sigma}+\frac{1}{2\Sigma^2}(\boldsymbol{Y}-\boldsymbol{\Psi}\boldsymbol{\theta})^{\mathrm{T}}(\boldsymbol{Y}-\boldsymbol{\Psi}\boldsymbol{\theta})\overset{\Delta}{=}\boldsymbol{V}_2=\boldsymbol{V}_2^{\mathrm{T}} \tag{2.11}$$

根据式（2.8），有

$$\boldsymbol{M}=\boldsymbol{E}_{Y|\boldsymbol{\beta}}\left\{\begin{bmatrix}\boldsymbol{V}_1\\\boldsymbol{V}_2\end{bmatrix}[\boldsymbol{V}_1^{\mathrm{T}}\quad\boldsymbol{V}_2]\right\}=\boldsymbol{E}_{Y|\boldsymbol{\beta}}\begin{bmatrix}\boldsymbol{V}_1\boldsymbol{V}_1^{\mathrm{T}}&\boldsymbol{V}_1\boldsymbol{V}_2\\\boldsymbol{V}_2\boldsymbol{V}_1^{\mathrm{T}}&\boldsymbol{V}_2^2\end{bmatrix} \tag{2.12}$$

而

$$\begin{aligned}\boldsymbol{E}_{Y|\boldsymbol{\beta}}[\boldsymbol{V}_1\boldsymbol{V}_2]&=\boldsymbol{E}_{Y|\boldsymbol{\beta}}\left\{\frac{1}{\Sigma}\boldsymbol{\Psi}^{\mathrm{T}}(\boldsymbol{Y}-\boldsymbol{\Psi}\boldsymbol{\theta})\left[-\frac{N}{2\Sigma}+\frac{1}{2\Sigma^2}(\boldsymbol{Y}-\boldsymbol{\Psi}\boldsymbol{\theta})^{\mathrm{T}}(\boldsymbol{Y}-\boldsymbol{\Psi}\boldsymbol{\theta})\right]\right\}\\&=\boldsymbol{E}_{Y|\boldsymbol{\beta}}\left\{-\frac{N}{2\Sigma^2}\boldsymbol{\Psi}^{\mathrm{T}}(\boldsymbol{Y}-\boldsymbol{\Psi}\boldsymbol{\theta})+\frac{1}{2\Sigma^3}\boldsymbol{\Psi}^{\mathrm{T}}(\boldsymbol{Y}-\boldsymbol{\Psi}\boldsymbol{\theta})(\boldsymbol{Y}-\boldsymbol{\Psi}\boldsymbol{\theta})^{\mathrm{T}}(\boldsymbol{Y}-\boldsymbol{\Psi}\boldsymbol{\theta})\right\}\end{aligned} \tag{2.13}$$

由于噪声序列 $\{v(k)\}$ 为零均值独立同分布正态随机变量，其一阶、三阶矩均为零。另外，$\boldsymbol{\Psi}$ 已知，因此有

$$\boldsymbol{E}_{Y|\boldsymbol{\beta}}[\boldsymbol{V}_1\boldsymbol{V}_2]=0 \tag{2.14}$$

同理

$$\boldsymbol{E}_{Y|\boldsymbol{\beta}}[\boldsymbol{V}_2\boldsymbol{V}_1^{\mathrm{T}}]=0 \tag{2.15}$$

另外

$$\boldsymbol{E}_{Y|\boldsymbol{\beta}}[\boldsymbol{V}_1\boldsymbol{V}_1^{\mathrm{T}}]=\boldsymbol{E}_{Y|\boldsymbol{\beta}}\left\{\frac{1}{\Sigma^2}\boldsymbol{\Psi}^{\mathrm{T}}(\boldsymbol{Y}-\boldsymbol{\Psi}\boldsymbol{\theta})(\boldsymbol{Y}-\boldsymbol{\Psi}\boldsymbol{\theta})\boldsymbol{\Psi}\right\}=\frac{1}{\Sigma^2}\boldsymbol{\Psi}^{\mathrm{T}}\Sigma\boldsymbol{\Psi}=\frac{1}{\Sigma}\boldsymbol{\Psi}^{\mathrm{T}}\boldsymbol{\Psi} \tag{2.16}$$

$$\begin{aligned}\boldsymbol{E}_{Y|\boldsymbol{\beta}}[\boldsymbol{V}_2^2]&=\boldsymbol{E}_{Y|\boldsymbol{\beta}}\left\{\left[-\frac{N}{2\Sigma}+\frac{1}{2\Sigma^2}\boldsymbol{V}^{\mathrm{T}}\boldsymbol{V}\right]^2\right\}\\&=\boldsymbol{E}_{Y|\boldsymbol{\beta}}\left\{\frac{N^2}{4\Sigma^2}-\frac{N}{2\Sigma^3}\boldsymbol{V}^{\mathrm{T}}\boldsymbol{V}+\frac{1}{4\Sigma^4}\boldsymbol{V}^{\mathrm{T}}\boldsymbol{V}\boldsymbol{V}^{\mathrm{T}}\boldsymbol{V}\right\}\\&=\boldsymbol{E}_{Y|\boldsymbol{\beta}}\left\{\frac{N^2}{4\Sigma^2}-\frac{N}{2\Sigma^3}\sum_{k=1}^{N}v^2(k)+\frac{1}{4\Sigma^4}\sum_{k=1}^{N}v^2(k)\sum_{s=1}^{N}v^2(s)\right\}\end{aligned} \tag{2.17}$$

由正态分布的四阶矩公式可得

$$E_{Y|\boldsymbol{\beta}}\left\{\sum_{k=1}^{N}v^2(k)\sum_{s=1}^{N}v^2(s)\right\}=3N\Sigma^2+(N^2-N)\Sigma^2 \tag{2.18}$$

因此根据式(2.17)、式(2.18),得

$$E_{Y|\boldsymbol{\beta}}[V_2^2]=\frac{N^2}{4\Sigma^2}-\frac{N^2}{2\Sigma^2}+\frac{1}{4\Sigma^4}[3N\Sigma^2+(N^2-N)\Sigma^2]=\frac{N}{2\Sigma^2} \tag{2.19}$$

将式(2.14)、式(2.15)、式(2.16)、式(2.19)代入式(2.12)得

$$\boldsymbol{M}=E_{Y|\boldsymbol{\beta}}\begin{bmatrix}\boldsymbol{V}_1\boldsymbol{V}_1^{\mathrm{T}} & \boldsymbol{V}_1\boldsymbol{V}_2\\ \boldsymbol{V}_2\boldsymbol{V}_1^{\mathrm{T}} & \boldsymbol{V}_2^2\end{bmatrix}=\begin{bmatrix}\dfrac{1}{\Sigma}\boldsymbol{\Psi}^{\mathrm{T}}\boldsymbol{\Psi} & 0\\ 0 & \dfrac{N}{2\Sigma^2}\end{bmatrix} \tag{2.20}$$

因为

$$\boldsymbol{\Psi}=\begin{bmatrix}u(0) & u(-1) & \cdots & u(1-n)\\ u(1) & u(0) & \cdots & u(2-n)\\ \vdots & \vdots & & \vdots\\ u(N-1) & u(N-2) & \cdots & u(N-n)\end{bmatrix} \tag{2.21}$$

所以

$$\boldsymbol{\Psi}^{\mathrm{T}}\boldsymbol{\Psi}=\sum_{k=1}^{N}\begin{bmatrix}u^2(k-1) & u(k-1)u(k-2) & \cdots & u(k-1)u(k-n)\\ u(k-1)u(k-2) & u^2(k-2) & \cdots & u(k-2)u(k-n)\\ \vdots & \vdots & & \vdots\\ u(k-1)u(k-n) & u(k-2)u(k-n) & \cdots & u^2(k-n)\end{bmatrix} \tag{2.22}$$

定义平均 Fisher 信息矩阵 $\overline{\boldsymbol{M}}$ 为

$$\overline{\boldsymbol{M}}=\frac{\boldsymbol{M}}{N} \tag{2.23}$$

则有

$$\overline{\boldsymbol{M}}=\begin{bmatrix}\dfrac{\boldsymbol{\Gamma}}{\Sigma} & 0\\ 0 & \dfrac{1}{2\Sigma^2}\end{bmatrix} \tag{2.24}$$

其中

$$\boldsymbol{\Gamma}=\frac{1}{N}\sum_{k=1}^{N}\begin{bmatrix}u^2(k-1) & u(k-1)u(k-2) & \cdots & u(k-1)u(k-n)\\ u(k-1)u(k-2) & u^2(k-2) & \cdots & u(k-2)u(k-n)\\ \vdots & \vdots & & \vdots\\ u(k-1)u(k-n) & u(k-2)u(k-n) & \cdots & u^2(k-n)\end{bmatrix} \tag{2.25}$$

式(2.25)给出了平均 Fisher 信息矩阵与输入信号之间的相互关系,在此基础上,如果采用 D-最优准则 $J=\log[\det(\overline{\boldsymbol{M}}^{-1})]$,附加输入功率限制设计最优输入信号,有

$$\frac{1}{N}\sum_{k=1}^{N}u^2(k-i)=1 \quad (i=1,2,\cdots,n) \tag{2.26}$$

根据式(2.26),最优输入信号的设计问题就成为如何选择 $\{u(k)\}$,在满足式(2.26)的条件下,使准则 J 最优(极小)。也就是说,在 D-最优准则下,参数估计的精度通过 Fisher 信息矩阵 $\boldsymbol{M}$ 依赖于输入 $\{u(k)\}$。

因为

$$J = \log[\det(\overline{\boldsymbol{M}}^{-1})] = -\log(\det\overline{\boldsymbol{M}}) = -\log\det\left[\frac{\boldsymbol{\Gamma}}{\Sigma}\right] + \log 2\Sigma^2$$

$$= -\log(\det\boldsymbol{\Gamma}) + \log 2\Sigma^{n+2}$$

根据线性代数理论:一个对角元素全为 1 的正定矩阵 $\boldsymbol{\Gamma}$,只有当其非对角元素全为零时,$\log(\det\boldsymbol{\Gamma})$ 将达到它的极大值。因此,根据式(2.26),最优输入信号 $\{u(k)\}$ 应满足

$$\frac{1}{N}\sum_{k=1}^{N} u(k-i)u(k-j) = \begin{cases} 1 & i=j \\ 0 & i \neq j \end{cases} \tag{2.27}$$

即如果被辨识系统输出为独立同分布正态序列,则符合 D-最优准则辨识用输入信号的自相关函数应具有脉冲的形式。

2.2 系统辨识常用的输入信号

根据系统辨识对输入信号持续激励及最优的要求,常用的输入信号有白噪声、M 序列等,下面将对这些常用输入信号的概念、产生方法及性质进行逐一介绍。

2.2.1 白噪声信号

白噪声信号是一种功率谱密度 $S(\omega)$ 在整个频域内为非零常数的平稳随机信号或随机过程(见图 2-1),即

$$S(\omega) = \sigma^2, \quad -\infty < \omega < \infty$$

白噪声的命名源自"白色光"。由各种频率(颜色)的单色光混合而成的白色光具有功率均匀分布的性质,因而被称为"白色"。借用这一概念,将同样具有该性质的噪声称为"白噪声",相对地,将不具有这一性质的噪声称为有色噪声。有色噪声可以看作由白噪声驱动的成形滤波器输出,二者关系如图 2-2 所示。

图 2-1 白噪声信号的功率谱密度　　　　图 2-2 有色噪声与白噪声的关系

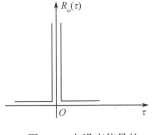

图 2-3 白噪声信号的
自相关函数

除功率谱密度在整个频域内为非零常数外,白噪声还具有如下性质:

① 均值为零——设白噪声为 $\omega(t)$,则 $E[\omega(t)] = 0$。

② 无记忆性——白噪声 t 时刻的数值与 t 时刻以前的过去值无关,也不影响 t 时刻以后的将来值,即不同时刻的随机信号互不相关,其自相关函数(见图 2-3)为

$$R_\omega(\tau) = \sigma^2 \delta(\tau) \tag{2.28}$$

其中,$\delta(\tau)$ 为 Dirac 函数,为

$$\delta(\tau) = \begin{cases} \infty & \tau = 0 \\ 0 & \tau \neq 0 \end{cases} \quad \text{且} \quad \int_{-\infty}^{\infty} \delta(\tau) \mathrm{d}\tau = 1$$

理想的白噪声具有无限带宽,因而其功率无限大,这在现实世界是不可能存在的。因此,在实际应用中,常常将具有平均功率接近均匀分布的有限带宽信号近似认为是白噪声,即一个噪声过程所具有的频谱宽度远远大于它所作用系统的带宽,并且在该带宽中其频谱密度可以近似为常数。例如,热噪声和散弹噪声在很宽的频率范围内具有均匀功率谱密度,通常可以认为它们是白噪声。另外,如果白噪声的幅度分布服从高斯分布,则称为高斯白噪声。

白噪声信号的离散形式称为白噪声序列,与白噪声信号类似,白噪声序列 $\{x(k)\}$ 的谱密度在整个频域范围内为常数 σ^2,而且序列在不同时刻不相关,对应的自相关函数为

$$R_x(n) = E[x(k)x(k+n)] = \sigma^2\delta(n) \qquad n = 0, \pm 1, \pm 2, \cdots \tag{2.29}$$

其中,$\delta(n)$ 为 Kronecker 符号,$\delta(n) = \begin{cases} 1 & n=0 \\ 0 & n\neq 0 \end{cases}$。

根据式(2.29)可知,白噪声序列满足最优输入信号要求,因此常常作为辨识用输入信号。

2.2.2 白噪声序列的产生

把各种不同分布的白噪声序列统称为随机序列。产生随机数有多种不同的方法,这些方法被称为随机数发生器。真正的随机数是使用物理现象产生的,比如掷钱币、扔骰子、电子元件的噪声、核裂变等,这样的随机数发生器称为物理性随机数发生器,其缺点是技术要求比较高。

实际应用中,随机序列通常都用某些数学公式计算产生的伪随机序列代替。伪随机序列可以预先确定,而且可以周期性地重复产生,因此在数学意义上已经不是真正的随机,但如果伪随机序列能够通过一系列的统计检验,具有随机序列的统计特性,则在实际中可代替随机序列予以应用。

理论上而言,只要有了一种具有连续分布的伪随机序列,就可以通过函数变换的方法产生其他任意分布的伪随机序列。(0,1)均匀分布的伪随机序列是最简单、最基本的一种。下面分别介绍(0,1)均匀分布的伪随机序列发生器及其统计检验,并进一步介绍如何通过均匀分布的伪随机序列发生器得到正态分布伪随机序列。

1. (0,1)均匀分布的伪随机序列的产生

用数学方法产生(0,1)均匀分布的伪随机序列本质上是实现如下递推运算

$$\xi_i = f(\xi_{i-1}, \xi_{i-2}, \cdots, \xi_1) \tag{2.30}$$

根据式(2.30)选择适当的函数形式 f,以保证产生的伪随机数 ξ_i 具有良好的统计性质,如分布的均匀性、抽样的随机性、实验的独立性等,并且还要求伪随机数产生效率高、循环周期足够长。

(1) 乘同余法产生(0,1)均匀分布的伪随机序列

乘同余法产生(0,1)均匀分布的伪随机序列分为两步。

第一步:用递推同余式产生正整数序列 $\{x_i\}$

$$x_i = Ax_{i-1} (\mathrm{mod}\ M) \qquad i = 1, 2, \cdots \tag{2.31}$$

式(2.31)表示下一个伪随机数 x_i 是上一个伪随机数 x_{i-1} 乘以 A,然后对 M 取余获得。其中,A, M 的选取与计算机字长有关;初值 x_0 也称为种子,一般取正的奇数。常用的参数取值为 $x_0=1, A=5^{13}, M=10^{36}$ 或 $x_0=1, A=5^{17}, M=2^{42}-1$。

第二步:令

$$\xi_i = \frac{x_i}{M} \qquad (i = 1, 2, \cdots) \qquad (2.32)$$

$\{\xi_i\}$即为$(0,1)$均匀分布的伪随机序列。

【例 2.1】 利用乘同余法,选 $A = 5^{17}$,$M = 2^{42}$,递推 100 次,产生$(0,1)$均匀分布的伪随机序列。采用 MATLAB 仿真语言编程,仿真程序见 chap2_1.m,程序运行结果如图 2-4 所示。

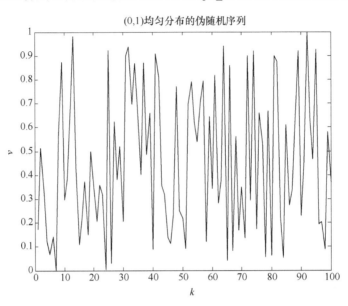

图 2-4 (0,1)均匀分布的伪随机序列

产生的$(0,1)$均匀分布的伪随机序列如下:

0.1735	0.5145	0.3307	0.1213	0.0688	0.1422	0.0020	0.5678
0.8741	0.2958	0.3817	0.6917	0.9809	0.4380	0.1097	0.2198
0.3723	0.1509	0.4993	0.3654	0.2069	0.3595	0.3208	0.0034
0.9239	0.0298	0.6228	0.3819	0.5187	0.2068	0.8979	0.9364
0.6960	0.8666	0.6785	0.4006	0.8696	0.4871	0.6604	0.0884
0.9068	0.8088	0.3563	0.3200	0.1378	0.1114	0.2298	0.7691
0.2502	0.2165	0.0927	0.6963	0.7897	0.6208	0.5401	0.7122
0.7937	0.1218	0.6459	0.3444	0.8170	0.2815	0.3782	0.9409
0.0433	0.8570	0.0824	0.5591	0.1688	0.3500	0.1357	0.8994
0.2925	0.9194	0.1726	0.6586	0.5303	0.0558	0.6678	0.0615
0.9000	0.8744	0.2190	0.0548	0.6099	0.2729	0.3376	0.6038
0.9204	0.2305	0.4423	0.9954	0.6338	0.4664	0.9245	0.1931
0.2022	0.0891	0.5800	0.3712				

仿真程序:chap2_1.m

```
clear all;
close all;
A=5.^17; N=100; x0=1; M=2.^42; % 初始化
for k=1:N % 乘同余法递推 100 次开始
    x2=A* x0;
    x1=mod(x2,M); % 将 x2 存储器的数除以 M,取余数放入 x1
    v1=x1/M; % 将 x1 存储器中的数除以 M 得到随机数
```

```
    v(:,k)=v1;  % 将 v1 中的数存放在矩阵 v 中的第 k 列
    x0=x1;
    v0=v1;
end      % 递推 100 次结束
v2=v     % 将矩阵 v 中的随机数存放在 v2 中

% grapher  绘图
k1=k;
k=1:k1;
plot(k,v,k,v,'r');
xlabel('k'),ylabel('v');
title('(0,1)均匀分布的伪随机序列 ')
```

（2）混合同余法产生(0,1)均匀分布的伪随机序列

乘同余法在一定条件下是混合同余法的一个特例。混合同余法与乘同余法产生(0,1)均匀分布的伪随机序列方法的区别在于递推同余式函数形式不同。混合同余法分两步实现。

第一步：混合同余法产生伪随机数的递推同余式为

$$x_i = (Ax_{i-1} + c)(\bmod M) \tag{2.33}$$

其中，A，M 均取整数，一般为 $A=2^n+1(2 \leqslant n \leqslant 34)$，$n$ 越大，伪随机序列的相关系数就越小，但是 n 取值过大，占用计算机的时间也会增加，因此 n 取值需合理选取；$M=2^k$，$k>2$；c 为正整数；初值 x_0 为非负整数。

第二步：与乘同余法第二步实现相同，令

$$\xi_i = \frac{x_i}{M} \qquad (i = 1,2,\cdots) \tag{2.34}$$

$\{\xi_i\}$ 即为(0,1)均匀分布的伪随机序列。

2. (0,1)均匀分布的伪随机序列的统计检验

(0,1)均匀分布的伪随机序列的统计检验包括均匀性检验、独立性检验、组合规律检验、无连贯性检验、参数检验等，一个伪随机序列能通过的检验越多，则该发生器就越优良可靠。在所有检验中，最基本的是均匀性和独立性检验。均匀性是指在[0,1]区间内，等长度子区间的伪随机数个数应相等。独立性是指在按先后顺序出现的若干随机数中，每个数的出现都和它前后的各个数无关。

（1）均匀性检验

均匀性检验是所有检验中最简单的一种。检验方法很多，常用的如 χ^2 检验法。

设在区间[0,1]上的伪随机序列为 $\{\xi_i\}$。如果该伪随机序列是均匀分布的，则将[0,1]区间分成 k 个相等的子区间后，落在每个子区间的伪随机数个数 N_i 应近似为 N/k。N_i 也称频数，统计误差 $\sigma_i = \sqrt{N_i} - \sqrt{N/k}$。统计量 χ^2 按定义应为

$$\chi^2 = \sum_{i=1}^{k} \frac{(N_i - N/k)^2}{N/k} = \frac{k}{N} \sum_{i=1}^{k} (N_i - N/k)^2 \tag{2.35}$$

判断式(2.35)中 χ^2 是否服从 $\chi^2(k-1)$ 分布，设显著性水平为 α，$k-1$ 个自由度且显著性水平为 α 时，χ^2 表中对应的值为 t_a。如果 $\chi^2 < t_a$，则认为在显著性水平 α 下，原伪随机数在[0,1]区间是均匀分布的假设是正确的；反之，如果计算得到的 χ^2 大于 t_a，则认为在显著性水平 α 下，伪随机数不满足均匀性的要求。通常取显著性水平 α 为 0.01 或 0.05，为了反映均匀

性分布特性，一般 k 的取值要能使每个子区间都有若干伪随机数。

（2）独立性检验

如果把[0,1]区间上的伪随机序列 $\{\xi_i\}$ 分成两列：$\xi_1,\xi_3,\cdots,\xi_{2N-1}$ 和 $\xi_2,\xi_4,\cdots,\xi_{2N}$，第一列作为随机变量 x 的取值，第二列作为随机变量 y 的取值。在 $x\text{-}y$ 平面内的单位正方形区域 $[0\leqslant x\leqslant 1, 0\leqslant y\leqslant 1]$ 内，分别以平行于坐标轴的平行线，将正方形区域分成 $k\times k$ 个相同面积的小正方形网格。落在每个网格内的伪随机数的频数 n_{ij} 应近似等于 N/k^2，由此可以算出 χ^2 为

$$\chi^2 = \sum_{i,j=1}^{k} \frac{k^2}{N}\left(n_{ij} - \frac{N}{k^2}\right)^2 \tag{2.36}$$

χ^2 应满足 $\chi^2((k-1)^2)$ 分布，采用与均匀性检验相同的方法，假定显著性水平来进行检验。也可以把伪随机序列分为三列、四列等多个数列，采用与上述相同的方法进行多维独立性检验。

3. 正态分布伪随机序列的产生

根据中心极限定理：n 个相互独立、同分布且存在均值与方差的随机变量，其和服从渐近正态分布。因此，可以采用均匀分布的伪随机序列，通过抽样来产生服从正态分布的随机序列。下面介绍两种基于均匀分布伪随机序列产生正态分布伪随机序列的方法：一种方法为统计近似抽样法，另一种为变换抽样法。

（1）统计近似抽样法

设 $\{\xi_i\}$ 是 $(0,1)$ 均匀分布的伪随机序列，则

$$\mu_\xi = E\{\xi_i\} = \int_0^1 \xi_i p(\xi_i)\mathrm{d}\xi_i = \frac{1}{2} \tag{2.37}$$

$$\sigma_\xi^2 = \mathrm{Var}\{\xi_i\} = \int_0^1 (\xi_i - \mu)^2 p(\xi_i)\ \mathrm{d}\xi_i = \frac{1}{12} \tag{2.38}$$

根据中心极限定理，由 n 个在 $(0,1)$ 区间上均匀分布的伪随机数所构成的随机变量 ς 为

$$\varsigma = \sum_{i=1}^{n} \xi_i - \frac{n}{2} \tag{2.39}$$

ς 则是一个近似的正态随机变量，服从正态分布 $N\left(0,\dfrac{1}{12}\right)$。当 $n\to\infty$ 时，有

$$x = \frac{\displaystyle\sum_{i=1}^{n}\xi_i - n\mu_\xi}{\sqrt{n\sigma_\xi^2}} = \frac{\displaystyle\sum_{i=1}^{n}\xi_i - \frac{n}{2}}{\sqrt{n/12}} \sim N(0,1) \tag{2.40}$$

如果 $\eta\sim N(\mu_\eta,\sigma_\eta^2)$ 是要产生的正态分布随机变量，则首先经标准化处理

$$\frac{\eta - \mu_\eta}{\sqrt{\sigma_\eta^2}} \sim N(0,1) \tag{2.41}$$

比较式（2.41）和式（2.40），则有

$$\frac{\eta - \mu_\eta}{\sqrt{\sigma_\eta^2}} = \frac{\displaystyle\sum_{i=1}^{N}\xi_i - \frac{n}{2}}{\sqrt{\dfrac{n}{12}}} \tag{2.42}$$

因此

$$\eta = \mu_\eta + \sigma_\eta \frac{\sum\limits_{i=1}^{N} \xi_i - \dfrac{n}{2}}{\sqrt{\dfrac{n}{12}}} \qquad (2.43)$$

n 在实际中的具体取值,可以根据统计检验使 η 的统计性质满足要求确定。实验表明:$n=12$ 时,η 的统计性质就比较理想了。

(2) 变换抽样法

变换抽样法的基本思想是将一个复杂分布的抽样,变换为已知的简单分布抽样。抽样步骤为:首先对满足简单的分布密度函数进行抽样,然后通过变换得到满足分布密度函数的抽样值。对于 ξ_1 和 ξ_2 是两个互为独立的 $(0,1)$ 均匀分布随机变量这种特殊情况,则变换方式为

$$\begin{cases} \eta_1 = (-2\log\xi_1)^{\frac{1}{2}} \cos 2\pi\xi_2 \\ \eta_2 = (-2\log\xi_1)^{\frac{1}{2}} \sin 2\pi\xi_2 \end{cases} \qquad (2.44)$$

η_1, η_2 是相互独立、服从 $N(0,1)$ 正态分布的随机变量。

2.3 M 序列的产生及其性质

伪随机二进制序列(Pseudo Random Binary Sequence, PRBS)是广泛应用的一种伪随机序列,所谓"二进制"是指序列中每个随机变量只有"0"或"1"两种逻辑状态。伪随机二进制序列可由多级线性反馈移位寄存器组成的随机信号发生器产生,其中具有最长循环周期的线性移位寄存器序列是伪随机二进制序列最常见的一种形式,简称 M 序列(Maximal Length Sequence)。M 序列由于具有近似白噪声的性质,而且工程上易于实现,能够保证较好的系统辨识精度,是普遍采用的一种辨识用输入信号。

1. M 序列的产生

首先介绍多级线性反馈移位寄存器产生伪随机二进制序列的过程。以一个 4 级线性反馈移位寄存器产生伪随机二进制序列为例,如图 2-5 所示。

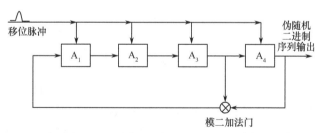

图 2-5 4 级线性反馈移位寄存器产生伪随机二进制序列的结构图

假设 4 个移位寄存器 A_1, A_2, A_3, A_4 输出的初态非全零,移位寄存器的工作原理是:一个移位脉冲来到后,每级移位寄存器的输出移到下一级移位寄存器作为输入,最末一级移位寄存器的输出即为伪随机二进制序列。设置模二加法门于 A_3、A_4 输出处,形成反馈通道。模二加法门的加法规则为

$$1 \oplus 1 = 0 \quad 0 \oplus 0 = 0 \quad 1 \oplus 0 = 1 \quad 0 \oplus 1 = 1 \qquad (2.45)$$

在移位脉冲的作用下,移位寄存器各级状态变化见表 2-1。

表 2-1　移位寄存器各级状态变化

移位寄存器 ＼ 移位脉冲	0	1	2	3	4	5	6	7	8	9	10	11	12	13	14	15	16
A_1	1	0	0	0	1	1	0	1	1	0	1	0	1	1	1	1	0
A_2	1	1	0	0	0	1	1	0	1	1	0	1	0	1	1	1	1
A_3	1	1	1	0	0	0	1	1	0	1	1	0	1	0	1	1	1
A_4	1	1	1	1	0	0	0	1	1	0	1	1	0	1	0	1	1

从表 2-1 可以看出,移位寄存器的各级状态均以周期为 15 进行循环,所产生的序列为 111100010011010,如果模二加法门设置在 A_2,A_4 输出处,所产生的序列为 1111100。由此可见,反馈通道选择的不同,将产生不同循环周期的伪随机二进制序列。采用 n 级线性反馈移位寄存器,能够产生的伪随机二进制序列的最长循环周期为 $N=2^n-1$,这种具有最长循环周期的伪随机二进制序列即为 M 序列。因此,要产生 M 序列,反馈通道的选择不是任意的。那么究竟应该如何选择反馈通道,才能保证生成的是 M 序列呢?

问题的回答涉及近世代数有限域理论,由线性反馈移位寄存器产生的伪随机二进制序列可以表示为一变量 X 的多项式:

$$G(X) = g_m X^m \oplus g_{m-1} X^{m-1} \oplus \cdots \oplus g_2 X^2 \oplus g_1 X \oplus g_0 \qquad (2.46)$$

式(2.46)称为发生器多项式(Generator Polynomial)。其中,系数 g_i 为权值,若取值为 1,则表示反馈连接,0 表示无反馈连接,多项式的阶次 m 表示移位寄存器的级数,"$\oplus$"表示模二加。

例如,发生器多项式 $G(X)=X^3 \oplus X^1 \oplus 1$ 表示线性反馈移位寄存器序列是通过将第 3 级移位寄存器和第 1 级移位寄存器进行模二相加后,反馈至第 0 级移位寄存器获得的,反馈通道表示为[3,1],如图 2-6 所示。

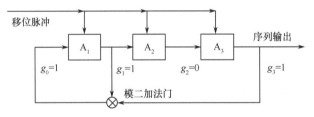

图 2-6　发生器多项式示意图

产生 M 序列的发生器多项式必须为本原(Primitive)多项式,该多项式是 n 次既约多项式,而且该多项式是多项式 $X^N \oplus 1$ 的一个因子,其中 $N=2^n-1$。

根据 M 序列对发生器多项式的要求,下面以 3 级移位寄存器为例,说明如何确定反馈通道。根据本原多项式的定义,产生 M 序列的发生器多项式是多项式 $X^7 \oplus 1$ 的一个因子,根据模二线性代数运算法则可知

$$X^7 \oplus 1 = (X \oplus 1)(X^3 \oplus X \oplus 1)(X^3 \oplus X^2 \oplus 1) \qquad (2.47)$$

本原多项式是其阶数与寄存器级数相同的因子,可见上式中,后两项为本原多项式,因此有两组反馈通道可供选择:[3,1],[3,2]。

给定任意级数的移位寄存器,要产生 M 序列,总是存在偶数组反馈通道可供选择。例如,一组反馈通道为 $[f_1,f_2,\cdots,f_j]$,总有另外一组反馈通道 $[f_1,n-f_2,\cdots,n-f_j]$ 伴随存在,其中,n 为寄存器的级数。由伴随反馈通道产生的 M 序列称为原 M 序列的镜像。

为了应用方便,表2-2列出了常用的3~6级移位寄存器产生M序列可供选择的反馈通道组,其中不包括伴随反馈通道。

表2-2 3~6级移位寄存器反馈通道组列表

移位寄存器级数 n	反馈通道组	移位寄存器级数 n	反馈通道组
3	[3, 2]	6	[6,5]；[6,5,4,1]；[6,5,3,2]
4	[4, 3]	7	[7,6]；[7,4]；[7, 6, 5, 4] [7, 6, 5, 2]；[7, 6, 4, 2] [7, 6, 4, 1]；[7, 5, 4, 3] [7, 6, 5, 4, 3, 2] [7, 6, 5, 4, 2, 1]
5	[5, 3] [5, 4, 3, 2] [5, 4, 3, 1]	8	[8, 7, 6, 1] [8, 7, 5, 3] [8, 7, 3, 2] [8, 6, 5, 4] [8, 6, 5, 3] [8, 6, 5, 2] [8, 7, 6, 5, 4, 2] [8, 7, 6, 5, 2, 1]

2. M序列的基本性质

M序列除具有伪随机二进制序列性质外,还具有近似白噪声的统计特性,下面就M序列的基本性质逐一进行介绍。

基本性质1:M序列的一个循环周期 $N=2^n-1$ 内,逻辑"0"出现的次数为 $(N-1)/2$,逻辑"1"出现的次数为 $(N+1)/2$。如图2-7所示,循环周期为 $N=7$ 的M序列,逻辑"0"出现的次数为3,逻辑"1"出现的次数为4(逻辑"0"对应幅值 a,逻辑"1"对应幅值 $-a$)。

当循环周期 N 较大时,逻辑"0"和逻辑"1"出现的概率几乎相等。

基本性质2:M序列中某种状态连续出现的段称为"游程"。一个 n 级移位寄存器产生的M序列,游程总数为 $\dfrac{N+1}{2}$,即 2^{n-1}。其中,逻辑"0"游程和逻辑"1"游程各占一半,长度为1位的游程占 $\dfrac{1}{2}$,长

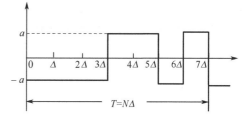

图2-7 3级移位寄存器产生的M序列

度为2位的游程占 $\dfrac{1}{4}$,长度为3位的游程占 $\dfrac{1}{8}$……长度为 $i(1 \leqslant i \leqslant n)$ 位的游程占 $\dfrac{1}{2^i}$,长度为 $n-1$ 的游程只有一个,为逻辑"0"游程;长度为 n 的游程也只有一个,为逻辑"1"游程。例如,上述的3级M序列在一个循环周期 $N=7$ 内,共有 $\dfrac{7+1}{2}=4$ 个游程,逻辑"0"游程与逻辑"1"游程各有2个,长度为1位的游程有2个,长度为2位的游程和长度为3位的游程各有1个。

基本性质3:将两个彼此移位等价相异的M序列,按位模二相加后,所得到的新序列仍为M序列,并与原M序列等价。该性质称为移位相加性,数学表示为

$$x \oplus D^r x = D^q x \quad r \geqslant 1, q \leqslant N-1 \tag{2.48}$$

式中,D^r,D^q 表示延迟了 r 位和 q 位;N 为M序列周期。式(2.48)表示一个M序列与将它延

迟 r 位以后的序列按模二加法原则相加,所得到的新序列是原 M 序列延迟 q 位后形成的 M 序列。

例如

$$x:1\ 0\ 0\ 0\ 1\ 0\ 0\ 1\ 1\ 0\ 1\ 0\ 1\ 1\ 1$$
$$\oplus D^3 x:1\ 1\ 1\ 1\ 0\ 0\ 0\ 1\ 0\ 0\ 1\ 1\ 0\ 1\ 0$$
$$\overline{}$$
$$D^4 x:0\ 1\ 1\ 1\ 1\ 0\ 0\ 0\ 1\ 0\ 0\ 1\ 1\ 0\ 1$$

新序列 011110001001101 也是 M 序列,不过比原 M 序列 x 延迟了 4 位。

3. M 序列的自相关函数

M 序列的自相关函数是其重要的统计特性,且求解复杂。根据自相关函数定义,周期为 N 的 M 序列 x 的自相关函数表示为

$$R_{xx}(\tau) = \frac{1}{T}\int_0^T x(t)x(t+\tau)\mathrm{d}t = \frac{1}{N\Delta}\int_0^{N\Delta} x(t)x(t+\tau)\mathrm{d}t \tag{2.49}$$

其中,Δ 为移位脉冲周期,将上式写成离散形式

$$R_{xx}(\tau) = \frac{1}{N}\sum_{k=0}^{N-1} x(k)x(k+\tau) \tag{2.50}$$

根据 k 和 τ 之间的关系,下面分 4 种情况讨论自相关函数。

(1) 当 $\tau=0$ 时

$$R_{xx}(\tau) = \frac{1}{N}\sum_{k=0}^{N-1} x^2(k) = a^2 \tag{2.51}$$

其中,a 为 M 序列的幅值,在实际应用中总是把 M 序列的逻辑"0"和逻辑"1"对应变换成幅值 a 和 $-a$。

(2) 当 $-\Delta < \tau < \Delta$ 时

根据 M 序列的基本性质 2,在一个周期内,共有 2^{n-1} 个游程,即逻辑"1"和逻辑"0"之间的变换次数共有 2^{n-1} 次。如图 2-8 所示,以周期为 7 的 M 序列为例,逻辑"1"转换成逻辑"0"或者逻辑"0"转换成逻辑"1"的次数为 $2^{3-1}=4$ 次。从图 2-8 还可以看出,逻辑状态每转换一次,都要从 $R_{xx}(0)$ 中去掉一块 $\frac{a^2|\tau|}{N\Delta}$ 大小的面积,并以 $-\frac{a^2|\tau|}{N\Delta}$ 代替。因此有

$$R_{xx}(\tau) = a^2 - \frac{(N+1)}{2}\frac{2a^2|\tau|}{N\Delta} = a^2\left(1 - \frac{N+1}{N}\frac{|\tau|}{\Delta}\right) \tag{2.52}$$

(3) 当 $\tau=\mu(\mu=1,2,\cdots,N-1)$ 时

$$R_{xx}(\tau) = \frac{1}{N}\sum_{k=0}^{N-1} x(k)x(k+\mu) \tag{2.53}$$

如果 $k=0,1,\cdots,N-1$, $x(k)$ 与 $x(k+\mu)$ 属于相同逻辑的情况有 α 种,属于不同逻辑的情况有 β 种,则自相关函数为

$$R_{xx}(\tau) = \frac{a^2}{N}(\alpha - \beta) \tag{2.54}$$

下一步就需要确定 α 和 β。

根据 $x(k)x(k+\mu)$ 与 $x(k\Delta)\oplus x(k\Delta+\mu\Delta)$ 之间的同构关系,两个幅值为 a 的 M 序列相乘等价于这两个序列模二相加后所得的幅值为 a^2 的新序列。这种同构关系见表 2-3。

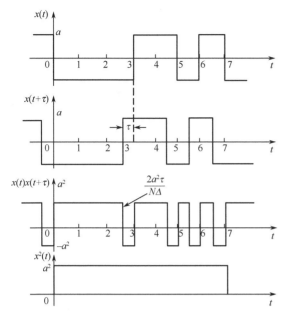

图 2-8 $-\Delta < \tau < \Delta$ 时 M 序列自相关函数
情况分析(以 3 级 M 序列为例)

表 2-3 两幅值相同的 M 序列相乘等价于
两序列模二相加所得的幅值为 a^2 的新序列

$x(k)$	$x(k+\mu)$	$x(k)\oplus x(k+\mu)$	$x(k)x(k+\mu)$
a,(0)	a,(0)	a,(0)	a^2,(0)
a,(0)	$-a$,(1)	$-a$,(1)	$-a^2$,(1)
$-a$,(1)	a,(0)	$-a$,(1)	$-a^2$,(1)
$-a$,(1)	$-a$,(1)	a,(0)	a^2,(0)

根据 M 序列的移位相加性,$x(k)\oplus x(k+\mu)$ 获得的新序列仍然是一个 M 序列。再根据 M 序列的基本性质 1,逻辑"0"(对应幅值 a)出现的次数为 $(N-1)/2$,逻辑"1"(对应幅值 $-a$)出现的次数为 $(N+1)/2$,因此

$$\alpha = \frac{N-1}{2}, \beta = \frac{N+1}{2} \tag{2.55}$$

将式(2.55)代入式(2.54),得

$$\begin{aligned} R_{xx}(\tau) &= \frac{a^2}{N}(\alpha-\beta) \\ &= \frac{a^2}{N}\left(\frac{N-1}{2}-\frac{N+1}{2}\right) = \frac{-a^2}{N} \end{aligned} \tag{2.56}$$

(4) 当 $\mu < \tau < (\mu+1)$(μ 为整数,$\mu \neq 0$,$\mu \neq N-1$)时

在逻辑状态变化处,$x(k)x(k+\tau)$ 的面积与第(3)种情况 $x(k)x(k+j\Delta)$(j 为整数)的面积相比,在一个周期内多出的面积等于减少的面积,因此,其自相关函数与式(2.56)相同,即

$$R_{xx}(\tau) = \frac{-a^2}{N} \tag{2.57}$$

以 $\mu=2\Delta$,$\tau=2.5\Delta$ 为例,图 2-9 分别绘出了 $x(k)$,$x(k+\tau)$,$x(k)x(k+\tau)$,$x(k)x(k+\mu)$。比较 $x(k)x(k+\tau)$ 及 $x(k)x(k+\mu)$ 可以看出,在一个循环周期内,$x(k)x(k+\tau)$ 减少了 4 块

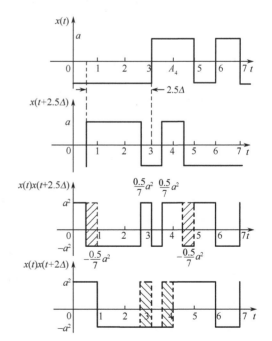

图 2-9 $2\Delta < \tau < 3\Delta$ 时 M 序列的
自相关函数情况分析

面积,同时也增加了 4 块面积,而且增加的面积等于减少的面积,所以总面积相同。

综合以上 4 种情况,M 序列的自相关函数可归纳为

$$R_{xx}(\tau) = \begin{cases} a^2\left(1 - \dfrac{N+1}{N}\dfrac{\lfloor \tau \rfloor}{\Delta}\right) & -\Delta \leqslant \tau \leqslant \Delta \\ -a^2/N & \Delta < \tau \leqslant (N-1)\Delta \end{cases} \tag{2.58}$$

因为 $R_{xx}(\tau)$ 是以 $N\Delta$ 为周期的偶函数,$R_{xx}(\tau)$ 如图 2-10 所示。

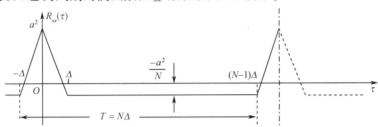

图 2-10　M 序列的自相关函数

从图 2-10 可以看出,当 $N \to \infty$,Δ 较小时,M 序列的自相关函数具有脉冲的形式,所以 M 序列符合辨识用 D-最优输入信号要求,是一种常用的辨识输入信号。

4. M 序列的功率谱密度

根据被辨识系统的频谱特性,了解 M 序列的功率谱密度,便于合理选择 M 序列参数。下面将在 M 序列的自相关函数基础上,进行 M 序列的功率谱密度分析。

将 M 序列的自相关函数分解为两个函数之和

$$R_{xx}(\tau) = R_{xx}^{(1)}(\tau) + R_{xx}^{(2)}(\tau) \tag{2.59}$$

其中

$$R_{xx}^{(1)}(\tau) = \begin{cases} a^2\left(1 + \dfrac{1}{N}\right)\left(1 - \dfrac{\lfloor \tau \rfloor}{\Delta}\right) & -\Delta \leqslant \tau \leqslant \Delta \\ 0 & \Delta < \tau \leqslant (N-1)\Delta \end{cases} \tag{2.60}$$

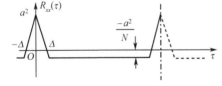

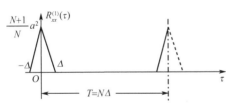

$$R_{xx}^{(2)}(\tau) = -a^2/N \tag{2.61}$$

分解示意图如图 2-11 所示。

相应地,M 序列的功率谱密度也等于两个功率谱密度之和

$$S_{xx}(\omega) = S_{xx}^{(1)}(\omega) + S_{xx}^{(2)}(\omega) \tag{2.62}$$

下面分别根据 $R_{xx}^{(1)}(\tau)$ 和 $R_{xx}^{(2)}(\tau)$ 来求取 $S_{xx}^{(1)}(\omega)$ 和 $S_{xx}^{(2)}(\omega)$。

根据维纳—辛钦公式

$$S(\omega) = \int_{-\infty}^{\infty} R(\tau)\mathrm{e}^{-\mathrm{j}\omega\tau}\,\mathrm{d}\tau \tag{2.63}$$

随机信号的功率谱密度 $S(\omega)$ 是其自相关函数 $R(\tau)$ 的傅里叶变换。由于 M 序列为离散信号且 $R_{xx}^{(1)}(\tau)$ 为偶函数,因此有

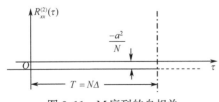

图 2-11　M 序列的自相关
函数分解示意图

$$R_{xx}^{(1)}(\tau) = \sum_{k=-\infty}^{\infty} c_k \mathrm{e}^{\mathrm{j}k\omega_0\tau} \tag{2.64}$$

其中,基频 $\omega_0 = \dfrac{2\pi}{T}$。

$$c_k = \frac{1}{T}\int_{-T/2}^{T/2} R_{xx}^{(1)}(\tau) \mathrm{e}^{-jk\omega_0\tau}\mathrm{d}\tau \tag{2.65}$$

将式(2.65)代入式(2.64)得

$$S_{xx}^{(1)}(\omega) = \int_{-\infty}^{\infty}\sum_{k=-\infty}^{\infty} c_k \mathrm{e}^{jk\omega_0\tau}\mathrm{e}^{-j\omega\tau}\mathrm{d}\tau = \int_{-\infty}^{\infty}\sum_{k=-\infty}^{\infty} c_k \mathrm{e}^{-j(\omega-k\omega_0)\tau}\mathrm{d}\tau$$

$$= \sum_{k=-\infty}^{\infty} c_k \int_{-\infty}^{\infty} \mathrm{e}^{-j(\omega-k\omega_0)\tau}\mathrm{d}\tau \tag{2.66}$$

$\mathrm{e}^{jk\omega_0\tau}$ 的傅里叶变换为

$$\int_{-\infty}^{\infty} \mathrm{e}^{jk\omega_0\tau}\mathrm{e}^{-j\omega\tau}\,\mathrm{d}\tau = \int_{-\infty}^{\infty} \mathrm{e}^{-j(\omega-k\omega_0)\tau}\,\mathrm{d}\tau = 2\pi\delta(\omega-k\omega_0) \tag{2.67}$$

将式(2.67)代入式(2.66),得

$$S_{xx}^{(1)}(\omega) = 2\pi\sum_{k=-\infty}^{\infty} c_k\delta(\omega-k\omega_0) \tag{2.68}$$

根据式(2.65),有

$$c_k = \frac{1}{T}\int_{-T/2}^{T/2} R_{xx}^{(1)}(\tau)\mathrm{e}^{-jk\omega_0\tau}\mathrm{d}\tau = \frac{2}{T}\int_{0}^{T/2} R_{xx}^{(1)}(\tau)\cos k\omega_0\tau\mathrm{d}\tau$$

$$= \frac{2}{N\Delta}\left(\int_{0}^{\Delta} a^2\left(1+\frac{1}{N}\right)\left(1-\frac{\tau}{\Delta}\right)\cos k\omega_0\tau\mathrm{d}\tau + \int_{\Delta}^{N\Delta/2} 0\cos k\omega_0\tau\mathrm{d}\tau\right)$$

$$= \frac{2a^2}{N\Delta}\left(1+\frac{1}{N}\right)\left(\frac{1}{k\omega_0}\sin k\omega_0\Delta - \frac{1}{\Delta\omega^2}(\cos k\omega_0\Delta - 1 + k\omega_0\Delta\sin k\omega_0\Delta)\right)$$

$$= \frac{2a^2}{N\Delta}\left(\frac{N+1}{N\Delta(k\omega_0)^2}(1-\cos k\omega_0\Delta)\right)$$

$$= \frac{a^2}{N}\left(\frac{N+1}{N}\left(\frac{\sin(k\omega_0\Delta/2)}{k\omega_0\Delta/2}\right)^2\right) \tag{2.69}$$

将式(2.69)代入式(2.68),又由于 $\lim\limits_{x\to 0}\dfrac{\sin x}{x}=1$,因此有

$$S_{xx}^{(1)}(\omega) = \frac{2\pi a^2}{N}\frac{N+1}{N}\sum_{k=-\infty}^{\infty}\left(\frac{\sin(k\omega_0\Delta/2)}{k\omega_0\Delta/2}\right)^2\delta(\omega-k\omega_0)$$

$$= \frac{2\pi a^2(N+1)}{N^2}\delta(\omega) + \frac{2\pi a^2(N+1)}{N^2}\sum_{\substack{k=-\infty\\k\neq 0}}^{\infty}\left(\frac{\sin(k\omega_0\Delta/2)}{k\omega_0\Delta/2}\right)^2\delta(\omega-k\omega_0)$$

$$\tag{2.70}$$

因为 1 的傅里叶变换为 $2\pi\delta(\omega)$,因此

$$S_{xx}^{(2)}(\omega) = -\frac{2\pi a^2}{N}\delta(\omega) \tag{2.71}$$

根据式(2.63)、式(2.70)和式(2.71),有

$$S_{xx}(\omega) = S_{xx}^{(1)}(\omega) + S_{xx}^{(2)}(\omega)$$

$$= \frac{2\pi a^2}{N^2}\delta(\omega) + \frac{2\pi a^2(N+1)}{N^2}\sum_{\substack{k=-\infty\\k\neq 0}}^{\infty}\left(\frac{\sin(k\omega_0\Delta/2)}{k\omega_0\Delta/2}\right)^2\delta(\omega-k\omega_0) \tag{2.72}$$

根据式(2.72),绘制 M 序列的功率谱密度如图 2-12 所示。

从图 2-12 可以看出:

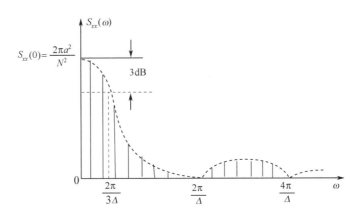

图 2-12　M 序列的功率谱密度

① $S_{xx}(\omega)$ 是以 $\dfrac{2\pi a^2 (N+1)}{N^2}\left(\dfrac{\sin(k\omega_0\Delta/2)}{k\omega_0\Delta/2}\right)^2$ 为包络线的线条谱,当 $k=N,2N,\cdots$ 时,$S_{xx}(\omega)=0$,说明 M 序列的频谱中不包含基频 ω_0 的整数倍频成分。

② 当 $\omega\approx\dfrac{2\pi}{3\Delta}$ 时,$\left(\dfrac{\sin(\omega\Delta/2)}{\omega\Delta/2}\right)^2=0.707$,因此,M 序列的频带为 $B\approx\dfrac{1}{3\Delta}$(Hz)。

③ 当 $\omega=0$ 时,$S_{xx}(0)=\dfrac{2\pi a^2}{N^2}$,说明 M 序列的直流成分与 N^2 成反比。

④ $S_{xx}(\omega)$ 的谱线密度与周期 $N\Delta$ 成正比,周期越长,谱线则越密。另外,各频谱分量与 N 大致成反比。

5. M 序列参数选择及 MATLAB 实现

选择 M 序列作为辨识用输入信号时,需要确定 M 序列的幅值 a、移位脉冲周期 Δ 和循环周期 N 这 3 个参数。M 序列参数的选择可参考如下:

① 幅值 a:幅值 a 根据被辨识系统的线性范围和允许的信噪比来确定。一方面,a 必须对系统进行充分的激励;另一方面,a 又不能太大,否则将引起系统非线性和较大的干扰噪声。

② 移位脉冲周期 Δ:根据被辨识系统的频带或截止频率作为参考进行 Δ 的选择。设最高的工作频率为 ω_{max},为使 M 序列的有效频带能够覆盖被辨识系统的重要工作频率区,应满足

$$\frac{2\pi}{3\Delta}>\omega_{max}\quad\text{或}\quad\Delta<\frac{2\pi}{3\omega_{max}}$$

如果 Δ 选得太大,则 M 序列的自相关函数 $R_{xx}(\tau)$ 曲线中,三角形部分底部太宽,M 序列与白噪声的自相关函数相差悬殊,影响辨识效果;如果选得太小,M 序列的频带较宽,在幅值 a 一定的条件下,M 序列的有效功率在主要频域内下降。

另外,实际应用中考虑计算机采样频率较高,可能出现采样时间 T_0 小于 Δ 的情况,一般可取 $\Delta=\lambda T_0$(λ 取正整数)。

③ 循环周期 N:为使系统脉冲响应在 M 序列一个周期时间 $N\Delta$ 内近似衰减到零,应满足 $T=N\Delta>t_s$,其中 t_s 为系统的调节时间。如果循环周期取得太大,在实际应用中辨识用时间较长,一般取为 $N\Delta=(1.2\sim1.5)t_s$。

在 M 序列参数选择过程中,如果被辨识系统的调节时间 t_s 较小,仍然按照上述方法选择参数,则 M 序列的循环周期 N 值就太小,这种情况下可以提高 N 值。

例如,设被辨识系统 $t_s=15\text{s}$,截止频率 $\omega_c=0.2\text{Hz}$,则按照上述方法选择 Δ 为

$$\Delta < \frac{2\pi}{3\omega_{\mathrm{c}}} = \frac{2\pi}{3 \times 0.2} = 10.47\mathrm{s}$$

如果选 $\Delta = 4\mathrm{s}$,则 $N > \dfrac{t_{\mathrm{s}}}{\Delta} = \dfrac{15}{4} = 3.75$。这种情况下,可以提高 N 值,如选 $N = 31$,M 序列的一个周期为 $N\Delta = 124\mathrm{s}$。

就 M 序列的参数选择问题举例如下。

【例 2.2】设辨识一个热交换器温度控制系统,系统输入 $x(t)$ 为水蒸气进气阀的控制电流,输出为被水蒸气加热后的水温。通过时域和频域响应实验分析,已知调节时间约为 $t_{\mathrm{s}} = 15\mathrm{s}$,截止频率 $\omega_{\mathrm{c}} = 2\mathrm{Hz}$,根据系统线性范围和信噪比要求,选择 M 序列参数为:$a = 0.5\mathrm{mA}$,$\Delta = 0.6\mathrm{s}$,$N = 31$,可通过 4 级移位寄存器实现该 M 序列。设初始时刻 4 级移位寄存器的值为 1110,MATLAB 仿真程序实现该 M 序列(具体程序见 chap2_2.m),结果如图 2-13 所示。

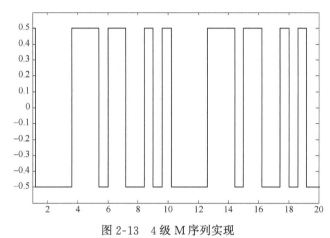

图 2-13　4 级 M 序列实现

仿真程序:chap2_2.m

```
clear all;
close all;
 n= 4;
 N= 2^n-1;
 a= 0.5;
 delta= 0.6
 A1=1;A2=1;A3=1;A4=0;        % 设置初始值
 for i= 1:3* N
   X1= xor(A3,A4);           % 对第三级和第四级移位寄存器输出进行模二相加
   X2= A1;
   X3= A2;
   X4= A3;
   OUT(i)= A4;               % 移位寄存器最后一级输出
   t(i)= delta*i;
   if OUT(i)> 0.5
     u(i)= -a;               % 确定电平幅值
   else u(i)= a;
   end
   A1=X1;A2=X2;A3=X3;A4=X4;
 end
figure(1);                   % 绘制 M 序列曲线
```

```
stairs(t,u,'-')
axis([1 20 -0.6 0.6]);
```

思考题与习题 2

2.1   如图 2-14 所示一阶系统,系统的传递函数为 $G(s)=1/(0.1s+1)$,如果采用 M 序列作为输入信号进行系统辨识,取 M 序列的移位脉冲周期 $\Delta=15\mathrm{ms}$,选用 5 级移位寄存器产生的 M 序列作为输入信号是否合适? 为什么?

2.2   辨识如图 2-15 所示欠阻尼二阶单位负反馈系统,其中 $K=16s^{-1}$,$T=0.25\mathrm{s}$,如果以 M 序列作为辨识输入,应至少采用几级移位寄存器实现? 为什么?

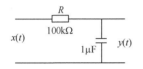
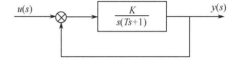

图 2-14   RC 电路示意图   图 2-15   欠阻尼二阶单位负反馈系统结构图

参 考 文 献

[1] 萧德云. 系统辨识理论及应用. 北京:清华大学出版社,2014.

[2] A. Krolikowski,P. Eykhoff. Input Signal Design for System Identification:A Comparative Analysis. IFAC Proceedings Volumes,1985,18(5):915-920.

第 3 章　最小二乘参数辨识方法及应用

在实际工程中,经常会遇到这样的问题,即根据测量结果来确定两个变量 z 与 t 之间的未知对应关系,如图 3-1 所示。横坐标 t 表示时间,也可以为其他物理量;纵坐标 z 表示在每个 t 时刻的测量值。由于每次测量都存在随机误差,而且测量随机误差的统计特性未知。

设进行了 m 次独立实验,得到 m 组测量数据 $(t_1,z_1),(t_2,z_2),\cdots,(t_m,z_m)$。如果把测量点画在直角坐标平面上,就得到图 3-1。根据这些观测数据,如何用最优的方式确定 z 与 t 之间的关系呢?

通常,z 的未知函数可用 $f(t)$ 来表示,$f(t)$ 的类型应根据这 m 组数据的分布情况或所研究问题的物理性质来决定。为便于计算,通常采用多项式

$$f(t)=a_0+a_1t+\cdots+a_nt^n$$

也可用更一般的形式来表示为

$$f(t)=a_0+a_1f_1(t)+\cdots+a_nf_n(t)$$

式中,$f_1(t),\cdots,f_n(t)$ 为已知确定的函数,如 t 的幂函数、正余弦函数或指数函数等;$a_0,\cdots,a_n$ 为待定的未知参数。

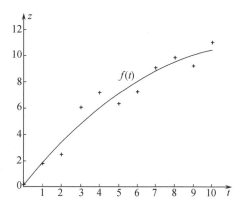

图 3-1　测量值与函数间的关系

将 m 组测量数据 $(t_1,z_1),(t_2,z_2),\cdots,(t_m,z_m)$ 代入上式中,可得 m 个方程。如果 $m<n$,即方程数少于未知参数的数目,则方程有无穷多解,不能唯一确定 $a_0,\cdots,a_n$ 的值。如果 $m=n$ 时,方程数正好等于未知参数的数目,能唯一确定 $a_0,\cdots,a_n$ 的值。这种情况下,$f(t)$ 曲线一定要通过每个测量点 (t_i,z_i)。由于在每次测量中不可避免地含有随机误差,如果 $f(t)$ 曲线通过每一点,则曲线将包含这些随机误差,反而不能真实地表达 z 与 t 之间的关系。因此我们并不要求找到 $f(t)$ 曲线通过的每个测量点。

当 $m>n$,而且 m 比 n 大得多,即方程数大于未知参数的数目时,不能通过解方程的办法来确定 $a_0,\cdots,a_n$ 的值。通常是先确定函数 $f(t)$ 的类型,然后将问题归结为如何合理地选择 $a_0,\cdots,a_n$,使得 $f(t)$ 在一定意义下比较准确地反映出 z 与 t 之间的关系。通常情况下,采用最小二乘法来选择这些参数。最小二乘法是数学家高斯在 1794 年提出来的,并利用该方法在 1801 年和 1802 年分别预测了谷神星和智神星两颗小行星的轨道[1~3]。

3.1　最小二乘法

3.1.1　基本原理

为说明最小二乘法的一般原理,先举一个实例:通过实验确定一个热敏电阻的电阻 R 和温度 t 的关系,为此在不同的温度 t 下,对电阻 R 进行多次测量,获得了一组测量数据 (t_i,R_i)。由于每次测量中,不可避免地含有随机误差,因此想寻找一个函数 $R=f(t)$ 来真实地表达电阻

R 和温度 t 之间的关系。

按照先验知识可得热敏电阻与温度之间的数学模型的结构近似为

$$R = a + bt \tag{3.1}$$

式中,a 和 b 为待估计参数。

如果测量没有误差,只需要两个不同温度下的电阻值,便可以解出 a 和 b。但是由于每次测量中总存在随机误差,即

$$y_i = R_i + v_i \quad \text{或} \quad y_i = a + bt_i + v_i \tag{3.2}$$

式中,y_i 为测量数据;R_i 为真值;v_i 为随机误差。

显然,将每次测量的随机误差相加,可构成总误差

$$\sum_{i=1}^{N} v_i = v_1 + v_2 + \cdots + v_N \tag{3.3}$$

如何使测量的总误差最小,选择不同的评判准则会获得不同的方法,当采用每次测量的随机误差的平方和最小时,即

$$J_{\min} = \sum_{i=1}^{N} v_i^2 = \sum_{i=1}^{N} \left[R_i - (a + bt_i) \right]^2 \tag{3.4}$$

由于上式中的平方运算又称"二乘",而且又是按照 J 最小来估计 a 和 b 的,称这种估计方法为最小二乘估计算法,简称最小二乘法。

3.1.2 利用最小二乘法求取模型参数

在式(3.4)中,若使得 J 最小,利用求极值的方法得

$$\begin{cases} \dfrac{\partial J}{\partial a} \bigg|_{a=a} = -2 \sum_{i=1}^{N} (R_i - a - bt_i) = 0 \\[2mm] \dfrac{\partial J}{\partial b} \bigg|_{b=b} = -2 \sum_{i=1}^{N} (R_i - a - bt_i) t_i = 0 \end{cases} \tag{3.5}$$

对式(3.5)进一步整理,估计值 $\hat{a}$ 和 $\hat{b}$ 可由下列方程确定:

$$\begin{cases} N\hat{a} + \hat{b} \sum_{i=1}^{N} t_i = \sum_{i=1}^{N} R_i \\[2mm] \hat{a} \sum_{i=1}^{N} t_i + \hat{b} \sum_{i=1}^{N} t_i^2 = \sum_{i=1}^{N} R_i t_i \end{cases} \tag{3.6}$$

解方程组(3.6),可得

$$\begin{cases} \hat{a} = \dfrac{\displaystyle\sum_{i=1}^{N} R_i \sum_{i=1}^{N} t_i^2 - \sum_{i=1}^{N} R_i t_i \sum_{i=1}^{N} t_i}{N \displaystyle\sum_{i=1}^{N} t_i^2 - \left(\sum_{i=1}^{N} t_i \right)^2} \\[6mm] \hat{b} = \dfrac{N \displaystyle\sum_{i=1}^{N} R_i t_i - \sum_{i=1}^{N} R_i \sum_{i=1}^{N} t_i}{N \displaystyle\sum_{i=1}^{N} t_i^2 - \left(\sum_{i=1}^{N} t_i \right)^2} \end{cases} \tag{3.7}$$

3.1.3 仿真实例:热敏电阻和温度关系的最小二乘法求解

【例3.1】表3-1中是在不同温度下测量同一热敏电阻的测量值,根据测量值确定该电阻

的数学模型,并求出当温度在70℃时的电阻值。

表 3-1　热敏电阻的测量值

$t/℃$	20.5	26	32.7	40	51	61	73	80	88	95.7
R/Ω	765	790	826	850	873	910	942	980	1010	1032

解:(1) 以横坐标为温度,纵坐标为电阻值,通过描点的方法建立温度和电阻值之间的关系,如图 3-2 所示。

(2) 通过对图 3-2 进行分析,温度和电阻值之间的关系基本为正比关系,因此建立热敏电阻温度和电阻值之间的关系模型为

$$R=a+bt$$

(3) 利用式(3.7)和表 3-1 中的数据可得 $\hat{a}=702.762$,$\hat{b}=3.4344$,因此该热敏电阻温度和电阻值之间的数学模型为

$$R=702.762+3.4344t$$

该数学关系式与测量值之间的关系如图 3-3 所示。

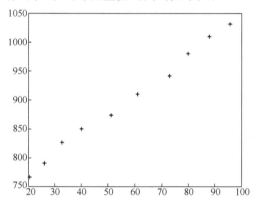

图 3-2　热敏电阻的温度和
电阻值之间的关系

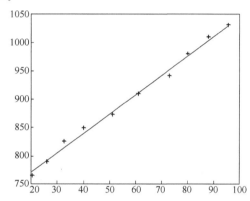

图 3-3　热敏电阻的数学关系式与
测量值之间的关系

(4) 将 $t=70℃$ 代入上式,可得 $R=943.168\Omega$。

热敏电阻和温度关系的最小二乘参数求解仿真程序:chap3_1.m

```
clear all
close all
clc
T= [20. 5 26 32.7 40 51 61 73 80 88 95.7];% 温度
R= [765 790 826 850 873 910 942 980 1010 1032];% 阻值
[m,n]= size(T);
figure
plot(T,R,'b+ ')
t= 0;
z= 0;
tz= 0;
tt= 0;
for i= 1:n
    t= t+ T(i);
    tt= tt+ T(i)* T(i);
```

```
    z= z+ R(i);
    tz= tz+ T(i)* R(i);
end
a= (tt* z- t* tz)/(n* tt- t* t);
b= (n* tz- t* z)/(n* tt- t* t);
R1= a+ 70* b;
% 最小二乘法拟合
A= polyfit(T,R,1);
z= polyval(A,T);
% 画图
figure
plot(T,z);
figure
plot(T,R,'b+ ')
hold on
plot(T,z,'r');
hold off
```

3.2　加权最小二乘法

3.2.1　一般最小二乘法的分析与设计

考虑随机模型的参数估计问题,首先考虑单输入单输出(Single Input Single Output,SISO)系统。如图 3-4 所示,将待辨识的系统看成"灰箱",它只考虑系统的输入/输出特性,而不强调系统的内部结构。图 3-4 中,输入 $u(k)$ 和输出 $z(k)$ 是可以测量的;$G(k)$ 是系统模型,用来描述系统的输入/输出特性;$v(k)$ 是测量噪声。

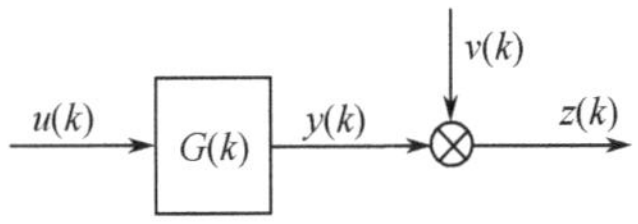

图 3-4　SISO 系统的"灰箱"结构

对于 SISO 系统,被辨识模型 $G(z)$ 为

$$G(z) = \frac{y(z)}{u(z)} = \frac{b_1 z^{-1} + b_2 z^{-2} + \cdots + b_n z^{-n}}{1 + a_1 z^{-1} + a_2 z^{-2} + \cdots + a_n z^{-n}} \quad (3.8)$$

其相应的差分方程为

$$y(k) = -\sum_{i=1}^{n} a_i y(k-i) + \sum_{i=1}^{n} b_i u(k-i) \quad (3.9)$$

若考虑被辨识系统或观测信息中含有噪声,式(3.9)可改写为

$$z(k) = -\sum_{i=1}^{n} a_i y(k-i) + \sum_{i=1}^{n} b_i u(k-i) + v(k) \quad (3.10)$$

式中,$z(k)$ 为系统输出量的第 k 次观测值;$y(k)$ 为系统输出量的第 k 次真值,$y(k-1)$ 为系统输出量的第 $k-1$ 次真值,$\cdots\cdots$,$y(k-i)$ 为系统输出量的第 $k-i$ 次真值,以此类推;$u(k)$ 为系统的第 k 个输入值,$u(k-1)$ 为系统的第 $k-1$ 个输入值;$v(k)$ 是均值为 0 的随机噪声。

如果定义

$$\boldsymbol{h}(k) = \begin{bmatrix} -y(k-1) & -y(k-2) & \cdots & -y(k-n) & u(k-1) & u(k-2) & \cdots & u(k-n) \end{bmatrix}$$

$$\boldsymbol{\theta} = \begin{bmatrix} a_1 & a_2 & \cdots & a_n & b_1 & b_2 & \cdots & b_n \end{bmatrix}^{\mathrm{T}}$$

则式(3.10)可改写为

$$\boldsymbol{z}(k) = \boldsymbol{h}(k)\boldsymbol{\theta} + v(k) \quad (3.11)$$

式中,$\boldsymbol{\theta}$ 为待估计参数。

令 $k=1,2,\cdots,m$，则有

$$\boldsymbol{Z}_m = \begin{bmatrix} z(1) \\ z(2) \\ \vdots \\ z(m) \end{bmatrix}, \boldsymbol{H}_m = \begin{bmatrix} \boldsymbol{h}(1) \\ \boldsymbol{h}(2) \\ \vdots \\ \boldsymbol{h}(m) \end{bmatrix} = \begin{bmatrix} -y(0) & \cdots & -y(1-n) & u(0) & \cdots & u(1-n) \\ -y(1) & \cdots & -y(2-n) & u(1) & \cdots & u(2-n) \\ \vdots & & \vdots & \vdots & & \vdots \\ -y(m-1) & \cdots & -y(m-n) & u(m-1) & \cdots & u(m-n) \end{bmatrix},$$

$$\boldsymbol{\theta} = \begin{bmatrix} a_1 & a_2 & \cdots & a_n & b_1 & b_2 & \cdots & b_n \end{bmatrix}^{\mathrm{T}}, \boldsymbol{V}_m = \begin{bmatrix} v(1) & v(2) & \cdots & v(m) \end{bmatrix}^{\mathrm{T}}$$

于是，式(3.11)的矩阵形式为

$$\boldsymbol{Z}_m = \boldsymbol{H}_m \boldsymbol{\theta} + \boldsymbol{V}_m \tag{3.12}$$

最小二乘法的思想就是寻找一个 $\boldsymbol{\theta}$ 的估计值 $\hat{\boldsymbol{\theta}}$，使得各次测量的 $\boldsymbol{Z}_i(i=1,2,\cdots,m)$ 与由估计值 $\hat{\boldsymbol{\theta}}$ 确定的测量估计 $\hat{\boldsymbol{Z}}_i = \boldsymbol{H}_i \hat{\boldsymbol{\theta}}$ 之差的平方和最小，即

$$J(\hat{\boldsymbol{\theta}}) = (\boldsymbol{Z}_m - \boldsymbol{H}_m \hat{\boldsymbol{\theta}})^{\mathrm{T}} (\boldsymbol{Z}_m - \boldsymbol{H}_m \hat{\boldsymbol{\theta}}) = \min \tag{3.13}$$

要使上式达到最小，根据极值定理，则有

$$\left. \frac{\partial J}{\partial \boldsymbol{\theta}} \right|_{\boldsymbol{\theta} = \hat{\boldsymbol{\theta}}} = -2\boldsymbol{H}_m^{\mathrm{T}} (\boldsymbol{Z}_m - \boldsymbol{H}_m \hat{\boldsymbol{\theta}}) = 0 \tag{3.14}$$

对式(3.14)进一步整理，得

$$\boldsymbol{H}_m^{\mathrm{T}} \boldsymbol{H}_m \hat{\boldsymbol{\theta}} = \boldsymbol{H}_m^{\mathrm{T}} \boldsymbol{Z}_m \tag{3.15}$$

如果 $\boldsymbol{H}_m$ 的行数大于等于列数，即 $m \geqslant 2n$，$\boldsymbol{H}_m^{\mathrm{T}} \boldsymbol{H}_m$ 满秩，即 $\mathrm{rank}(\boldsymbol{H}_m^{\mathrm{T}} \boldsymbol{H}_m) = 2n$，则 $(\boldsymbol{H}_m^{\mathrm{T}} \boldsymbol{H}_m)^{-1}$ 存在。则 $\boldsymbol{\theta}$ 的最小二乘估计为

$$\hat{\boldsymbol{\theta}} = (\boldsymbol{H}_m^{\mathrm{T}} \boldsymbol{H}_m)^{-1} \boldsymbol{H}_m^{\mathrm{T}} \boldsymbol{Z}_m \tag{3.16}$$

式(3.16)说明，最小二乘估计虽然不能满足式(3.12)中的每个方程，使每个方程都有偏差，但它使所有方程偏差的平方和达到最小，兼顾了所有方程的近似程度，使整体误差达到最小，这对抑制测量误差 $v(i)(i=1,2,\cdots,m)$ 是有益的。

对于式(3.12)，$\boldsymbol{Z}_m$ 可以看成 m 维空间中基向量 $\{h(1),h(2),\cdots,h(m)\}$ 的线性组合，$\boldsymbol{H}_m \hat{\boldsymbol{\theta}}$ 是在最小二乘意义下对 $\boldsymbol{Z}_m$ 的近似，$\boldsymbol{H}_m \hat{\boldsymbol{\theta}}$ 应等于 $\boldsymbol{Z}_m$ 在 $\{h(1),h(2),\cdots,h(m)\}$ 所张成空间内的投影。以二维空间为例，最小二乘的几何解释原理图如图3-5所示。平面 π 由其空间基底向量 $h(1)$ 和 $h(2)$ 张成，$\boldsymbol{Z}_2$ 的估计值 $\boldsymbol{H}_2 \hat{\boldsymbol{\theta}}$ 一定位于平面 π 内，为使 $\hat{\boldsymbol{V}} = \boldsymbol{Z}_2 - \boldsymbol{H}_2 \hat{\boldsymbol{\theta}}$ 达到最小，$\boldsymbol{H}_2 \hat{\boldsymbol{\theta}}$ 必须等于 $\boldsymbol{Z}_2$ 在平面 π 上的投影。

当系统的测量噪声 $\boldsymbol{V}_m$ 是均值为 0、方差为 R 的随机向量时，则最小二乘估计有如下性质。

(1) 最小二乘估计是无偏估计(无偏性)

由于 $\hat{\boldsymbol{\theta}}$ 是随机变量，故用不同的样本可以得到不同的估计值。如果参数估计的数学期望等于参数的真值，则称估计是无偏的，即

$$E(\hat{\boldsymbol{\theta}}) = \boldsymbol{\theta} \quad \text{或} \quad E(\tilde{\boldsymbol{\theta}}) = 0 \tag{3.17}$$

式中，$\tilde{\boldsymbol{\theta}} = \boldsymbol{\theta} - \hat{\boldsymbol{\theta}}$ 为 $\hat{\boldsymbol{\theta}}$ 的估计误差。否则，称为有偏估计。

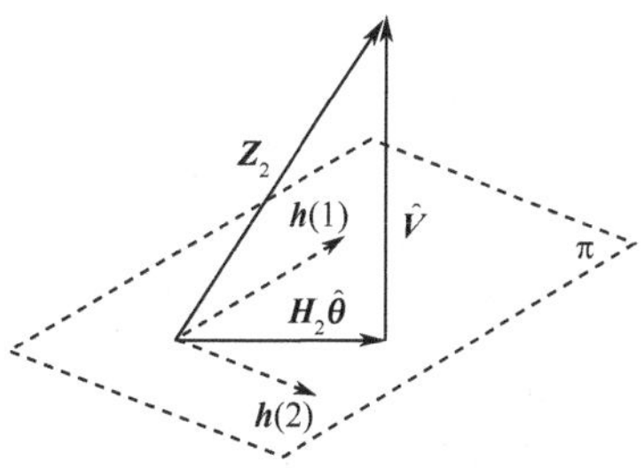

图3-5 最小二乘的几何解释

根据 $\hat{\boldsymbol{\theta}}$ 的估计误差

$$\tilde{\boldsymbol{\theta}} = \boldsymbol{\theta} - \hat{\boldsymbol{\theta}} = \boldsymbol{\theta} - (\boldsymbol{H}_m^{\mathrm{T}} \boldsymbol{H}_m)^{-1} \boldsymbol{H}_m^{\mathrm{T}} \boldsymbol{Z}_m$$

由于 $E(\boldsymbol{V}_m) = 0$，所以

$$E(\tilde{\boldsymbol{\theta}}) = E[(\boldsymbol{H}_m^{\mathrm{T}} \boldsymbol{H}_m)^{-1} (\boldsymbol{H}_m^{\mathrm{T}} \boldsymbol{H}_m) \boldsymbol{\theta} - (\boldsymbol{H}_m^{\mathrm{T}} \boldsymbol{H}_m)^{-1} \boldsymbol{H}_m^{\mathrm{T}} \boldsymbol{Z}_m]$$
$$= (\boldsymbol{H}_m^{\mathrm{T}} \boldsymbol{H}_m)^{-1} \boldsymbol{H}_m^{\mathrm{T}} E(\boldsymbol{H}_m \boldsymbol{\theta} - \boldsymbol{Z}_m)$$

$$= -(\boldsymbol{H}_m^{\mathrm{T}}\boldsymbol{H}_m)^{-1}\boldsymbol{H}_m^{\mathrm{T}}E(\boldsymbol{V}_m)=0 \tag{3.18}$$

估计量无偏性意味着不论测量次数多少,估计值都在被估计参数真值附近摆动,而其数学期望等于参数的真值。

(2) 最小二乘估计是有效估计(有效性)

有效性检验参数估计量 $\hat{\boldsymbol{\theta}}$ 对被估计量 $\boldsymbol{\theta}$ 的方差是否最小,如果最小,就称该估计量 $\hat{\boldsymbol{\theta}}$ 为 $\boldsymbol{\theta}$ 的有效估计。因此,有效估计就是具有最小方差的估计。也可以说,有效估计量是估计值对真值的平均偏离大小,即估计值围绕真值摆动幅度的大小。

在估计值的均值等于其真值的条件下,方差越小,估计越准确。设 $\hat{\boldsymbol{\theta}}_1$ 和 $\hat{\boldsymbol{\theta}}_2$ 都是 $\boldsymbol{\theta}$ 的无偏估计,如果 $\hat{\boldsymbol{\theta}}_1$ 的估计方差 σ_1^2 比 $\hat{\boldsymbol{\theta}}_2$ 的估计方差 σ_1^2 小,则称 $\hat{\boldsymbol{\theta}}_1$ 比 $\hat{\boldsymbol{\theta}}_2$ 更有效。

对于固定的测量次数 m,根据式(3.18),估计的均方误差为

$$E(\tilde{\boldsymbol{\theta}}\tilde{\boldsymbol{\theta}}^{\mathrm{T}}) = (\boldsymbol{H}_m^{\mathrm{T}}\boldsymbol{H}_m)^{-1}\boldsymbol{H}_m^{\mathrm{T}}E(\boldsymbol{V}_m\boldsymbol{V}_m^{\mathrm{T}})\boldsymbol{H}_m(\boldsymbol{H}_m^{\mathrm{T}}\boldsymbol{H}_m)^{-1} = (\boldsymbol{H}_m^{\mathrm{T}}\boldsymbol{H}_m)^{-1}\boldsymbol{H}_m^{\mathrm{T}}\boldsymbol{R}\boldsymbol{H}_m(\boldsymbol{H}_m^{\mathrm{T}}\boldsymbol{H}_m)^{-1} \tag{3.19}$$

如果 $\boldsymbol{V}_m = \{v(1), v(2), \cdots, v(m)\}$ 中的测量噪声 $v(i)(i=1,2,\cdots,m)$ 是同分布、零均值、独立随机变量,且其方差为 σ^2(实际情况基本符合此规律),则有

$$\boldsymbol{R} = E(\boldsymbol{V}_m\boldsymbol{V}_m^{\mathrm{T}}) = \sigma^2\boldsymbol{I} \tag{3.20}$$

将式(3.20)代入式(3.19)得

$$E(\tilde{\boldsymbol{\theta}}\tilde{\boldsymbol{\theta}}^{\mathrm{T}}) = (\boldsymbol{H}_m^{\mathrm{T}}\boldsymbol{H}_m)^{-1}\boldsymbol{H}_m^{\mathrm{T}}\boldsymbol{R}\boldsymbol{H}_m(\boldsymbol{H}_m^{\mathrm{T}}\boldsymbol{H}_m)^{-1} = \sigma^2(\boldsymbol{H}_m^{\mathrm{T}}\boldsymbol{H}_m)^{-1} \tag{3.21}$$

式(3.21)为估计均方误差中的最小量,因此对于固定的测量次数 m,最小方差估计量的估计为有效估计。

(3) 最小二乘估计是一致估计(一致性)

对于参数估计,总希望测量次数越多时,获得的估计值 $\hat{\boldsymbol{\theta}}$ 越准确。如果随着测量次数 m 的增加,$\hat{\boldsymbol{\theta}}_m$ 依概率收敛于真值 $\boldsymbol{\theta}$,则称 $\hat{\boldsymbol{\theta}}_m$ 为 $\boldsymbol{\theta}$ 的一致估计。即对于任意大于零的 ε,如果满足

$$\lim_{m\to\infty}p(|\hat{\boldsymbol{\theta}}_m - \boldsymbol{\theta}| > \varepsilon) = 0 \tag{3.22}$$

则称 $\hat{\boldsymbol{\theta}}_m$ 为 $\boldsymbol{\theta}$ 的一致估计。

随着测量次数 m 的增加,测量数据的个数大于待辨识参数的个数时,最小二乘估计 $\hat{\boldsymbol{\theta}}_m$ 依概率收敛于真值 $\boldsymbol{\theta}$,等价于随着 $m\to\infty$ 时,$E(\tilde{\boldsymbol{\theta}}\tilde{\boldsymbol{\theta}}^{\mathrm{T}})\to 0$,即

$$\lim_{m\to\infty}\sigma^2(\boldsymbol{H}_m^{\mathrm{T}}\boldsymbol{H}_m)^{-1} = \lim_{m\to\infty}\frac{\sigma^2}{m}\left(\frac{1}{m}\boldsymbol{H}_m^{\mathrm{T}}\boldsymbol{H}_m\right)^{-1} = 0 \tag{3.23}$$

在白噪声干扰下,最小二乘估计是无偏的、有效的和一致的。在很多情况下,噪声干扰近似为白噪声特性,因此此最小二乘估计是比较好的参数估计方法。在实际工程中,如果噪声不是白噪声,我们可以通过对噪声进行建模,并将噪声的模型参数一起进行辨识,即增广最小二乘法,使噪声的残余量满足白噪声特性,从而使最小二乘参数辨识依然满足是无偏的、有效的和一致的。

【例3.2】用两台仪器对未知量 $\boldsymbol{\theta}$ 各直接测量一次,测量量分别为 z_1 和 z_2,仪器的测量误差是均值为0、方差分别为 r 和 $4r$ 的随机量,求 $\boldsymbol{\theta}$ 的最小二乘估计,并计算估计的均方误差[4]。

解:由题意得测量方程

$$\boldsymbol{Z}_2 = \boldsymbol{H}_2\boldsymbol{\theta} + \boldsymbol{V}_2$$

式中,$\boldsymbol{Z}_2 = \begin{bmatrix} z_1 \\ z_2 \end{bmatrix}$,$\boldsymbol{H}_2 = \begin{bmatrix} 1 \\ 1 \end{bmatrix}$,$\boldsymbol{V}_2 = \begin{bmatrix} r & 0 \\ 0 & 4r \end{bmatrix}$。

根据式(3.16)和式(3.19),得

$$\hat{\boldsymbol{\theta}} = \left(\begin{bmatrix} 1 & 1 \end{bmatrix} \begin{bmatrix} 1 \\ 1 \end{bmatrix} \right)^{-1} \begin{bmatrix} 1 & 1 \end{bmatrix} \begin{bmatrix} z_1 \\ z_2 \end{bmatrix} = \frac{1}{2}(z_1 + z_2)$$

$$E(\tilde{\boldsymbol{\theta}}\tilde{\boldsymbol{\theta}}^{\mathrm{T}}) = \left(\begin{bmatrix} 1 & 1 \end{bmatrix} \begin{bmatrix} 1 \\ 1 \end{bmatrix} \right)^{-1} \begin{bmatrix} 1 & 1 \end{bmatrix} \begin{bmatrix} r & 0 \\ 0 & 4r \end{bmatrix} \begin{bmatrix} 1 \\ 1 \end{bmatrix} \left(\begin{bmatrix} 1 & 1 \end{bmatrix} \begin{bmatrix} 1 \\ 1 \end{bmatrix} \right)^{-1} = \frac{5r}{4} > r$$

通过例 3.2 的结果可以说明,使用精度差 4 倍的仪器同时进行测量,最小二乘估计的效果还不如只使用一台精度高的仪器时好。

3.2.2 加权最小二乘法的分析与设计

从例 3.2 中可以看出,一般最小二乘法估计精度不高的原因之一是对测量数据同等看待,不分优劣地使用了测量数据。事实上,由于各次测量数据很难在相同的条件(如时刻、环境及测量系统精度等)下取得,因此各次测量的数据对于参数估计而言必然存在有的测量值置信度高、有的测量值置信度低的问题。如果对不同测量值的置信度有所了解,则可采用加权的办法分别对待各测量值。测量值置信度高的,权重取得大一些;置信度低的,权重取得小一些。这就是加权最小二乘法的概念。

根据一般最小二乘法估计 $\hat{\boldsymbol{\theta}}$ 的准则式(3.13),可得加权最小二乘法的准则为

$$J(\hat{\boldsymbol{\theta}}) = (\boldsymbol{Z}_m - \boldsymbol{H}_m\hat{\boldsymbol{\theta}})^{\mathrm{T}}\boldsymbol{W}_m(\boldsymbol{Z}_m - \boldsymbol{H}_m\hat{\boldsymbol{\theta}}) = \min \tag{3.24}$$

式中,$\boldsymbol{W}_m$ 为加权矩阵,它是一个对称正定矩阵,通常取为对角矩阵,即

$$\boldsymbol{W}_m = \mathrm{diag}\begin{bmatrix} w(1) & w(2) & \cdots & w(m) \end{bmatrix} \tag{3.25}$$

根据极值原理,要使式(3.24)成立,$\hat{\boldsymbol{\theta}}$ 应满足

$$\frac{\partial J}{\partial \boldsymbol{\theta}}\bigg|_{\boldsymbol{\theta}=\hat{\boldsymbol{\theta}}} = -2\boldsymbol{H}_m^{\mathrm{T}}\boldsymbol{W}_m(\boldsymbol{Z}_m - \boldsymbol{H}_m\hat{\boldsymbol{\theta}}) = 0 \tag{3.26}$$

对式(3.26)进一步整理,可得 $\boldsymbol{\theta}$ 的加权最小二乘估计为

$$\hat{\boldsymbol{\theta}} = (\boldsymbol{H}_m^{\mathrm{T}}\boldsymbol{W}_m\boldsymbol{H}_m)^{-1}\boldsymbol{H}_m^{\mathrm{T}}\boldsymbol{W}_m\boldsymbol{Z}_m \tag{3.27}$$

当系统的测量噪声 $\boldsymbol{V}_m$ 是均值为 0、方差为 R 的随机向量时,加权最小二乘估计依然是无偏的、有效的和一致的,而且加权最小二乘估计的估计误差为

$$E(\tilde{\boldsymbol{\theta}}\tilde{\boldsymbol{\theta}}^{\mathrm{T}}) = (\boldsymbol{H}_m^{\mathrm{T}}\boldsymbol{W}_m\boldsymbol{H}_m)^{-1}\boldsymbol{H}_m^{\mathrm{T}}\boldsymbol{W}_m\boldsymbol{R}\boldsymbol{W}_m\boldsymbol{H}_m(\boldsymbol{H}_m^{\mathrm{T}}\boldsymbol{W}_m\boldsymbol{H}_m)^{-1} \tag{3.28}$$

如果 $\boldsymbol{W}_m = \boldsymbol{R}^{-1}$,则式(3.27)变为

$$\hat{\boldsymbol{\theta}} = (\boldsymbol{H}_m^{\mathrm{T}}\boldsymbol{R}^{-1}\boldsymbol{H}_m)^{-1}\boldsymbol{H}_m^{\mathrm{T}}\boldsymbol{R}^{-1}\boldsymbol{Z}_m \tag{3.29}$$

又称为马尔可夫估计。

马尔可夫估计的均方误差为

$$E(\tilde{\boldsymbol{\theta}}\tilde{\boldsymbol{\theta}}^{\mathrm{T}}) = (\boldsymbol{H}_m^{\mathrm{T}}\boldsymbol{R}^{-1}\boldsymbol{H}_m)^{-1} \tag{3.30}$$

马尔可夫估计的均方误差比任何其他加权最小二乘估计的均方误差都小,所以是加权最小二乘估计中的最优者。下面证明这一结论。

设 $\boldsymbol{A}$ 和 $\boldsymbol{B}$ 分别为 $n \times m$ 和 $m \times p$ 维矩阵,且 $\boldsymbol{A}\boldsymbol{A}^{\mathrm{T}}$ 满秩,则有

$$[\boldsymbol{B} - \boldsymbol{A}^{\mathrm{T}}(\boldsymbol{A}\boldsymbol{A}^{\mathrm{T}})^{-1}\boldsymbol{A}\boldsymbol{B}]^{\mathrm{T}}[\boldsymbol{B} - \boldsymbol{A}^{\mathrm{T}}(\boldsymbol{A}\boldsymbol{A}^{\mathrm{T}})^{-1}\boldsymbol{A}\boldsymbol{B}]$$

$$= \boldsymbol{B}\boldsymbol{B}^{\mathrm{T}} - 2\boldsymbol{B}^{\mathrm{T}}\boldsymbol{A}^{\mathrm{T}}(\boldsymbol{A}\boldsymbol{A}^{\mathrm{T}})^{-1}\boldsymbol{A}\boldsymbol{B} + \boldsymbol{B}^{\mathrm{T}}\boldsymbol{A}^{\mathrm{T}}(\boldsymbol{A}\boldsymbol{A}^{\mathrm{T}})^{-1}\boldsymbol{A}\boldsymbol{A}^{\mathrm{T}}(\boldsymbol{A}\boldsymbol{A}^{\mathrm{T}})^{-1}\boldsymbol{A}\boldsymbol{B}$$

$$= \boldsymbol{B}\boldsymbol{B}^{\mathrm{T}} - \boldsymbol{B}^{\mathrm{T}}\boldsymbol{A}^{\mathrm{T}}(\boldsymbol{A}\boldsymbol{A}^{\mathrm{T}})^{-1}\boldsymbol{A}\boldsymbol{B} \geqslant 0$$

所以有

$$\boldsymbol{B}\boldsymbol{B}^{\mathrm{T}} \geqslant (\boldsymbol{A}\boldsymbol{B})^{\mathrm{T}}(\boldsymbol{A}\boldsymbol{A}^{\mathrm{T}})^{-1}\boldsymbol{A}\boldsymbol{B} \tag{3.31}$$

式(3.31)为矩阵形式的施瓦茨(Schwartz)不等式。

由矩阵理论知,正定矩阵 $\boldsymbol{R}$ 可表示成 $\boldsymbol{R}=\boldsymbol{C}^{\mathrm{T}}\boldsymbol{C}$,其中 $\boldsymbol{C}$ 为满秩矩阵。因此令

$$\boldsymbol{A}=\boldsymbol{H}_m^{\mathrm{T}}\boldsymbol{C}^{-1} \tag{3.32}$$

$$\boldsymbol{B}=\boldsymbol{C}\boldsymbol{W}_m\boldsymbol{H}_m(\boldsymbol{H}_m^{\mathrm{T}}\boldsymbol{W}_m\boldsymbol{H}_m)^{-1} \tag{3.33}$$

将式(3.32)和式(3.33)代入式(3.31),整理得

$$(\boldsymbol{H}_m^{\mathrm{T}}\boldsymbol{W}_m\boldsymbol{H}_m)^{-1}\boldsymbol{H}_m^{\mathrm{T}}\boldsymbol{W}_m\boldsymbol{R}\boldsymbol{W}_m\boldsymbol{H}_m(\boldsymbol{H}_m^{\mathrm{T}}\boldsymbol{W}_m\boldsymbol{H}_m)^{-1}\geqslant(\boldsymbol{H}_m^{\mathrm{T}}\boldsymbol{R}^{-1}\boldsymbol{H}_m)^{-1}$$

上式说明,只有当 $\boldsymbol{W}_m=\boldsymbol{R}^{-1}$ 时,估计的均方误差才能达到最小,最小值为 $(\boldsymbol{H}_m^{\mathrm{T}}\boldsymbol{R}^{-1}\boldsymbol{H}_m)^{-1}$。因此,在加权最小二乘估计中,马尔可夫估计是最有效的估计。

【例 3.3】 对例 3.2 采用加权最小二乘法,加权矩阵 $\boldsymbol{W}_m=\boldsymbol{R}^{-1}$,并计算估计的均方误差[4]。

解: 根据题意取

$$\boldsymbol{W}_m=\boldsymbol{R}^{-1}=\begin{bmatrix}\dfrac{1}{r} & 0 \\ 0 & \dfrac{1}{4r}\end{bmatrix}$$

$$\hat{\boldsymbol{\theta}}=\left(\begin{bmatrix}1 & 1\end{bmatrix}\begin{bmatrix}\dfrac{1}{r} & 0 \\ 0 & \dfrac{1}{4r}\end{bmatrix}\begin{bmatrix}1 \\ 1\end{bmatrix}\right)^{-1}\begin{bmatrix}1 & 1\end{bmatrix}\begin{bmatrix}\dfrac{1}{r} & 0 \\ 0 & \dfrac{1}{4r}\end{bmatrix}\begin{bmatrix}z_1 \\ z_2\end{bmatrix}=\dfrac{4}{5}z_1+\dfrac{1}{5}z_2$$

$$E(\tilde{\boldsymbol{\theta}}\tilde{\boldsymbol{\theta}}^{\mathrm{T}})=\left(\begin{bmatrix}1 & 1\end{bmatrix}\begin{bmatrix}\dfrac{1}{r} & 0 \\ 0 & \dfrac{1}{4r}\end{bmatrix}\begin{bmatrix}1 \\ 1\end{bmatrix}\right)^{-1}\begin{bmatrix}1 & 1\end{bmatrix}\begin{bmatrix}\dfrac{1}{r} & 0 \\ 0 & \dfrac{1}{4r}\end{bmatrix}\begin{bmatrix}1 \\ 1\end{bmatrix}\left(\begin{bmatrix}1 & 1\end{bmatrix}\begin{bmatrix}\dfrac{1}{r} & 0 \\ 0 & \dfrac{1}{4r}\end{bmatrix}\begin{bmatrix}1 \\ 1\end{bmatrix}\right)^{-1}=\dfrac{4r}{5}<r$$

上式说明,对精度高的测量值取权重系数 $\dfrac{4}{5}$,精度低的测量值取权重系数 $\dfrac{1}{5}$,估计精度高于仅用精度高的仪器测量所得的估计精度。所以,增加不同的测量值,并根据其精度的置信度区别对待、利用,能有效提高估计的精度。

3.2.3 仿真实例

【例 3.4】 用一般最小二乘法对以下数学模型进行参数辨识

$$z(k)+a_1z(k-1)+a_2z(k-2)=b_1u(k-1)+b_2u(k-2)+V(k)$$

式中,理想的系数值是 $a_1=1.5$,$a_2=0.7$,$b_1=1.0$ 和 $b_2=0.5$;$V(k)$ 是服从 $N(0,1)$ 的随机噪声;输入 $u(k)$ 采用 4 阶 M 序列,其幅值为 5;加权矩阵 $\boldsymbol{W}_m=\boldsymbol{I}$。

解: 由于输入信号为 4 阶 M 序列,所以 M 序列的循环长度为 $L=2^4-1=15$。因此,设输入信号的取值为从 $k=1$ 到 $k=16$ 的 M 序列,于是可得

$$\boldsymbol{Z}_m=\begin{bmatrix}z(3) \\ z(4) \\ \vdots \\ z(16)\end{bmatrix},\ \boldsymbol{H}_m=\begin{bmatrix}h(3) \\ h(4) \\ \vdots \\ h(16)\end{bmatrix}=\begin{bmatrix}-z(2) & -z(1) & u(2) & u(1) \\ -z(3) & -z(2) & u(3) & u(2) \\ \vdots & \vdots & \vdots & \vdots \\ -z(15) & -z(14) & u(15) & u(14)\end{bmatrix},\ \hat{\boldsymbol{\theta}}=\begin{bmatrix}a_1 \\ a_2 \\ b_1 \\ b_2\end{bmatrix}$$

根据式(3.16)可一次计算出 $\hat{\boldsymbol{\theta}}$ 的结果,一般最小二乘法的流程图如图 3-6 所示,输入信号如图 3-7 所示,输出信号如图 3-8 所示,辨识参数见表 3-2。

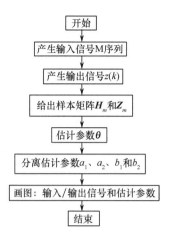

图 3-6　一般最小二乘法的流程图

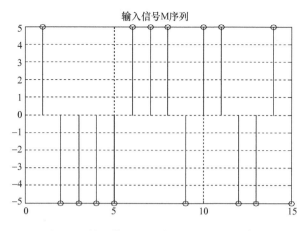

图 3-7　输入信号为幅值为 5 的 4 阶 M 序列

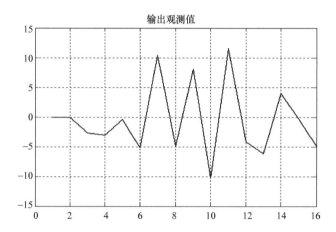

图 3-8　在输入信号作用下的输出信号

表 3-2　一般最小二乘法的辨识参数

参数	a_1	a_2	b_1	b_2
真值	1.5	0.7	1.0	0.5
估计值	1.496	0.697	0.966	0.482

一般最小二乘法的辨识仿真程序：chap3_2.m

```
clear all
close all
clc
randn('seed',100)
v=randn(1,16); % 产生一组 16 个服从 N(0,1)的随机噪声
% M 序列产生程序
L=15;% M 序列的周期
y1=1;y2=1;y3=1;y4=0;% 4 个移位寄存器的输出初始值
for i=1:L;
    x1=xor(y3,y4);
x2=y1;
x3=y2;
    x4=y3;
    y(i)=y4;
    if y(i)>0.5,u(i)=-5;
    else u(i)=5;
    end
    y1=x1;y2=x2;y3=x3;y4=x4;
```

```
end
figure
stem(u),grid on
title('输入信号 M 序列')
% 最小二乘辨识程序
z=zeros(1,16); % 定义输出观测值的长度
for k=3:16
    z(k)=-1.5* z(k-1)-0.7* z(k-2)+u(k-1)+0.5* u(k-2)+1* v(k); % 观测值
end
figure(2)
plot([1:16],z)
title('输出观测值')
figure(3)
stem(z),grid on
title('输出观测值 z 的经线图形')
% 给出样本系数矩阵
H=[-z(2) -z(1) u(2) u(1);-z(3) -z(2) u(3) u(2);-z(4) -z(3) u(4) u(3);-z(5) -z(4)
u(5) u(4);-z(6) -z(5) u(6) u(5);-z(7) -z(6) u(7) u(6);-z(8) -z(7) u(8) u(7);-z(9) -
z(8) u(9) u(8);-z(10) -z(9) u(10) u(9);-z(11) -z(10) u(11) u(10);-z(12) -z(11) u(12)
u(11);-z(13) -z(12) u(13) u(12);-z(14) -z(13) u(14) u(13);-z(15) -z(14) u(15) u(14)];
    % 给出样本观测矩阵
Z=[z(3);z(4);z(5);z(6);z(7);z(8);z(9);z(10);z(11);z(12);z(13);z(14);z(15);z(16)]
% 计算参数
c=inv(H'* H)* H'* Z;
% 分离参数
a1=c(1),a2=c(2),b1=c(3),b2=c(4)
```

3.3　递推最小二乘法

当获得一批数据后,利用式(3.16)或式(3.27)可一次求得相应的参数估值,这样处理问题的方法称为一次完成算法或批处理算法。它在理论研究方面有许多方便之处,但当矩阵的维数增加时,矩阵求逆运算的计算量会急剧增加,将给计算机的计算速度和存储量带来负担,而且不适合在线辨识,无法跟踪参数随时间变化的情况。为了减少计算量和数据在计算机中所占的存储量,也为了实时地辨识出动态系统的特性,在用最小二乘法进行参数估计时,把它转化成参数递推的递推最小二乘法。

3.3.1　递推最小二乘法的基本原理

参数递推估计是指对被辨识系统,每取得一次新的测量数据后,就在前一次估计结果的基础上,利用新引入的测量数据对前一次估计的结果进行修正,从而递推地得出新的参数估值。这样,随着新测量数据的引入,一次接一次地进行参数估计,直到估计值达到满意的精确程度为止。递推最小二乘法的基本思想可以概括为

$$当前估计值 \hat{\theta}(k) = 前一次估计值 \hat{\theta}(k-1) + 修正项$$

即当前估计值 $\hat{\theta}(k)$ 是在前一次估计值 $\hat{\theta}(k-1)$ 的基础上,利用新的测量数据对前一次估计值进行修正而成的。

3.3.2 递推最小二乘法的分析与设计

为简单起见,这里以图 3-4 所示的 SISO 系统为辨识对象。

根据式(3.27),利用 m 次测量数据所得到的最小二乘估值为

$$\hat{\boldsymbol{\theta}}_m = (\boldsymbol{H}_m^{\mathrm{T}} \boldsymbol{W}_m \boldsymbol{H}_m)^{-1} \boldsymbol{H}_m^{\mathrm{T}} \boldsymbol{W}_m \boldsymbol{Z}_m$$

当新获得一对输入/输出数据时,根据式(3.11)可得

$$z(m+1) = \boldsymbol{h}(m+1)\boldsymbol{\theta} + v(m+1)$$

根据式(3.12)可进一步获得

$$\boldsymbol{Z}_{m+1} = \boldsymbol{H}_{m+1}\boldsymbol{\theta} + \boldsymbol{V}_{m+1} \tag{3.34}$$

式中

$$\boldsymbol{Z}_{m+1} = \begin{bmatrix} \boldsymbol{Z}_m \\ z(m+1) \end{bmatrix}, \boldsymbol{H}_{m+1} = \begin{bmatrix} \boldsymbol{H}_m \\ \boldsymbol{h}(m+1) \end{bmatrix}, \boldsymbol{V}_{m+1} = \begin{bmatrix} \boldsymbol{V}_m \\ v(m+1) \end{bmatrix} \tag{3.35}$$

同理,根据式(3.27),有

$$\hat{\boldsymbol{\theta}}_{m+1} = (\boldsymbol{H}_{m+1}^{\mathrm{T}} \boldsymbol{W}_{m+1} \boldsymbol{H}_{m+1})^{-1} \boldsymbol{H}_{m+1}^{\mathrm{T}} \boldsymbol{W}_{m+1} \boldsymbol{Z}_{m+1} \tag{3.36}$$

式中,$\boldsymbol{W}_{m+1} = \begin{bmatrix} \boldsymbol{W}_m & 0 \\ 0 & w(m+1) \end{bmatrix}$。

设

$$\boldsymbol{P}_m = \begin{bmatrix} \boldsymbol{H}_m^{\mathrm{T}} \boldsymbol{W}_m \boldsymbol{H}_m \end{bmatrix}^{-1} \tag{3.37}$$

$$\boldsymbol{P}_{m+1} = \begin{bmatrix} \boldsymbol{H}_{m+1}^{\mathrm{T}} \boldsymbol{W}_{m+1} \boldsymbol{H}_{m+1} \end{bmatrix}^{-1} \tag{3.38}$$

则有

$$\hat{\boldsymbol{\theta}}_m = \boldsymbol{P}_m \boldsymbol{H}_m^{\mathrm{T}} \boldsymbol{W}_m \boldsymbol{Z}_m \tag{3.39}$$

$$\hat{\boldsymbol{\theta}}_{m+1} = \boldsymbol{P}_{m+1} \boldsymbol{H}_{m+1}^{\mathrm{T}} \boldsymbol{W}_{m+1} \boldsymbol{Z}_{m+1} \tag{3.40}$$

将式(3.35)代入式(3.40),得

$$\hat{\boldsymbol{\theta}}_{m+1} = \boldsymbol{P}_{m+1} \begin{bmatrix} \boldsymbol{H}_m^{\mathrm{T}} & \boldsymbol{h}^{\mathrm{T}}(m+1) \end{bmatrix} \begin{bmatrix} \boldsymbol{W}_m & 0 \\ 0 & w(m+1) \end{bmatrix} \begin{bmatrix} \boldsymbol{Z}_m \\ z(m+1) \end{bmatrix}$$

$$= \boldsymbol{P}_{m+1} \boldsymbol{H}_m^{\mathrm{T}} \boldsymbol{W}_m \boldsymbol{Z}_m + \boldsymbol{P}_{m+1} \boldsymbol{h}^{\mathrm{T}}(m+1) w(m+1) z(m+1) \tag{3.41}$$

由于式(3.39)可写为

$$\boldsymbol{H}_m^{\mathrm{T}} \boldsymbol{W}_m \boldsymbol{Z}_m = \boldsymbol{P}_m^{-1} \hat{\boldsymbol{\theta}}_m \tag{3.42}$$

则式(3.41)可写为

$$\hat{\boldsymbol{\theta}}_{m+1} = \boldsymbol{P}_{m+1} \boldsymbol{P}_m^{-1} \hat{\boldsymbol{\theta}}_m + \boldsymbol{P}_{m+1} \boldsymbol{h}^{\mathrm{T}}(m+1) w(m+1) z(m+1) \tag{3.43}$$

将式(3.35)代入式(3.38),得

$$\boldsymbol{P}_{m+1} = \left(\begin{bmatrix} \boldsymbol{H}_m^{\mathrm{T}} & \boldsymbol{h}^{\mathrm{T}}(m+1) \end{bmatrix} \begin{bmatrix} \boldsymbol{W}_m & 0 \\ 0 & w(m+1) \end{bmatrix} \begin{bmatrix} \boldsymbol{H}_m \\ \boldsymbol{h}(m+1) \end{bmatrix} \right)^{-1}$$

$$= \begin{bmatrix} \boldsymbol{H}_m^{\mathrm{T}} \boldsymbol{W}_m \boldsymbol{H}_m + \boldsymbol{h}^{\mathrm{T}}(m+1) w(m+1) \boldsymbol{h}(m+1) \end{bmatrix}^{-1} \tag{3.44}$$

将式(3.37)代入式(3.44),得

$$\boldsymbol{P}_{m+1} = \begin{bmatrix} \boldsymbol{P}_m^{-1} + \boldsymbol{h}^{\mathrm{T}}(m+1) w(m+1) \boldsymbol{h}(m+1) \end{bmatrix}^{-1} \tag{3.45}$$

根据矩阵求逆公式 $(\boldsymbol{A}+\boldsymbol{BCD})^{-1} = \boldsymbol{A}^{-1} - \boldsymbol{A}^{-1}\boldsymbol{B}(\boldsymbol{C}^{-1}+\boldsymbol{DA}^{-1}\boldsymbol{B})^{-1}\boldsymbol{DA}^{-1}$,式(3.45)可变为

$$\boldsymbol{P}_{m+1} = \boldsymbol{P}_m - \boldsymbol{P}_m \boldsymbol{h}^{\mathrm{T}}(m+1) \begin{bmatrix} w^{-1}(m+1) + \boldsymbol{h}(m+1) \boldsymbol{P}_m \boldsymbol{h}^{\mathrm{T}}(m+1) \end{bmatrix}^{-1} \boldsymbol{h}(m+1) \boldsymbol{P}_m$$

$$\tag{3.46}$$

对式(3.45)两边同求逆,可得

$$\boldsymbol{P}_m^{-1} = \boldsymbol{P}_{m+1}^{-1} - \boldsymbol{h}^{\mathrm{T}}(m+1) w(m+1) \boldsymbol{h}(m+1) \tag{3.47}$$

将式(3.47)代入式(3.43),得

$$\hat{\boldsymbol{\theta}}_{m+1} = \boldsymbol{P}_{m+1}[\boldsymbol{P}_{m+1}^{-1} - \boldsymbol{h}^{\mathrm{T}}(m+1)w(m+1)\boldsymbol{h}(m+1)]\hat{\boldsymbol{\theta}}_m + \boldsymbol{P}_{m+1}\boldsymbol{h}^{\mathrm{T}}(m+1)w(m+1)z(m+1)$$

$$= \hat{\boldsymbol{\theta}}_m - \boldsymbol{P}_{m+1}\boldsymbol{h}^{\mathrm{T}}(m+1)w(m+1)\boldsymbol{h}(m+1)\hat{\boldsymbol{\theta}}_m + \boldsymbol{P}_{m+1}\boldsymbol{h}^{\mathrm{T}}(m+1)w(m+1)z(m+1)$$

$$= \hat{\boldsymbol{\theta}}_m + \boldsymbol{P}_{m+1}\boldsymbol{h}^{\mathrm{T}}(m+1)w(m+1)[z(m+1) - \boldsymbol{h}(m+1)\hat{\boldsymbol{\theta}}_m] \tag{3.48}$$

令 $\boldsymbol{K}_{m+1} = \boldsymbol{P}_{m+1}\boldsymbol{h}^{\mathrm{T}}(m+1)w(m+1)$ 为增益矩阵,并将式(3.46)代入,整理得

$$\boldsymbol{K}_{m+1} = \boldsymbol{P}_m\boldsymbol{h}^{\mathrm{T}}(m+1)[w^{-1}(m+1) + \boldsymbol{h}(m+1)\boldsymbol{P}_m\boldsymbol{h}^{\mathrm{T}}(m+1)]^{-1} \tag{3.49}$$

综合式(3.46)、式(3.48)和式(3.49)得到加权最小二乘的递推算法为

$$\hat{\boldsymbol{\theta}}_{m+1} = \hat{\boldsymbol{\theta}}_m + \boldsymbol{K}_{m+1}[z(m+1) - \boldsymbol{h}(m+1)\hat{\boldsymbol{\theta}}_m]$$

$$\boldsymbol{P}_{m+1} = \boldsymbol{P}_m - \boldsymbol{P}_m\boldsymbol{h}^{\mathrm{T}}(m+1)[w^{-1}(m+1) + \boldsymbol{h}(m+1)\boldsymbol{P}_m\boldsymbol{h}^{\mathrm{T}}(m+1)]^{-1}\boldsymbol{h}(m+1)\boldsymbol{P}_m$$

$$\boldsymbol{K}_{m+1} = \boldsymbol{P}_m\boldsymbol{h}^{\mathrm{T}}(m+1)[w^{-1}(m+1) + \boldsymbol{h}(m+1)\boldsymbol{P}_m\boldsymbol{h}^{\mathrm{T}}(m+1)]^{-1}$$

递推最小二乘法式(3.48)具有明显的物理意义:$\hat{\boldsymbol{\theta}}_m$ 为前一时刻估计值;$\boldsymbol{h}(m+1)\hat{\boldsymbol{\theta}}_m$ 是在以前测量的基础上对本次测量值的预测;$z(m+1)$ 是当前时刻的测量值,而 $z(m+1) - \boldsymbol{h}(m+1)\hat{\boldsymbol{\theta}}_m$ 为预测误差,又称为新息。由于预测误差实际上是由前一时刻估计值 $\hat{\boldsymbol{\theta}}_m$ 与实际参数的偏差形成的,因此当前参数的估计值 $\hat{\boldsymbol{\theta}}_{m+1}$ 必须根据预测误差对 $\hat{\boldsymbol{\theta}}_m$ 进行修正来获得,修正的增益矩阵为 $\boldsymbol{K}_{m+1}$。递推最小二乘法根据前次测量数据得到的 $\boldsymbol{P}_m$ 及新的测量数据,可以计算出增益矩阵 $\boldsymbol{K}_{m+1}$,从而由 $\hat{\boldsymbol{\theta}}_m$ 递推算出 $\hat{\boldsymbol{\theta}}_{m+1}$,同时可计算出下一次递推计算所需的 $\boldsymbol{P}_{m+1}$。在每次递推计算中,信息变换情况如图3-9所示。

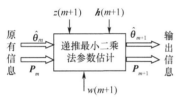

图 3-9 递推最小二乘估计算法的信息变换

图3-9表明,递推计算的初始值至关重要,初始值应从 $\hat{\boldsymbol{\theta}}_0$ 和 $\boldsymbol{P}_0$ 开始,而 $\hat{\boldsymbol{\theta}}_0$ 和 $\boldsymbol{P}_0$ 的取值有两种选择方式。

(1) 根据一批数据,利用批处理算法(一般最小二乘法)获得

取前 m 组数据,采用式(3.27)获得

$$\hat{\boldsymbol{\theta}}_m = (\boldsymbol{H}_m^{\mathrm{T}}\boldsymbol{W}_m\boldsymbol{H}_m)^{-1}\boldsymbol{H}_m^{\mathrm{T}}\boldsymbol{W}_m\boldsymbol{Z}_m$$

$$\boldsymbol{P}_m = [\boldsymbol{H}_m^{\mathrm{T}}\boldsymbol{W}_m\boldsymbol{H}_m]^{-1}$$

然后从 $m+1$ 组数据向后递推,为了减少计算量,m 的取值不宜太大。

(2) 任意假设 $\hat{\boldsymbol{\theta}}_0$ 和 $\boldsymbol{P}_0$,通过递推算法进行迭代

为方便起见,取 $\hat{\boldsymbol{\theta}}_0 = \boldsymbol{0}$,$\boldsymbol{P}_0 = \alpha\boldsymbol{I}$,$\alpha$ 为正实数。随着递推的进行,初始值 $\hat{\boldsymbol{\theta}}_0$ 和 $\boldsymbol{P}_0$ 对估计结果的影响越来越小。在实际应用中,α 也不宜取得太大。

当递推最小二乘法的参数估计达到一定精度时,可以自动停止递推运算,可选用如下的停机准则

$$\max_{\forall i}\left|\frac{\hat{\theta}_i(m+1) - \hat{\theta}_i(m)}{\hat{\theta}_i(m)}\right| < \varepsilon, \quad \varepsilon \text{ 为适当小的数}$$

3.3.3 仿真实例

【例3.5】用递推最小二乘法对以下数学模型进行参数辨识

$$z(k) + a_1 z(k-1) + a_2 z(k-2) = b_1 u(k-1) + b_2 u(k-2) + V(k)$$

式中,理想的系数值为 $a_1 = 1.5$,$a_2 = 0.7$,$b_1 = 1.0$ 和 $b_2 = 0.5$;$V(k)$ 是服从 $N(0,1)$ 的随机噪声;输入 $u(k)$ 采用4阶M序列,其幅值为5;加权矩阵 $\boldsymbol{W}_m = \boldsymbol{I}$。

采用递推最小二乘法的程序流程图、辨识结果和估计精度分别如图3-10至图3-12所示,辨识的参数见表3-3。

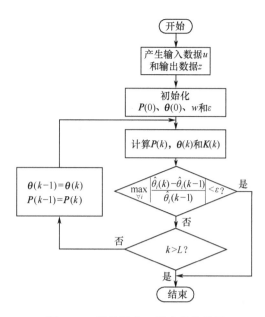

图 3-10　递推最小二乘法的流程图

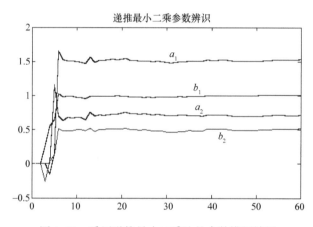

图 3-11　采用递推最小二乘法的参数辨识结果

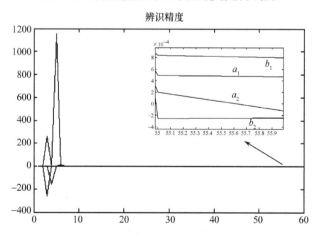

图 3-12　采用递推最小二乘法的参数辨识精度

表 3-3　递推最小二乘法的辨识参数

参数	a_1	a_2	b_1	b_2
真值	1.5	0.7	1.0	0.5
估计值(第 20 次迭代)	1.570	0.767	1.018	0.549
估计值(第 40 次迭代)	1.514	0.717	1.017	0.499

递推最小二乘法的辨识仿真程序:chap3_3.m

```
clear all
close all
clc
% 产生 N(0,1)正态分布的随机噪声
randn('seed',100);
v=randn(1,60);

% 产生 M 序列
L=60;% M 序列的周期
y1=1;y2=1;y3=1;y4=0;% 四个移位寄存器的输出初始值
for i=1:L;
x1=xor(y3,y4);
x2=y1;
    x3=y2;
    x4=y3;
    y(i)=y4;
    if y(i)>0.5,u(i)=-5;% M 序列的幅值为 5
    else u(i)=5;
    end
    y1=x1;y2=x2;y3=x3;y4=x4;
end
figure(1);
stem(u),grid on
% 递推最小二乘辨识程序
z(2)=0;z(1)=0;
% 观测值由理想输出值加噪声
for k=3:60;% 循环变量从 3 到 15
    z(k)=-1.5*z(k-1)-0.7*z(k-2)+u(k-1)+0.5*u(k-2)+0.5*v(k);
end
% RLS 递推最小二乘辨识
c0=[0.001 0.001 0.001 0.001]';
p0=10^3*eye(4,4);
E=0.000000005;% 相对误差
c=[c0,zeros(4,59)];% 被辨识参数矩阵的初始值及大小
e=zeros(4,60);% 相对误差的初始值及大小
lamt=1;
for k=3:60;
    h1=[-z(k-1),-z(k-2),u(k-1),u(k-2)]';
    k1=p0*h1*inv(h1'*p0*h1+1*lamt);% 求出 K 的值
    new=z(k)-h1'*c0;
    c1=c0+k1*new;% 求被辨识参数 c
```

```
p1=1/lamt* (eye(4)-k1* h1')* p0;
e1=(c1-c0)./c0;% 求参数当前值与前一次值的差值
e(:,k)=e1; % 把当前相对变化的列向量加入误差矩阵的最后一列
c(:,k)=c1;% 把辨识参数 c 列向量加入辨识参数矩阵的最后一列
c0=c1;% 新获得的参数作为下一次递推的旧参数
p0=p1;
if norm(e1)<=E
    break;% 若参数收敛满足要求,终止计算
end
end
% 分离参数
a1=c(1,:); a2=c(2,:); b1=c(3,:); b2=(4,:);
ea1=e(1,:); ea2=e(2,:); eb1=e(3,:); eb2=e(4,:);
figure(2);
i=1:60;
plot(i,a1,'k',i,a2,'b',i,b1,'r',i,b2,'g') % 画出辨识结果
legend('a1','a2','b1','b2');
title('递推最小二乘参数辨识')
figure(3);
i=1:60;
plot(i,ea1,'k',i,ea2,'b',i,eb1,'r',i,eb2,'g') % 画出辨识结果的收敛情况
legend('a1','a2','b1','b2');
title('辨识精度')
```

3.3.4 时不变系统的递推最小二乘法

对 $\forall m, w(m)$ 可以在 $(0,1]$ 范围内选择,如果 $w(m)<1$,则表示削弱过去的观测数据的作用。当 $w(m)=1$ 时,所有采样数据都是等同的权值,也就是说,新老数据对于参数估计提供同等重要的信息,此时加权最小二乘的递推算法转化为一般最小二乘递推算法,即式(3.46)、式(3.48)和式(3.49)变为

$$\hat{\boldsymbol{\theta}}_{m+1}=\hat{\boldsymbol{\theta}}_m+\boldsymbol{K}_{m+1}[z(m+1)-\boldsymbol{h}(m+1)\hat{\boldsymbol{\theta}}_m]$$
$$\boldsymbol{P}_{m+1}=\boldsymbol{P}_m-\boldsymbol{P}_m\boldsymbol{h}^{\mathrm{T}}(m+1)[1+\boldsymbol{h}(m+1)\boldsymbol{P}_m\boldsymbol{h}^{\mathrm{T}}(m+1)]^{-1}\boldsymbol{h}(m+1)\boldsymbol{P}_m$$
$$\boldsymbol{K}_{m+1}=\boldsymbol{P}_m\boldsymbol{h}^{\mathrm{T}}(m+1)[1+\boldsymbol{h}(m+1)\boldsymbol{P}_m\boldsymbol{h}^{\mathrm{T}}(m+1)]^{-1}$$

对于一般最小二乘递推算法,理论上随着观测数据的增加,其参数估计值的精度越来越精确,但在实际中往往会出现估计误差越来越大的现象。这是因为增益矩阵 $\boldsymbol{K}_{m+1}$ 表示修正程度,$\boldsymbol{K}_{m+1}$ 越大,修正效果越好。但由于最小二乘估计是无偏的、有效的和一致的,随着观测数据的增加,$\boldsymbol{P}_m$ 和 $\boldsymbol{K}_m$ 逐渐减小,直至趋于 0。这时新的观测数据对参数估计值的修正作用消失,出现所谓的"数据饱和"现象。数据饱和后,由于递推计算的舍入误差,不仅新的观测值对参数估计不起修正作用,反而使 $\boldsymbol{P}_m$ 失去正定性,导致估计误差增加。

对于一般最小二乘递推算法,由于新老数据对于参数估计提供同等重要的信息,而且容易出现数据饱和现象,只能适用于时不变系统的参数辨识。在估计期间参数随时间的推移而缓慢变化(时变系统)时,无法反映出参数时变的特点,从而使估计结果产生错误。

3.3.5 时变系统的递推最小二乘法

当系统参数随时间变化时,因新数据被旧数据所淹没,递推算法无法直接使用。为适应时

变参数的变化情况,修改旧数据的权重(降低),增加新数据。实现上述要求的途径主要有数据窗法和 Kalman 滤波法,其中数据窗法主要有矩形窗法和指数窗法。

1. 矩形窗法

矩形窗法的特点是在时刻 k 的估计只依靠近 k 时刻的有限个数据,此前的数据全部被剔除,如图 3-13 所示。图 3-13 表示长度为 m 的矩形窗,每个时刻增加一个新数据,就要剔除一个旧数据,保持数据窗内的数据数目始终为 m。

在 $k=i+m$ 时刻,获得新观测数据 $z(i+m)$,于是根据一般最小二乘递推公式有

$$\hat{\boldsymbol{\theta}}_{i+m,i}=\hat{\boldsymbol{\theta}}_{i+m-1,i}+\boldsymbol{K}_{i+m,i}[z(i+m)-\boldsymbol{h}(i+m)\hat{\boldsymbol{\theta}}_{i+m-1,i}]$$

$$\boldsymbol{P}_{i+m,i}=\boldsymbol{P}_{i+m-1,i}-\boldsymbol{P}_{i+m-1,i}\boldsymbol{h}^{\mathrm{T}}(i+m)[1+\boldsymbol{h}(i+m)\boldsymbol{P}_{i+m-1,i}\boldsymbol{h}^{\mathrm{T}}(i+m)]^{-1}\boldsymbol{h}(i+m)\boldsymbol{P}_{i+m-1,i}$$

$$\boldsymbol{K}_{i+m,i}=\boldsymbol{P}_{i+m-1,i}\boldsymbol{h}^{\mathrm{T}}(i+m)[1+\boldsymbol{h}(i+m)\boldsymbol{P}_{i+m-1,i}\boldsymbol{h}^{\mathrm{T}}(i+m)]^{-1}$$

式中,$\hat{\boldsymbol{\theta}}_{i+m,i}$ 表示利用 i 至 $i+m$ 之间的观测数据 $z(k)(k=i,\cdots,i+m)$ 所得的 $\boldsymbol{\theta}$ 估计值;$\boldsymbol{P}_{i+m,i}$ 和 $\boldsymbol{K}_{i+m,i}$ 的含义类似。

为了保持数据窗长度为 m,剔除 i 时刻的观测值 $z(i)$,则相应的递推公式变为

$$\hat{\boldsymbol{\theta}}_{i+m,i+1}=\hat{\boldsymbol{\theta}}_{i+m,i}+\boldsymbol{K}_{i+m,i+1}[z(i)-\boldsymbol{h}(i)\hat{\boldsymbol{\theta}}_{i+m,i}]$$

$$\boldsymbol{P}_{i+m,i+1}=\boldsymbol{P}_{i+m,i}-\boldsymbol{P}_{i+m,i}\boldsymbol{h}^{\mathrm{T}}(i)[1+\boldsymbol{h}(i)\boldsymbol{P}_{i+m,i}\boldsymbol{h}^{\mathrm{T}}(i)]^{-1}\boldsymbol{h}(i)\boldsymbol{P}_{i+m,i}$$

$$\boldsymbol{K}_{i+m,i+1}=\boldsymbol{P}_{i+m,1}\boldsymbol{h}^{\mathrm{T}}(i)[1+\boldsymbol{h}(i)\boldsymbol{P}_{i+m,i}\boldsymbol{h}^{\mathrm{T}}(i)]^{-1}$$

2. 指数窗法

对于加权递推最小二乘估计,当取 $w(k)=\lambda^{m-k}$($\lambda<1$ 的正数)时,相当于应用带指数权的误差函数(见图 3-14),即

$$J(\hat{\boldsymbol{\theta}})_{\min}=\sum_{k=n+1}^{m}\lambda^{m-k}(z(k)-\boldsymbol{h}(k)\hat{\boldsymbol{\theta}})^{\mathrm{T}}(z(k)-\boldsymbol{h}(k)\hat{\boldsymbol{\theta}}) \tag{3.50}$$

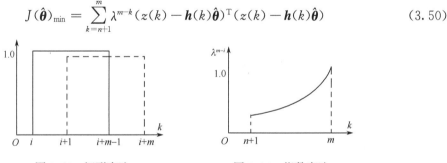

图 3-13 矩形窗法　　　　　图 3-14 指数窗法

这种误差目标函数利用对旧数据加指数权来人为地强调当前数据的作用,权函数的作用相当于给估计误差加一个一阶滤波器,或者说对以前的测量数据加上一个遗忘因子,以逐渐降低旧数据提供的信息量,增大新数据提供的信息量,又称这种方法为渐消记忆最小二乘法。

通过对式(3.50)取极小便可以得到带指数窗的参数估计实时算法

$$\hat{\boldsymbol{\theta}}_{m+1}=\hat{\boldsymbol{\theta}}_m+\boldsymbol{K}_{m+1}[z(m+1)-\boldsymbol{h}(m+1)\hat{\boldsymbol{\theta}}_m]$$

$$\boldsymbol{K}_{m+1}=\boldsymbol{P}_m\boldsymbol{h}^{\mathrm{T}}(m+1)[\lambda\boldsymbol{I}+\boldsymbol{h}(m+1)\boldsymbol{P}_m\boldsymbol{h}^{\mathrm{T}}(m+1)]^{-1}$$

$$\boldsymbol{P}_{m+1}=\frac{1}{\lambda}[\boldsymbol{I}-\boldsymbol{K}_{m+1}\boldsymbol{h}(m+1)]^{-1}\boldsymbol{P}_m$$

对于渐消记忆最小二乘法,一般取 $0<\lambda<1$。λ 取得越小,意味着旧数据对参数估计的影响降低,新数据影响加大,算法能很好地跟踪时变参数。但是,λ 越小,噪声干扰影响越大,估计误差的方差越大。究竟 λ 取多少合适,需视具体被辨识对象并根据经验选定,常常通过实验来选择,一般取 $0.9<\lambda<0.99$。

3.4 递推阻尼最小二乘法

3.4.1 递推阻尼最小二乘法的基本原理

在模型参数辨识的过程中,常用方法是上述的最小二乘法,但最小二乘法也存在一些缺点,如随着协方差矩阵的减小,参数易产生爆发现象;参数向量和协方差矩阵初始值选择不当,会使辨识过程在收敛之前结束等。为防止辨识参数产生爆发现象,在最小二乘参数辨识的目标函数中增加一个对参数变化量的阻尼项,来增加算法的稳定性,因此称该算法为递推阻尼最小二乘法。

在式(3.24)的基础上加入阻尼项,则得递推阻尼最小二乘法的目标函数为

$$J = \left[(\boldsymbol{Y}_m - \boldsymbol{H}_m\hat{\boldsymbol{\theta}}_m)^{\mathrm{T}}\boldsymbol{W}_m(\boldsymbol{Y}_m - \boldsymbol{H}_m\hat{\boldsymbol{\theta}}_m)\right] + \mu[\hat{\boldsymbol{\theta}}_m - \hat{\boldsymbol{\theta}}_{m-1}]^{\mathrm{T}}[\hat{\boldsymbol{\theta}}_m - \hat{\boldsymbol{\theta}}_{m-1}] \tag{3.51}$$

式中,J 为递推阻尼最小二乘估计的目标函数;$\mu(\mu>0)$ 为阻尼因子。μ 的大小描述了自变量增量与目标函数 J 取极小时的相对重要性。即如果模型的线性程度较大,那么很小的 μ 就能使 $\hat{\boldsymbol{\theta}}$ 对 $\boldsymbol{\theta}$ 有较好的修正;反之,必需较大的 μ,才能保证 $\hat{\boldsymbol{\theta}}$ 对 $\boldsymbol{\theta}$ 有较好的修正。当 $\mu=0$ 时,递推阻尼最小二乘法就变成一般最小二乘法。

3.4.2 递推阻尼最小二乘法的分析与设计

为简便起见,这里以图 3-4 所示的 SISO 系统为辨识对象,于是被辨识模型的差分方程为

$$y(k) = -\sum_{i=1}^{n} a_i y(k-i) + \sum_{i=1}^{n} b_i u(k-i) + v(k) \tag{3.52}$$

式中,$y(k)$ 为系统输出量的第 k 次观测值,$y(k-1)$ 为系统输出量的第 $k-1$ 次观测值,以此类推;$u(k)$ 为系统的第 k 个输入值,$u(k-1)$ 为系统的第 $k-1$ 个输入值;$v(k)$ 是均值为 0 的随机噪声。

将式(3.52)写成向量的形式

$$y(k) = \boldsymbol{h}(k)\boldsymbol{\theta} + v(k) \tag{3.53}$$

式中,$\boldsymbol{h}(k) = [-y(k-1) \quad -y(k-2) \quad \cdots \quad -y(k-n) \quad u(k-1) \quad \cdots \quad u(k-n)]$ 为系数矩阵;$\boldsymbol{\theta} = [a_1 \quad a_2 \quad \cdots \quad a_n \quad b_1 \quad b_2 \quad \cdots \quad b_n]^{\mathrm{T}}$ 为待估计参数。

令 $k=1,2,\cdots,m$,则有

$$\boldsymbol{Y}_m = \boldsymbol{H}_m\boldsymbol{\theta}_m + \boldsymbol{V}_m \tag{3.54}$$

$$\boldsymbol{Y}_m = \begin{bmatrix} y(1) \\ \vdots \\ y(n) \end{bmatrix} = \begin{bmatrix} \boldsymbol{Y}_{m-1} \\ \boldsymbol{y}_m \end{bmatrix} \tag{3.55}$$

$$\boldsymbol{H}_m = \begin{bmatrix} -y(0) & \cdots & -y(1-n) & u(0) & \cdots & u(1-n) \\ \vdots & & \vdots & \vdots & & \vdots \\ -y(m-1) & \cdots & -y(m-n) & u(m-1) & \cdots & u(m-n) \end{bmatrix} = \begin{bmatrix} \boldsymbol{H}_{m-1} \\ \boldsymbol{h}_m \end{bmatrix} \tag{3.56}$$

$$\boldsymbol{W}_m = \mathrm{diag}(\lambda^{m-1} \quad \lambda^{m-2} \quad \cdots \quad \lambda^0) = \begin{bmatrix} \boldsymbol{W}_{m-1} & 0 \\ 0 & 1 \end{bmatrix} \tag{3.57}$$

$$\boldsymbol{V}_m = [v(1) \quad \cdots \quad v(m)]^{\mathrm{T}} = \begin{bmatrix} \boldsymbol{V}_{m-1} \\ v_m \end{bmatrix} \tag{3.58}$$

根据极值原理,要使式(3.51)成立,$\hat{\boldsymbol{\theta}}$ 应满足

$$\frac{\partial J}{\partial \boldsymbol{\theta}}\bigg|_{\boldsymbol{\theta}=\hat{\boldsymbol{\theta}}}=-2\boldsymbol{H}_m^{\mathrm{T}}\boldsymbol{W}_m(\boldsymbol{Y}_m-\boldsymbol{H}_m\hat{\boldsymbol{\theta}}_m)+2\mu[\hat{\boldsymbol{\theta}}_m-\hat{\boldsymbol{\theta}}_{m-1}]=0 \tag{3.59}$$

对式(3.59)整理可得

$$[\mu\boldsymbol{I}+\boldsymbol{H}_m^{\mathrm{T}}\boldsymbol{W}_m\boldsymbol{H}_m]\hat{\boldsymbol{\theta}}_m=\mu\hat{\boldsymbol{\theta}}_{m-1}+\boldsymbol{H}_m^{\mathrm{T}}\boldsymbol{W}_m\boldsymbol{Y}_m \tag{3.60}$$

由于 $\mu\boldsymbol{I}+\boldsymbol{H}_m^{\mathrm{T}}\boldsymbol{W}_m\boldsymbol{H}_m$ 可逆,所以式(3.60)存在唯一解,为

$$\hat{\boldsymbol{\theta}}_m=[\mu\boldsymbol{I}+\boldsymbol{H}_m^{\mathrm{T}}\boldsymbol{W}_m\boldsymbol{H}_m]^{-1}[\mu\hat{\boldsymbol{\theta}}_{m-1}+\boldsymbol{H}_m^{\mathrm{T}}\boldsymbol{W}_m\boldsymbol{Y}_m] \tag{3.61}$$

令

$$\boldsymbol{P}_{m-1}^{-1}=\mu\boldsymbol{I}+\boldsymbol{H}_{m-1}^{\mathrm{T}}\boldsymbol{W}_{m-1}\boldsymbol{H}_{m-1} \tag{3.62}$$

则有

$$\boldsymbol{P}_m=[\mu\boldsymbol{I}+\boldsymbol{H}_m^{\mathrm{T}}\boldsymbol{W}_m\boldsymbol{H}_m]^{-1} \tag{3.63}$$

将式(3.63)代入式(3.61),有

$$\hat{\boldsymbol{\theta}}_m=\boldsymbol{P}_m[\mu\hat{\boldsymbol{\theta}}_{m-1}+\boldsymbol{H}_m^{\mathrm{T}}\boldsymbol{W}_m\boldsymbol{Y}_m] \tag{3.64}$$

进而有

$$\boldsymbol{H}_{m-1}^{\mathrm{T}}\boldsymbol{W}_{m-1}\boldsymbol{Y}_{m-1}=\boldsymbol{P}_{m-1}^{-1}\hat{\boldsymbol{\theta}}_{m-1}-\mu\hat{\boldsymbol{\theta}}_{m-2} \tag{3.65}$$

将式(3.55)至式(3.57)代入式(3.63),得

$$\boldsymbol{P}_m^{-1}=\mu\boldsymbol{I}+\lambda\boldsymbol{H}_{m-1}^{\mathrm{T}}\boldsymbol{W}_{m-1}\boldsymbol{H}_{m-1}+\boldsymbol{h}_m^{\mathrm{T}}\boldsymbol{h}_m \tag{3.66}$$

对式(3.66)进一步整理,且两边同时加上 $\mu\boldsymbol{I}$,得

$$\boldsymbol{H}_{m-1}^{\mathrm{T}}\boldsymbol{W}_{m-1}\boldsymbol{H}_{m-1}+\mu\boldsymbol{I}=\mu\boldsymbol{I}+\frac{1}{\lambda}[\boldsymbol{P}_m^{-1}-\mu\boldsymbol{I}-\boldsymbol{h}_m^{\mathrm{T}}\boldsymbol{h}_m] \tag{3.67}$$

比较式(3.62)和式(3.67),得

$$\boldsymbol{P}_{m-1}^{-1}=\mu\boldsymbol{I}+\frac{1}{\lambda}[\boldsymbol{P}_m^{-1}-\mu\boldsymbol{I}-\boldsymbol{h}_m^{\mathrm{T}}\boldsymbol{h}_m] \tag{3.68}$$

将式(3.55)至式(3.57)代入式(3.64),得

$$\hat{\boldsymbol{\theta}}_m=\boldsymbol{P}_m[\mu\hat{\boldsymbol{\theta}}_{m-1}+\lambda\boldsymbol{H}_{m-1}^{\mathrm{T}}\boldsymbol{W}_{m-1}\boldsymbol{y}_{m-1}+\boldsymbol{h}_m^{\mathrm{T}}\boldsymbol{y}_m] \tag{3.69}$$

将式(3.65)和式(3.68)代入式(3.69),得

$$\hat{\boldsymbol{\theta}}_m=\hat{\boldsymbol{\theta}}_{m-1}+\lambda\mu\boldsymbol{P}_m[\hat{\boldsymbol{\theta}}_{m-1}-\hat{\boldsymbol{\theta}}_{m-2}]+\boldsymbol{P}_m\boldsymbol{h}_m^{\mathrm{T}}[\boldsymbol{y}_m-\boldsymbol{h}_m\hat{\boldsymbol{\theta}}_{m-1}] \tag{3.70}$$

综合式(3.68)和式(3.70),递推阻尼最小二乘法的公式为

$$\hat{\boldsymbol{\theta}}_m=\hat{\boldsymbol{\theta}}_{m-1}+\lambda\mu\boldsymbol{P}_m[\hat{\boldsymbol{\theta}}_{m-1}-\hat{\boldsymbol{\theta}}_{m-2}]+\boldsymbol{P}_m\boldsymbol{h}_m^{\mathrm{T}}[\boldsymbol{y}_m-\boldsymbol{h}_m\hat{\boldsymbol{\theta}}_{m-1}]$$

$$\boldsymbol{P}_m=[\mu\boldsymbol{I}+\lambda\boldsymbol{H}_{m-1}^{\mathrm{T}}\boldsymbol{W}_{m-1}\boldsymbol{H}_{m-1}+\boldsymbol{h}_m^{\mathrm{T}}\boldsymbol{h}_m]^{-1}$$

式(3.70)具有明显的物理意义: $\hat{\boldsymbol{\theta}}_{m-1}$ 为前一时刻的参数估计值; $\boldsymbol{y}_m-\boldsymbol{h}_m\boldsymbol{\theta}_{m-1}$ 为预测误差,是前一时刻估计值 $\hat{\boldsymbol{\theta}}_{m-1}$ 与实际参数的偏差形成的,又称为新息; $\boldsymbol{P}_m\boldsymbol{h}_m^{\mathrm{T}}$ 是修正偏差的系数,称为增益矩阵; $\hat{\boldsymbol{\theta}}_{m-1}-\hat{\boldsymbol{\theta}}_{m-2}$ 是前两个时刻估计值的偏差; λ、μ、$\boldsymbol{P}_m$ 是估计值偏差的系数,由阻尼系数、遗忘因子和估计误差的协方差构成。

3.4.3 仿真实例

【例3.6】用递推阻尼最小二乘法对以下数学模型进行参数辨识

$$z(k)+a_1z(k-1)+a_2z(k-2)=b_1u(k-1)+b_2u(k-2)+V(k)$$

式中,理想的系数值为 $a_1=1.6$, $a_2=-0.7$, $b_1=1.0$ 和 $b_2=0.5$; $V(k)$ 是服从 $N(0,1)$ 的随机噪声;输入 $u(k)$ 是服从 $N(0,1)$ 的随机噪声。在辨识过程中,递推阻尼最小二乘法选 $\lambda=0.95$, $\mu=0.95$。

利用递推阻尼最小二乘法进行辨识,其输入/输出及辨识结果分别如图 3-15、图 3-16 和图 3-17 所示,辨识的参数见表 3-4。

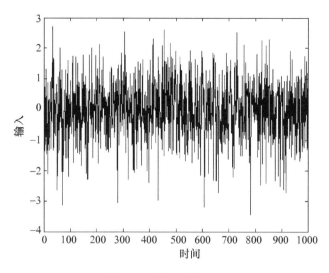

图 3-15 输入信号 $u(k)$

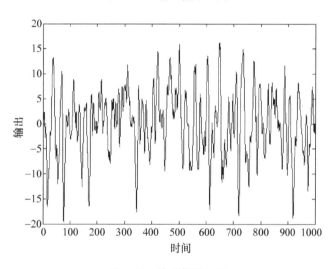

图 3-16 输出信号 $y(k)$

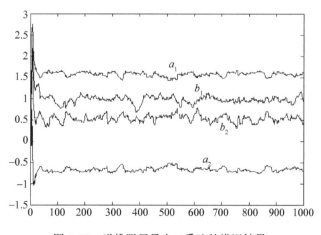

图 3-17 递推阻尼最小二乘法的辨识结果

表 3-4 递推阻尼最小二乘法的辨识参数

参数	a_1	a_2	b_1	b_2
真值	1.6	−0.7	1.0	0.5
估计值(第 20 次迭代)	1.717	−0.839	1.211	0.388
估计值(第 400 次迭代)	1.586	−0.684	0.780	0.389
估计值(第 800 次迭代)	1.571	−0.671	0.944	0.574

递推阻尼最小二乘法的辨识仿真程序:chap3_4.m

```
clear all;
close all;
clc
% 产生输入数据和观测数据
u_1=0.0;u_2=0.0;
y_1=0.0;y_2=0.0;
randn('seed',100)
num=randn(1,1000);
randn('seed',1000)
num1=randn(1,1000);
for k=1:1:1000
    time(k)=k;
    u(k)=num1(k);
    % Linear model
    kesi=0.5* num(1,k);
    a0=1.6; a1=-0.7; b0=1; b1=0.5;
    y(k)=a0* y_1+ a1* y_2+ b0* u_1+ b1* u_2+ kesi;
    % Return of parameters
  u_2=u_1;u_1=u(k);y_2=y_1;y_1=y(k);
end
figure;
plot(time,u,'k');
xlabel('时间'),ylabel('输入');
figure
plot(time,y,'k');
xlabel('时间'),ylabel('输出');
clear time
% 递推阻尼最小二乘参数辨识
beta=0.95;
miu=0.95;
theta_1=zeros(4,1); % theta=[a1,b0 b1]
theta_2=zeros(4,1);
alfa=10000;
P_1=alfa* eye(4);

for k=3:1:1000
    time(k)=k;
    fai=[y(k-1) y(k-2) u(k-1) u(k-2)]';
    P=inv(miu* eye(4)-beta* miu* eye(4)+beta* inv(P_1)+fai* fai');
    theta=theta_1+beta* miu* P* (theta_1-theta_2)+P* fai* (y(k)-fai'* theta_1);
```

```
a0(k)=theta(1);
a1(k)=theta(2);
b0(k)=theta(3);
b1(k)=theta(4);
theta_2=theta_1;
theta_1=theta;
P_1=P;
end
figure
plot(time,a0,'k');
hold on
plot(time,a1,'b');
plot(time,b0,'r');
plot(time,b1,'g');
hold off
```

3.5 增广最小二乘法

3.5.1 增广最小二乘法的基本原理

当噪声均值为 0 时,最小二乘法为无偏估计;当噪声的均值不为 0 时,最小二乘法为有偏估计。为了解决最小二乘参数估计的有偏性,将噪声模型的辨识同时考虑进去,这种方法称为增广最小二乘法。增广最小二乘法可以看成是对一般最小二乘法的简单推广或扩充,因此又称为扩充最小二乘法。

考虑如图 3-18 所示的 SISO 动态系统,被辨识模型为

$$z(k) = -\sum_{i=1}^{n} a_i y(k-i) + \sum_{i=1}^{n} b_i u(k-i) + v'(k) \tag{3.71}$$

$$v'(k) = N(k)v(k) \tag{3.72}$$

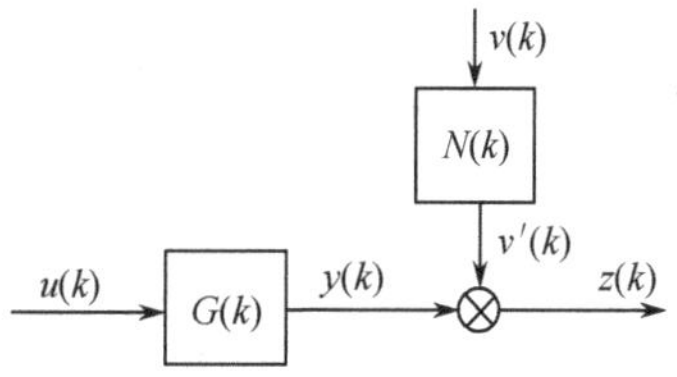

式中,$z(k)$ 为系统输出量的第 k 次观测值;$y(k)$ 为系统输出量的第 k 次真值;$u(k)$ 为系统的第 k 个输入值;$v'(k)$ 是均值非 0 的随机噪声;$v(k)$ 是均值为 0 的随机噪声。

图 3-18 SISO 动态系统

对式(3.72)中的噪声模型 $N(k)$ 的参数也进行辨识,于是式(3.71)可写为

$$z(k) = -\sum_{i=1}^{n} a_i y(k-i) + \sum_{i=1}^{n} b_i u(k-i) + \sum_{i=1}^{n} c_i v(k-i) + v(k) \tag{3.73}$$

对式(3.73)进行参数辨识的过程就是增广最小二乘法。

3.5.2 增广最小二乘法的分析与设计

用估计值 $\{\hat{v}(k)\}$ 代替 $\{v(k)\}$ 噪声序列,可以将噪声序列作为被辨识的对象进行扩充,即

$$\boldsymbol{h}(k) = \begin{bmatrix} -y(k-1) & -y(k-2) & \cdots & -y(k-n) & u(k-1) & u(k-2) & \cdots \end{bmatrix}$$
$$\begin{bmatrix} u(k-n) & \hat{v}(k-1) & \cdots & \hat{v}(k-n) \end{bmatrix}$$

$$\boldsymbol{\theta} = \begin{bmatrix} a_1 & a_2 & \cdots & a_n & b_1 & b_2 & \cdots & b_n & c_1 & \cdots & c_n \end{bmatrix}^{\mathrm{T}}$$

则式(3.73)可改写为

$$z(k) = \boldsymbol{h}(k)\boldsymbol{\theta} + v(k) \tag{3.74}$$

显然,式(3.74)是一般最小二乘参数无偏估计的标准形式,故可采用最小二乘法或递推最小二乘法求出待辨识的参数 $\boldsymbol{\theta}$。于是,类似地可以得到增广最小二乘法为

$$\hat{\boldsymbol{\theta}}_{m+1} = \hat{\boldsymbol{\theta}}_m + \boldsymbol{K}_{m+1}[z(m+1) - \boldsymbol{h}(m+1)\hat{\boldsymbol{\theta}}_m]$$

$$\boldsymbol{P}_{m+1} = \boldsymbol{P}_m - \boldsymbol{P}_m\boldsymbol{h}^{\mathrm{T}}(m+1)[w^{-1}(m+1) + \boldsymbol{h}(m+1)\boldsymbol{P}_m\boldsymbol{h}^{\mathrm{T}}(m+1)]^{-1}\boldsymbol{h}(m+1)\boldsymbol{P}_m$$

$$\boldsymbol{K}_{m+1} = \boldsymbol{P}_m\boldsymbol{h}^{\mathrm{T}}(m+1)[w^{-1}(m+1) + \boldsymbol{h}(m+1)\boldsymbol{P}_m\boldsymbol{h}^{\mathrm{T}}(m+1)]^{-1}$$

此时的矩阵 $\boldsymbol{P}_m$ 为 $3n \times 3n$ 维矩阵,故这种方法还被称为增广矩阵法。

3.5.3 仿真实例

【例 3.7】用增广最小二乘法对以下数学模型进行参数辨识

$$z(k) + a_1 z(k-1) + a_2 z(k-2) = b_1 u(k-1) + b_2 u(k-2) + c_1 v(k) - c_2 v(k-1) + c_3 v(k-2)$$

式中,理想的系数值为 $a_1 = 1.5, a_2 = 0.7, b_1 = 1.0, b_2 = 0.5, c_1 = 1.2, c_2 = -1.0$ 和 $c_3 = 0.2$; $\{v(k)\}$ 是服从正态分布的白噪声 $N(0,1)$;输入信号采用 4 阶 M 序列,其幅值为 1。

采用增广最小二乘法的辨识结果如图 3-19 所示;辨识的参数见表 3-5。

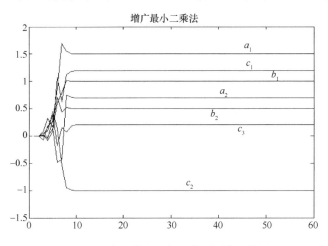

图 3-19 采用增广最小二乘法的辨识结果

表 3-5 增广最小二乘法的辨识参数

参数	a_1	a_2	b_1	b_2	c_1	c_2	c_3
真值	1.5	0.7	1.0	0.5	1.2	−1.0	0.2
估计值	1.5	0.7	1.0	0.5	1.2	−1.0	0.2

增广最小二乘法的辨识仿真程序:chap3_5.m

```
clear all
close all
clc

% M序列、噪声信号产生及其显示程序
L=60;% 4位移位寄存器产生的M序列的周期
y1=1;y2=1;y3=1;y4=0;
for i=1:L;
    x1=xor(y3,y4);
```

```
            x2=y1;
            x3=y2;
            x4=y3;
            y(i)=y4;
            if y(i)> 0.5,u(i)=-1;
            else u(i)=1;
            end
            y1=x1;y2=x2;y3=x3;y4=x4;
    end
    figure(1);
    stem(u),grid on% 画出 M 序列输入信号
    randn('seed',100)
    v=randn(1,60);% 产生一个 N(0,1)的随机噪声
    % 增广递推最小二乘辨识
    z(2)=0;z(1)=0;
    theat0=[0.001 0.001 0.001 0.001 0.001 0.001 0.001]';% 直接给出被辨识参数的初始值,即一个
充分小的实向量
    p0=10^4* eye(7,7);% 初始状态 P0
    theat=[theat0,zeros(7,59)];% 被辨识参数矩阵的初始值及大小
    for k=3:60;
        z(k)=-1.5* z(k-1)-0.7* z(k-2)+u(k-1)+0.5* u(k-2)+1.2* v(k)-v(k-1)+0.2*
v(k-2)
        h1=[-z(k-1),-z(k-2),u(k-1),u(k-2),v(k),v(k-1),v(k-2)]';
        x=h1'* p0* h1+ 1;
        x1=inv(x);
        k1=p0* h1* x1;% K
        d1=z(k)-h1'* theat0;
        theat1=theat0+ k1* d1;% 辨识参数 c
        theat0=theat1;% 给下一次用
        theat(:,k)=theat1;% 把辨识参数 c 列向量加入辨识参数矩阵
        p1=p0-k1* k1'* [h1'* p0* h1+ 1];% find p(k)
        p0=p1;% 给下一次用
    end% 循环结束

    % 分离变量
        a1=theat(1,:); a2=theat(2,:); b1=theat(3,:); b2=theat(4,:);
        c1=theat(5,:); c2=theat(6,:); c3=theat(7,:);
    i=1:60;
    figure(2);
    plot(i,z)
    figure(3)
    plot(i,a1,'r',i,a2,'b',i,b1,'k',i,b2,'y',i,c1,'g',i,c2,'c',i,c3,'m')
                            % 画出各个被辨识参数
    title('增广最小二乘法')% 标题
```

3.6 广义最小二乘法

对于有色噪声 $v'(k)$,可通过对噪声建模并利用增广最小二乘法来完成参数辨识,获得无偏估计解。但噪声模型参数估计比过程模型参数估计的收敛速度慢,因此噪声模型的阶次不

能太高。然而在实际工程中存在一些系统,其噪声模型阶次很高,利用增广最小二乘法来完成参数辨识时,存在建模精度差和应用困难的情况。为了解决该问题,引入一个成形滤波器(白化滤波器),将相关噪声转化为白噪声,称这种参数辨识方法为广义最小二乘法(Generalized Least Squares,GLS)。

3.6.1 广义最小二乘法的基本原理

考虑如图 3-20 所示的 SISO 动态系统,被辨识模型为

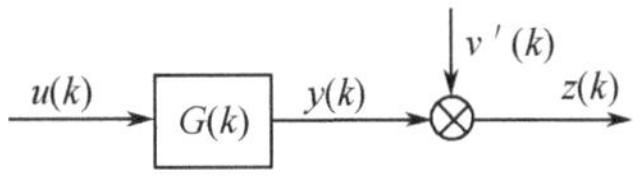

图 3-20 SISO 动态系统

$$z(k) = -\sum_{i=1}^{n} a_i y(k-i) + \sum_{i=1}^{n} b_i u(k-i) + v'(k) \tag{3.75}$$

式中,$v'(k)$ 是均值非 0 的有色噪声。

为了处理有色噪声,广义最小二乘法引入一个成形滤波器,其数学模型可表示为

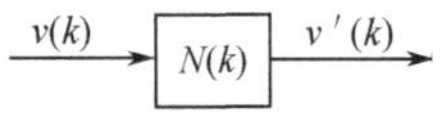

图 3-21 成形滤波器的结构

$$v'(k) + \sum_{i=1}^{n} c_i v'(k-i) = \sum_{i=1}^{n} d_i v(k-i) \tag{3.76}$$

式中,$v(k)$ 是均值为 0 的随机噪声。

为书写方便,将式(3.76)改写为

$$\frac{C(z^{-1})}{D(z^{-1})} v'(k) = N(z^{-1}) v'(k) = v(k) \tag{3.77}$$

式中

$$C(z^{-1}) = 1 + c_1 z^{-1} + \cdots + c_n z^{-n} = 1 + \sum_{i=1}^{n} c_i z^{-i} \tag{3.78}$$

$$D(z^{-1}) = d_0 + d_1 z^{-1} + \cdots + d_n z^{-n} = \sum_{i=0}^{n} d_i z^{-i} \tag{3.79}$$

$$N(z^{-1}) = 1 + n_1 z^{-1} + \cdots + n_m z^{-m} = 1 + \sum_{i=1}^{m} f_i z^{-i} \tag{3.80}$$

则式(3.77)可写为

$$v'(k) = \frac{1}{N(z^{-1})} v(k) \tag{3.81}$$

式中,$N(z^{-1})$ 为成形滤波器,该滤波器是未知的、稳定的、有限阶的线性滤波器。于是,式(3.75)所示的动态系统被辨识模型可改写为

$$A(z^{-1}) y(k) = B(z^{-1}) u(k) + v(k)/N(z^{-1}) \tag{3.82}$$

式中

$$A(z^{-1}) = 1 + A_1 z^{-1} + \cdots + A_n z^{-n} = 1 + \sum_{i=1}^{n} A_i z^{-i} \tag{3.83}$$

$$B(z^{-1}) = B_0 + B_1 z^{-1} + \cdots + B_n z^{-n} = \sum_{i=0}^{n} B_i z^{-i} \tag{3.84}$$

对式(3.82)两边同时乘以 $N(z^{-1})$,变为

$$A(z^{-1}) N(z^{-1}) z(k) = B(z^{-1}) N(z^{-1}) u(k) + v(k) \tag{3.85}$$

进而有

$$\overline{A}(z^{-1}) z(k) = \overline{B}(z^{-1}) u(k) + v(k) \tag{3.86}$$

式中,$\bar{A}(z^{-1})$ 和 $\bar{B}(z^{-1})$ 分别为成形滤波器 $N(z^{-1})$ 对 $A(z^{-1})$ 和 $B(z^{-1})$ 滤波后的结果。于是系统变为一个 0 均值随机噪声系统。在此基础上,利用最小二乘法就可获得系统的无偏估计解。

3.6.2　广义最小二乘法的设计与分析

广义最小二乘法的关键问题是如何用比较简便的方法找到成形滤波器的系数,其计算过程通常采用逐次逼近法。

第 1 步:根据输入数据 $u(k)$ 和输出数据 $z(k)(k=1,2,\cdots M)$,利用最小二乘法按式(3.75)进行估计,获得参数估计值 $\hat{\theta}$,即 $\hat{A}(z^{-1})$ 和 $\hat{B}(z^{-1})$,该估计值是不精确的,它只是被估计参数的一次近似。

第 2 步:计算残差,并拟合滤波器的模型,即

$$\hat{v}(k)=\hat{A}(z^{-1})z(k)-\hat{B}(z^{-1})u(k) \tag{3.87}$$

式中,$\hat{v}(k)$ 称为广义残差,用广义残差 $\hat{v}(k)$ 代替相关残差(有色噪声)$v'(k)$。进而利用最小二乘法拟合出一个成形滤波器的模型 $N(z^{-1})$,使得

$$N(z^{-1})\hat{v}(k)=v(k) \tag{3.88}$$

第 3 步:应用获得的成形滤波器,对输入/输出数据进行滤波,即

$$\bar{A}(z^{-1})=A(z^{-1})N(z^{-1}) \tag{3.89}$$

$$\bar{B}(z^{-1})=B(z^{-1})N(z^{-1}) \tag{3.90}$$

第 4 步:重新估计参数 $\boldsymbol{\theta}$,获得参数估计值 $\hat{\boldsymbol{\theta}}$,并转入第 2 步,进行多次循环,直到 $\boldsymbol{\theta}$ 的第 k 次估计值 $\hat{\boldsymbol{\theta}}(k)$ 收敛为止,循环程序的收敛性判断条件为

$$\lim_{k\to\infty}N(z^{-1})=1 \tag{3.91}$$

这意味着残差 $v'(k)$ 已经白噪声化,数据不需要继续滤波,$\hat{\boldsymbol{\theta}}(k)$ 是参数 $\boldsymbol{\theta}$ 的一个无偏估计。

广义最小二乘法的程序流程图如图 3-22 所示。

广义最小二乘法的优点是:当存在有色噪声干扰时,能够克服一般最小二乘估计的有偏性,估计效果较好,在实际中得到了应用;其缺点是:计算量大,每个循环要调用两次最小二乘法及一次数据滤波;求差分方程式(3.85)的参数估计值,是一个非线性最优化问题,不一定总能保证算法对最优解的收敛性;广义最小二乘法本质上是一种逐次逼近法,对于循环程序的收敛性尚未给出证明;广义最小二乘法的估计结果往往取决于所选用参数的初始估计值,在没有先验信息的情况下,最小二乘估计值被认为是最好的初始条件。

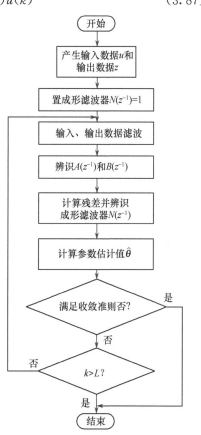

图 3-22　广义最小二乘法的
程序流程图

广义最小二乘法也可采用递推的方式来完成参数辨识,此时称为广义递推最小二乘法(Recursive Generalized Least Squares,RGLS)。由于是递推估计,不能进行反复迭代,其解决的方法是分别对过程模型和噪声模型的辨识设计两个递推估计算法,并在每个递推步中,让它们依顺序递推一次,随着递推过程的深入,将不断改进噪声模型 $N(z^{-1})$ 的辨识结果,同时也

得到较好的 $A(z^{-1})$ 和 $B(z^{-1})$ 辨识结果。

广义递推最小二乘法的具体步骤如下。

第 1 步：确定模型的结构及 $A(z^{-1})$、$B(z^{-1})$ 和 $N(z^{-1})$ 的阶次。

第 2 步：初始化两个辨识过程，并选定稳定的初始滤波器 $N(z^{-1})$。

第 3 步：采样获取新的输入数据 $u(k)$ 和输出数据 $y(k)$。

第 4 步：应用成形滤波器，对输入/输出数据进行滤波，数学模型如式(3.89)和式(3.90)所示。

第 5 步：写成如下自回归方程

$$z(k)=\boldsymbol{h}(k)\boldsymbol{\theta}+v(k) \tag{3.92}$$

$$\boldsymbol{h}(k)=[y(k-1) \quad \cdots \quad y(k-n) \quad u(k-1) \quad \cdots \quad u(k-n)]^{\mathrm{T}} \tag{3.93}$$

$$\boldsymbol{\theta}=[-a_1 \quad \cdots \quad -a_n \quad b_1 \quad \cdots \quad b_n] \tag{3.94}$$

第 6 步：利用递推最小二乘法或渐消记忆最小二乘法重新估计参数 $\boldsymbol{\theta}$，获得参数估计值 $\hat{\boldsymbol{\theta}}$。

第 7 步：计算模型残差估计值为

$$\hat{v}(k)=z(k)-\boldsymbol{h}(k-1)\hat{\boldsymbol{\theta}} \tag{3.95}$$

第 8 步：计算有色噪声 $v'(k)$ 和白噪声 $v(k)$ 的自回归方程为

$$v'(k)=\boldsymbol{h}'(k-1)\boldsymbol{\theta}_v+v(k) \tag{3.96}$$

$$\boldsymbol{h}'(k-1)=[\hat{v}(k-1) \quad \cdots \quad \hat{v}(k-m)]^{\mathrm{T}} \tag{3.97}$$

$$\boldsymbol{\theta}_v=[-n_1 \quad \cdots \quad -n_m] \tag{3.98}$$

第 9 步：利用递推最小二乘法或渐消记忆最小二乘法重新估计参数 $\boldsymbol{\theta}_v$，获得参数估计值 $\hat{\boldsymbol{\theta}}_v$。

第 10 步：修正成形滤波器 $N(z^{-1})$。

第 11 步：如果满足精度，辨识结束，否则转入第 3 步。

递推广义最小二乘法(RGLS)与广义最小二乘法(GLS)不完全等价。实践表明，只要信噪比足够大，递推算法所得参数估计值总能收敛到真值；但若信噪比太小，则估计值也可能收敛到异于真值的其他值。RGLS 和 GLS 之间不等价的原因：GLS 每迭代一次，对全部数据都重新滤波一次，而 RGLS 只对新的采样值 $y(k+1)$、$u(k+1)$ 和历史数据 $\boldsymbol{h}(k)$ 进行滤波，所以它们之间是不等价的。

3.6.3　仿真实例

【例 3.8】用广义递推最小二乘法对以下数学模型进行参数辨识

$$z(k)+a_1 z(k-1)+a_2 z(k-2)=b_1 u(k-1)+b_2 u(k-2)+v'(k)$$

$$v'(k)+c_1 v'(k-1)+c_2 v'(k-2)=v(k)$$

式中，理想的系数值为 $a_1=-1.5, a_2=0.7, b_1=1.0, b_2=0.5, c_1=-1.2$ 和 $c_2=0.6$；$\{v(k)\}$ 是服从 $N(0,1)$ 正态分布的白噪声；输入信号采用 M 序列，其幅值为 1。采用广义递推最小二乘法的参数辨识结果如图 3-23 和图 3-24 所示。

广义递推最小二乘法的参数辨识程序：chap3_6.m

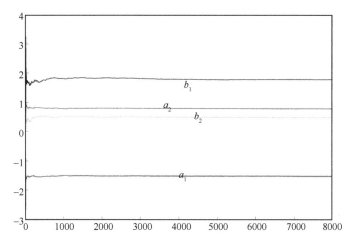

图 3-23 广义递推最小二乘法对过程模型参数的辨识结果

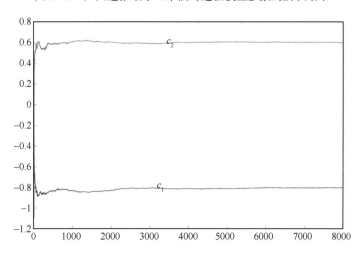

图 3-24 广义递推最小二乘法对噪声模型参数的辨识结果

```
% 广义递推最小二乘法 (Recursion Generalized Least Squares),模型如下:
% z(k)+ a1*z(k-1)+a2*z(k-2)= b1*u(k-1)+b2*u(k-2)+e(k)
% e(k)+ c1*e(k-1)-c2*e(k-2)= v(k)
clear
clc
%%%%%%%%% 产生输入序列%%%%%%%%%
x= [1,1,0,1,1,0,1,0,1]; % initial value
a1= -1.5;
a2= 0.8;
b1= 1.8;
b2= 0.5;
c1= -0.8;
c2= 0.6;
num= 8000; %n 为脉冲数目
M=[]; % 存放 M 序列,其作为输入
for i= 1:num
    temp= xor(x(4),x(9));
    M(i)= x(9);
```

```
        for j=9:-1:2
            x(j)= x(j-1);
        end
        x(1)= temp;
end
u= M;
%%%%%%%%%产生噪声序列%%%%%%%%
v=randn(1,num);
e(1)= v(1);
e(2)= v(2);
for i=3:num
    e(i)=-c1*e(i-1)-c2*e(i-2)+v(i);
end
%%%%%%%%%产生观测序列%%%%%%%%
z=zeros(num,1);
z(1)=0;
z(2)=0;
for i=3:num
    z(i)=-a1*z(i-1)-a2*z(i-2)+b1*u(i-1)+b2*u(i-2)+e(i);
end
%%%%%%%%%变换后的输入序列%%%%%%%%
u_f=[];
u_f(1)=u(1);
u_f(2)=u(2);
for i=3:1:num
    u_f(i)=u(i)+c1*u(i-1)+c2*u(i-2);
end
%%%%%%%%%变换后的观测序列%%%%%%%%
z_f=[];
z_f(1)= z(1);
z_f(2)= z(2);
for i=3:1:num
    z_f(i)=z(i)+c1*z(i-1)+ c2*z(i-2);
end
%%%%%%%%%设置初始值%%%%%%%%
P=1000000*eye(4);
Theta=zeros(4,num);
P_e=eye(2);
Theta_e=zeros(2,num);
for i=3:num
    H=[-z(i-1);-z(i-2);u(i-1);u(i-2)];
    H_f= [-z_f(i-1);-z_f(i-2);u_f(i-1);u_f(i-2)];
    K_f= P*H_f/(1+H_f'* P*H_f);
    Theta(:,i)= Theta(:,i-1)+ K_f*(z_f(i)-H_f'*Theta(:,i- 1));
    P= (eye(4)-K_f*H_f')*P;

    e(i)= z(i)-H'*Theta(:,i);

    H_e= [-e(i-1);-e(i-2)];
    K_e= P_e*H_e/(1+H_e'*P_e*H_e);
```

```
    Theta_e(:,i)= Theta_e(:,i-1)+ K_e* (e(i)-H_e'*Theta_e(:,i-1));
    P_e= (eye(2)-K_e*H_e')*P_e;
end
figure(1)
plot(Theta(1,:),'b');
hold on
plot(Theta(2,:),'r');
plot(Theta(3,:),'k');
plot(Theta(4,:),'g');
hold off
legend('a1','a2','b1','b2');
figure(2)
plot(Theta_e(1,:),'b');
hold on
plot(Theta_e(2,:),'r');
hold off
legend('c1','c2');
```

3.7　辅助变量最小二乘法

3.7.1　辅助变量最小二乘法的基本原理

根据系统方程式(3.12),其最小二乘解可写为

$$\hat{\boldsymbol{\theta}} = (\boldsymbol{H}_m^{\mathrm{T}}\boldsymbol{H}_m)^{-1}\boldsymbol{H}_m^{\mathrm{T}}\boldsymbol{Z}_m = (\boldsymbol{H}_m^{\mathrm{T}}\boldsymbol{H}_m)^{-1}\boldsymbol{H}_m^{\mathrm{T}}(\boldsymbol{H}_m\boldsymbol{\theta}+\boldsymbol{V}_m)$$
$$= \boldsymbol{\theta} + (\boldsymbol{H}_m^{\mathrm{T}}\boldsymbol{H}_m)^{-1}\boldsymbol{H}_m^{\mathrm{T}}\boldsymbol{V}_m \tag{3.99}$$

如果式(3.99)右边的第二项的值依概率收敛于 0,即

$$\lim_{m\to\infty}(\boldsymbol{H}_m^{\mathrm{T}}\boldsymbol{H}_m)^{-1}\boldsymbol{H}_m^{\mathrm{T}}\boldsymbol{V}_m = 0 \tag{3.100}$$

则有估计值 $\hat{\boldsymbol{\theta}}$ 为真值 $\boldsymbol{\theta}$,此时的最小二乘估计为无偏估计。

对式(3.100)做变形,有

$$\lim_{m\to\infty}\left(\frac{1}{m}\boldsymbol{H}_m^{\mathrm{T}}\boldsymbol{H}_m\right)^{-1}\frac{1}{m}\boldsymbol{H}_m^{\mathrm{T}}\boldsymbol{V}_m = 0 \tag{3.101}$$

由于 $\boldsymbol{H}_m$ 是正定矩阵,于是有

$$\lim_{m\to\infty}\left(\frac{1}{m}\boldsymbol{H}_m^{\mathrm{T}}\boldsymbol{H}_m\right)^{-1} = \boldsymbol{H}(\boldsymbol{H} \text{ 为正定的}) \tag{3.102}$$

$$\lim_{m\to\infty}\frac{1}{m}\boldsymbol{H}_m^{\mathrm{T}}\boldsymbol{V}_m = 0 \tag{3.103}$$

在 $\boldsymbol{V}_m$ 为零均值白噪声时,式(3.103)才成立;在有色噪声情况下,其不一定成立。为解决有色噪声条件的有偏估计问题,一种直接的方法是引入所谓的辅助变量,称这种最小二乘法为辅助变量最小二乘法(Instrument Variable Least Squares,IVLS)。其主要思想就是构造一个辅助观测矩阵 $\boldsymbol{H}_m^*$,矩阵元素与 $\boldsymbol{H}_m$ 中的元素强相关,而与 $\boldsymbol{V}_m$ 中的元素不相关,其原理框图如图 3-25 所示。

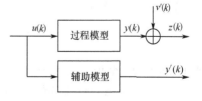

图 3-25　辅助模型观测矩阵与过程模型观测矩阵间的关系

利用该辅助变量矩阵乘以式(3.12)的两边,则有

$$\boldsymbol{H}_m^{*\mathrm{T}}\boldsymbol{V}_m=\boldsymbol{H}_m^{*\mathrm{T}}\boldsymbol{Z}_m-\boldsymbol{H}_m^{*\mathrm{T}}\boldsymbol{H}_m\boldsymbol{\theta} \tag{3.104}$$

$$\lim_{m\to\infty}\boldsymbol{H}_m^{*\mathrm{T}}\boldsymbol{V}_m=\boldsymbol{0} \tag{3.105}$$

$$\lim_{m\to\infty}\boldsymbol{H}_m^{*\mathrm{T}}\boldsymbol{H}_m^*=\overline{\boldsymbol{H}}^*\ (\overline{\boldsymbol{H}}^* \text{为正定的}) \tag{3.106}$$

$$\lim_{m\to\infty}\boldsymbol{H}_m^{*\mathrm{T}}\boldsymbol{H}_m\boldsymbol{\theta}=\lim_{m\to\infty}\boldsymbol{H}_m^{*\mathrm{T}}\boldsymbol{Z}_m \tag{3.107}$$

于是参数的估计值可写为

$$\hat{\boldsymbol{\theta}}=(\boldsymbol{H}_m^{*\mathrm{T}}\boldsymbol{H}_m)^{-1}\boldsymbol{H}_m^{*\mathrm{T}}\boldsymbol{Z}_m \tag{3.108}$$

在实际应用中,其关键问题是如何构造或选择辅助变量矩阵 $\boldsymbol{H}_m^*$。如图 3-25 所示,一个直观的想法是,选择系统理想的输出序列 $\{y'(k)\}$,代替受噪声污染的系统实际输出序列 $\{z(k)\}$,从而使得与 $\{v'(k)\}$ 无关,但与 $\boldsymbol{H}_m$ 中的 $y(k)$ 和 $u(k)$ 强相关。

系统理想的输出序列 $\{y'(k)\}$ 可通过对输入序列 $\{u(k)\}$ 滤波来获得,即

$$D(z^{-1})y'(k)=F(z^{-1})u(k) \tag{3.109}$$

$$D(z^{-1})=1+d_1z^{-1}+\cdots+d_nz^{-n} \tag{3.110}$$

$$F(z^{-1})=1+f_1z^{-1}+\cdots+f_nz^{-n} \tag{3.111}$$

对比式(3.75)、式(3.83)、式(3.84)和式(3.109),如果取 $D(z^{-1})=A(z^{-1})$,$F(z^{-1})=B(z^{-1})$,这样 $\{y'(k)\}$ 就成为无噪声污染的系统理想输出,而且 $A(z^{-1})$ 和 $B(z^{-1})$ 正是待辨识系统的模型。选取 $D(z^{-1})=\hat{A}(z^{-1})$ 和 $F(z^{-1})=\hat{B}(z^{-1})$,则有

$$\hat{A}(z^{-1})x(k)=\hat{B}(z^{-1})u(k) \tag{3.112}$$

此时获得参数估计值 $\hat{\boldsymbol{\theta}}=(\boldsymbol{H}_m^{*\mathrm{T}}\boldsymbol{H}_m)^{-1}\boldsymbol{H}_m^{*\mathrm{T}}\boldsymbol{Z}_m$,是无偏估计。

3.7.2　辅助变量最小二乘法的设计与分析

辅助变量最小二乘法的具体实现步骤如下。

第 1 步:确定被辨识模型的结构及多项式 $A(z^{-1})$ 和 $B(z^{-1})$ 的阶次。

第 2 步:确定或设计所采用的辅助变量系统。

第 3 步:设定递推参数初值 $\boldsymbol{\theta}(0)$ 和 $\boldsymbol{P}(0)$。

第 4 步:采样获取新的观测数据 $y(k)$ 和 $u(k)$,并组成观测数据向量 $\boldsymbol{h}(k)$。

第 5 步:计算辅助变量 $y'(k)$,并组成辅助变量观测数据向量 $\boldsymbol{h}^*(k)$。

第 6 步:利用递推最小二乘法或渐消记忆最小二乘法公式计算当前参数递推估计值。

第 7 步:如果满足精度,辨识结束,否则转入第 4 步。

3.7.3　仿真实例

【例 3.9】用辅助变量最小二乘法对以下数学模型进行参数辨识

$$z(k)+a_1z(k-1)+a_2z(k-2)=b_1u(k-1)+b_2u(k-2)+v'(k)$$

$$v'(k)+c_1v'(k-1)+c_2v'(k-2)=v(k)$$

式中,理想的系数值为 $a_1=-1.5$,$a_2=0.7$,$b_1=1.0$,$b_2=0.5$,$c_1=-1.2$ 和 $c_2=0.6$;$\{v(k)\}$ 是服从 $N(0,1)$ 正态分布的白噪声;输入信号采用 M 序列,其幅值为 1。采用辅助变量最小二乘法的参数辨识结果如图 3-26 所示。

辅助变量最小二乘法的参数辨识程序:chap3_7.m

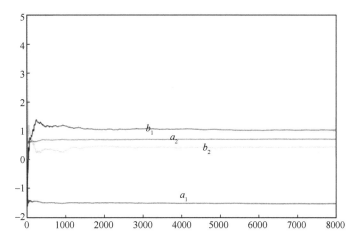

图 3-26　辅助变量最小二乘法对过程模型参数的辨识结果

```
% 辅助变量最小二乘法 (Recursion Instrumental Variable Least Squares),模型如下:
% z(k)+a1*z(k-1)+a2*z(k-2)=b1*u(k-1)+b2*u(k-2)+e(k)
% e(k)=v(k)+c1*v(k-1)+c2*v(k-2)
% 自适应调节辅助变量
clear
clc
tic
%%%%%%%%产生输入序列%%%%%%%%
x=[1,1,0,1,1,0,1,0,1]; % initial value
a1=-1.5;
a2=0.7;
b1=1.0;
b2=0.5;
c1=-0.8;
c2=0.6;
num=8000; %n 为脉冲数目
M=[]; % 存放 M 序列,其作为输入
for i= 1:num
    temp= xor(x(4),x(9));
    M(i)= x(9);
    for j=9:-1:2
        x(j)= x(j- 1);
    end
    x(1)=temp;
end
u= M;
%%%%%%%%产生噪声序列%%%%%%%%
v=randn(1,num);
e(1)= 0;
e(2)= 0;
for i=3:num
    e(i)=v(i)+c1*v(i-1)+c2*v(i-2);
end
%%%%%%%%产生观测序列%%%%%%%%
```

```
z=zeros(num,1);
z(1)=0;
z(2)=0;
for i=3:num
    z(i)=-a1*z(i-1)-a2*z(i-2)+b1*u(i-1)+b2*u(i-2)+e(i);
end
%%%%%%%%%%设置初始值%%%%%%%%%%
P=100*eye(4);
Theta=zeros(4,num);
x(1)=0;
x(2)=0;
for i=3:num
    H=[-z(i-1);-z(i-2);u(i-1);u(i-2)];
    H_SA=[-x(i-1);-x(i-2);u(i-1);u(i-2)];
    K= P*H_SA/(1+H'*P*H_SA);
    Theta(:,i)=Theta(:,i-1)+ K*(z(i)-H'*Theta(:,i-1));
    P= (eye(4)-K*H')*P;
    x(i)=H_SA'*Theta(:,i);
end
figure(1)
plot(Theta(1,:),'b');
hold on
plot(Theta(2,:),'r');
plot(Theta(3,:),'k');
plot(Theta(4,:),'g');
legend('a1','a2','b1','b2');
hold off
```

3.8 多变量系统的最小二乘法

3.8.1 多变量系统的最小二乘法的基本原理

在 3.1～3.7 节中,讨论了 SISO 系统差分方程的最小二乘辨识问题。利用传递函数-矩阵的概念将 SISO 系统差分方程的最小二乘法推广到多输入多输出(Multi-Input Multi-Output,MIMO)系统,即多变量系统的最小二乘法。

一个 MIMO 系统如图 3-27 所示,u_i 表示第 i 个输入量,y_i 表示第 i 个输出量。将该系统分解成 m 个系统,即有 m 个输出,每个子系统由 r 个输入量和一个输出量组成,如图 3-28 所示。

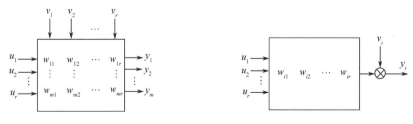

图 3-27 MIMO 系统　　　　　　　图 3-28 MIMO 系统的子系统

对于图 3-27,可用下列的典型差分方程来表示,即

$$Y(k) + A_1 Y(k-1) + \cdots + A_n Y(k-n) = B_0 U(k) + B_1 U(k-1) + \cdots +$$
$$B_n U(k-n) + V(k) \tag{3.113}$$

式中,$Y(k)$为 m 维输出;$U(k)$为 r 维输入;$V(k)$为 m 维噪声;$A_1, A_2, \cdots, A_n$ 为待辨识的 $m \times m$ 维矩阵;$B_0, B_1, \cdots, B_n$ 为待辨识的 $m \times r$ 维矩阵。即

$$Y(k) = \begin{bmatrix} y_1(k) \\ y_2(k) \\ \vdots \\ y_m(k) \end{bmatrix}, U(k) = \begin{bmatrix} u_1(k) \\ u_2(k) \\ \vdots \\ u_r(k) \end{bmatrix}, V(k) = \begin{bmatrix} v_1(k) \\ v_2(k) \\ \vdots \\ v_r(k) \end{bmatrix}$$

$$A_i = \begin{bmatrix} a_{11}^i & a_{12}^i & \cdots & a_{1m}^i \\ a_{21}^i & a_{22}^i & \cdots & a_{2m}^i \\ \vdots & \vdots & & \vdots \\ a_{m1}^i & a_{m2}^i & \cdots & a_{mn}^i \end{bmatrix}, i = 1, \cdots, n$$

$$B_i = \begin{bmatrix} b_{11}^i & b_{12}^i & \cdots & b_{1r}^i \\ b_{21}^i & b_{22}^i & \cdots & b_{2r}^i \\ \vdots & \vdots & & \vdots \\ b_{m1}^i & b_{m2}^i & \cdots & b_{mr}^i \end{bmatrix}, i = 0, 1, \cdots, n$$

式(3.113)可以写成

$$A(z^{-1}) Y(k) = B(z^{-1}) U(k) + V(k) \tag{3.114}$$

式中

$$A(z^{-1}) = I + A_1 z^{-1} + \cdots + A_n z^{-n} = I + \sum_{i=1}^{n} A_i z^{-i} \tag{3.115}$$

$$B(z^{-1}) = B_0 + B_1 z^{-1} + \cdots + B_n z^{-n} = \sum_{i=0}^{n} B_i z^{-i} \tag{3.116}$$

需要辨识的参数数目为 $nm^2 + (n+1)mr$ 个。

如果将 $nm^2 + (n+1)mr$ 个参数同时进行辨识,则计算量很大。因此,可以利用前面获得的SISO系统差分方程的最小二乘参数辨识结论来讨论 MIMO 系统差分方程的最小二乘参数辨识问题。

3.8.2 多变量系统的最小二乘法的分析与设计

式(3.114)中的 $A_i Y(k-i)$ 和 $B_i U(k-i)$ 可以写为

$$A_i Y(k-i) = \begin{bmatrix} a_{11}^i & a_{12}^i & \cdots & a_{1m}^i \\ a_{21}^i & a_{22}^i & \cdots & a_{2m}^i \\ \vdots & \vdots & & \vdots \\ a_{m1}^i & a_{m2}^i & \cdots & a_{mn}^i \end{bmatrix} \begin{bmatrix} y_1(k-i) \\ y_2(k-i) \\ \vdots \\ y_m(k-i) \end{bmatrix}$$

$$B_i U(k-i) = \begin{bmatrix} b_{11}^i & b_{12}^i & \cdots & b_{1r}^i \\ b_{21}^i & b_{22}^i & \cdots & b_{2r}^i \\ \vdots & \vdots & & \vdots \\ b_{m1}^i & b_{m2}^i & \cdots & b_{mr}^i \end{bmatrix} \begin{bmatrix} u_1(k-i) \\ u_2(k-i) \\ \vdots \\ u_r(k-i) \end{bmatrix}$$

因此式(3.114)中的第 j 行可写成

$$y_j(k)+a_{j1}^1 y_1(k-1)+\cdots+a_{jm}^1 y_m(k-1)+a_{j1}^2 y_1(k-2)+\cdots+$$
$$a_{jm}^2 y_m(k-2)+\cdots+a_{j1}^n y_1(k-n)+\cdots+a_{jm}^n y_m(k-n)$$
$$=b_{j1}^0 u_1(k)+b_{j2}^0 u_2(k)+\cdots+b_{jr}^0 u_r(k)+b_{j1}^1 u_1(k-1)+b_{j2}^1 u_2(k-1)+\cdots+$$
$$b_{jr}^1 u_r(k-1)+\cdots+b_{j1}^n u_1(k-n)+b_{j2}^n u_2(k-n)+\cdots+b_{jr}^n u_r(k-n)+v_j(k) \tag{3.117}$$

将式(3.117)改写为

$$y_j(k)=-a_{j1}^1 y_1(k-1)-\cdots-a_{jm}^1 y_m(k-1)-a_{j1}^2 y_1(k-2)-\cdots-$$
$$a_{jm}^2 y_m(k-2)-\cdots-a_{j1}^n y_1(k-n)-\cdots-a_{jm}^n y_m(k-n)+$$
$$b_{j1}^0 u_1(k)+b_{j2}^0 u_2(k)+\cdots+b_{jr}^0 u_r(k)+b_{j1}^1 u_1(k-1)+$$
$$b_{j2}^1 u_2(k-1)+\cdots+b_{jr}^1 u_r(k-1)+\cdots+b_{j1}^n u_1(k-n)+$$
$$b_{j2}^n u_2(k-n)+\cdots+b_{jr}^n u_r(k-n)+v_j(k) \tag{3.118}$$

令 $k=1\sim N$，则根据式(3.118)，可得到 N 个方程，并令

$$\boldsymbol{Y}_j(k-i)=\begin{bmatrix} y_1(k-i) \\ y_2(k-i) \\ \vdots \\ y_m(k-i) \end{bmatrix},i=0,1,\cdots,n, \quad \boldsymbol{V}_j=\begin{bmatrix} V_j(1) \\ V_j(2) \\ \vdots \\ V_j(N) \end{bmatrix},$$

$$\boldsymbol{U}(k-i)=\begin{bmatrix} u_1(k-i) \\ u_2(k-i) \\ \vdots \\ u_r(k-i) \end{bmatrix},i=1,2,\cdots,n$$

$$\boldsymbol{\theta}_j=\begin{bmatrix} a_{j1}^1 & \cdots & a_{jm}^1 & \cdots & a_{j1}^n & \cdots & a_{jm}^n & b_{j1}^0 & \cdots & b_{jr}^0 & \cdots & b_{j1}^n & \cdots & b_{jr}^n \end{bmatrix}^{\mathrm{T}}$$

$$\boldsymbol{H}_j=\begin{bmatrix} -\boldsymbol{Y}_j^{\mathrm{T}}(0) & \cdots & -\boldsymbol{Y}_j^{\mathrm{T}}(1-n) & \boldsymbol{U}^{\mathrm{T}}(1) & \cdots & \boldsymbol{U}^{\mathrm{T}}(1-n) \\ -\boldsymbol{Y}_j^{\mathrm{T}}(1) & \cdots & -\boldsymbol{Y}_j^{\mathrm{T}}(2-n) & \boldsymbol{U}^{\mathrm{T}}(2) & \cdots & \boldsymbol{U}^{\mathrm{T}}(2-n) \\ \vdots & & \vdots & \vdots & & \vdots \\ -\boldsymbol{Y}_j^{\mathrm{T}}(N-1) & \cdots & -\boldsymbol{Y}_j^{\mathrm{T}}(N-n) & \boldsymbol{U}^{\mathrm{T}}(N) & \cdots & \boldsymbol{U}^{\mathrm{T}}(N-n) \end{bmatrix}$$

于是式(3.118)可写为矩阵形式

$$\boldsymbol{Y}_j=\boldsymbol{H}_j\boldsymbol{\theta}_j+\boldsymbol{V}_j \tag{3.119}$$

(1) 随机噪声 $\langle V(k)\rangle$ 为零均值不相关随机序列

当随机噪声 $\langle V(k)\rangle$ 为零均值不相关随机序列时，用最小二乘法可得 $\boldsymbol{\theta}_j$ 的一致估计和无偏估计，即

$$\hat{\boldsymbol{\theta}}_j=(\boldsymbol{H}_j^{\mathrm{T}}\boldsymbol{H}_j)^{-1}\boldsymbol{H}_j^{\mathrm{T}}\boldsymbol{Y}_j \tag{3.120}$$

令 $j=1,2,\cdots,m$，按式(3.120)可得各行的参数估计值 $\hat{\boldsymbol{\theta}}_1,\hat{\boldsymbol{\theta}}_2,\cdots,\hat{\boldsymbol{\theta}}_m$，即得到 MIMO 系统的参数估计值。

为了在线辨识的需要，下面给出递推算法。上面根据 N 次观测得到 $\hat{\boldsymbol{\theta}}_j$，现把 $\hat{\boldsymbol{\theta}}_j,\boldsymbol{Y}_j$ 和 $\boldsymbol{H}_j$ 改写成 $\hat{\boldsymbol{\theta}}_{jN},\boldsymbol{Y}_{jN},\boldsymbol{H}_{jN}$ 和 $\boldsymbol{V}_{jN}$，则式(3.120)变为

$$\hat{\boldsymbol{\theta}}_{jN}=(\boldsymbol{H}_{jN}^{\mathrm{T}}\boldsymbol{H}_{jN})^{-1}\boldsymbol{H}_{jN}^{\mathrm{T}}\boldsymbol{Y}_{jN} \tag{3.121}$$

若再获得新的观测值 $y_j(N+1)$ 和 $\boldsymbol{U}(N+1)$，则根据 SISO 系统的递推最小二乘法的推导过程，得

$$\hat{\boldsymbol{\theta}}_{j(N+1)}=\hat{\boldsymbol{\theta}}_{jN}+\boldsymbol{K}_{j(N+1)}\left[y_j(N+1)-\boldsymbol{h}_{j(N+1)}^{\mathrm{T}}\hat{\boldsymbol{\theta}}_{jN}\right] \tag{3.122}$$

$$\boldsymbol{K}_{j(N+1)}=\boldsymbol{P}_{jN}\boldsymbol{h}_{j(N+1)}\left[1+\boldsymbol{h}_{j(N+1)}^{\mathrm{T}}\boldsymbol{P}_{jN}\boldsymbol{h}_{j(N+1)}\right]^{-1} \tag{3.123}$$

$$\boldsymbol{P}_{j(N+1)} = \boldsymbol{P}_{jN} - \boldsymbol{P}_{jN}\boldsymbol{h}_{j(N+1)}\left[1 + \boldsymbol{h}_{j(N+1)}^{\mathrm{T}}\boldsymbol{P}_{jN}\boldsymbol{h}_{j(N+1)}\right]^{-1}\boldsymbol{h}_{j(N+1)}\boldsymbol{P}_{jN} \quad (3.124)$$

$$\boldsymbol{P}_{jN} = (\boldsymbol{H}_{jN}^{\mathrm{T}}\boldsymbol{H}_{jN})^{-1} \quad (3.125)$$

（2）随机噪声$\{V(k)\}$为相关随机序列

当随机噪声$\{V(k)\}$为相关随机序列时，利用 SISO 系统差分方程的增广最小二乘法一行一行地进行参数辨识，并最终获得 MIMO 系统的所有辨识参数。

综上所述，对于多变量系统的辨识，完全可以用单变量系统辨识的方法，一行一行地进行参数估计，并最终获得多变量系统的辨识参数。

3.8.3 仿真实例

【例 3.10】采用多变量系统的最小二乘法辨识如下双输入双输出系统的参数

$$\begin{bmatrix} y_1(k) \\ y_2(k) \end{bmatrix} + \boldsymbol{A}_1 \begin{bmatrix} y_1(k-1) \\ y_2(k-1) \end{bmatrix} + \boldsymbol{A}_2 \begin{bmatrix} y_1(k-2) \\ y_2(k-2) \end{bmatrix}$$

$$= \begin{bmatrix} u_1(k) \\ u_2(k) \end{bmatrix} + \boldsymbol{B}_1 \begin{bmatrix} u_1(k-1) \\ u_2(k-1) \end{bmatrix} + \boldsymbol{B}_2 \begin{bmatrix} u_1(k-2) \\ u_2(k-2) \end{bmatrix} + \begin{bmatrix} v_1(k) \\ v_2(k) \end{bmatrix}$$

式中，$\{v_1(k)\}$和$\{v_2(k)\}$是同分布的随机噪声，且服从 $N(0,0.5)$；输入信号采用 4 阶 M 序列，其幅值为 5。模型的理想系数为

$$\boldsymbol{A}_1 = \begin{bmatrix} 0.5 & -0.2 \\ -0.3 & 0.6 \end{bmatrix}, \boldsymbol{A}_2 = \begin{bmatrix} 1.2 & -0.6 \\ 0.1 & -0.6 \end{bmatrix}$$

$$\boldsymbol{B}_0 = \begin{bmatrix} 1.0 & 0.0 \\ 0.0 & 1.0 \end{bmatrix}, \boldsymbol{B}_1 = \begin{bmatrix} 0.5 & -0.4 \\ 0.2 & -0.3 \end{bmatrix}, \boldsymbol{B}_2 = \begin{bmatrix} 0.4 & -0.3 \\ -0.2 & 0.1 \end{bmatrix}$$

采用多变量系统的一般最小二乘法对上述模型进行辨识，辨识参数的结果如下：

$$\boldsymbol{A}_1 = \begin{bmatrix} 0.458 & -0.345 \\ -0.364 & 0.691 \end{bmatrix}, \boldsymbol{A}_2 = \begin{bmatrix} 1.261 & -0.767 \\ 0.074 & -0.501 \end{bmatrix}$$

$$\boldsymbol{B}_0 = \begin{bmatrix} 0.998 & 0.045 \\ 0.053 & 1.039 \end{bmatrix}, \boldsymbol{B}_1 = \begin{bmatrix} 0.385 & -0.563 \\ 0.072 & -0.192 \end{bmatrix}, \boldsymbol{B}_2 = \begin{bmatrix} 0.365 & -0.415 \\ -0.132 & 0.091 \end{bmatrix}$$

多变量系统的一般最小二乘法的参数辨识仿真程序：chap3_8.m

```
% 产生输入数据和观测数据
L=15;% M 序列的周期
U1=zeros(2,1);U2=zeros(2,1);
Y1=zeros(2,1);Y2=zeros(2,1);
randn('seed',100)
V=randn(2,L);
randn('seed',1000)
U=randn(2,L);

y1=[1;0];y2=[1;1];y3=[1;0];y4=[0;1];
for i=1:L;%
    x1=xor(y3,y4);
    x2=y1;
    x3=y2;
    x4=y3;
    y(1:2,i)=y4;
    if y(1,i)> 0.5
```

```
            U(1,i)=-5;
        else
            U(1,i)=5;
        end
        if y(2,i)> 0.5
            U(2,i)=-5;
        else
            U(2,i)=5;
        end

    y1=x1;y2=x2;y3=x3;y4=x4;
    end
    figure(1);% 第 1 个图形
    A1=[0.5,-0.2;-0.3,0.6];A2=[1.2,-0.6;0.1,-0.6];
    B0=[1.0,0.0;0.0,1.0];B1=[0.5,-0.4;0.2,-0.3];B2=[0.3,-0.4;-0.2,0.1];
    for k=1:1:L
        time(k)=k;
        Y(1:2,k)=-A1* Y1-A2* Y2+B0* U(1:2,k)+B1* U1+B2* U2+0.5* V(1:2,k);
        % Return of parameters
        U2=U1;U1=U(1:2,k);Y2=Y1;Y1=Y(1:2,k);
    end
    figure;
    plot(time,U(1,:),'k',time,U(2,:),'b');
    xlabel('时间'),ylabel('输入');
    figure
    plot(time,Y(1,:),'k',time,Y(2,:),'b');
    xlabel('时间'),ylabel('输出');
    clear time
    % 一般最小二乘参数辨识
    for i=3:L
    % 第一行参数辨识系数矩阵和观测向量

    H1(i-2,1:10)=[-Y(1,i-1),-Y(2,i-1),-Y(1,i-2),-Y(2,i-2),U(1,i),U(2,i),
U(1,i-1),U(2,i-1),U(1,i-2),U(2,i-2)];
        Y1(i-2,1)=Y(1,i);
        % 第二行参数辨识系数矩阵和观测向量

    H2(i-2,1:10)=[-Y(1,i-1),-Y(2,i-1),-Y(1,i-2),-Y(2,i-2),U(1,i),U(2,i),
U(1,i-1),U(2,i-1),U(1,i-2),U(2,i-2)];
        Y2(i-2)=Y(2,i);
    end
    theat1=inv(H1'* H1)* H1'* Y1;
    theat2=inv(H2'* H2)* H2'* Y2;
    % 分离参数
    A10=[theat1(1),theat1(2);theat2(1),theat2(2)]
    A1
    A20=[theat1(3),theat1(4);theat2(3),theat2(4)]
    A2
    B00=[theat1(5),theat1(6);theat2(5),theat2(6)]
    B0
```

B10=[theat1(7),theat1(8);theat2(7),theat2(8)]
B1
B20=[theat1(9),theat1(10);theat2(9),theat2(10)]
B2

思考题与习题 3

3.1 对确定性状态 $\boldsymbol{\theta}$ 进行了 3 次测量,测量方程为
$$z(1)=3=\begin{bmatrix} 1 & 1 \end{bmatrix}\boldsymbol{\theta}+v(1)$$
$$z(2)=1=\begin{bmatrix} 1 & 0 \end{bmatrix}\boldsymbol{\theta}+v(2)$$
$$z(3)=2=\begin{bmatrix} 0 & 1 \end{bmatrix}\boldsymbol{\theta}+v(3)$$
已知测量误差是均值为 0、方差为 r 的白噪声,用最小二乘法求出 $\boldsymbol{\theta}$,并计算估计的均方误差。

3.2 设一个电容电路,电容初始电压 100V,测得放电时瞬时电压 V 与时间 t 的对应值见表 3-6。已知 $V=V_0\mathrm{e}^{-at}$,用一般最小二乘法求 a(提示:$\ln V=\ln V_0-at$)。

表 3-6 瞬时电压 V 与时间 t

时间/s	0	1	2	3	4	5	6	7
瞬时电压/V	100	75	55	40	30	20	15	10

3.3 设 SISO 系统的差分方程为
$$z(k)+a_1z(k-1)+a_2z(k-2)=b_1u(k-1)+b_2u(k-2)+V(k)$$
$$V(k)=v(k)+a_1v(k-1)+a_2v(k-2)$$
取真值 $\boldsymbol{\theta}=\begin{bmatrix} a_1 & a_2 & b_1 & b_2 \end{bmatrix}^\mathrm{T}=\begin{bmatrix} 1.6 & 0.7 & 1.0 & 0.4 \end{bmatrix}^\mathrm{T}$,输入数据见表 3-7。当 $v(k)$ 取均值为 0、方差分别为 0.1 和 0.5 的不相关随机序列时,分别用一般最小二乘法、递推最小二乘法和增广递推最小二乘法估计参数 $\boldsymbol{\theta}$。

表 3-7 输入数据

k	1	2	3	4	5	6	7	8
$u(k)$	1.15	0.20	−0.79	−1.59	−1.05	0.86	1.15	1.57
k	9	10	11	12	13	14	15	16
$u(k)$	0.63	0.43	−0.96	0.81	−0.04	0.95	−1.47	−0.72

3.4 对于例 3.8,请分别用递推最小二乘法、递推阻尼最小二乘法和增广最小二乘法辨识系统模型的参数。

参考文献

[1] 百度百科. 高斯. http://baike.baidu.com/view/2129.htm,2007.

[2] 百度百科. 谷神星. http://baike.baidu.com/view/152089.htm,2007.

[3] 三院校. 现代控制理论. 航空专业教材编审室,1985.

[4] 秦永元,张洪钺,王叔华. 卡尔曼滤波与组合导航原理. 西安:西北工业大学出版社,1998.

[5] 刘兴堂. 现代辨识工程. 北京:国防工业出版社,2006.

[6] 杨承志,孙棣华,张长胜. 系统辨识与自适应控制. 重庆:重庆大学出版社,2003.

[7] 李言俊,张科. 系统辨识理论及应用. 北京:国防工业出版社,2003.

[8] 蔡金狮. 飞行器系统辨识学. 北京:国防工业出版社,2003.

第4章 极大似然参数辨识方法及应用

4.1 引 言

极大似然法(Maximum Likelyhood)是建立在概率统计原理基础上的经典方法,在众多领域中得到广泛应用。例如,飞行器中空气动力参数辨识、导航领域中惯性仪表误差系数辨识、交通工程中对交通流估计等。

极大似然法的基本思想最早由高斯提出,他认识到根据概率的方法能够导出由观测数据来确定系统参数的一般方法,并且应用贝叶斯定理讨论了这一参数估计法,当时使用的符号和术语,至今仍然沿用。然而,"极大似然估计"则是由英国著名统计学家费歇(R. A. Fisher)命名的,他在1912年的一篇文章中重新提出极大似然估计法,并且证明了它作为参数估计方法所具有的性质。

本章主要介绍极大似然参数估计的原理、参数估计结果的统计性质、动态系统模型参数的极大似然估计及极大似然参数估计的数值解法。

4.2 极大似然参数估计的原理及性质

极大似然估计根据观测数据和未知参数一般都具有随机统计特性这一特点,通过引入观测量的条件概率密度或条件概率分布,构造一个以观测数据和未知参数为自变量的似然函数——极大化似然函数,以观测值出现的概率最大作为估计准则,获得系统模型的参数估计值。

4.2.1 极大似然参数估计原理

用数学语言归纳起来,极大似然估计的原理可表述为:设 y 为一随机变量,在未知参数 θ 条件下,y 的概率分布密度函数 $p(y|\theta)$ 的分布类型已知。为了得到 θ 的估计值,对随机变量 y 进行 N 次观测,得到一个随机观测序列 $\{y(k)\}$,其中 $k=1,2,\cdots,N$。如果把这 N 个观测值记作 $\boldsymbol{Y}_N=[y(1) \quad y(2) \quad \cdots \quad y(N)]^{\mathrm{T}}$,则 $\boldsymbol{Y}_N$ 的联合概率密度(或概率分布)为 $p(\boldsymbol{Y}_N|\theta)$,那么参数 θ 的极大似然估计就是使观测值 $\boldsymbol{Y}_N=[y(1) \quad y(2) \quad \cdots \quad y(N)]^{\mathrm{T}}$ 出现概率为最大的参数估计值 $\hat{\boldsymbol{\theta}}_{\mathrm{ML}}$,$\hat{\boldsymbol{\theta}}_{\mathrm{ML}}$ 称为 θ 的极大似然估计。即

$$\max\{p(\boldsymbol{Y}_N \mid \boldsymbol{\theta})|_{\hat{\boldsymbol{\theta}}_{\mathrm{ML}}}\} \tag{4.1}$$

因此,极大似然参数估计的意义在于:对一组确定的随机观测值 $\boldsymbol{Y}_N$,设法找到极大似然估计值 $\hat{\boldsymbol{\theta}}_{\mathrm{ML}}$,使随机变量 y 在 $\hat{\boldsymbol{\theta}}_{\mathrm{ML}}$ 条件下的概率密度最大可能地逼近随机变量 y 在 $\boldsymbol{\theta}_0$(θ 的真值)条件下的概率密度,即

$$p(y \mid \boldsymbol{\theta})|_{\hat{\boldsymbol{\theta}}_{\mathrm{ML}}} \max p(y \mid \boldsymbol{\theta}_0) \tag{4.2}$$

对一组确定的观测数据 $\boldsymbol{Y}_N$,$p(\boldsymbol{Y}_N|\theta)$ 仅仅是未知参数 θ 的函数,已不再是概率密度的概念,此时的 $p(\boldsymbol{Y}_N|\theta)$ 称作 θ 的似然函数,记为 $L(\boldsymbol{Y}_N|\theta)$,使 $L(\boldsymbol{Y}_N|\theta)$ 达到极大值的 θ 即为其极大似然估计值 $\hat{\boldsymbol{\theta}}_{\mathrm{ML}}$,一般通过求解下列方程获得 $L(\boldsymbol{Y}_N|\theta)$ 的驻点,从而解得 $\hat{\boldsymbol{\theta}}_{\mathrm{ML}}$

$$\left[\frac{\partial L(\boldsymbol{Y}_N \mid \boldsymbol{\theta})}{\partial \boldsymbol{\theta}}\right]^{\mathrm{T}}_{\hat{\boldsymbol{\theta}}_{\mathrm{ML}}} = 0 \qquad (4.3)$$

方程(4.3)称为似然方程。由于对数函数是单调递增函数,$L(\boldsymbol{Y}_N \mid \boldsymbol{\theta})$ 和 $\ln L(\boldsymbol{Y}_N \mid \boldsymbol{\theta})$ 具有相同的极值点。在实际应用中,为了便于求取 $\hat{\boldsymbol{\theta}}_{\mathrm{ML}}$,将连乘计算转变为连加,对似然函数取对数得到 $\ln L(\boldsymbol{Y}_N \mid \boldsymbol{\theta})$,称为对数似然函数,求解对数似然方程

$$\left[\frac{\partial \ln L(\boldsymbol{\theta})}{\partial \boldsymbol{\theta}}\right]^{\mathrm{T}}_{\hat{\boldsymbol{\theta}}_{\mathrm{ML}}} = 0 \qquad (4.4)$$

从而获得参数 $\boldsymbol{\theta}$ 的极大似然估计 $\hat{\boldsymbol{\theta}}_{\mathrm{ML}}$。

【例 4.1】x 为一随机变量,在未知参数 λ 条件下,其概率密度满足泊松分布 $p(x \mid \lambda) = \mathrm{e}^{-\lambda} \dfrac{\lambda^x}{x!}$,求 x 在独立观测条件下参数 λ 的极大似然估计。

设 $\boldsymbol{X}_N = [x_1 \quad x_2 \quad \cdots \quad x_N]^{\mathrm{T}}$ 表示随机变量 x 的 N 个独立观测值,$x_i > 0$,则 x 在未知参数 λ 条件下的似然函数为

$$L(\boldsymbol{X}_N \mid \lambda) = \prod_{i=1}^{N} p(x_i \mid \lambda) = \prod_{i=1}^{N} \mathrm{e}^{-\lambda} \frac{\lambda^{x_i}}{x_i!}$$

上式等号两边取对数得

$$\ln L(\boldsymbol{X}_N \mid \lambda) = -N\lambda + \left(\sum_{i=1}^{N} x_i\right)\ln\lambda - \sum_{i=1}^{N}\ln(x_i!)$$

求上式对 λ 的偏导数,并且令偏导数为 0,即

$$\frac{\partial}{\partial \lambda}\left[\ln L(\boldsymbol{X}_N \mid \lambda)\right] = -N + \frac{1}{\lambda}\left(\sum_{i=1}^{N} x_i\right) = 0$$

所以

$$\hat{\lambda}_{\mathrm{ML}} = \frac{\sum_{i=1}^{N} x_i}{N}$$

由于

$$\frac{\partial^2}{\partial \lambda^2}\left[\ln L(\boldsymbol{X}_N \mid \lambda)\right] = -\frac{1}{\lambda^2}\left(\sum_{i=1}^{N} x_i\right) < 0$$

所以 $\hat{\lambda}_{\mathrm{ML}} = \dfrac{\sum_{i=1}^{N} x_i}{N}$ 为未知参数 λ 的极大似然估计。

从上例可以看出,如果似然函数已知,根据建立的似然方程,可以很容易地求得参数的极大似然估计结果。

4.2.2 似然函数的构造

在实际应用中,根据随机观测序列是通过独立观测获得还是序贯观测获得,似然函数的确定相应分为两种情况。

1. 独立观测

如果 $y(1), y(2), \cdots, y(N)$ 是一组在独立观测条件下获得的随机序列,即各观测值之间互相独立,则似然函数 $L(\boldsymbol{Y}_N \mid \boldsymbol{\theta})$ 为

$$L(\boldsymbol{Y}_N \mid \boldsymbol{\theta}) = p(y(1) \mid \boldsymbol{\theta})p(y(2) \mid \boldsymbol{\theta})\cdots p(y(N) \mid \boldsymbol{\theta}) = \prod_{i=1}^{N} p(y(i) \mid \boldsymbol{\theta}) \qquad (4.5)$$

对式(4.5)两边取对数,得对数似然函数

$$\ln L(\boldsymbol{Y}_N \mid \boldsymbol{\theta}) = \sum_{i=1}^{N} \ln p(y(i) \mid \boldsymbol{\theta}) \tag{4.6}$$

2. 序贯观测

序贯观测即观测值 $y(i)$ 是在已有观测 $y(1), y(2), \cdots, y(i-1)$ 的基础上得到的,意味着 $y(1), y(2), \cdots, y(N)$ 不相互独立,则似然函数 $L(\boldsymbol{Y}_N \mid \boldsymbol{\theta})$ 为

$$L(\boldsymbol{Y}_N \mid \boldsymbol{\theta}) = p(y(N), y(N-1), \cdots, y(2), y(1) \mid \boldsymbol{\theta}) \tag{4.7}$$

按照条件概率公式,有

$$p(\boldsymbol{Y}_i \mid \boldsymbol{\theta}) = p(y(i) \mid \boldsymbol{Y}_{i-1}, \boldsymbol{\theta}) \cdot p(\boldsymbol{Y}_{i-1} \mid \boldsymbol{\theta}) \tag{4.8}$$

其中,$\boldsymbol{Y}_i$ 表示观测序列 $\{y(1), y(2), \cdots, y(i)\}$。

在式(4.7)中反复运用式(4.8),则似然函数为

$$L(\boldsymbol{Y}_N \mid \boldsymbol{\theta}) = \left[\prod_{i=2}^{N} p(y(i) \mid \boldsymbol{Y}_{i-1}, \boldsymbol{\theta}) \right] \cdot p(y(1)) \tag{4.9}$$

其对数似然函数为

$$\ln L(\boldsymbol{Y}_N \mid \boldsymbol{\theta}) = \sum_{i=2}^{N} p(y(i) \mid \boldsymbol{Y}_{i-1}, \boldsymbol{\theta}) + \ln p(y(1)) \tag{4.10}$$

4.2.3 极大似然参数估计的统计性质

极大似然法是参数估计中的一种标准方法,一般来说,极大似然估计值都具有良好的渐近性和无偏性。比如,例 4.1 中参数 λ 的极大似然估计 $\hat{\lambda}_{\mathrm{ML}}$ 就是无偏、一致估计值。需要指出的是,渐近估计是极大似然估计的普遍特性,但无偏估计不是所有极大似然估计值都具备的性质,下面用例子来说明这个问题。

【例 4.2】已知独立同分布的随机过程 $\{x(t)\}$,在未知参数 θ 条件下随机变量 x 的概率密度为 $p(x \mid \theta) = \theta^2 x \mathrm{e}^{-\theta x}$,$\theta > 0$,求参数 θ 的极大似然估计。

解:设 $\boldsymbol{x}_N = [x(1) \quad x(2) \quad \cdots \quad x(N)]^{\mathrm{T}}$ 表示随机变量 x 的 N 个观测值向量,随机变量 x 在参数 θ 条件下的似然函数为

$$L(\boldsymbol{x}_N \mid \theta) = \prod_{k=1}^{N} p(x(k) \mid \theta) = \theta^{2N} \prod_{k=1}^{N} x(k) \exp \left[-\theta \sum_{k=1}^{N} x(k) \right]$$

对上式等号两边取对数,有

$$\ln L(\boldsymbol{x}_N \mid \theta) = 2N \ln \theta + \sum_{k=1}^{N} \ln x(k) - \theta \sum_{k=1}^{N} x(k)$$

θ 的极大似然估计为

$$\hat{\theta}_{\mathrm{ML}} = \frac{2N}{\sum\limits_{k=1}^{N} x(k)}$$

考虑到全概率为 1,则有

$$\int_{-\infty}^{\infty} \theta^{2N} \prod_{k=1}^{N} x(k) \exp \left[-\theta \sum_{k=1}^{N} x(k) \right] = 1$$

上式两边同时除以 θ^{2N},并在积分区间 $-\infty$ 至 θ_0 上对 θ 进行积分,可得

$$\int_{-\infty}^{\theta_0} \frac{1}{\sum\limits_{k=1}^{N} x(k)} \prod_{k=1}^{N} x(k) \exp \left[-\theta \sum_{k=1}^{N} x(k) \right] = \frac{\theta_0^{-(2N-1)}}{2N-1}$$

上式等号两边同乘以 $2N\theta_0^{2N}$，并考虑 $\hat{\theta}_{ML}=\dfrac{2N}{\sum\limits_{k=1}^{N}x(k)}$，则有

$$\int_{-\infty}^{\infty}\hat{\theta}_{ML}p(x_N\mid\theta_0)\mathrm{d}x=\frac{2N\theta_0}{2N-1}$$

即

$$E\{\hat{\theta}_{ML}\}=\theta_0+\frac{\theta_0}{2N-1}\neq\theta_0（真值）$$

但是

$$\lim_{N\to\infty}E\{\hat{\theta}_{ML}\}=\theta_0$$

故 $\hat{\theta}_{ML}$ 只是渐近无偏估计值，而不是无偏估计值。

4.3 动态系统参数的极大似然参数估计

上节举例均为极大似然法用于估计静态系统参数的情况，是概率论与数理统计方面关注的问题。对于信息、控制与系统学科，更加关心的是如何利用极大似然法解决动态系统参数估计。

动态系统模型如图 4-1 所示，设 $A(z^{-1})=C(z^{-1})$，$n(k)=e(k)/C(z^{-1})$，则有

$$\begin{cases}A(z^{-1})y(k)=B(z^{-1})u(k)+e(k)\\ e(k)=D(z^{-1})v(k)\end{cases}\tag{4.11}$$

式中，$v(k)$ 为零均值高斯白噪声；$u(k)$ 和 $y(k)$ 表示系统的输入和输出变量，且

$$\begin{cases}A(z^{-1})=1+a_1z^{-1}+a_2z^{-2}+\cdots+a_nz^{-n}\\ B(z^{-1})=b_1z^{-1}+b_2z^{-2}+\cdots+b_nz^{-n}\\ D(z^{-1})=1+d_1z^{-1}+d_2z^{-2}+\cdots+d_nz^{-n}\end{cases}\tag{4.12}$$

同时，设系统是渐近稳定的，即 $A(z^{-1})$ 和 $D(z^{-1})$ 的所有零点都位于 z 平面单位圆内，$A(z^{-1})$、$B(z^{-1})$ 和 $D(z^{-1})$ 没有公共因子。

此处仅考虑线性定常系统，将式（4.11）采用差分方程形式表示为

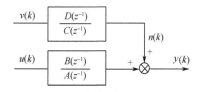

图 4-1 动态系统模型图

$$y(k)=-\sum_{i=1}^{n}a_iy(k-i)+\sum_{i=0}^{n}b_iu(k-i)+e(k)\tag{4.13}$$

其中，$y(k)$ 是系统在 k 时刻的输出；$u(k-i)$ 为系统 $k-i$ 时刻的输入；随机噪声 $e(k)$ 表示为

$$e(k)=v(k)+d_1v(k-1)+\cdots+d_nv(k-n)\tag{4.14}$$

其中，$v(k)$ 为零均值高斯白噪声，即

$$E\{v(k)\}=0$$

$$E\{v(k)\}\{v(j)\}=\begin{cases}\sigma^2 & k=j\\ 0 & k\neq j\end{cases}$$

设 $\boldsymbol{\Sigma}_e$ 为 $e(k)$ 的协方差矩阵，$\boldsymbol{\Sigma}_e$ 表示为

$$\boldsymbol{\Sigma}_e = E[\boldsymbol{e}_N \boldsymbol{e}_N^{\mathrm{T}}] = \begin{bmatrix} E[e(1)e(1)] & E[e(1)e(2)] & \cdots & E[e(1)e(N)] \\ E[e(2)e(1)] & E[e(2)e(2)] & \cdots & E[e(2)e(N)] \\ \vdots & \vdots & & \vdots \\ E[e(N)e(1)] & E[e(N)e(2)] & \cdots & E[e(N)e(N)] \end{bmatrix} \tag{4.15}$$

根据随机噪声 $e(k)$ 的特点,将其分为两种情况分别讨论:一种情况是 $e(k)$ 为零均值不相关随机噪声,且 $\boldsymbol{\Sigma}_e = \sigma_e \boldsymbol{I}$, $\boldsymbol{I}$ 为 $N \times N$ 维单位矩阵;另一种情况是 $e(k)$ 为有色噪声,且协方差矩阵 $\boldsymbol{\Sigma}_e$ 未知。

(1) $e(k)$ 为不相关随机噪声情况下(协方差已知)的极大似然估计

将式(4.13)表示为

$$y(k) = -\sum_{i=1}^{n} a_i y(k-i) + \sum_{i=1}^{n} b_i u(k-i) + e(k) = \boldsymbol{\psi}^{\mathrm{T}}(k)\boldsymbol{\theta} + e(k) \tag{4.16}$$

其中,$\boldsymbol{\psi}(k) = [-y(k-1) \quad \cdots \quad -y(k-n) \quad u(k) \quad \cdots \quad u(k-n)]^{\mathrm{T}}$;$\boldsymbol{\theta} = [a_1 \quad \cdots \quad a_n \quad b_1 \quad \cdots \quad b_n]^{\mathrm{T}}$。

根据极大似然估计原理,对系统输出 y 进行 N 次独立观测,得到观测序列 $y(1), \cdots, y(N)$,由此建立观测序列与输入之间的矩阵方程形式

$$\boldsymbol{Y}_N = \boldsymbol{\Psi}_N \boldsymbol{\theta} + \boldsymbol{e}_N \tag{4.17}$$

其中

$$\boldsymbol{Y}_N = \begin{bmatrix} y(1) \\ \vdots \\ y(N) \end{bmatrix}, \quad \boldsymbol{\Psi}_N = \begin{bmatrix} \boldsymbol{\psi}^{\mathrm{T}}(1) \\ \vdots \\ \boldsymbol{\psi}^{\mathrm{T}}(N) \end{bmatrix}, \quad \boldsymbol{e}_N = \begin{bmatrix} e(1) \\ \vdots \\ e(N) \end{bmatrix}$$

由于系统为线性定常系统,如果噪声 $e(k)$ 服从正态分布,对于确定性输入,系统输出也服从正态分布。在参数 $\boldsymbol{\theta}$ 条件下,独立观测序列 $y(1), \cdots, y(N)$ 的联合概率密度为

$$p(\boldsymbol{Y}_N \mid \boldsymbol{\theta}) = (2\pi)^{-\frac{N}{2}} (\det \boldsymbol{\Sigma}_e)^{-\frac{N}{2}} \exp\left[-\frac{1}{2}[\boldsymbol{Y}_N - \boldsymbol{\Psi}_N \boldsymbol{\theta}]^{\mathrm{T}} \boldsymbol{\Sigma}_e^{-1}[\boldsymbol{Y}_N - \boldsymbol{\Psi}_N \boldsymbol{\theta}]\right] \tag{4.18}$$

其中,$\det \boldsymbol{\Sigma}_e$ 表示 $\boldsymbol{\Sigma}_e$ 的行列式。

因此,对于一组确定的观测序列 $\boldsymbol{Y}_N = [y(1) \quad \cdots \quad y(N)]^{\mathrm{T}}$,似然函数 $L(\boldsymbol{Y}_N \mid \boldsymbol{\theta})$ 为

$$L(\boldsymbol{Y}_N \mid \boldsymbol{\theta}) = (2\pi)^{-\frac{N}{2}} (\det \boldsymbol{\Sigma}_e)^{-\frac{N}{2}} \exp\left\{-\frac{1}{2}[\boldsymbol{Y}_N - \boldsymbol{\Psi}_N \boldsymbol{\theta}]^{\mathrm{T}} \boldsymbol{\Sigma}_e^{-1}[\boldsymbol{Y}_N - \boldsymbol{\Psi}_N \boldsymbol{\theta}]\right\} \tag{4.19}$$

需要注意的是,似然函数 $L(\boldsymbol{Y}_N \mid \boldsymbol{\theta})$ 中的 $\boldsymbol{Y}_N$ 表示的是一组确定的观测值,而式(4.18)中的 $\boldsymbol{Y}_N$ 表示一组随机的观测值。

对式(4.19)等号两边取对数,得到对数似然函数为

$$\ln L(\boldsymbol{Y}_N \mid \boldsymbol{\theta}) = -\frac{N}{2}\ln(2\pi) - \frac{N}{2}\ln(\det \boldsymbol{\Sigma}_e) - \frac{1}{2}[\boldsymbol{Y}_N - \boldsymbol{\Psi}_N \boldsymbol{\theta}]^{\mathrm{T}} \boldsymbol{\Sigma}_e^{-1}[\boldsymbol{Y}_N - \boldsymbol{\Psi}_N \boldsymbol{\theta}] \tag{4.20}$$

求对数似然函数的极大值,得到未知参数 $\boldsymbol{\theta}$ 的极大似然估计 $\hat{\boldsymbol{\theta}}_{\mathrm{ML}}$ 为

$$\hat{\boldsymbol{\theta}}_{\mathrm{ML}} = (\boldsymbol{\Psi}_N^{\mathrm{T}} \boldsymbol{\Sigma}_e^{-1} \boldsymbol{\Psi}_N)^{-1} \boldsymbol{\Psi}_N^{\mathrm{T}} \boldsymbol{\Sigma}_e^{-1} \boldsymbol{Y}_N \tag{4.21}$$

因为 $\boldsymbol{\Sigma}_e = \sigma_e^2 \boldsymbol{I}$,则式(4.21)为

$$\hat{\boldsymbol{\theta}}_{\mathrm{ML}} = (\boldsymbol{\Psi}_N^{\mathrm{T}} \boldsymbol{\Psi}_N)^{-1} \boldsymbol{\Psi}_N^{\mathrm{T}} \boldsymbol{Y}_N \tag{4.22}$$

可见,参数 $\boldsymbol{\theta}$ 的极大似然估计和最小二乘估计在 $\{e(k)\}$ 为零均值、方差为 σ_e^2 的不相关随机序列这种情况下的结果是相同的。但是,两种辨识方法对方差 σ_e^2 的估计结果 $\hat{\sigma}_e^2$ 略有差别。极大似然估计对方差 σ_e^2 的估计过程为

$$\frac{\partial \ln L(\boldsymbol{Y}_N \mid \boldsymbol{\theta})}{\partial \sigma_e^2}\bigg|_{\sigma_e^2 = \hat{\sigma}_e^2} = 0 \tag{4.23}$$

得

$$\hat{\sigma}_e^2 = \frac{1}{N}(\boldsymbol{Y}_N - \boldsymbol{\Psi}_N\hat{\boldsymbol{\theta}}_{\text{ML}})^{\text{T}}(\boldsymbol{Y}_N - \boldsymbol{\Psi}_N\hat{\boldsymbol{\theta}}_{\text{ML}}) \tag{4.24}$$

当 N 充分大时,极大似然估计和最小二乘估计是很接近的。

(2) $e(k)$ 为有色噪声且协方差矩阵未知情况下的极大似然估计

但是在实际应用中,$e(k)$ 常常为有色噪声,即式(4.14)中的 d_i 非全为零并且未知,其协方差矩阵 $\boldsymbol{\Sigma}_e$ 也未知,则式(4.13)表示为

$$y(k) = -\sum_{i=1}^{n} a_i y(k-i) + \sum_{i=0}^{n} b_i u(k-i) + v(k) + \sum_{i=1}^{n} d_i v(k-i) = \boldsymbol{\psi}^{\text{T}}(k)\boldsymbol{\theta} + v(k) \tag{4.25}$$

其中,$\boldsymbol{\psi}(k) = [-y(k-1) \quad \cdots \quad -y(k-n) \quad u(k) \quad \cdots \quad u(k-n) \quad v(k-1) \quad \cdots \quad v(k-n)]^{\text{T}}$;$\boldsymbol{\theta} = [a_1 \quad \cdots \quad a_n \quad b_0 \quad \cdots \quad b_n \quad d_1 \quad \cdots \quad d_n]^{\text{T}}$。

同样对系统输出 y 进行 N 次独立观测,获得 N 组输出数据 $y(n+1), \cdots, y(n+N)$ 和 N 组输入数据 $u(n+1), \cdots, u(n+N)$,在给定参数 $\boldsymbol{\theta}$ 和输入序列 $\{u(k)\}$ 的条件下,输出数据序列 $\{y(k)\}$ 的联合概率密度为

$$p(y(n+1), y(n+2), \cdots, y(n+N) \mid u(n+1), u(n+2), \cdots, u(n+N), \boldsymbol{\theta})$$
$$= p(y(n+N) \mid y(n+1), \cdots, y(n+N-1), u(n+1), u(n+2), \cdots, u(n+N-1), \boldsymbol{\theta}) \cdot$$
$$\quad p(y(n+N-1) \mid y(n+1), \cdots, y(n+N-2), u(n+1), u(n+2), \cdots, u(n+N-2), \boldsymbol{\theta}) \cdot$$
$$\quad \cdots$$
$$\quad p(y(n+1) \mid u(n), \boldsymbol{\theta})$$
$$= \prod_{k=n+1}^{n+N} p(y(k) \mid y(n+1), y(n+2), \cdots, y(k-1), u(n+1), u(n+2), \cdots, u(n+N), \boldsymbol{\theta}) \tag{4.26}$$

根据式(4.25),有

$$p(y(n+1), y(n+2), \cdots, y(n+N) \mid u(n+1), u(n+2), \cdots, u(N+n), \boldsymbol{\theta})$$
$$= \prod_{k=n+1}^{n+N} p\Big(-\sum_{i=1}^{n} a_i y(k-i) + \sum_{i=0}^{n} b_i u(k-i) + v(k) +$$
$$\quad \sum_{i=1}^{n} d_i v(k-i) \mid y(n+1), y(n+2), \cdots, y(k-1), u(n+1), u(n+2), \cdots, u(k-1), \boldsymbol{\theta}\Big) \tag{4.27}$$

当观测进行到 k 时刻时,k 时刻以前的 $y(n+1), y(n+2), \cdots, y(k-1), u(n+1), u(n+2), \cdots, u(k-1)$ 及 $v(n+1), \cdots, v(k-1)$ 都已经确定,且 $v(k)$ 与 $y(n+1), y(n+2), \cdots, y(k-1)$,$u(n+1), u(n+2), \cdots, u(k-1)$ 及 $\boldsymbol{\theta}$ 都不相关,因此式(4.27)表示为

$$p(y(n+1), y(n+2), \cdots, y(n+N) \mid u(n+1), u(n+2), \cdots, u(N+n-1), \boldsymbol{\theta})$$
$$= \prod_{k=n+1}^{n+N} p(v(k)) + \text{const} \tag{4.28}$$

其中,const 为根据 k 时刻以前的确定量求得的常数。

由于 $v(k)$ 为零均值高斯白噪声,因此式(4.28)为

$$p(y(n+1), y(n+2), \cdots, y(n+N) \mid u(n+1), u(n+2), \cdots, u(N+n), \boldsymbol{\theta})$$

$$= \prod_{k=n+1}^{n+N} \left[(2\pi\sigma^2)^{-\frac{1}{2}} \exp\left(-\frac{v^2(k)}{2\sigma^2} \right) \right] + \text{const}$$

$$= (2\pi\sigma^2)^{-\frac{N}{2}} \exp\left(-\frac{1}{2\sigma^2} \sum_{k=n+1}^{n+N} v^2(k) \right) + \text{const} \tag{4.29}$$

其中,σ^2 为 $v(k)$ 的方差。

综上所述,可得观测序列 $\boldsymbol{Y}_N = \begin{bmatrix} y(n+1) & \cdots & y(n+N) \end{bmatrix}^{\mathrm{T}}$ 在参数 $\boldsymbol{\theta}$ 和输入序列 $\boldsymbol{U}_N = \begin{bmatrix} u(n) & \cdots & u(n+N) \end{bmatrix}^{\mathrm{T}}$ 条件下的似然函数为

$$L(\boldsymbol{Y}_N \mid \boldsymbol{U}_N, \boldsymbol{\theta}) = (2\pi\sigma^2)^{-\frac{N}{2}} \exp\left(-\frac{1}{2\sigma^2} \sum_{k=n+1}^{n+N} v^2(k) \right) + \text{const} \tag{4.30}$$

取对数似然函数为

$$\ln L(\boldsymbol{Y}_N \mid \boldsymbol{U}_N, \boldsymbol{\theta}) = -\frac{N}{2} \ln(2\pi\sigma^2) - \frac{1}{2\sigma^2} \sum_{k=n+1}^{n+N} v^2(k) + \text{const} \tag{4.31}$$

根据极大似然估计原理,方差 σ^2 的极大似然估计 $\hat{\sigma}^2$ 满足

$$\frac{\partial}{\partial \sigma^2} \ln L(\boldsymbol{Y}_N \mid \boldsymbol{U}_N, \boldsymbol{\theta}) \Big|_{\sigma^2 = \hat{\sigma}^2} = -\frac{N}{2\sigma^2} + \frac{1}{2\sigma^4} \sum_{k=n+1}^{n+N} v^2(k) \Big|_{\sigma^2 = \hat{\sigma}^2} = 0$$

因此

$$\hat{\sigma}^2 = \frac{1}{N} \sum_{k=n+1}^{n+N} v^2(k) \tag{4.32}$$

将式(4.32)代入式(4.31),可得

$$\ln L(\boldsymbol{Y}_N \mid \boldsymbol{U}_N, \boldsymbol{\theta}) = -\frac{N}{2} \ln\left[\frac{1}{N} \sum_{k=n+1}^{n+N} v^2(k) \right] - \frac{N}{2} + \text{const} = -\frac{N}{2} \ln\left[\frac{1}{N} \sum_{k=n+1}^{n+N} v^2(k) \right] + \text{const} \tag{4.33}$$

从式(4.33)可以看出,根据极大似然估计原理,未知参数 $\boldsymbol{\theta}$ 的极大似然估计 $\hat{\boldsymbol{\theta}}_{\mathrm{ML}}$ 使 $\ln L(\boldsymbol{Y}_N \mid \boldsymbol{U}_N, \boldsymbol{\theta})$ 取极大值,这等价于使

$$V(\hat{\boldsymbol{\theta}}_{\mathrm{ML}}) = \min\left\{ \frac{1}{N} \sum_{k=n+1}^{n+N} v^2(k) \Big|_{\hat{\boldsymbol{\theta}}_{\mathrm{ML}}} \right\} \tag{4.34}$$

根据式(4.25),$v(k)$ 满足如下约束条件

$$v(k) = y(k) + \sum_{i=1}^{n} a_i y(k-i) - \sum_{i=1}^{n} b_i u(k-i) - \sum_{i=1}^{n} d_i v(k-i) \tag{4.35}$$

噪声方差的估计值 $\hat{\sigma}^2$ 根据式(4.32)为

$$\hat{\sigma}^2 = \min V(\boldsymbol{\theta}) = V(\hat{\boldsymbol{\theta}}_{\mathrm{ML}}) \tag{4.36}$$

综上所述,当噪声 $e(k)$ 为有色噪声且协方差矩阵未知的情况下,系统参数极大似然估计问题可以归结为:在式(4.35)约束条件下,参数 $\boldsymbol{\theta}$ 的极大似然估计 $\hat{\boldsymbol{\theta}}_{\mathrm{ML}}$ 应使得 $V(\hat{\boldsymbol{\theta}}_{\mathrm{ML}})$ 为最小,为了计算方便,用指标函数 $J(\boldsymbol{\theta})$ 来代替 $V(\boldsymbol{\theta})$

$$J(\boldsymbol{\theta}) = \frac{1}{2} \sum_{k=n+1}^{n+N} v^2(k) \tag{4.37}$$

由于 N 为常数,因此 $J(\boldsymbol{\theta})$ 和 $V(\boldsymbol{\theta})$ 的极小值点相同。

4.4　Newton-Raphson 法应用于极大似然参数估计求解

根据式(4.37),噪声为有色噪声且协方差矩阵未知情况下的动态系统参数极大似然估计

实质上是一个优化问题,等价于在式(4.35)的约束条件下求 $\hat{\boldsymbol{\theta}}_{\mathrm{ML}}$,使式(4.37)最小。由于 $J(\boldsymbol{\theta})$ 为参数 $a_1,\cdots,a_n,b_0,\cdots,b_n,d_1,\cdots,d_n$ 的二次型函数,同时因为 $v(k)$ 为随机噪声,因此,$V(\boldsymbol{\theta})$ 与参数 d_i 成非线性关系,对于式(4.37)的求解,须采用迭代方法。常用的优化迭代算法有 Newton-Raphson 法、共轭梯度法、拉格朗日乘子法等,本节只对工程上常用的 Newton-Raphson 法进行介绍。

Newton-Raphson 法的基本思想为:为了求取非线性函数 $J(\boldsymbol{x})$ 的极小值点,将其在某参考值 $\boldsymbol{x}^*$ 处进行泰勒展开,并取二次近似

$$J(\boldsymbol{x}) \approx J(\boldsymbol{x}^*) + \frac{\partial J(\boldsymbol{x})}{\partial \boldsymbol{x}}\bigg|_{\boldsymbol{x}=\boldsymbol{x}^*} (\boldsymbol{x}-\boldsymbol{x}^*) + \frac{1}{2}(\boldsymbol{x}-\boldsymbol{x}^*)^{\mathrm{T}}\left[\frac{\partial^2 J(\boldsymbol{x})}{\partial \boldsymbol{x}^2}\right]_{\boldsymbol{x}=\boldsymbol{x}^*}(\boldsymbol{x}-\boldsymbol{x}^*) = T(\boldsymbol{x})$$

(4.38)

其中,$\dfrac{\partial J(\boldsymbol{x})}{\partial \boldsymbol{x}}$ 称为梯度矩阵;$\dfrac{\partial^2 J(\boldsymbol{x})}{\partial \boldsymbol{x}^2}$ 称为 Hessian 矩阵。

非线性函数 $J(\boldsymbol{x})$ 用 $T(\boldsymbol{x})$ 近似代替,为了求取 $J(\boldsymbol{x})$ 的极小值点,将 $T(\boldsymbol{x})$ 对 $\boldsymbol{x}$ 求一阶偏导并令其等于零,即

$$\frac{\partial T(\boldsymbol{x})}{\partial \boldsymbol{x}} = \frac{\partial J(\boldsymbol{x})}{\partial \boldsymbol{x}}\bigg|_{\boldsymbol{x}=\boldsymbol{x}^*} + \left[\frac{\partial^2 J(\boldsymbol{x})}{\partial \boldsymbol{x}^2}\right]_{\boldsymbol{x}=\boldsymbol{x}^*}(\boldsymbol{x}-\boldsymbol{x}^*) = 0$$

(4.39)

根据上式得

$$\boldsymbol{x} = \boldsymbol{x}^* - \left[\frac{\partial^2 J(\boldsymbol{x})}{\partial \boldsymbol{x}^2}\right]_{\boldsymbol{x}=\boldsymbol{x}^*}^{-1} \cdot \frac{\partial J(\boldsymbol{x})}{\partial \boldsymbol{x}}\bigg|_{\boldsymbol{x}=\boldsymbol{x}^*}$$

(4.40)

在上式中,令 $\boldsymbol{x}=\hat{\boldsymbol{x}}(k+1)$,$\boldsymbol{x}^*=\hat{\boldsymbol{x}}(k)$,则可根据下式进行迭代计算,获得 $J(\boldsymbol{x})$ 的极小值。

$$\hat{\boldsymbol{x}}(k+1) = \hat{\boldsymbol{x}}(k) - \left[\frac{\partial^2 J(\boldsymbol{x})}{\partial \boldsymbol{x}^2}\right]_{\boldsymbol{x}=\hat{\boldsymbol{x}}(k)}^{-1} \cdot \frac{\partial J(\boldsymbol{x})}{\partial \boldsymbol{x}}\bigg|_{\boldsymbol{x}=\hat{\boldsymbol{x}}(k)}$$

(4.41)

如果 $J(\boldsymbol{x})$ 是 $\boldsymbol{x}$ 的二次型函数,从上述推导过程可知,这个迭代公式能一步收敛到 $J(\boldsymbol{x})$ 的极小值点。对于大多数函数而言,在极值点附近 $J(\boldsymbol{x})$ 可以用二次型函数 $T(\boldsymbol{x})$ 足够精确地近似,因此应用 Newton-Raphson 法,计算效率较高。

利用 Newton-Raphson 法求有色噪声且协方差矩阵未知情况下的动态系统参数极大似然估计,根据 Newton-Raphson 法的基本思想,求解过程为:首先将非线性函数 $J(\boldsymbol{\theta}) = \dfrac{1}{2}\sum\limits_{k=n+1}^{n+N} v^2(k)$ 在 $\boldsymbol{\theta}(k)$ 附近按照泰勒级数展开,并取二次近似,展开后的多项式对 $\boldsymbol{\theta}$ 求一阶偏导,并令一阶偏导结果为零,得到迭代计算式

$$\hat{\boldsymbol{\theta}}(k+1) = \hat{\boldsymbol{\theta}}(k) - \left[\frac{\partial^2 J(\boldsymbol{\theta})}{(\partial \boldsymbol{\theta})^2}\right]_{\hat{\boldsymbol{\theta}}=\hat{\boldsymbol{\theta}}(k)}^{-1} \cdot \frac{\partial J(\boldsymbol{\theta})}{\partial \boldsymbol{\theta}}\bigg|_{\boldsymbol{\theta}=\hat{\boldsymbol{\theta}}(k)}$$

(4.42)

根据式(4.42)逐步迭代,直至满足停止迭代标准,此时得到 $\hat{\boldsymbol{\theta}}_{\mathrm{ML}}=\hat{\boldsymbol{\theta}}_k$。

根据式(4.42),要完成上述迭代求解过程,首先需要确定 $\hat{\boldsymbol{\theta}}$ 的初始估计值 $\hat{\boldsymbol{\theta}}(1)$,然后需要确定梯度矩阵 $\dfrac{\partial J(\boldsymbol{\theta})}{\partial \boldsymbol{\theta}}\bigg|_{\boldsymbol{\theta}=\hat{\boldsymbol{\theta}}(k)}$ 和 Hessian 矩阵 $\dfrac{\partial^2 J(\boldsymbol{\theta})}{(\partial \boldsymbol{\theta})^2}\bigg|_{\boldsymbol{\theta}=\hat{\boldsymbol{\theta}}(k)}$。确定 $\hat{\boldsymbol{\theta}}(1)$ 的方法在后续的实现步骤中介绍,关于 $\dfrac{\partial J(\boldsymbol{\theta})}{\partial \boldsymbol{\theta}}$ 和 $\dfrac{\partial^2 J(\boldsymbol{\theta})}{(\partial \boldsymbol{\theta})^2}$ 的确定,根据式(4.37),有

$$\frac{\partial J(\boldsymbol{\theta})}{\partial \boldsymbol{\theta}} = \sum_{k=n+1}^{n+N} v(k) \cdot \frac{\partial v(k)}{\partial \boldsymbol{\theta}}$$

(4.43)

$$\frac{\partial^2 J(\boldsymbol{\theta})}{(\partial \boldsymbol{\theta})^2} = \sum_{k=n+1}^{n+N}\left[\frac{\partial v(k)}{\partial \boldsymbol{\theta}}\right]^{\mathrm{T}}\frac{\partial v(k)}{\partial \boldsymbol{\theta}} + \sum_{k=n+1}^{n+N} v(k)\frac{\partial^2 v(k)}{(\partial \boldsymbol{\theta})^2}$$

(4.44)

式(4.44)中略去二阶导数项,得

$$\frac{\partial^2 J(\boldsymbol{\theta})}{(\partial \boldsymbol{\theta})^2} = \sum_{k=n+1}^{n+N} \left[\frac{\partial v(k)}{\partial \boldsymbol{\theta}} \right]^{\mathrm{T}} \frac{\partial v(k)}{\partial \boldsymbol{\theta}} \tag{4.45}$$

根据式(4.43)和式(4.45)可知,如果确定了$\frac{\partial v(k)}{\partial \boldsymbol{\theta}}$,其中$k=n+1,n+2,\cdots,n+N$,即可确定$\frac{\partial J(\boldsymbol{\theta})}{\partial \boldsymbol{\theta}}$和$\frac{\partial^2 J(\boldsymbol{\theta})}{(\partial \boldsymbol{\theta})^2}$。根据式(4.35),有

$$\frac{\partial v(k)}{\partial \boldsymbol{\theta}} = \left[\frac{\partial v(k)}{\partial a_1} \quad \cdots \quad \frac{\partial v(k)}{\partial a_n} \quad \frac{\partial v(k)}{\partial b_0} \quad \cdots \quad \frac{\partial v(k)}{\partial b_n} \quad \frac{\partial v(k)}{\partial d_1} \quad \cdots \quad \frac{\partial v(k)}{\partial d_n} \right]^{\mathrm{T}} \tag{4.46}$$

其中

$$\frac{\partial v(k)}{\partial a_i} = y(k-i) - \sum_{j=1}^{n} d_j \frac{\partial v(k-j)}{\partial a_i}$$

$$\frac{\partial v(k)}{\partial b_i} = -u(k-i) - \sum_{j=1}^{n} d_j \frac{\partial v(k-j)}{\partial b_i} \tag{4.47}$$

$$\frac{\partial v(k)}{\partial d_i} = -v(k-i) - \sum_{j=1}^{n} d_j \frac{\partial v(k-j)}{\partial d_i}$$

综上分析所述,Newton-Raphson 法应用于极大似然参数估计的具体实现步骤如下:

① 确定初始估计值$\hat{\boldsymbol{\theta}}(1)$:先采集被估系统的一批输入/输出数据$\{y(k)\}$、$\{u(k)\}$,按照模型

$$v(k,\boldsymbol{\theta}) = y(k) - \sum_{i=1}^{n} a_i y(k-i) - \sum_{i=0}^{n} b_i u(k-i)$$

用最小二乘法确定参数$a_1,\cdots,a_n,b_0,\cdots,b_n$的估计值,并任意假设一组$d_1,\cdots,d_n$,从而得到$\boldsymbol{\theta}$的初始估计值$\hat{\boldsymbol{\theta}}(1)$。

② 设置初始的$v(1),v(2),\cdots,v(n)$和$\frac{\partial v(1)}{\partial \boldsymbol{\theta}},\frac{\partial v(2)}{\partial \boldsymbol{\theta}},\cdots,\frac{\partial v(n)}{\partial \boldsymbol{\theta}}$,为方便起见,通常可均取为零,并设置迭代次数$j=1$。

③ 计算误差$v(n+1),v(n+2),\cdots,v(n+N)$:采集$N$对系统输入/输出数据$u(k)$、$y(k)$,其中$k=n+1,n+2,\cdots,n+N$,根据式(4.35)计算$v(k)$为

$$v(k) = y(k) + \sum_{i=1}^{n} a_i y(k-i) - \sum_{i=0}^{n} b_i u(k-i) - \sum_{i=1}^{n} d_i v(k-i)$$

式中,$a_1,\cdots,a_n;b_0,\cdots,b_n$及$d_1,\cdots,d_n$为$\hat{\boldsymbol{\theta}}(j)$中对应的各元素值。

④ 计算$\left. \frac{\partial v(k)}{\partial \boldsymbol{\theta}} \right|_{\boldsymbol{\theta}=\hat{\boldsymbol{\theta}}(j)}$

$$\left. \frac{\partial v(k)}{\partial \boldsymbol{\theta}} \right|_{\boldsymbol{\theta}=\hat{\boldsymbol{\theta}}(j)} = \left[\frac{\partial v(k)}{\partial a_1} \quad \cdots \quad \frac{\partial v(k)}{\partial a_n} \quad \frac{\partial v(k)}{\partial b_0} \quad \cdots \quad \frac{\partial v(k)}{\partial b_n} \quad \frac{\partial v(k)}{\partial d_1} \quad \cdots \quad \frac{\partial v(k)}{\partial d_n} \right]^{\mathrm{T}} \Bigg|_{\boldsymbol{\theta}=\hat{\boldsymbol{\theta}}(j)}$$

其中各元素的求解见式(4.47)。

⑤ 利用式(4.43)和式(4.45)计算梯度矩阵$\left. \frac{\partial J(\boldsymbol{\theta})}{\partial \boldsymbol{\theta}} \right|_{\boldsymbol{\theta}=\hat{\boldsymbol{\theta}}(j)}$和 Hessian 矩阵$\left. \frac{\partial^2 J(\boldsymbol{\theta})}{(\partial \boldsymbol{\theta})^2} \right|_{\boldsymbol{\theta}=\hat{\boldsymbol{\theta}}(j)}$。

⑥ 设置$j=j+1$,根据式(4.42)计算新的参数估计值$\hat{\boldsymbol{\theta}}(j)$。

⑦ 取n个$v(k)$和$\frac{\partial v(k)}{\partial \boldsymbol{\theta}}$作为下一次迭代的初值,其中$k=N+1,N+2,\cdots,N+n$,转到第③步继续进行迭代,直到满足停止条件。

在实际应用中,迭代停止标准一般有 3 种方式。

i. 参数估计值变化很小

设经 j 次迭代后参数估计值为 $\hat{\boldsymbol{\theta}}_j$,$j+1$ 次迭代后为 $\hat{\boldsymbol{\theta}}_{j+1}$,如果

$$\parallel \hat{\boldsymbol{\theta}}_{j+1} - \hat{\boldsymbol{\theta}}_j \parallel \leqslant \varepsilon \tag{4.48}$$

其中,ε 为指定的正数,则停止迭代。

ii. 噪声方差的估计值 $\hat{\sigma}^2$ 变化很小

$$\left| \frac{\hat{\sigma}_{j+1}^2 - \hat{\sigma}_j^2}{\hat{\sigma}_j^2} \right| \leqslant \varepsilon \tag{4.49}$$

iii. 迭代次数 j 达到预先设定的值 M:$j=M$。

综上所述,Newton-Raphson 法应用于极大似然参数估计的迭代计算流程图如图 4-2 所示。

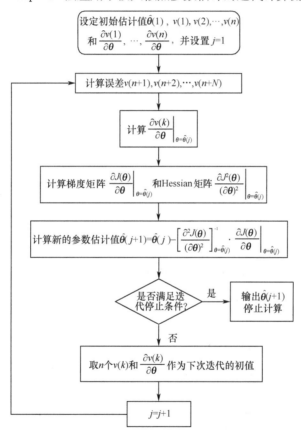

图 4-2 Newton-Raphson 法应用于极大似然参数估计的迭代计算流程图

运用 Newton-Raphson 法求取极大似然估计,即使当系统噪声水平较高时也能获得良好的估计,但缺点在于该方法为了计算梯度矩阵和 Hessian 矩阵,需要对系统进行 N 次观测,才能进行一次递推,不适于实时应用。

4.5 递推极大似然参数估计

上节介绍了 Newton-Raphson 迭代法,虽然它实际上也是一种递推方法,但需要每 N 次观测才能递推一次,本节将介绍每观测一次数据就能递推计算一次的极大似然估计。

系统模型仍然采用式(4.16)的描述

$$y(k) = -\sum_{i=1}^{n} a_i y(k-i) + \sum_{i=0}^{n} b_i u(k-i) + e(k)$$

进一步写为

$$y(k) = -\sum_{i=1}^{n} a_i y(k-i) + \sum_{i=0}^{n} b_i u(k-i) + v(k) + \sum_{i=1}^{n} d_i v(k-i)$$

同样,递推极大似然估计解算的目标为:获得未知参数 $\boldsymbol{\theta} = [a_1 \quad \cdots \quad a_n \quad b_0 \quad \cdots \quad b_n \quad d_1 \quad \cdots \quad d_n]^T$ 的极大似然估计 $\hat{\boldsymbol{\theta}}_{\text{ML}}$,在等式 $v(k) = y(k) + \sum_{i=1}^{n} a_i y(k-i) - \sum_{i=0}^{n} b_i u(k-i) - \sum_{i=1}^{n} d_i v(k-i)$ 的约束下,使得指标函数 $J(\boldsymbol{\theta}) = \sum_{k=n+1}^{n+N} v^2(k)$ 在 $\hat{\boldsymbol{\theta}}_{\text{ML}}$ 处取得极小值。

为了实现上述目标,用 $\boldsymbol{\theta}$ 的二次型函数来逼近 $J(\boldsymbol{\theta})$,从而导出近似的极大似然估计的递推公式。假定存在 $\hat{\boldsymbol{\theta}}_N$、$\boldsymbol{P}_N$ 和余项 $\boldsymbol{\beta}_N$,其中 $\boldsymbol{P}_N$ 为实对称非奇异矩阵,采用 $\boldsymbol{\theta}$ 的二次型函数来逼近 $J(\boldsymbol{\theta})$ 的表达式为

$$J_N(\boldsymbol{\theta}) = \sum_{k=n}^{n+N} v^2(k) = (\boldsymbol{\theta} - \hat{\boldsymbol{\theta}}_N)^T \boldsymbol{P}_N^{-1} (\boldsymbol{\theta} - \hat{\boldsymbol{\theta}}_N) + \boldsymbol{\beta}_N \tag{4.50}$$

根据式(4.50)和 $J(\boldsymbol{\theta})$ 的定义,有

$$J_{N+1}(\boldsymbol{\theta}) = \sum_{k=n}^{n+N+1} v^2(k) = (\boldsymbol{\theta} - \hat{\boldsymbol{\theta}}_N)^T \boldsymbol{P}_N^{-1} (\boldsymbol{\theta} - \hat{\boldsymbol{\theta}}_N) + \boldsymbol{\beta}_N + v^2(n+N+1) \tag{4.51}$$

将 $v(n+N+1)$ 在 $\hat{\boldsymbol{\theta}}_N$ 处进行一阶泰勒展开,为描述清楚,将 $v(n+N+1)$ 记为 $v(\boldsymbol{\theta}, n+N+1)$,即

$$v(\boldsymbol{\theta}, n+N+1) \approx v(\hat{\boldsymbol{\theta}}_N, n+N+1) + \left[\frac{\partial v(\boldsymbol{\theta}, n+N+1)}{\partial \boldsymbol{\theta}} \right] \Bigg|_{\boldsymbol{\theta} = \hat{\boldsymbol{\theta}}_N} (\boldsymbol{\theta} - \hat{\boldsymbol{\theta}}_N) \tag{4.52}$$

将上式代入式(4.51),得

$$J_{N+1}(\boldsymbol{\theta}) = (\boldsymbol{\theta} - \hat{\boldsymbol{\theta}}_N)^T \boldsymbol{P}_N^{-1} (\boldsymbol{\theta} - \hat{\boldsymbol{\theta}}_N) + \boldsymbol{\beta}_N + [v_{N+1} - \boldsymbol{\varphi}_{N+1}^T (\boldsymbol{\theta} - \hat{\boldsymbol{\theta}}_N)]^2 \tag{4.53}$$

令 $v_{N+1} = v(\hat{\boldsymbol{\theta}}_N, n+N+1)$,$\boldsymbol{\varphi}_{N+1}^T = -\left[\frac{\partial v(\boldsymbol{\theta}, n+N+1)}{\partial \boldsymbol{\theta}} \right] \Bigg|_{\boldsymbol{\theta} = \hat{\boldsymbol{\theta}}_N}$,则式(4.52)表示为

$$v(\boldsymbol{\theta}, n+N+1) \approx v_{N+1} - \boldsymbol{\varphi}_{N+1}^T (\boldsymbol{\theta} - \hat{\boldsymbol{\theta}}_N) \tag{4.54}$$

令 $\boldsymbol{\Delta} = \boldsymbol{\theta} - \hat{\boldsymbol{\theta}}_N$,将式(4.54)与式(4.53)合并,得

$$J_{N+1}(\boldsymbol{\theta}) = \boldsymbol{\Delta}^T (\boldsymbol{P}_N^{-1} + \boldsymbol{\varphi}_{N+1} \boldsymbol{\varphi}_{N+1}^T) \boldsymbol{\Delta} - 2 v_{N+1} \boldsymbol{\varphi}_{N+1}^T \boldsymbol{\Delta} + v_{N+1}^2 + \boldsymbol{\beta}_N \tag{4.55}$$

对式(4.55)配完全平方,得

$$J_{N+1}(\boldsymbol{\theta}) = (\boldsymbol{\Delta} - \boldsymbol{r}_{N+1})^T \boldsymbol{P}_{N+1}^{-1} (\boldsymbol{\Delta} - \boldsymbol{r}_{N+1}) + \boldsymbol{\beta}_{N+1} \tag{4.56}$$

其中

$$\begin{aligned}
\boldsymbol{r}_{N+1} &= \boldsymbol{P}_{N+1} \boldsymbol{\varphi}_{N+1} v_{N+1} \\
\boldsymbol{P}_{N+1}^{-1} &= \boldsymbol{P}_N^{-1} + \boldsymbol{\varphi}_{N+1} \boldsymbol{\varphi}_{N+1}^T \\
\boldsymbol{\beta}_{N+1} &= v_{N+1}^2 + \boldsymbol{\beta}_N - v_{N+1} \boldsymbol{\varphi}_{N+1}^T \boldsymbol{P}_{N+1} \boldsymbol{\varphi}_{N+1} v_{N+1}
\end{aligned} \tag{4.57}$$

由于 β_{N+1} 中不包含 $\boldsymbol{\theta}$,因此当 $\boldsymbol{\Delta} + \boldsymbol{r}_{N+1} = \boldsymbol{0}$ 时,$J_{N+1}(\boldsymbol{\theta})$ 取得极小值,所以 $\boldsymbol{\theta}$ 新的估计值 $\hat{\boldsymbol{\theta}}_{N+1}$ 为

$$\hat{\boldsymbol{\theta}}_{N+1} = \hat{\boldsymbol{\theta}}_N + \boldsymbol{r}_{N+1} \tag{4.58}$$

因此,只要求取 $\boldsymbol{r}_{N+1}$,就得到了极大似然估计的递推公式。

根据式(4.57)可知,为了求取 $\boldsymbol{r}_{N+1}$,首先需要求取 $\boldsymbol{P}_{N+1}$。因为 $\boldsymbol{P}_{N+1}^{-1} = \boldsymbol{P}_N^{-1} + \boldsymbol{\varphi}_{N+1} \boldsymbol{\varphi}_{N+1}^T$,根据矩阵求逆引理:对于矩阵 $\boldsymbol{A}, \boldsymbol{B}, \boldsymbol{C}$,有

$$(A + BC^{\mathrm{T}})^{-1} = A^{-1} - A^{-1}B(I + C^{\mathrm{T}}A^{-1}B)^{-1}C^{\mathrm{T}}A^{-1} \tag{4.59}$$

因此有

$$P_{N+1} = P_N[I - \varphi_{N+1}(1 + \varphi_{N+1}^{\mathrm{T}} P_N \varphi_{N+1})^{-1} \varphi_{N+1}^{\mathrm{T}} P_N] \tag{4.60}$$

将式(4.60)代入 r_{N+1} 中,得

$$r_{N+1} = P_N[I - \varphi_{N+1}(1 + \varphi_{N+1}^{\mathrm{T}} P_N \varphi_{N+1})^{-1} \varphi_{N+1}^{\mathrm{T}} P_N] \varphi_{N+1} v_{N+1}$$
$$= P_N \varphi_{N+1}(1 + \varphi_{N+1}^{\mathrm{T}} P_N \varphi_{N+1})^{-1} v_{N+1} \tag{4.61}$$

将式(4.61)代入式(4.58),得

$$\hat{\boldsymbol{\theta}}_{N+1} = \hat{\boldsymbol{\theta}}_N + r_{N+1} = \hat{\boldsymbol{\theta}}_N + P_N \varphi_{N+1}(1 + \varphi_{N+1}^{\mathrm{T}} P_N \varphi_{N+1})^{-1} v_{N+1} \tag{4.62}$$

式(4.62)中,$\hat{\boldsymbol{\theta}}_N$ 和 P_N 为前一次递推结果,v_{N+1} 根据式(4.35)为

$$v_{N+1} = y(n+N+1) - \boldsymbol{\psi}^{\mathrm{T}}(N)\hat{\boldsymbol{\theta}}_N \tag{4.63}$$

其中,$\boldsymbol{\psi}(N) = [-y(N+n) \quad \cdots \quad -y(N) \quad u(N+n) \quad \cdots \quad u(N) \quad v(N+n) \quad \cdots \quad v(N)]^{\mathrm{T}}$。

根据式(4.62),只要获得 φ_{N+1} 的递推表达式,即可完成整个递推推导。下面就来推导 φ_{N+1} 与 φ_N 之间的递推关系。根据前面 φ_{N+1} 的定义,有

$$\varphi_{N+1} = -\left[\frac{\partial v(\boldsymbol{\theta}, n+N+1)}{\partial \boldsymbol{\theta}}\right]\bigg|_{\boldsymbol{\theta}=\hat{\boldsymbol{\theta}}_N} = -\begin{bmatrix} \dfrac{\partial v(n+N+1)}{\partial a_1} \\ \vdots \\ \dfrac{\partial v(n+N+1)}{\partial a_n} \\ \dfrac{\partial v(n+N+1)}{\partial b_0} \\ \vdots \\ \dfrac{\partial v(n+N+1)}{\partial b_n} \\ \dfrac{\partial v(n+N+1)}{\partial d_1} \\ \vdots \\ \dfrac{\partial v(n+N+1)}{\partial d_n} \end{bmatrix}\Bigg|_{\boldsymbol{\theta}=\hat{\boldsymbol{\theta}}_N} \tag{4.64}$$

同样

$$\varphi_N = -\begin{bmatrix} \dfrac{\partial v(n+N)}{\partial a_1} \\ \vdots \\ \dfrac{\partial v(n+N)}{\partial a_n} \\ \dfrac{\partial v(n+N)}{\partial b_0} \\ \vdots \\ \dfrac{\partial v(n+N)}{\partial b_n} \\ \dfrac{\partial v(n+N)}{\partial d_1} \\ \vdots \\ \dfrac{\partial v(n+N)}{\partial d_n} \end{bmatrix}\Bigg|_{\boldsymbol{\theta}=\hat{\boldsymbol{\theta}}_N} \tag{4.65}$$

根据 $v(k) = y(k) + \sum_{i=1}^{n} a_i y(k-i) - \sum_{i=0}^{n} b_i u(k-i) - \sum_{i=1}^{n} d_i v(k-i)$，有

$$
\begin{cases}
\dfrac{\partial v(k)}{\partial a_i}\bigg|_{\boldsymbol{\theta}=\hat{\boldsymbol{\theta}}_N} = y(k-i) - \sum_{j=1}^{n} d_j \dfrac{\partial v(k-j)}{\partial a_i}\bigg|_{\boldsymbol{\theta}=\hat{\boldsymbol{\theta}}_N} \\[3mm]
\dfrac{\partial v(k)}{\partial b_i}\bigg|_{\boldsymbol{\theta}=\hat{\boldsymbol{\theta}}_N} = -u(k-i) - \sum_{j=1}^{n} d_j \dfrac{\partial v(k-j)}{\partial b_i}\bigg|_{\boldsymbol{\theta}=\hat{\boldsymbol{\theta}}_N} \\[3mm]
\dfrac{\partial v(k)}{\partial d_i}\bigg|_{\boldsymbol{\theta}=\hat{\boldsymbol{\theta}}_N} = -v(k-i) - \sum_{j=1}^{n} d_j \dfrac{\partial v(k-j)}{\partial d_i}\bigg|_{\boldsymbol{\theta}=\hat{\boldsymbol{\theta}}_N}
\end{cases}
\tag{4.66}
$$

对式(4.66)进行 Z 变换后合并，得

$$
\hat{d}(z^{-1}) \frac{\partial v(k)}{\partial a_i}\bigg|_{\boldsymbol{\theta}=\hat{\boldsymbol{\theta}}_N} = z^{-i} y(k)
$$

$$
\hat{d}(z^{-1}) \frac{\partial v(k)}{\partial b_i}\bigg|_{\boldsymbol{\theta}=\hat{\boldsymbol{\theta}}_N} = -z^{-i} u(k) \tag{4.67}
$$

$$
\hat{d}(z^{-1}) \frac{\partial v(k)}{\partial d_i}\bigg|_{\boldsymbol{\theta}=\hat{\boldsymbol{\theta}}_N} = -z^{-i} v(k)
$$

其中，$\hat{d}(z^{-1}) = 1 + \hat{d}_1 z^{-1} + \cdots + \hat{d}_n z^{-n}$，所以有

$$
\frac{\partial v(k)}{\partial a_i}\bigg|_{\boldsymbol{\theta}=\hat{\boldsymbol{\theta}}_N} = [\hat{d}(z^{-1})]^{-1} z^{-i} y(k)
$$

$$
\frac{\partial v(k)}{\partial b_i}\bigg|_{\boldsymbol{\theta}=\hat{\boldsymbol{\theta}}_N} = -[\hat{d}(z^{-1})]^{-1} z^{-i} u(k) \tag{4.68}
$$

$$
\frac{\partial v(k)}{\partial d_i}\bigg|_{\boldsymbol{\theta}=\hat{\boldsymbol{\theta}}_N} = -[\hat{d}(z^{-1})]^{-1} z^{-i} v(k)
$$

以 $\dfrac{\partial v(k)}{\partial a_i}\bigg|_{\boldsymbol{\theta}=\hat{\boldsymbol{\theta}}_N}$ 为例，根据式(4.68)，以 $y(k)$ 作为输入，$\dfrac{\partial v(k)}{\partial a_i}\bigg|_{\boldsymbol{\theta}=\hat{\boldsymbol{\theta}}_N}$ 作为输出，绘出输入/输出关系流程，如图4-3所示。

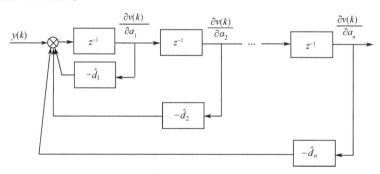

图 4-3　$y(k)$ 与 $\dfrac{\partial v(k)}{\partial a_i}$ 关系流程图

从图4-3可以看出，将 $y(k)$ 经过简单的移位和滤波，就能够得到 $\dfrac{\partial v(k)}{\partial a_i}\bigg|_{\boldsymbol{\theta}=\hat{\boldsymbol{\theta}}_N}$，$i=1,\cdots,n$。同理，对 $u(k)$、$v(k)$ 经过移位和滤波，就能够得到 $\dfrac{\partial v(k)}{\partial b_i}\bigg|_{\boldsymbol{\theta}=\hat{\boldsymbol{\theta}}_N}$ 和 $\dfrac{\partial v(k)}{\partial d_i}\bigg|_{\boldsymbol{\theta}=\hat{\boldsymbol{\theta}}_N}$。

根据式(4.67)，可以得到

$$\left.\frac{\partial v(k)}{\partial a_i}\right|_{\boldsymbol{\theta}=\hat{\boldsymbol{\theta}}_N} = \left.\frac{\partial v(k-i+j)}{\partial a_j}\right|_{\boldsymbol{\theta}=\hat{\boldsymbol{\theta}}_N} = \left.\frac{\partial v(k-i+1)}{\partial a_1}\right|_{\boldsymbol{\theta}=\hat{\boldsymbol{\theta}}_N}$$

$$\left.\frac{\partial v(k)}{\partial b_i}\right|_{\boldsymbol{\theta}=\hat{\boldsymbol{\theta}}_N} = \left.\frac{\partial v(k-i+j)}{\partial b_j}\right|_{\boldsymbol{\theta}=\hat{\boldsymbol{\theta}}_N} = \left.\frac{\partial v(k-i+1)}{\partial b_1}\right|_{\boldsymbol{\theta}=\hat{\boldsymbol{\theta}}_N} \qquad (4.69)$$

$$\left.\frac{\partial v(k)}{\partial d_i}\right|_{\boldsymbol{\theta}=\hat{\boldsymbol{\theta}}_N} = \left.\frac{\partial v(k-i+j)}{\partial d_j}\right|_{\boldsymbol{\theta}=\hat{\boldsymbol{\theta}}_N} = \left.\frac{\partial v(k-i+1)}{\partial d_1}\right|_{\boldsymbol{\theta}=\hat{\boldsymbol{\theta}}_N}$$

所以有

$$\left.\frac{\partial v(n+N-1)}{\partial a_1}\right|_{\boldsymbol{\theta}=\hat{\boldsymbol{\theta}}_N} = \left.\frac{\partial v(n+N)}{\partial a_2}\right|_{\boldsymbol{\theta}=\hat{\boldsymbol{\theta}}_N}, \cdots, \left.\frac{\partial v(N+1)}{\partial a_{n-1}}\right|_{\boldsymbol{\theta}=\hat{\boldsymbol{\theta}}_N} = \left.\frac{\partial v(N+2)}{\partial a_n}\right|_{\boldsymbol{\theta}=\hat{\boldsymbol{\theta}}_N} \quad (4.70)$$

根据式(4.70),式(4.64)中矩阵的第一行就可以表示为

$$\left.\frac{\partial v(n+N+1)}{\partial a_1}\right|_{\boldsymbol{\theta}=\hat{\boldsymbol{\theta}}_N} = y(n+N) - \hat{d}_1\frac{\partial v(n+N)}{\partial a_1} - \hat{d}_2\frac{\partial v(n+N-1)}{\partial a_1} - \cdots - \hat{d}_n\frac{\partial v(n+N-n)}{\partial a_1}$$

$$= y(n+N) - \hat{d}_1\frac{\partial v(n+N)}{\partial a_1} - \hat{d}_2\frac{\partial v(n+N)}{\partial a_2} - \cdots - \hat{d}_n\frac{\partial v(n+N)}{\partial a_n}$$

$$(4.71)$$

从图 4-3 可以直观看出

$$\left.\frac{\partial v(n+N+1)}{\partial a_2}\right|_{\boldsymbol{\theta}=\hat{\boldsymbol{\theta}}_N} = \left.\frac{\partial v(n+N)}{\partial a_1}\right|_{\boldsymbol{\theta}=\hat{\boldsymbol{\theta}}_N}$$

同理可以推导出式(4.64)中矩阵的其他各行,于是得到 $\boldsymbol{\varphi}_{N+1}$ 与 $\boldsymbol{\varphi}_N$ 的递推关系为

$$\boldsymbol{\varphi}_{N+1} = \begin{bmatrix} -\hat{d}_1 & \cdots & \cdots & -\hat{d}_n & & & & \\ 1 & \cdots & \cdots & 0 & & & & \\ 0 & \ddots & \ddots & 0 & 0 & & 0 & \\ 0 & 0 & 1 & 0 & & & & \\ & & & & -\hat{d}_1 & \cdots & \cdots & -\hat{d}_n & 0 \\ & & & & 1 & \cdots & \cdots & 0 & 0 \\ & 0 & & & 0 & \ddots & \ddots & 0 & 0 & & 0 \\ & & & & 0 & 0 & 1 & 0 & 0 \\ & & & & & & & & -\hat{d}_1 & \cdots & \cdots & -\hat{d}_n \\ & & & & & & & & 1 & \cdots & \cdots & 0 \\ & 0 & & & & 0 & & & 0 & \ddots & \ddots & 0 \\ & & & & & & & & 0 & 0 & 1 & 0 \end{bmatrix} \boldsymbol{\varphi}_N + \begin{bmatrix} -y(n+N) \\ 0 \\ \vdots \\ 0 \\ +u(n+N+1) \\ 0 \\ \vdots \\ 0 \\ +v(n+N) \\ 0 \\ \vdots \\ 0 \end{bmatrix}$$

式(4.60)、式(4.62)、式(4.63)共同构成了递推极大似然估计算法。如果令 $\boldsymbol{K}_{N+1}$ 为增益矩阵,递推极大似然估计算法(简称 RML)可归纳为

$$\begin{cases} \hat{\boldsymbol{\theta}}_{N+1} = \hat{\boldsymbol{\theta}}_N + \boldsymbol{K}_{N+1}\boldsymbol{v}_{N+1} \\ \boldsymbol{K}_{N+1} = \boldsymbol{P}_N\boldsymbol{\varphi}_{N+1}(1+\boldsymbol{\varphi}_{N+1}^{\mathrm{T}}\boldsymbol{P}_N\boldsymbol{\varphi}_{N+1})^{-1} \\ \boldsymbol{P}_{N+1} = [\boldsymbol{I} - \boldsymbol{K}_{N+1}\boldsymbol{\varphi}_{N+1}^{\mathrm{T}}]\boldsymbol{P}_N \\ \boldsymbol{v}_{N+1} = y(n+N+1) - \boldsymbol{\psi}^{\mathrm{T}}(N)\hat{\boldsymbol{\theta}}_N \end{cases} \qquad (4.72)$$

其中

$$\boldsymbol{\psi}(N) = [-y(N+n) \quad \cdots \quad -y(N) \quad u(N+n) \quad \cdots \quad u(N) \quad v(N+n) \quad \cdots \quad v(N)]^{\mathrm{T}}$$

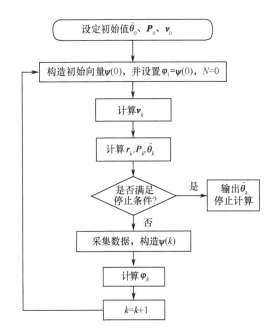

图 4-4　递推极大似然估计算法的程序流程图

总结以上推导过程,递推极大似然估计算法的程序流程图如图 4-4 所示。

初始值一般 $\hat{\boldsymbol{\theta}}_0$ 取为充分小量,$\boldsymbol{P}_0$ 取为单位矩阵,$\boldsymbol{v}_0$ 设置为零向量,利用获得的系统输入/输出数据构造 $\boldsymbol{\psi}(0)$,使之为不全为零的向量。

【例 4.3】动态系统模型为

$$y(k)+a_1 y(k-1)+a_2 y(k-2)=b_1 u(k-1)+b_2 u(k-2)+v(k)+d_1 v(k-1)+d_2 v(k-2)$$

其中模型参数 $a_1=-0.5$,$a_2=-0.2$,$b_1=1.0$,$b_2=1.5$,$d_1=-0.8$,$d_2=0.3$,噪声 $v(k)$ 是均值为零、方差为 0.01 的高斯白噪声,输入信号为 4 级移位寄存器产生的 M 序列,利用递推极大似然估计算法对该动态系统模型参数进行辨识。

MATLAB 仿真程序见 chap4_1.m,经过 500 次迭代,最后辨识结果见表 4-1。

表 4-1　动态系统模型递推极大似然估计辨识结果

被估参数	a_1	a_2	b_1	b_2	d_1	d_2
真值	-0.5	-0.2	1.0	1.5	-0.8	0.3
估计值	-0.4973	-0.2009	0.9980	1.4926	0.0175	0.0957

辨识结果收敛过程如图 4-5 和图 4-6 所示。

从最后辨识结果和以上两图可以看出,采用递推极大似然估计算法能够很快收敛到稳态值,而且参数 a_1,a_2,b_1,b_2 估计准确,由于噪声 $v(k)$ 的随机性,导致参数 d_1,d_2 的估计误差较大。

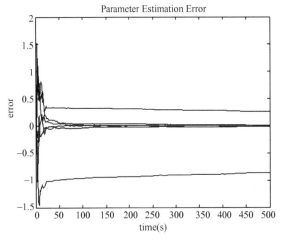

图 4-5　参数估计误差曲线

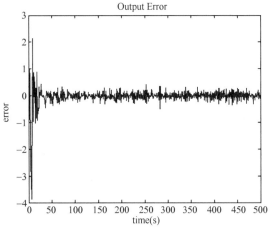

图 4-6　系统输出估计误差

递推极大似然估计的仿真程序:chap4_1.m

```
clear all
```

```
close all;
%%%%%%%%%%产生仿真数据%%%%%%%%%%%%
n=2;
total=1000;
sigma=0.1;        %噪声变量的均方根

% M序列作为输入
z1=1;z2=1;z3=1;z4=0;
for i=1:total
    x1=xor(z3,z4);
    x2=z1;
    x3=z2;
    x4=z3;
    z(i)=z4;;
    if z(i)>0.5
        u(i)=-1;
    else u(i)=1;
    end
    z1=x1;z2=x2;z3=x3;z4=x4;
end
figure(1);
stem(u),grid on
%%%%%%%%%%系统输出%%%%%%%%%%%%%%
y(1)=0;y(2)=0;
v=sigma* randn(total,1);  %噪声
y(1)=1;y(2)=0.01;
for k=3:total
    y(k)=0.5* y(k-1)+0.2* y(k-2)+u(k-1)+1.5* u(k-2)+v(k)-0.8* v(k-1)+0.3*
v(k-2);
    end
%%%%%%%%%%初始化%%%%%%%%%%%%%%%%%
theta0=0.001* ones(6,1);                        % 参数
e1(1)=-0.5-theta0(1);   e2(1)=-0.2-theta0(2);  % 误差初始化
e3(1)=1.0-theta0(3);    e4(1)=1.5-theta0(4);
e5(1)=-0.8-theta0(5);   e6(1)=0.3-theta0(6);
a_hat(1)=theta0(1);a_hat(2)=theta0(2);          % 参数分离
b_hat(1)=theta0(3);b_hat(2)=theta0(4);
c_hat(1)=theta0(5);c_hat(2)=theta0(6);

P0=eye(6,6);                                    % 矩阵 P 初始化
  for i=1:n
    yf(i)=0.1;uf(i)=0.1;vf(i)=0.1;
    fai0(i,1)=-yf(i);
    fai0(n+i,1)=uf(i);
    fai0(2* n+i,1)=vf(i);
  end
  e(1)=1.0;
  e(2)=1.0;

%%%%  递推算法%%%%%%%%%%%%%%%
```

```
for i=n+1:total
    pusai=[-y(i-1);-y(i-2);u(i-1);u(i-2);e(i-1);e(i-2)];

    C=zeros(n* 3,n* 3);
    Q=zeros(3* n,1);
    Q(1)=-y(i-1);
    Q(n+1)=u(i-1);
    Q(2* n+1)=e(i-1);
      for j=1:n
          C(1,j)=-c_hat(j);
          C(n+1,n+j)=-c_hat(j);
          C(2* n+1,2* n+j)=-c_hat(j);
          if j> 1
              C(j,j-1)=1.0;
              C(n+j,n+j-1)=1.0;
              C(2* n+j,2* n+j-1)=1.0;
          end
    end
    fai=C* fai0+Q;
    K=P0* fai* inv(fai'* P0* fai+1);
    P=[eye(6,6)-K* fai']* P0;

    e(i)=y(i)-pusai'* theta0;
    theta=theta0+K* e(i);

    P0=P;
    theta0=theta;
    fai0=fai;
      a_hat(1)=theta(1);a_hat(2)=theta(2);
      b_hat(1)=theta(3);b_hat(2)=theta(4);
      c_hat(1)=theta(5);c_hat(2)=theta(6);

      e1(i)=-0.5-a_hat(1); e2(i)=-0.2-a_hat(2);
      e3(i)=1.0-b_hat(1); e4(i)=1.5-b_hat(2);
      e5(i)=-0.8-c_hat(1); e6(i)=0.3-c_hat(2);

end

figure(2)
plot(e1);
hold on
plot(e2);
hold on
plot(e3);
hold on
plot(e4);
hold on
plot(e5);
hold on
plot(e6);
```

```
title('Parameter Estimation Error ');
xlabel('time(s)');
ylabel('error');
hold off
figure(3)
plot(e);
title('Output Error ');
xlabel('time(s)');
ylabel('error');
```

思考题与习题 4

4.1 对例 4.3 中动态模型参数采用最小二乘法进行辨识,将辨识结果与采用递推极大似然估计算法的辨识结果进行比较分析。

4.2 对于动态系统

$$y(k) = -\sum_{i=1}^{n} a_i y(k-i) + \sum_{i=1}^{n} b_i u(k-i) + v(k)$$

当 $v(k)$ 为有色噪声时,绘出递推极大似然估计算法的程序流程。

4.3 动态系统模型为

$$y(k) + 0.5y(k-1) - 0.2y(k-2) = 1.2u(k-1) + 0.3u(k-2) + \varepsilon(k) - \varepsilon(k-1) + 0.8\varepsilon(k-2)$$

式中,$\varepsilon(k)$ 是均值为零、方差为 1 并服从正态分布的不相关随机噪声,$u(k)$ 是幅值为 1 的伪随机 M 序列,请利用递推极大似然估计算法对系统参数进行辨识,递推停止条件为 $N=1500$。要求提交:

（1）递推极大似然估计算法的设计方法;

（2）程序流程图及 MATLAB 源程序;

（3）各参数的辨识过程曲线和辨识误差曲线。

参 考 文 献

[1] 贺勇,明杰秀. 概率论与数理统计. 武汉:武汉大学出版社,2012.
[2] 裴亚峥,任叶庆,刘诚. 概率论与数理统计. 北京:科学出版社,2015.

第5章 传递函数的时域和频域辨识

时域用于描述数学函数或物理信号对时间的关系。例如,一个信号的时域波形可以表达信号随时间的变化情况。频域用于描述信号在频率方面的特性。频域法和时域法在线性系统理论和控制理论的许多重要问题上是互相补充的。20 世纪 60 年代以前,频域法在系统辨识理论和实践中占据统治地位。从 20 世纪 60 年代末以来,时域法地位逐渐提高。如图 5-1 所示为系统辨识的时域与频域方法比较。

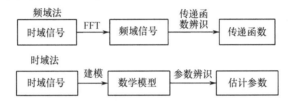

图 5-1 系统辨识的时域与频域方法比较

在经典控制系统的分析与设计中,常采用传递函数的形式来描述系统的动态特性。在控制系统研究中经常会遇到这样的问题,即用户没有办法从物理上得出所研究系统的传递函数,但可以通过适当的实验手段测试出系统的某种响应信息。如果通过数据采集系统可以测试出系统时间响应的输入与输出数据,或通过频率响应测试仪可以测试出系统的频率响应数据,就可以获得系统的数学模型。经典的传递函数辨识方法可以分为时域法和频域法两种。时域法和频域法已发展得很成熟,在动态系统辨识中起着重要的作用,且为现代辨识方法提供了必要的先验信息。

5.1 传递函数辨识的时域法

传递函数辨识的时域法包括阶跃响应法、脉冲响应法和矩形脉冲响应法等,其中阶跃响应法最为常用。阶跃响应法利用阶跃响应曲线对系统传递函数进行参数辨识,阶跃响应曲线即为输入量做阶跃变化时系统输出的变化曲线。

下面利用 MATLAB 作出 $G(s)=\dfrac{\mathrm{e}^{-80s}}{60s+1}$ 的单位阶跃响应曲线,阶跃响应测试的仿真程序见 chap5_1.m。

仿真程序 chap5_1.m:

```
figure(1);
sys= tf([1],[60,1],'inputdelay',80);
[y,t]= step(sys);
line(t,y),grid;
xlabel('time(s)');ylabel('y');
```

仿真结果如图 5-2 所示,曲线类似于 S 形。当 $t \leqslant 80s$ 时,系统的输出为零,这是由传递函数中的延迟环节引起的;当 $t > 80s$ 时,系统的输出呈负指数增长,与传递函数中的一阶惯性环节相符。

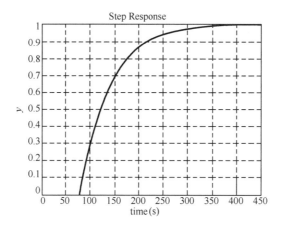

图 5-2　单位阶跃响应曲线

5.1.1　一阶惯性环节加纯延迟的传递函数拟合

一阶惯性环节加纯延迟的传递函数为

$$G(s)=\frac{K\mathrm{e}^{-\tau s}}{Ts+1} \tag{5.1}$$

设系统输入 u 的变化量为 Δu 且 $y(\infty)$ 存在,则放大倍数 $K=\dfrac{\Delta y}{\Delta u}=\dfrac{y(\infty)-y(0)}{\Delta u}$,如果初始值取零,则

$$K=y(\infty)/\Delta u \tag{5.2}$$

阶跃响应不一定正好是具有负指数规律增长的曲线,但只要类似如图 5-2 所示的 S 形非周期曲线,即可采用一阶传递函数近似。一般采用切线法和两点法来拟合传递函数。

1. 切线法

如图 5-2 所示的阶跃响应曲线呈 S 形,在曲线的变化速率最快处作一切线,分别与时间轴 t 和阶跃响应的渐近线 $y(\infty)$ 相交于 $(\tau,0)$ 和 $(t_0,y(\infty))$,这样便得到延迟时间 τ 和时间常数 $T=t_0-\tau$。

采用图 5-3 求参数 τ 和 T 的方法也称为图解法,其优点是求解特别简单。但对于一些实际响应曲线,寻找响应曲线的最大斜率处并非易事,主观因素也比较大。

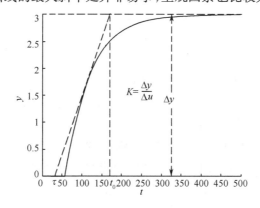

图 5-3　用作图法确定参数 τ 和 T

2. 两点法

如图 5-4 所示,被控对象传递函数为式(5.1)所表示的形式。在 $y(t)$ 上选取两个数据点 $(t_1, y(t_1))$ 和 $(t_2, y(t_2))$,只要求 0、$y(t_1)$ 和 $y(t_2)$ 三个数值之间有明显的差异即可。

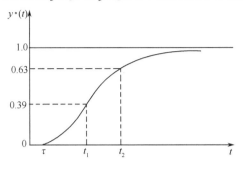

图 5-4 两点法确定 T 和 τ

由于

$$G(s) = \frac{Ke^{-\tau s}}{Ts+1} = \frac{\Delta y}{\Delta u} = \frac{y}{\Delta u} \tag{5.3}$$

则

$$T\dot{y} + y = K\Delta u(t-\tau) = y_\infty(t-\tau) \tag{5.4}$$

首先将其转化为无量纲形式 $y^*(t)$,取

$$y^*(t) = \frac{y(t)}{y(\infty)} \tag{5.5}$$

则

$$T\dot{y}^*(t-\tau) + y^*(t-\tau) = 1 \tag{5.6}$$

解上述方程,可得阶跃响应无量纲形式为

$$y^*(t) = \begin{cases} 0 & t < \tau \\ 1 - \exp\left(-\dfrac{t-\tau}{T}\right) & t \geqslant \tau \end{cases} \tag{5.7}$$

取图 5-4 中的两个点,可得

$$\begin{cases} y^*(t_1) = 1 - \exp\left(-\dfrac{t_1-\tau}{T}\right) \\ y^*(t_2) = 1 - \exp\left(-\dfrac{t_2-\tau}{T}\right) \end{cases} \tag{5.8}$$

解上式,可得

$$\begin{cases} T = \dfrac{t_2 - t_1}{\ln(1-y^*(t_1)) - \ln(1-y^*(t_2))} \\ \tau = \dfrac{t_2\ln(1-y^*(t_1)) - t_1\ln(1-y^*(t_2))}{\ln(1-y^*(t_1)) - \ln(1-y^*(t_2))} \end{cases} \tag{5.9}$$

如果选择 $y^*(t_1) = 0.39$ 和 $y^*(t_2) = 0.63$,则 $\tau = 2t_1 - t_2$,$T = 2(t_2 - t_1)$。

对于所计算的 T 和 τ,可在以下三点与实际曲线的相应点比较,进行拟合精度检验。

$$t_3 \leqslant \tau \qquad y^*(t_3) = 0$$
$$t_4 = 0.8T + \tau \qquad y^*(t_4) = 0.55$$
$$t_5 = 2T + \tau \qquad y^*(t_5) = 0.87$$

5.1.2 二阶惯性环节加纯延迟的传递函数拟合

二阶惯性环节加纯延迟的传递函数为

$$G(s) = \frac{K e^{-\tau s}}{(T_1 s + 1)(T_2 s + 1)} \tag{5.10}$$

其中，$T_1 \geqslant T_2$。

增益 K 值按下式计算

$$K = \frac{y(\infty) - y(0)}{\Delta u} = \frac{y(\infty)}{\Delta u} \tag{5.11}$$

如图 5-5 所示，延迟时间 τ 可根据阶跃响应曲线脱离起始的毫无反应的阶段到开始变化的时刻来确定。

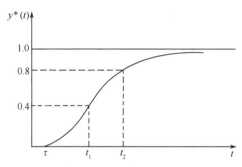

图 5-5 两点法确定 T_1 和 T_2

首先将 $y(t)$ 转化为无量纲形式 $y^*(t)$，即

$$y^*(t) = \frac{y(t)}{y(\infty)} \tag{5.12}$$

同理，可得与被控对象相对应的阶跃响应无量纲形式为

$$y^*(t) = 1 - \frac{T_1}{T_1 - T_2} e^{-t/T_1} + \frac{T_2}{T_1 - T_2} e^{-t/T_2} \tag{5.13}$$

根据式(5.13)，利用图 5-5 中响应曲线上的两个数据点 $[t_1, y^*(t_1)]$ 和 $[t_2, y^*(t_2)]$ 来确定参数 T_1 和 T_2，通常取 $y^*(t)$ 为 0.4 和 0.8，再从曲线上定出 t_1 和 t_2，从而得出如下方程组

$$\begin{cases} \dfrac{T_1}{T_1 - T_2} e^{-t_1/T_1} - \dfrac{T_2}{T_1 - T_2} e^{-t_1/T_2} = 0.6 \\[3mm] \dfrac{T_1}{T_1 - T_2} e^{-t_2/T_1} - \dfrac{T_2}{T_1 - T_2} e^{-t_2/T_2} = 0.2 \end{cases} \tag{5.14}$$

将 $y^*(t)$ 为 0.4 和 0.8 时所对应的 t_1 和 t_2 代入上式，可得 T_1 和 T_2。

为求解方便，式(5.14)可以近似表示为

$$\begin{cases} T_1 + T_2 \approx \dfrac{1}{2.16}(t_1 + t_2) \\[3mm] \dfrac{T_1 T_2}{(T_1 + T_2)^2} \approx 1.74 \dfrac{t_1}{t_2} - 0.55 \end{cases} \tag{5.15}$$

上式可推广到 n 阶惯性环节加纯延迟的传递函数，从而得到如下特性

$$nT \approx \frac{1}{2.16}(t_1 + t_2) \tag{5.16}$$

其中，n 阶惯性环节加纯延迟的传递函数为

$$G(s) = \frac{Ke^{-\tau s}}{(Ts+1)^n}$$ (5.17)

选取 $y^*(t)$ 分别为 0.4 和 0.8,所对应的 t_1/t_2 能够反映出传递函数的阶次,其关系见表 5-1。一般来说,二阶对象满足

$$0.32 < t_1/t_2 \leqslant 0.46$$

表 5-1　高阶惯性环节中阶数 n 与比值 t_1/t_2 的关系[1]

n	t_1/t_2	n	t_1/t_2
1	0.32	5	0.62
2	0.46	6	0.65
3	0.53	7	0.67
4	0.58	8	0.685

5.1.3　n 阶惯性环节加纯延迟的传递函数拟合

若 $t_1/t_2 > 0.46$,则 $n > 2$,此时需用高阶惯性环节近似式(5.17)所描述的对象。具体方法为:取 $y^*(t)$ 为 0.4 和 0.8,再从图 5-5 所示曲线上定出 t_1 和 t_2,然后从表 5-1 中得到相应的 n,再根据式(5.16)可确定 T。

由测试响应曲线拟合传递函数的步骤可整理如下[1]:

① 将响应曲线化为无延迟无量纲的标准形式;

② 求 $y^*(t)$ 分别为 0.4 和 0.8 所对应的 t_1、t_2,根据 t_1/t_2 的值来确定 n;

③ 若 $0.32 < t_1/t_2 \leqslant 0.46$,则可选用二阶惯性环节加纯延迟传递函数;

④ 若 $t_1/t_2 > 0.46$,则根据表 5-1 找出其相近的数据对应的 n,选用传递函数 $G(s) = \frac{Ke^{-\tau s}}{(Ts+1)^n}$,式中 T 由式(5.16)求得。

5.2　传递函数的频率辨识

频率特性用于描述动态系统的非参数模型,可通过实验方法测得。本节讨论在频率特性已经测得的情况下求系统传递函数的方法。

被控对象用频率特性描述时,一般表达式为

$$G(j\omega) = \frac{Y(s)}{U(s)}\bigg|_{s=j\omega} = \frac{Y(j\omega)}{U(j\omega)}$$ (5.18)

式中,$Y(s)$ 是辨识对象输出量的拉氏变换;$U(s)$ 是辨识对象输入量的拉氏变换。上式也可以写为

$$Y(j\omega) = G(j\omega)U(j\omega)$$

在工程分析和设计中,常把线性系统的频率特性画成对数频率特性曲线,该曲线即为 Bode 图。对数频率特性曲线的横坐标按 $\lg\omega$ 分度,单位是 rad/s,对数幅频特性曲线的纵坐标按 $L(\omega) = 20\lg|G(j\omega)|$ 线性分度,单位是分贝(dB),对数相频特性曲线的纵坐标按 $\varphi(\omega) = \angle G(j\omega)$ 线性分度,单位是度(°)。

5.2.1　利用 Bode 图特性求传递函数

如果实验测得了系统的频率响应数据,则可按频率特性作出对数频率特性曲线,从而求得传递函数。最小相位系统通常可以用下式来描述为

$$G(s) = \frac{K\prod_{i=1}^{p}(T_{1i}s+1)\prod_{i=1}^{q}(T_{2i}^2s^2+2T_{2i}\xi_{1i}s+1)}{s^n\prod_{i=1}^{r}(T_{3i}s+1)\prod_{i=1}^{l}(T_{4i}^2s^2+2T_{4i}\xi_{2i}s+1)}$$ (5.19)

其中,T_{1i} 和 T_{3i} 是一阶微分环节和惯性环节的时间常数;ξ_{1i} 和 ξ_{2i} 是二阶微分环节和振荡环节的阻尼比;T_{2i} 和 T_{4i} 是二阶微分环节和振荡环节的时间常数。

通过实验测定系统的频率响应之后,就可以利用表 5-2 中各种基本环节频率特性的渐近特性,获得相应的基本环节特性,从而得到传递函数。具体方法是用一些斜率为 0,$\pm 20\text{dB/dec}, \pm 40\text{dB/dec}, \cdots\cdots$ 的直线来逼近幅频特性,并设法找到频率拐点,就可以求式(5.19)所示的传递函数。

以表 5-2 的第三行为例,如果低频下幅频和相频分别为 0dB 和 $0°$,高频下幅频和相频分别为 20dB 和 $90°$,且相频为 $45°$ 时,幅频为 3dB,则说明基本环节为 $Ts+1$,且 T 可由 $\omega = \dfrac{1}{T}$ 求得。

表 5-2　基本环节的频率响应渐近特性[2]

基本环节	$\omega \ll \dfrac{1}{T}$		$\omega = \dfrac{1}{T}$		$\omega \gg \dfrac{1}{T}$	
	幅频	相频	幅频	相频	幅频	相频
K	$20\lg K$	$0°$	$20\lg K$	$0°$	$20\lg K$	$0°$
s^n	$n\times 20\text{dB}$	$n\times 90°$	$n\times 20\text{dB}$	$n\times 90°$	$n\times 20\text{dB}$	$n\times 90°$
$Ts+1$	0dB	$0°$	3dB	$45°$	20dB	$90°$
$\dfrac{1}{Ts+1}$	0dB	$0°$	-3dB	$-45°$	-20dB	$-90°$
$T^2s^2+2\xi Ts+1$	0dB	$0°$	因 ξ 而异	$90°$	40dB	$180°$
$\dfrac{1}{T^2s^2+2\xi Ts+1}$	0dB	$0°$	因 ξ 而异	$-90°$	-40dB	$-180°$
e^{-Ts}	0dB	$-\dfrac{180°}{\pi}T\omega$	0dB	$-\dfrac{180°}{\pi}T\omega$	0dB	$-\dfrac{180°}{\pi}T\omega$

被测对象按最小相位系统处理,得到的传递函数是 $G(s)$,如果所求得的 $\angle G(s)$ 与实验结果不符,且两者相差一个恒定的角频变化率,则说明被控对象包含延迟环节。若被控对象传递函数为 $G(s)e^{-\tau s}$,则有 $\lim\limits_{\omega\to\infty}\dfrac{\mathrm{d}}{\mathrm{d}\omega}\angle G(s)e^{-j\omega\tau}=-\tau$。因此,根据频率 ω 趋于无穷时实验所得相频特性的相角变化率,即可确定延迟环节的延迟时间 τ。但在高频时,相频特性的实验数据难以测量,所以工程上采用下列方法确定系统的纯延迟。

如图 5-6 所示,图中实线为实验得到的对数相频特性曲线,虚线为拟合的传递函数 $G'(s)$ 所决定的对数相频特性曲线。如果虚线和实线很接近,则系统不含延迟;如果虚线和实线相差较多,则系统存在纯延迟。选取若干个频率 $\omega_k(k=1,2,\cdots,n)$,对应于每个 ω_k,可找出实测曲线与拟合曲线的相位差 $\Delta\varphi_k=\varphi'_k-\varphi_k$,于是 $\tau_k=\dfrac{\Delta\varphi_k}{\omega_k}=\dfrac{\varphi'_k-\varphi_k}{\omega_k},k=1,2,\cdots,n$,再求平均值得 $\tau=\dfrac{1}{n}(\tau_1+\tau_2+\cdots+\tau_n)$,$\tau$ 即可作为系统的纯延迟时间。

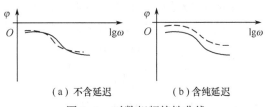

（a）不含延迟　　　　（b）含纯延迟

图 5-6　对数相频特性曲线

【例 5.1】[2] 设一个系统实验所得的对数频率响应曲线如图 5-7 所示,试确定系统的传递函数。

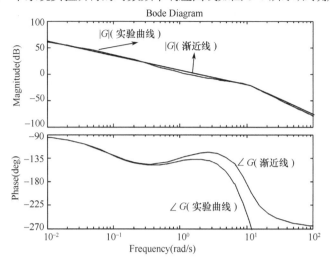

图 5-7   被测系统的对数频率特性曲线

解: (1) 根据近似对数幅频特性曲线低频下的斜率为 $-20\mathrm{dB/dec}$,则由表 5-2 可知被测对象包含一个积分环节 $s^n(n=-1)$,即 $\dfrac{1}{s}$。

(2) 近似对数幅频特性曲线有 3 个转折频率,即 $0.1\mathrm{rad/s}$,$1\mathrm{rad/s}$ 和 $10\mathrm{rad/s}$,按转折频率处的斜率变化和转折频率 $10\mathrm{rad/s}$ 附近的谐振峰值,则可写出被测系统的传递函数为

$$G(s)=\dfrac{K(s+1)}{s(10s+1)\left[\left(\dfrac{s}{10}\right)^2+\dfrac{s}{10}+1\right]}$$

(3) 根据 $\omega=0.01\mathrm{rad/s}$ 时,幅频为 60dB,即 $20\lg|G(\mathrm{j}\omega)|_{\omega=0.01}=60$,可得

$$20\lg\left|\dfrac{K(0.01\mathrm{j}+1)}{0.01(0.1\mathrm{j}+1)\left[\left(\dfrac{0.01\mathrm{j}}{10}\right)^2+\dfrac{0.01\mathrm{j}}{10}+1\right]}\right|=60$$

则被测系统的比例环节可近似为 $K=10$。

通过以上分析,可得实际模型的传递函数为

$$G(s)=\dfrac{10(s+1)}{s(10s+1)\left[\left(\dfrac{s}{10}\right)^2+\dfrac{s}{10}+1\right]}$$

上式只是根据幅频特性曲线得出的传递函数,因此只是试探性的。根据该传递函数,可得到相应的相频特性曲线,即 $\angle G$ 渐近线,如图 5-7 所示。由该图可见,$\angle G$ 渐近线与实验所得的实际相频特性曲线不符,在 $\omega=1\mathrm{rad/s}$ 时,实验曲线与 $\angle G$ 渐近线之差约为 $-5°$,而在 $\omega=10\mathrm{rad/s}$ 时,实验曲线与 $\angle G$ 渐近线之差约为 $-60°$,这说明实际传递函数包含延迟环节。考虑 $G(s)\mathrm{e}^{-\tau s}$,$\tau=0.1$ 时与实验曲线的相频特性相符,则被测系统的传递函数可修正为

$$G(s)=\dfrac{10(s+1)\mathrm{e}^{-0.1s}}{s(10s+1)\left[\left(\dfrac{s}{10}\right)^2+\dfrac{s}{10}+1\right]}$$

5.2.2   利用 MATLAB 工具求系统传递函数

假设系统的传递函数为

$$G(s) = \frac{\beta_0 + \beta_1 s + \beta_2 s^2 + \cdots + \beta_n s^n}{1 + \alpha_1 s + \alpha_2 s^2 + \cdots + \alpha_m s^m} \tag{5.20}$$

给定离散频率采样点 $\{\omega_i\}$,$i=1,2,\cdots,N$,假定已测试出系统的频率响应数据 $\{P_i, Q_i\}$,其中 $H_i = P_i + jQ_i$。

在 MATLAB 信号处理工具箱中,给出了一个辨识系统传递函数模型的函数 invfreqs(),该函数的调用格式是 $[\boldsymbol{B}, \boldsymbol{A}] = $ invfreqs($\boldsymbol{H}, \boldsymbol{W}, n, m$),其中 $\boldsymbol{W}$ 为由离散频率点构成的向量,n 和 m 为待辨识系统的分子和分母阶次,$\boldsymbol{H}$ 为复数向量,其实部和虚部辨识时使用。返回的 $\boldsymbol{B}$ 和 $\boldsymbol{A}$ 分别为辨识出的传递函数的分子和分母的系数向量。下面通过两个实例说明 MATLAB 函数 invfreqs() 的用法[8]。

【例 5.2】对一阶连续系统的传递函数辨识

$$G(s) = \frac{1}{s+5}$$

通过 MALTAB 仿真,可实现对 $G(s)$ 的频率响应测试及通过频率响应测试结果求传递函数,仿真程序见 chap5_2.m。假设在频率范围 $\boldsymbol{W}$ 上测出系统频率响应数值为 $\boldsymbol{H}$,则可得到频率范围 $\boldsymbol{W}$ 及频率响应数值 $\boldsymbol{H}$。logspace(a,b,n) 为 MATLAB 函数,其中 a,b,n 分别表示开始值、结束值和元素个数,其功能为生成从 $[10^a, 10^b]$ 内按对数等分的 n 个元素的行向量。n 如果省略,则默认值为 50。

仿真程序 chap5_2.m:

```
close all;
w= logspace(-1,1)
num = [1]
den = [1,5]
H= freqs(num,den,w)

[num,den] = invfreqs(H,w,0,1);
G= tf(num,den)
```

【例 5.3】假设由实验得到频域特性,其中频率范围为 $\boldsymbol{W}$,频率响应数值为 $\boldsymbol{H}$,求传递函数。

仿真中,根据实验测定的 $\boldsymbol{W}$ 和 $\boldsymbol{H}$,采用 invfreqs($\boldsymbol{H}, \boldsymbol{W}, n, m$) 求传递函数。不妨分别取传递函数分子与分母的阶数为 $n=3$,$m=4$,则得到 $G(s) = \frac{1}{s+5}$ 的辨识传递函数为

$$G(s) = \frac{1.001s^3 + 6.812s^2 + 22.89s + 20.59}{s^4 + 9.816s^3 + 33.29s^2 + 45.2s + 20.58}$$

仿真程序 chap5_3.m:

```
clear all;
close all;
w= logspace(-1,1)
H =  [ 0.9892 -  0.1073i   0.9870 -  0.1176i   0.9843 -  0.1289i   0.9812 -
0.1412i   0.9773 -  0.1545i   0.9728 -  0.1691i   0.9673 -  0.1848i   0.9608 -
0.2017i   0.9530 -  0.2200i   0.9437 -  0.2396i   0.9328 -  0.2605i   0.9198 -
0.2826i   0.9047 -  0.3058i   0.8869 -  0.3301i   0.8662 -  0.3551i   0.8424 -
0.3805i   0.8150 -  0.4060i   0.7840 -  0.4310i   0.7491 -  0.4549i   0.7103 -
0.4771i   0.6677 -  0.4968i   0.6216 -  0.5133i   0.5725 -  0.5258i   0.5210 -
0.5335i   0.4680 -  0.5361i   0.4144 -  0.5331i   0.3613 -  0.5242i   0.3099 -
0.5098i   0.2613 -  0.4900i   0.2164 -  0.4654i   0.1762 -  0.4370i   0.1413 -
0.4057i   0.1121 -  0.3728i   0.0886 -  0.3393i   0.0706 -  0.3064i   0.0577 -
```

0.2753i   0.0489 -   0.2466i   0.0436 -   0.2210i   0.0406 -   0.1987i   0.0391 -
0.1796i   0.0383 -   0.1635i   0.0377 -   0.1499i   0.0369 -   0.1385i   0.0356 -
0.1287i   0.0339 -   0.1201i   0.0318 -   0.1123i   0.0293 -   0.1051i   0.0266 -
0.0983i   0.0239 -   0.0919i   0.0212 -   0.0857i];

```
[num,den] = invfreqs(H,w,3,4);
G= tf(num,den)
```

5.3 线性系统开环传递函数的辨识

5.3.1 基本原理

可通过 Bode 图拟合来辨识开环传递函数,开环传递函数测试框图如图 5-8 所示。

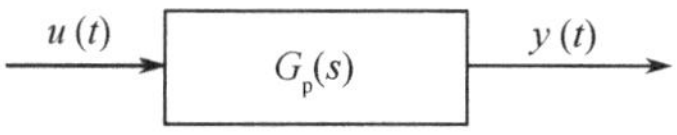

图 5-8 开环传递函数测试框图

设开环系统输入指令信号为

$$y_d(t) = A_m \sin(\omega t) \tag{5.21}$$

其中,A_m 和 ω 分别为输入信号的幅值和角频率。

假设开环系统是线性的,则其位置输出可表示为

$$
\begin{aligned}
y(t) &= A_f \sin(\omega t + \varphi) \\
&= A_f \sin(\omega t) \cos(\varphi) + A_f \cos(\omega t) \sin\varphi \\
&= \begin{bmatrix} \sin(\omega t) & \cos(\omega t) \end{bmatrix} \begin{bmatrix} A_f \cos\varphi \\ A_f \sin\varphi \end{bmatrix}
\end{aligned} \tag{5.22}
$$

其中,A_f 和 φ 分别为开环系统输出的幅值和相位。

采样时间为 h,在时间域上取 $t=0, h, 2h, \cdots, nh$,并设 $\boldsymbol{Y} = \begin{bmatrix} y(0) & y(h) & \cdots & y(nh) \end{bmatrix}^T$,

$\boldsymbol{\Psi} = \begin{bmatrix} \sin(\omega 0) & \sin(\omega h) & \cdots & \sin(\omega nh) \\ \cos(\omega 0) & \cos(\omega h) & \cdots & \cos(\omega nh) \end{bmatrix}^T$,$c_1 = A_f \cos\varphi$,$c_2 = A_f \sin\varphi$。

由式(5.21)和式(5.22)得

$$\boldsymbol{Y} = \boldsymbol{\Psi} \cdot \begin{bmatrix} c_1 \\ c_2 \end{bmatrix} \tag{5.23}$$

由式(5.23),根据最小二乘法原理,可求出 c_1、c_2 的最小二乘解为

$$\begin{bmatrix} \hat{c}_1 \\ \hat{c}_2 \end{bmatrix} = (\boldsymbol{\Psi}^T \boldsymbol{\Psi})^{-1} \boldsymbol{\Psi}^T \boldsymbol{Y} \tag{5.24}$$

对于角频率 ω,开环系统输出信号的振幅和相移分别为

$$A_f = \sqrt{\hat{c}_1^2 + \hat{c}_2^2} \tag{5.25}$$

$$\varphi = \arctan\left(\frac{\hat{c}_2}{\hat{c}_1}\right) \tag{5.26}$$

相频为输出信号与输入信号的相位之差,幅频为稳态输出振幅与输入振幅之比的分贝表示。由于输入信号 $y_d = A_m \sin(\omega t)$ 的相移为零,则开环系统的相频和幅频为

$$\varphi_e = \varphi_{out} - \varphi_{in} = \varphi - 0 = \arctan\left(\frac{\hat{c}_2}{\hat{c}_1}\right) \tag{5.27}$$

$$M = 20\lg\left(\frac{A_f}{A_m}\right) = 20\lg\left(\frac{\sqrt{\hat{c}_1^2 + \hat{c}_2^2}}{A_m}\right) \tag{5.28}$$

在待测量的频率段取角频率序列 $\{\omega_i\}\, i = 0, 1, \cdots, n$,对每个角频率点,用上面方法计算相频和幅频,就可得到开环系统的频率特性数据,利用 MATLAB 中的频域函数 invfreqs( )和 freqs( ),从而实现开环传递函数的辨识。

5.3.2 仿真实例

对象的传递函数为

$$G(s) = \frac{133}{s^2 + 25s + 10}$$

采样周期取 1ms,即 $h = 0.001$。输入信号是幅值为 0.5 的正弦扫频信号 $y_d(t) = 0.5\sin(2\pi Ft)$,起始频率为 1.0Hz,终止频率为 10Hz,步长为 0.5Hz,对每个频率点,运行 20000 个采样周期,并记录采样区间为 [10000, 15000] 的数据。

求出实际开环系统在各个频率点的相频和幅频后,可写出开环系统频率特性的复数表示(复频特性),即 $h_p = M(\cos\varphi_e + \mathrm{j}\sin\varphi_e)$。

取 $\omega = 2\pi F$,利用 MATLAB 函数 invfreqs(h_p, ω, nb, na),可得到与复频特性 h_p 相对应的分子、分母阶数分别为 nb 和 na 的传递函数的分子、分母系数 bb 和 aa,从而得到开环系统辨识的传递函数。利用 MATLAB 函数 freqs(bb, aa, ω),可得到分子和分母阶数分别为 bb 和 aa 的开环传递函数的复频特性表示,从而得到所拟合开环系统传递函数的相频和幅频。

通过仿真,可得开环传递函数为

$$G(s) = \frac{131.3}{s^2 + 24.28s + 10.08}$$

仿真结果如图 5-9 至图 5-11 所示。可见,该算法能精确地求出开环传递函数的幅频和相频特性,从而可以实现开环传递函数的辨识。

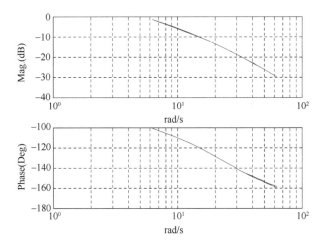

图 5-9 实际测试与拟合传递函数的 Bode 图比较

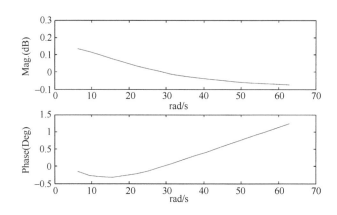

图 5-10 频率特性拟合误差曲线

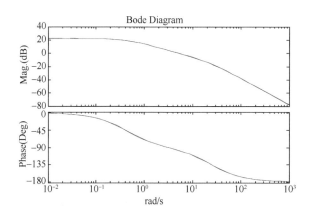

图 5-11 实际对象与拟合传递函数的 Bode 图比较

仿真程序：分为以下两部分。

（1）开环扫频测试程序：chap5_4a.m

```
% Transfer function identification with frequency test
clear all;
close all;

ts= 0.001;
a= 25;b= 133;c= 10;
sys= tf(b,[1,a,c]);
dsys= c2d(sys,ts,'z');
[num,den]= tfdata(dsys,'v');
Am= 0.5;

q= 1;
for F= 1:0.5:10
u_1= 0.0;u_2= 0.0;
y_1= 0;y_2= 0;

for k= 1:1:20000
time(k)= k*ts;
```

```
u(q,k)= Am * sin(1 * 2 * pi * F * k * ts);      % Sine Signal with different frequency
y(q,k)= - den(2) * y_1- den(3) * y_2+ num(2) * u_1+ num(3) * u_2;

uk(k)= u(q,k);
yk(k)= y(q,k);

u_2= u_1;u_1= u(q,k);
y_2= y_1;y_1= y(q,k);
end
q=q+1;

plot(time,uk,'r',time,yk,'b');
pause(0.2);
end
save idenfile y;
```

（2）开环传递函数拟合程序：chap5_4b.m

```
% Transfer function identification with frequency test
clear all;
close all;
load idenfile;
a= 25;b= 133;c= 10;
sys= tf(b,[1,a,c]);

ts= 0.001;
Am= 0.5;

kk= 0;
q= 1;
for F= 1:0.5:10
kk= kk+1;
FF(kk)= F;

for i= 10001:1:15000
    fai(1,i-10000) = sin(2 * pi * F * i * ts);
    fai(2,i-10000) = cos(2 * pi * F * i * ts);
end
Fai= fai';

fai_in(kk)= 0;

Y_out= y(q,10001:1:15000)';
cout= inv(Fai' * Fai) * Fai' * Y_out;
fai_out(kk)= atan(cout(2)/cout(1));       % Phase Frequency(Deg.)

if fai_out(kk)> 0
   fai_out(kk)= fai_out(kk)- pi;
end

Af(kk)= sqrt(cout(1)^2+ cout(2)^2);       % Magnitude Frequency(dB)
```

```matlab
mag_e(kk)= 20 * log10(Af(kk)/Am);                    %  in dB.
ph_e(kk)= (fai_out(kk)- fai_in(kk)) * 180/pi; %  in Deg.

if ph_e(kk)> 0
    ph_e(kk)= ph_e(kk)- 360;
end
    q=q+1;
end

FF= FF';
% % % % % % % % % % Closed system modelling % % % % % % % % % %
mag_e1= Af'/Am;              % From dB. to ratio
ph_e1= fai_out'- fai_in'; % From Deg. to rad

hp= mag_e1. * (cos(ph_e1)+ j * sin(ph_e1)) ;   % Practical frequency response vector

na= 2;    % Second order transfer function
nb= 0;

w = 2 * pi * FF;  % in rad./s
% bb and aa gives real numerator and denominator of transfer function
[bb,aa]= invfreqs(hp,w,nb,na);   % w(in rad./s) contains the frequency values
bb
aa
G= tf(bb,aa)    % Transfer function fitting

hf= freqs(bb,aa,w);              %  Fited frequency response vector

% Transfer function verify: Getting magnitude and phase of Bode
sysmag= abs(hf);               % ratio.
sysmag1= 20 * log10(sysmag);    % From ratio to dB
sysph= angle(hf);              % Rad.
sysph1= sysph * 180/pi;         % From Rad. to Deg.

% Compare practical Bode and identified Bode
figure(1);
subplot(2,1,1);
semilogx(w,mag_e,'r',w,sysmag1,'b');grid on;
xlabel('rad/s');ylabel('Mag. (dB)');
subplot(2,1,2);
semilogx(w,ph_e,'r',w,sysph1,'b');grid on;
xlabel('rad/s');ylabel('Phase(Deg)');

figure(2);
subplot(2,1,1);
magError= sysmag1- mag_e';
plot(w,magError,'r');

xlabel('rad/s');ylabel('Mag. (dB)');
subplot(2,1,2);
```

```
phError= sysph1- ph_e';
plot(w,phError,'r');
xlabel('rad/s');ylabel('Phase(Deg)');

figure(3);
bode(sys,'r',G,'b');
```

5.4 闭环系统传递函数的辨识和前馈控制

5.4.1 闭环系统传递函数的辨识

针对线性控制系统,要设计前馈控制器,传统的方法是确定系统的闭环传递函数。采用建模方法难免会产生较大的建模误差。在实际应用中,更多的是采用实验测试建模方法,即频率特性方法,通过频域辨识技术来确定闭环系统的传递函数。

闭环系统测试框图如图 5-12 所示。

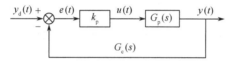

图 5-12　闭环系统测试框图

设闭环系统输入指令信号为

$$y_d(t) = A_m \sin(\omega t) \tag{5.29}$$

其中,A_m 和 ω 分别为输入信号的幅值和角频率。

位置跟踪误差为 $e(t) = y_d(t) - y(t)$。在闭环系统内,采用 P 控制,控制律为 $u(t) = k_p e(t)$,由于闭环系统是线性的,则输出可表示为

$$\begin{aligned}
y(t) &= A_f \sin(\omega t + \varphi) \\
&= A_f \sin(\omega t)\cos\varphi + A_f \cos(\omega t)\sin\varphi \\
&= \begin{bmatrix} \sin(\omega t) & \cos(\omega t) \end{bmatrix} \begin{bmatrix} A_f\cos\varphi \\ A_f\sin\varphi \end{bmatrix}
\end{aligned} \tag{5.30}$$

其中,A_f 和 φ 分别为系统输出的幅值和相角。

在时间域上取 $t = 0, h, 2h, \cdots, nh$,并设

$$\boldsymbol{Y} = \begin{bmatrix} y(0) & y(h) & \cdots & y(nh) \end{bmatrix}^T$$

$$\boldsymbol{\Psi} = \begin{bmatrix} \sin(\omega 0) & \sin(\omega h) & \cdots & \sin(\omega nh) \\ \cos(\omega 0) & \cos(\omega h) & \cdots & \cos(\omega nh) \end{bmatrix}^T$$

$$c_1 = A_f\cos\varphi, \quad c_2 = A_f\sin\varphi$$

由式(5.30)可得

$$\boldsymbol{Y} = \boldsymbol{\Psi} \cdot \begin{bmatrix} c_1 \\ c_2 \end{bmatrix} \tag{5.31}$$

由上式,根据最小二乘法原理,可求出 c_1、c_2 的最小二乘解为

$$\begin{bmatrix} \hat{c}_1 \\ \hat{c}_2 \end{bmatrix} = (\boldsymbol{\Psi}^T\boldsymbol{\Psi})^{-1}\boldsymbol{\Psi}^T\boldsymbol{Y} \tag{5.32}$$

对于角频率 ω, 闭环系统输出信号的振幅和相移分别为

$$A_f = \sqrt{\hat{c}_1^2 + \hat{c}_2^2} \tag{5.33}$$

$$\varphi = \arctan\left(\frac{c_2}{c_1}\right) \tag{5.34}$$

相频为输出信号与输入信号的相位之差, 幅频为稳态输出振幅与输入振幅之比的分贝表示。由于输入信号 $y_d = A_m \sin(\omega t)$ 的相移为零, 则闭环系统的相频和幅频为

$$\varphi_e = \varphi_{out} - \varphi_{in} = \varphi - 0 = \arctan\left(\frac{\hat{c}_2}{\hat{c}_1}\right)$$

$$M = 20 \lg\left(\frac{A_f}{A_m}\right) = 20 \lg\left[\frac{\sqrt{\hat{c}_1^2 + \hat{c}_2^2}}{A_m}\right] \tag{5.35}$$

在待测量的频率段取角频率序列 $\{\omega_i\}(i = 0, 1, \cdots, n)$, 对每个角频率点, 用上面方法计算相频和幅频, 就可得到闭环系统的频率特性数据, 利用 MATLAB 中的频域函数 invfreqs() 和 freqs(), 从而实现闭环系统的建模。

对于带有摩擦、干扰和重力等非线性因素的电机系统被控对象, 无法得到适合于闭环系统建模的频率特性数据, 因此, 无法对闭环系统进行辨识, 可通过摩擦补偿、干扰观测器和重力补偿器等方法, 将系统转化为理想的线性系统被控对象。如果实现了闭环系统的建模, 则可以利用闭环系统传递函数构造前馈控制器, 实现高精度的前馈控制, 这方面的研究已有许多, 见文献[3-7]。

5.4.2 仿真实例

对象的传递函数为

$$G(s) = \frac{523500}{s^3 + 87.35s^2 + 10470s} \tag{5.36}$$

采样周期取 1ms, 即 $h = 0.001$。输入信号是幅值为 0.5 的正弦扫频信号 $y_d(t) = 0.5\sin(2\pi Ft)$, 起始频率为 0.5Hz, 终止频率为 8Hz, 步长为 0.5Hz, 对每个频率点, 在 $t \geqslant 1s$ 时记录 2000 次数据。

求出实际闭环系统在各个频率点的相频和幅频后, 可写出闭环系统频率特性的复数表示 (复频特性), 即 $h_p = M(\cos\varphi_e + j\sin\varphi_e)$。取 $\omega = 2\pi F$, 利用 MATLAB 函数 invfreqs(h_p, ω, nb, na), 可得到与复频特性 h_p 相对应的分子、分母阶数分别为 nb 和 na 的传递函数的分子、分母系数 bb 和 aa, 从而得到闭环系统辨识的传递函数。利用 MATLAB 函数 freqs(bb, aa, ω), 可得到分子、分母阶数分别为 bb 和 aa 的传递函数 $G(s)$ 的复频特性表示, 从而得到所拟合闭环系统传递函数的相频和幅频。

闭环系统采用 P 控制, 取 $k_p = 0.70$。通过仿真, 可得闭环系统的传递函数为

$$G(s) = \frac{-178s + 3.664 \times 10^5}{s^3 + 87.49s^2 + 1.029 \times 10^4 s + 3.664 \times 10^5}$$

图 5-13 为实际闭环系统频率特性与拟合闭环系统频率特性的比较, 图 5-14 为实际闭环系统频率特性与拟合闭环系统频率特性之差, 即建模误差。可见, 该算法能非常精确地求出闭环系统的幅频和相频, 从而可以精确地实现闭环系统的建模。

仿真程序: 分为以下两部分。

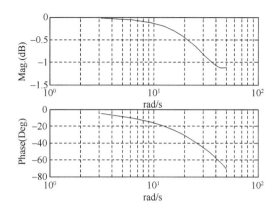

图 5-13　实际闭环系统频率特性与拟合闭环系统频率特性的比较

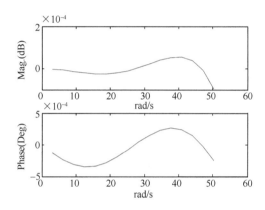

图 5-14　建模误差

(1) 闭环扫频测试程序: chap5_5a.m

```
% Closed- loop system identification with frequency test
clear all;
close all;

ts= 0.001;
Am= 0.5;
Gp= tf(5.235e005,[1,87.35,1.047e004,0]);
zGp= c2d(Gp,ts,'z');
[num,den]= tfdata(zGp,'v');

kp= 0.70;
kk= 0;
u_1= 0.0;u_2= 0.0;u_3= 0.0;
y_1= 0;y_2= 0;y_3= 0;
for F= 0.5:0.5:8
kk= kk+1;
FF(kk)= F;

for k= 1:1:2000
time(k)= k*ts;
```

```
    yd(k)= Am * sin(1 * 2 * pi * F * k * ts); %  Tracking Sine Signal with different frequency
    y(kk,k)= - den(2) * y_1- den(3) * y_2- den(4) * y_3+ num(2) * u_1+ num(3) * u_2+ num(4)
* u_3;

    e(k)= yd(k)- y(kk,k);

    u(k)= kp * e(k);    % P Controller

    u_3= u_2;u_2= u_1;u_1= u(k);
    y_3= y_2;y_2= y_1;y_1= y(kk,k);
    end
        plot(time,yd,'r',time,y(kk,:),'b');
        pause(0.6);
    end
    Y= y;
    save saopin_data Y;  % Save Y with different Frequency
    save closed.mat kp;
```

(2) 闭环系统传递函数拟合程序：chap5_5b.m

```
% Closed- loop system identification with frequency test
clear all;
close all;

load saopin_data;  % Load y with different Frequency
ts= 0.001;
Am= 0.5;
kk= 0;
for F= 0.5:0.5:8
kk= kk+1;
FF(kk)= F;

for i= 1001:1:2000
    fai(1,i- 1000) = sin(2 * pi * F * i * ts);
    fai(2,i- 1000) = cos(2 * pi * F * i * ts);
end
Fai= fai';

fai_in(kk)= 0;

Y_out= Y(kk,1001:1:2000)';
cout= inv(Fai' * Fai) * Fai' * Y_out;
fai_out(kk)= atan(cout(2)/cout(1));       %  Phase Frequency(Deg.)
Af(kk)= sqrt(cout(1)^2+ cout(2)^2);        %  Magnitude Frequency(dB)

mag_e(kk)= 20 * log10(Af(kk)/Am);              %  in dB.
ph_e(kk)= (fai_out(kk)- fai_in(kk)) * 180/pi; %  in Deg.
if ph_e(kk)> 0
    ph_e(kk)= ph_e(kk)- 360;
end
```

```matlab
    end
FF
FF= FF';
% % % % % % % % % % Closed system modelling % % % % % % % % % %
mag_e1= Af'/Am;              % From dB. to ratio
ph_e1= fai_out'- fai_in';     % From Deg. to rad
hp= mag_e1. * (cos(ph_e1)+ j * sin(ph_e1))   % Practical frequency response vector

S= 1;
if S== 1
    na= 3;    % Three ranks
    nb= 1;
elseif S== 2
    na= 3;    % Four ranks
    nb= 3;
end

w= 2 * pi * FF;   % in rad. /s
% bb and aa gives real numerator and denominator of transfer function
[bb,aa]= invfreqs(hp,w,nb,na);   % w(in rad. /s) contains the frequency values

save model_Gc. mat bb aa;
Gc= tf(bb,aa)   % Transfer function fitting

hf= freqs(bb,aa,w);                 % Fited frequency response vector

% Transfer function verify: Getting magnitude and phase of Bode
sysmag= abs(hf);              % ratio.
sysmag1= 20 * log10(sysmag);   % From ratio to dB
sysph= angle(hf);             % Rad.
sysph1= sysph * 180/pi;        % From Rad. to Deg.

% Compare practical Bode and identified Bode
figure(1);
subplot(2,1,1);
semilogx(w,mag_e,'r',w,sysmag1,'b');grid on;
xlabel('rad/s');ylabel('Mag. (dB)');
subplot(2,1,2);
semilogx(w,ph_e,'r',w,sysph1,'b');grid on;
xlabel('rad/s');ylabel('Phase(Deg)');

figure(2);
subplot(2,1,1);
magError= sysmag1- mag_e';
plot(w,magError,'r');
xlabel('rad/s');ylabel('Mag. (dB)');
subplot(2,1,2);
phError= sysph1- ph_e';
plot(w,phError,'r');
xlabel('rad/s');ylabel('Phase(Deg)');
```

5.4.3　零相差前馈控制基本原理

在闭环系统辨识的基础上,可设计基于闭环系统逆的控制器。

通常,前馈控制基于不变性原理,即将前馈控制环节设计成待校正的闭环系统的逆,使校正后系统的输入/输出传递函数为 1,从而达到精确控制。但当闭环系统为非最小相位系统时,这种方法就不适用了。这是由于非最小相位系统的逆系统会出现不稳定的极点。

随着计算机技术的发展,在现代高精度伺服控制中,采样频率通常较高,采样周期的范围在 0.1~2ms 之间。由于采样频率很高,离散化的闭环系统一般为非最小相位数字系统,即闭环系统的零点至少有一个在单位圆外。因此,非最小相位数字系统在实际工程应用中非常广泛。

零相差跟踪控制器(Zero Phase Error Tracking Control,ZPETC)是一种数字前馈控制器,适用于闭环系统为非最小相位数字系统,该控制器由日本学者 M. Tomizuka 提出[4]。零相差前馈控制器通过在控制器中引入零点来补偿闭环系统的不稳定零点,当指令超前值已知时,校正后的系统在全频域范围内相移为零,在低频范围,增益近似为 1。零相差前馈控制在数控加工中心的坐标仪及绘图仪等高精度伺服系统中得到了成功应用,有效地拓宽了系统频带。

基于零相差前馈控制器的控制系统原理图如图 5-15 所示,其中 y_d 为输入指令信号,y 为系统输出,$F(z^{-1})$ 为前馈控制器,$C(z^{-1})$ 为闭环控制器,$G_p(s)$ 为对象的传递函数,虚线框内 $G_c(z^{-1})$ 为闭环控制系统。设离散化后的闭环系统传递函数为 $G_c(z^{-1})$,则图 5-15 可以进一步化简得到图 5-16。

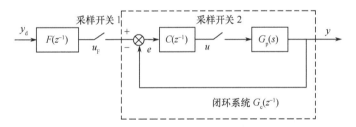

图 5-15　基于零相差前馈控制器的控制系统原理图　　　图 5-16　基于零相差前馈控制器的
　　　　　　　　　　　　　　　　　　　　　　　　　　　　　　　　　控制系统等效框图

不失一般性,$G_c(z^{-1})$ 可以写成

$$G_c(z^{-1}) = \frac{z^{-d} B_u(z^{-1}) B_a(z^{-1})}{A(z^{-1})} \tag{5.37}$$

其中,$A(z^{-1})$ 为分母多项式,其所有的根都位于单位圆内部;d 为非负整数,z^{-d} 为 d 步延迟;$B_u(z^{-1})$ 和 $B_a(z^{-1})$ 为多项式,$B_u(z^{-1})$ 中包含 $G_c(z^{-1})$ 中所有的不稳定零点(位于单位圆上或单位圆外),$B_a(z^{-1})$ 中包含 $G_c(z^{-1})$ 中所有的稳定零点(位于单位圆内)。假定闭环系统有 l 个不稳定的零点,则 $B_u(z^{-1})$ 可以写成

$$B_u(z^{-1}) = b_0 + b_1 z^{-1} + \cdots + b_l z^{-l} \qquad b_0 \neq 0 \tag{5.38}$$

显然,如果用不变性原理设计前馈控制器,则控制器表示为

$$F(z^{-1}) = \frac{z^d A(z^{-1})}{B_u(z^{-1}) B_a(z^{-1})}$$

由于闭环系统的不稳定零点成为前馈控制器的极点,采用上式作为控制器会造成控制系

统不稳定。为了克服这种情况,对于式(5.37),通过在控制器中引入零点 $B_u(z)$ 来补偿闭环系统的不稳定零点 $B_u(z^{-1})$,设计零相差前馈控制器为

$$F(z^{-1}) = \frac{z^d A(z^{-1}) B_u(z)}{B_a(z^{-1}) B_u(1)^2} \tag{5.39}$$

5.4.4 系统相移

定理[4]:对于式(5.38)定义的 $B_u(z^{-1})$,设 $H(z^{-1}) = B_u(z) B_u(z^{-1})$,则有:

(1) $\angle H(e^{-j\omega T}) = 0, \forall \omega \in R$;

(2) $|\angle H(e^{-j\omega T})|^2 = \text{Re}^2[B_u(e^{-j\omega T})] + \text{Im}^2[B_u(e^{-j\omega T})], \forall \omega \in R$。

证明:由式(5.37)和式(5.39),加入零相差前馈控制器后,整个系统(包括前馈环节)的传递函数为

$$F(z^{-1}) G_c(z^{-1}) = \frac{B_u(z^{-1}) B_u(z)}{B_u(1)^2} \tag{5.40}$$

设系统的采样周期为 T,ω 为角频率,由式(5.38),有

$$
\begin{aligned}
B_u(z^{-1}) B_u(z) &= (b_0 + b_1 z^{-1} + \cdots + b_l z^{-l})(b_0 + b_1 z + \cdots + b_l z^l) \\
&= (b_0 + b_1 e^{-j\omega T} + \cdots + b_l e^{-j\omega l T})(b_0 + b_1 e^{j\omega T} + \cdots + b_l e^{j\omega l T}) \\
&= [b_0 + b_1(\cos(\omega T) - j\sin(\omega T)) + \cdots + b_l(\cos(\omega l T) - j\sin(\omega l T))] \times \\
&\quad [b_0 + b_1(\cos(\omega T) + j\sin(\omega T)) + \cdots + b_l(\cos(\omega l T) + j\sin(\omega l T))] \\
&= [(b_0 + b_1\cos(\omega T) + \cdots + b_l\cos(\omega l T)) - j(b_l\sin(\omega T) + \cdots + b_l\sin(\omega l T))] \times \\
&\quad [(b_0 + b_1\cos(\omega T) + \cdots + b_l\cos(\omega l T)) + j(b_l\sin(\omega T) + \cdots + b_l\sin(\omega l T))] \\
&= (b_0 + b_1\cos(\omega T) + \cdots + b_l\cos(\omega l T))^2 + (b_l\sin(\omega T) + \cdots + b_l\sin(\omega l T))^2 \\
&= \text{Re}^2[B_u(e^{-j\omega T})] + \text{Im}^2[B_u(e^{-j\omega T})] \tag{5.41}
\end{aligned}
$$

其中

$$\text{Re}[B_u(e^{-j\omega T})] = b_0 + b_1\cos(\omega T) + \cdots + b_l\cos(\omega l T)$$

$$\text{Im}[B_u(e^{-j\omega T})] = b_1\sin(\omega T) + \cdots + b_l\sin(\omega l T)$$

则

$$\frac{B_u(z^{-1}) B_u(z)}{B_u(1)^2} = \frac{(b_0 + b_1\cos(\omega T) + \cdots + b_l\cos(\omega l T))^2 + (b_1\sin(\omega T) + \cdots + b_l\sin(\omega l T))^2}{(b_0 + b_1 + \cdots + b_l)^2}$$

$$\tag{5.42}$$

由式(5.41)可见,$B_u(z^{-1}) B_u(z)$ 为一个非负实数,则 $F(z^{-1}) G_c(z^{-1})$ 也为一个非负实数,因此,加入零相差前馈控制器后,整个系统的相移在全频域范围内为0。

由式(5.42)可见,在低频情况下,ω 很小,又由于采样周期 T 很小,故 $\cos(\omega l T) \to 1$,$\sin(\omega l T) \to 0$,$F(z^{-1}) G_c(z^{-1})$ 的增益近似为1。

通过上述分析可见,采用零相差前馈控制器,可实现系统相移在全频域范围内为0,在低频范围内增益近似为1,从而实现高精度跟踪控制。

5.4.5 仿真实例

被控对象取式(5.36),在闭环系统辨识的基础上进行零相差前馈控制,采样周期取 1ms。将闭环系统的辨识模型 $G_c(s)$ 离散化,可得

$$G_c(z^{-1}) = \frac{-2.6651 \times 10^{-5} \times (z - 9.422)(z + 0.5618)}{(z - 0.9572)(z^2 - 1.949z + 0.9572)}$$

可见,离散化的闭环系统有一个零点在单位圆外,因此 $G_c(z^{-1})$ 是一个非最小相位数字系统。闭环系统的零点为 $\boldsymbol{z}=[9.4222 \quad -0.5618]^T$,极点为 $\boldsymbol{p}=[0.9745+0.0868i \quad 0.9745-0.0868i \quad 0.9572]^T$,增益为 $k=-2.6651\times10^{-5}$。

由式(5.37)可知:$z^{-d}=z^{-1}$,$B_u(z^{-1})=1-9.422z^{-1}$,$B_a(z^{-1})=-2.6651\times10^{-5}\times(1+0.5618z^{-1})$,$A(z^{-1})=(1-0.9572z^{-1})(1-1.949z^{-1}+0.9572z^{-2})$。则

$$B_u(z)=1-9.422z$$

$$B_u(1)=1-9.422$$

则根据式(5.39),零相差前馈控制器的表达式为

$$F(z^{-1})=\frac{z^1(9.422-28.38z^{-1}+29.5z^{-2}-11.46z^{-3}+0.9162z^{-4})}{0.00189+0.001062z^{-1}}$$

可见,前馈控制器的超前环节为 $z^d=z^1$。将控制器的系数 num$\boldsymbol{F}$ 和 den$\boldsymbol{F}$ 保存在 zpeco-eff.mat 文件中,其中

$$\text{num}\boldsymbol{F}=[-9.4222 \quad 28.3828 \quad -29.5031 \quad 11.4557 \quad -0.9162 \quad 0 \quad 0]$$
$$\text{den}\boldsymbol{F}=[0 \quad 0 \quad -0.0019 \quad -0.0011 \quad 0 \quad 0 \quad 0]$$

控制系统输入/输出传递函数 $F(z^{-1})G_c(z^{-1})$ 的 Bode 图如图 5-17 所示。可见,在低频情况下($\omega T\to0$,即 $z\to1$ 时),相移近似为零,增益近似为 1,系统输出可以高精度地跟踪输入指令。

由式(5.40)可知,$F(z^{-1})G_c(z^{-1})=\dfrac{B_u(z)B_u(z^{-1})}{B_u(1)^2}=\dfrac{-9.422z^{-1}+89.78-9.422z}{B_u(1)^2}$,从而可得闭环系统的简化表达式为 $-0.1328z+1.266-0.1328z^{-1}$,即 $y(k)=-0.1328y_d(k+1)+1.266y_d(k)-0.1328y_d(k-1)$。可见,闭环系统输出值为序列 $y_d(k-1),y_d(k),y_d(k+1)$ 的移动平均值。

位置指令取正弦信号 $y_d(t)=\sin t$,采用式(5.39),被控对象初始值取 $[0.02,0]$,位置跟踪结果如图 5-18 所示。

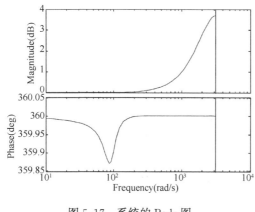

图 5-17　系统的 Bode 图

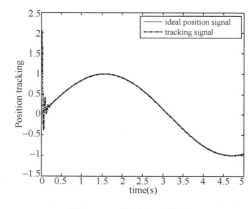

图 5-18　位置跟踪结果

仿真程序:包括以下两部分。

(1) 零相差前馈控制器设计程序:chap5_6.m

```
% Closed identification application: ZPE controllor design
clear all;
close all;
```

```
load model_Gc.mat;    % Load bb,aa
ts= 0.001;
Gc= tf(bb,aa);
Gcz_1= c2d(Gc,ts,'zoh');              % Discrete closed system Gc(s)
zpk_Gcz= zpk(Gcz_1);
[z,p,k]= zpkdata(zpk_Gcz,'v');   % Getting zero-pole-gain: z,p,k

Buz_1= tf([1 - z(1)],[1 0],-1);
Buz= tf([-z(1) 1],[0 1],-1);
Bu1= 1-z(1);   % Bu(z)= (z-9.422),z1= 9.422
Baz_1= -2.6651 * 0.00001 * tf([1 0.5618],[1 0],-1);

A1= tf([1 -0.9572],[1 0],-1);
A2= tf([1 -1.949 0.9572],[1 0 0],-1);
Az_1= series(A1,A2);

z1= tf([1 0],[1],-1);
Fz_1= z1 * Az_1 * Buz/(Baz_1 * Bu1^2);

[numF,denF]= tfdata(Fz_1,'v');   % Controller coefficient
save zpecoeff.mat numF denF;

% Verify closed control system
figure(1);
sysc= Fz_1 * Gcz_1;
[num2,den2]= tfdata(sysc,'v');
dbode(num2,den2,ts);
```

(2) 零相差前馈控制程序：chap5_7.m

```
% Zero Phase Error Control
clear all;
close all;
load zpecoeff.mat;    % ZPE coefficient numF and denF
load closed.mat;      % Load kp
ts= 0.001;
sys= tf(5.235e005,[1,87.35,1.047e004,0]);
dsys= c2d(sys,ts,'zoh');
[num,den]= tfdata(dsys,'v');

u_1= 0.0;u_2= 0.0;u_3= 0.0;
yd_2= 0;yd_1= 0;
uF_1= 0;
y_1= 0.02;y_2= 0;y_3= 0;
for k= 1:1:5000
time(k)= k * ts;
F= 1;
yd(k)= sin(k * ts);
ydk1= sin((k+1) * ts);
ydk2= sin((k+2) * ts);
```

```
uF(k)= (numF(1) * ydk2+ numF(2) * ydk1+ numF(3) * yd(k)+ numF(4) * yd_1+ numF(5) * yd_2
- denF(4) * uF_1)/(denF(3));

y(k)= - den(2) * y_1- den(3) * y_2- den(4) * y_3+ num(2) * u_1+ num(3) * u_2+ num(4) * u_3;
                    % Practical Plant

e(k)= uF(k)-y(k);
u(k)= kp * e(k);    % P Controller

u_3= u_2;u_2= u_1;u_1= u(k);
yd_2= yd_1;yd_1= yd(k);
uF_1= uF(k);
y_3= y_2;y_2= y_1;y_1= y(k);
end
figure(1);
plot(time,yd,'r',time,y,'- .k','linewidth',2);
xlabel('time(s)');ylabel('Position tracking');
legend('ideal position signal', 'tracking signal');
```

思考题与习题 5

5.1 带有延迟的一阶惯性环节表示为

$$G(s)=\frac{K}{Ts+1}\mathrm{e}^{-\tau s}$$

给出采用阶跃响应法辨识 K、T 和 τ 的示意图,并标记 T 和 τ,写出 K 的表达式。

5.2 测试系统闭环对数幅频渐近曲线和系统结构图如图 5-19 所示,试求 $G(s)$。

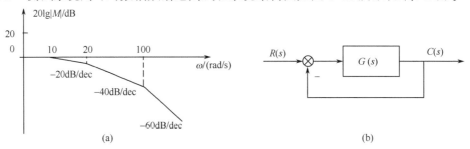

图 5-19 闭环对数幅频渐近曲线和系统结构图

5.3 已知系统的传递函数为

$$G(s)=\frac{s^2+4s+7}{s^3+8s^2+20s+12}$$

试用 MATLAB 仿真其单位阶跃响应并取得其测量值,进而确定系统的传递函数。

5.4 假设在频率范围 $\omega=\mathrm{logspace}(-1,1)$ 上测出某开环系统频率响应数值为 $\boldsymbol{H}$,即

$$\boldsymbol{H}=[0.1658-0.0138i \quad 0.1656-0.0152i \quad 0.1654-0.0167i \quad 0.1651-0.0183i \quad 0.1648-0.0201i$$

0.1644−0.0220i　　0.1640−0.0241i　　0.1634−0.0265i　　0.1628−0.0290i　　0.1620−0.0317i

0.1610−0.0347i　　0.1599−0.0380i　　0.1585−0.0415i　　0.1569−0.0452i　　0.1549−0.0493i

0.1526−0.0536i　　0.1499−0.0582i　　0.1467−0.0630i　　0.1429−0.0680i　　0.1385−0.0732i

0.1334−0.0784i　　0.1275−0.0837i　　0.1207−0.0888i　　0.1131−0.0936i　　0.1046−0.0980i

0.0952−0.1018i　　0.0850−0.1047i　　0.0741−0.1065i　　0.0628−0.1072i　　0.0512−0.1064i

0.0396−0.1042i　　0.0285−0.1005i　　0.0180−0.0955i　　0.0085−0.0892i　　0.0002−0.0819i

−0.0066−0.0740i　　−0.0120−0.0657i　　−0.0159−0.0574i　　−0.0184−0.0493i　　−0.0198−0.0418i

−0.0202−0.0349i　　−0.0198−0.0288i　　−0.0189−0.0234i　　−0.0175−0.0189i　　−0.0160−0.0151i

−0.0143−0.0120i　　−0.0127−0.0094i　　−0.0111−0.0073i　　−0.0096−0.0057i　　−0.0083−0.0044i]

试确定该系统的传递函数。

5.5　传递函数为 $G_p(s)=\dfrac{523500}{s^3+87.35s^2+10470s}$，试通过正弦扫频及 Bode 图拟合来辨识该传递函数，写出其设计思想和详细推导过程，并给出仿真程序和仿真结果。

参 考 文 献

[1] 傅信槛. 过程计算机控制系统. 西安:西北工业大学出版社,1995.

[2] 李鹏波,胡德文等. 系统辨识. 北京:中国电力出版社,2012.

[3] 刘强. 现代高精度数字伺服系统运动控制理论及应用研究. 北京:北京航空航天大学出版社,2002.

[4] M. Tomizuka. Zero phase error tracking algorithm for digital control. ASME Journal of Dynamic Systems, Measurement, and Control, 1987, 109:65-68.

[5] T. C. Tsao. Optimal feed-forward digital tracking controller design. ASME Journal of Dynamic Systems, Measurement, and Control, 1994, 116: 583-591.

[6] C. J. Kempf, S. Kobayashi. Disturbance observer and feed forward design for a high-speed direct-drive positioning table. IEEE Transaction on Control system technology,1999,7(5): 513-526.

[7] S. L. Ho, T. Masayoshi. Robust motion controller design for high-accuracy positioning systems. IEEE Transactions on Industrial Electronics,1996,43(1):48-55.

[8] 薛定宇. 控制系统计算机辅助设计. 北京:清华大学出版社,1996.

第6章 神经网络辨识及应用

6.1 神经网络理论基础

神经网络从人脑的生理学和心理学着手,通过人工模拟人脑的工作机理来实现智能辨识。神经网络可以实现非线性系统,甚至难以预先确定模型的系统的辨识。

人工神经网络(Artificial Neural Network,简称神经网络)是在现代生物学研究人脑组织成果的基础上提出来的,用来模拟人类大脑神经网络的结构和行为。神经网络反映了人脑功能的基本特征,如并行信息处理、学习、联想、模式分类、记忆等。

20世纪80年代以来,神经网络研究取得了突破性进展。神经网络辨识采用神经网络进行逼近或建模,为解决复杂的非线性、不确定、未知系统的控制问题开辟了新途径。

6.1.1 神经网络原理

神经生理学和神经解剖学的研究表明,人脑极其复杂,由一千多亿个神经元(神经细胞)交织在一起的网状结构构成,其中大脑皮层约有140亿个神经元,小脑皮层约有1000亿个神经元。

如图6-1所示是单个神经元的解剖图,神经系统的基本构造是神经元,它是处理人体内各部分之间相互信息传递的基本单元。每个神经元都由一个细胞体(包括细胞质、细胞膜和细胞核)、连接其他神经元的轴突和突触及一些向外伸出的其他较短分支——树突组成。轴突的功能是将本神经元的输出信号(兴奋)传递给其他神经元,其末端的许多神经末梢使得信号可以同时传送给多个神经元。树突的功能是接收来自其他神经元的信号。细胞体将接收到的所有信号进行简单的处理后,由轴突输出。神经元的神经末梢与另外神经元相连的部分称为突触。通过树突和轴突,神经元之间实现了信息的传递。

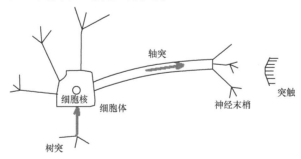

图 6-1 单个神经元的解剖图

神经网络的研究主要分为3个方面的内容,即神经元模型、神经网络结构和神经网络学习算法。

图6-2为单个神经元网络示意图,u_i为神经元的内部状态,θ_i为阈值,x_j为输入信号,$j=1,\cdots,$ n,w_{ij}为从神经元x_j到神经元u_i的连接权值,s_i为外部输入信号。图6-2所示的模型可描述为

$$\mathrm{Net}_i = \sum_j w_{ij} x_j + s_i - \theta_i \tag{6.1}$$

$$y_i = f(\mathrm{Net}_i) \tag{6.2}$$

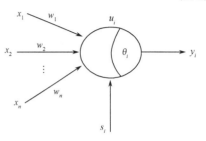

图 6-2　单个神经元网络示意图

常用的神经元非线性特性有以下 3 种:阈值型、分段线性型和函数型。

(1) 阈值型

阈值型函数表达式为

$$f(\mathrm{Net}_i) = \begin{cases} 1 & \mathrm{Net}_i > 0 \\ 0 & \mathrm{Net}_i \leqslant 0 \end{cases} \tag{6.3}$$

阈值型函数如图 6-3 所示。

(2) 分段线性型

分段线性型函数表达式为

$$f(\mathrm{Net}_i) = \begin{cases} 0 & \mathrm{Net}_i > \mathrm{Net}_{i0} \\ k\mathrm{Net}_i & \mathrm{Net}_{i0} < \mathrm{Net}_i < \mathrm{Net}_{il} \\ f_{\max} & \mathrm{Net}_i \geqslant \mathrm{Net}_{il} \end{cases} \tag{6.4}$$

分段线性型函数如图 6-4 所示。

(3) 函数型

有代表性的有 S(Sigmoid)函数和高斯基函数。S 函数表达式为

$$f(\mathrm{Net}_i) = \frac{1}{1 + \mathrm{e}^{-\frac{\mathrm{Net}_i}{T}}} \tag{6.5}$$

S 函数如图 6-5 所示。

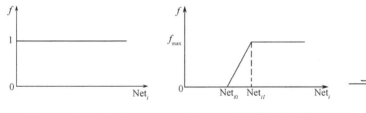

图 6-3　阈值型函数　　　　图 6-4　分段线性型函数　　　　图 6-5　S 函数

神经元具有如下功能。

① 兴奋与抑制:如果传入神经元的冲动经整合后使细胞膜电位升高,超过动作电位的阈值时即为兴奋状态,产生神经冲动,由轴突经神经末梢传出。如果传入神经元的冲动经整合后使细胞膜电位降低,低于动作电位的阈值时即为抑制状态,不产生神经冲动。

② 学习与遗忘:由于神经元结构的可塑性,突触的传递作用可增强和减弱,因此神经元具有学习与遗忘的功能。

6.1.2　神经网络学习算法

神经网络学习算法是神经网络智能特性的重要标志,神经网络通过学习算法,实现了自适应、自组织和自学习的能力。

目前神经网络学习算法有多种,按有无教师分类,可分为有教师学习(Supervised Learning)、无教师学习(Unsupervised Learning)和再励学习(Reinforcement Learning)等几大类。

下面介绍两个基本的神经网络学习算法。

1. Hebb 学习算法

Hebb 学习算法是一种联想式学习算法。生物学家 D. O. Hebbian 基于对生物学和心理学的研究,认为两个神经元同时处于兴奋状态时,它们之间的连接强度将得到加强,这一论述的数学描述被称为 Hebb 学习规则,即

$$w_{ij}(k+1) = w_{ij}(k) + I_i I_j \tag{6.6}$$

其中,$w_{ij}(k)$ 为从神经元 i 到神经元 j 的连接权值;I_i 和 I_j 为神经元的激活水平。

Hebb 学习规则是一种无教师的学习方法,它只根据神经元连接间的激活水平改变连接权值,因此,这种方法又称为相关学习或并联学习。

2. Delta(δ)学习算法

假设误差准则函数为

$$E = \frac{1}{2} \sum_{p=1}^{P} (d_p - y_p)^2 = \sum_{p=1}^{P} E_p \tag{6.7}$$

其中,d_p 代表期望的输出(教师信号);y_p 为网络的实际输出,$y_p = \boldsymbol{W} \boldsymbol{X}_p$;$\boldsymbol{W}$ 为网络所有连接权值组成的向量,即

$$\boldsymbol{W} = (w_0 \quad w_1 \quad \cdots \quad w_n)^\mathrm{T} \tag{6.8}$$

$\boldsymbol{X}_p$ 为输入模式,即

$$\boldsymbol{X}_p = (x_{p0} \quad x_{p1} \quad \cdots \quad x_{pn})^\mathrm{T} \tag{6.9}$$

其中,训练样本数 $p = 1, 2, \cdots, P$。

神经网络学习的目的是通过调整连接权值,使误差准则函数最小。可采用梯度下降法来实现连接权值的调整,其基本思想是沿着 E 的负梯度方向不断修正 $\boldsymbol{W}$,直到 E 达到最小,这种方法的数学表达式为

$$\Delta \boldsymbol{W} = \eta \left(-\frac{\partial E}{\partial \boldsymbol{W}} \right) \tag{6.10}$$

$$\frac{\partial E}{\partial \boldsymbol{W}} = \sum_{p=1}^{P} \frac{\partial E_p}{\partial \boldsymbol{W}} \tag{6.11}$$

其中

$$E_p = \frac{1}{2}(d_p - y_p)^2 \tag{6.12}$$

则

$$\frac{\partial E_p}{\partial \boldsymbol{W}} = \frac{\partial E_p}{\partial \theta_p} \frac{\partial \theta_p}{\partial \boldsymbol{W}} = -(d_p - y_p) \boldsymbol{X}_p \tag{6.13}$$

$\boldsymbol{W}$ 的修正规则为

$$\Delta \boldsymbol{W}_i = \eta \sum_{p=1}^{P} (d_p - y_p) \boldsymbol{X}_p \tag{6.14}$$

上式称为 δ 学习规则,又称误差修正规则。

6.1.3 神经网络的要素及特征

神经网络是对生物神经网络的某种抽象、简化与模拟,是由许多相同的并行互联的神经元模型组成的。网络的信息处理由神经元之间的相互作用来实现,信息存储在神经元(信息处理

单元)的相互连接上;网络学习和识别决定于神经元连接权值的动态演化过程。一个神经网络模型描述了一个网络如何把输入向量转化为输出向量的过程。通常,神经网络有以下三要素:

① 神经元的特性;

② 神经元之间相互连接的拓扑结构;

③ 为适应环境而改善性能的学习规则。

神经网络是由大量信息处理单元互联而组成的非线性、自适应信息处理系统。它是在现代神经科学研究成果的基础上提出的,试图通过模拟大脑神经网络处理、记忆信息的方式进行信息处理。神经网络具有以下几个特征:

① 能逼近任意非线性函数;

② 信息的并行分布式处理与存储;

③ 可以有多个输入和多个输出;

④ 便于用超大规模集成电路(VISI)或光学集成电路系统实现,或用现有的计算机技术实现;

⑤ 能进行学习,以适应环境的变化。

6.1.4　神经网络辨识的特点

神经网络与系统辨识结合有别于前面提到的辨识方法。将神经网络作为被辨识系统的模型,可在已知常规模型结构的情况下估计模型的参数;利用神经网络的线性、非线性特性,可建立线性、非线性系统的静态、动态、逆动态及预测模型,从而实现非线性系统的建模。神经网络辨识的特点如下:

① 不要求建立实际系统的辨识模型,即可省去系统结构建模这一步骤;

② 可以对本质非线性系统进行辨识;

③ 辨识的收敛速度不依赖于待辨识系统的维数,只与神经网络本身及其所采用的学习算法有关;

④ 神经网络的连接权值在辨识中对应于模型参数,通过连接权值的调节可使网络输出逼近于系统输出;

⑤ 神经网络作为实际系统的辨识模型,实际上也是系统的一个物理实现,可用于在线控制。

6.2　BP 网络辨识

6.2.1　BP 网络

1986 年,Rumelhart 等提出了误差反向传播神经网络,简称 BP 网络(Back Propagation)[1],该网络是一种单向传播的多层前向网络。

误差反向传播的 BP 算法简称 BP 算法,其基本思想是最小二乘法。它采用梯度搜索技术,使网络的实际输出值与期望输出值的误差均方值为最小。

BP 网络具有以下特点:

① BP 网络是一种多层网络,包括输入层、隐含层和输出层;

② 层与层之间采用全互联方式,同一层神经元(节点)之间不连接;

③ 连接权值通过 δ 学习算法进行调节;

④ 神经元激发函数为 S 函数；

⑤ 学习算法由正向传播和反向传播组成；

⑥ 层与层之间的连接是单向的，信息的传播是双向的。

6.2.2 BP 网络结构

含一个隐含层的 BP 网络结构如图 6-6 所示，图中，i 为输入层神经元，j 为隐含层神经元，k 为输出层神经元。

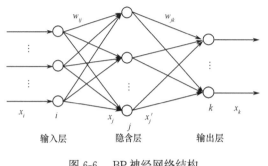

图 6-6 BP 神经网络结构

6.2.3 BP 网络的优缺点

BP 网络的主要优点为：

① 只要有足够多的隐含层和隐含层节点，BP 网络就可以逼近任意的非线性映射关系。

② BP 网络的学习算法属于全局逼近算法，具有较强的泛化能力。

③ BP 网络输入/输出之间的关联信息分布地存储在网络的连接权值中，个别神经元的损坏只对输入/输出关系有较小的影响，因而 BP 网络具有较好的容错性。

BP 网络的主要缺点为：

① 待寻优的参数多，收敛速度慢。

② 目标函数存在多个极值点，按梯度下降法进行学习，很容易陷入局部极小值。

③ 难以确定隐含层及隐含层节点的数目。目前，如何根据特定的问题来确定具体的网络结构尚无很好的方法，仍需根据经验来试凑。

由于 BP 网络具有很好的逼近非线性映射关系的能力，因此该网络在模式识别、图像处理、系统辨识、函数拟合、优化计算、最优预测和自适应控制等领域有着较为广泛的应用。

由于 BP 网络具有很好的逼近特性和泛化能力，可用于神经网络控制器的设计。但由于 BP 网络收敛速度慢，难以适应实时控制的要求。

6.3 BP 网络逼近

6.3.1 基本原理

BP 网络逼近的结构如图 6-7 所示，图中 k 为网络的迭代步数。BP 为网络逼近器，$y(k)$ 为被控对象实际输出，$y_n(k)$ 为逼近器的输出。将系统输出 $y(k)$ 及输入 $u(k)$ 的值作为逼近器的输入，将系统输出与网络输出的误差作为逼近器的调整信号。

用于逼近的 BP 网络如图 6-8 所示。

BP 算法的学习过程由正向传播和反向传播组成。在正向传播过程中，输入信息从输入层经隐含层逐层处理，并传向输出层，每层神经元（节点）的状态只影响下一层神经元的状态。如果在输出层不能得到期望的输出，则转至反向传播，将误差信号（理想输出与实际输出之差）按连接通路反向计算，由梯度下降法调整各层神经元的连接权值，使误差信号减小。

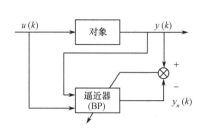
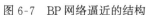
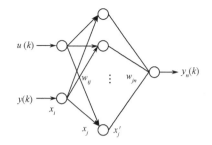

图 6-7　BP 网络逼近的结构　　　　图 6-8　用于逼近的 BP 网络

（1）前向传播：计算网络的输出

隐含层神经元的输入为所有输入的加权之和，即

$$x_j = \sum_i w_{ij} x_i \tag{6.15}$$

隐含层神经元的输出 x_j' 采用 S 函数激发 x_j，得

$$x_j' = f(x_j) = \frac{1}{1 + \mathrm{e}^{-x_j}} \tag{6.16}$$

则

$$\frac{\partial x_j'}{\partial x_j} = x_j'(1 - x_j')$$

输出层神经元的输出

$$y_n(k) = \sum_j w_{jn} x_j' \tag{6.17}$$

实际输出与理想输出之差为

$$e(k) = y(k) - y_n(k)$$

误差准则函数为

$$E = \frac{1}{2} e(k)^2 \tag{6.18}$$

（2）反向传播：采用 δ 学习算法，调整各层间的连接权值

根据梯度下降法，连接权值的学习算法如下：

输出层及隐含层的连接权值 w_{jn} 学习算法为

$$\Delta w_{jn} = -\eta \frac{\partial E}{\partial w_{jn}} = \eta \cdot e(k) \cdot \frac{\partial y_n}{\partial w_{jn}} = \eta \cdot e(k) \cdot x_j' \tag{6.19}$$

$k+1$ 时刻网络的连接权值为

$$w_{jk}(k+1) = w_{jk}(k) + \Delta w_{jn} \tag{6.20}$$

隐含层及输入层的连接权值 w_{ij} 学习算法为

$$\Delta w_{ij} = -\eta \frac{\partial E}{\partial w_{ij}} = \eta \cdot e(k) \cdot \frac{\partial y_n}{\partial w_{ij}} \tag{6.21}$$

其中，$\dfrac{\partial y_n}{\partial w_{ij}} = \dfrac{\partial y_n}{\partial x_j'} \cdot \dfrac{\partial x_j'}{\partial x_j} \cdot \dfrac{\partial x_j}{\partial w_{ij}} = w_{jn} \cdot \dfrac{\partial x_j'}{\partial x_j} \cdot x_i = w_{jn} \cdot x_j'(1 - x_j') \cdot x_i$。

$k+1$ 时刻网络的连接权值为

$$w_{ij}(k+1) = w_{ij}(k) + \Delta w_{ij} \tag{6.22}$$

为了避免连接权值在学习过程中发生振荡、收敛速度慢，需要考虑上次连接权值对本次连接权值变化的影响，即加入动量因子 α。此时的连接权值为

$$w_{jn}(k+1)=w_{jn}(k)+\Delta w_{jn}+\alpha(w_{jn}(k)-w_{jn}(k-1)) \tag{6.23}$$

$$w_{ij}(k+1)=w_{ij}(k)+\Delta w_{ij}+\alpha(w_{ij}(k)-w_{ij}(k-1)) \tag{6.24}$$

其中,η 为学习速率,α 为动量因子,$\eta\in[0,1],\alpha\in[0,1]$。

将对象输出对输入的敏感度 $\dfrac{\partial y(k)}{\partial u(k)}$ 称为 Jacobian 信息,其值可由神经网络辨识而得。辨识算法如下:取 BP 网络的第一个输入为 $u(k)$,即 $x(1)=u(k)$,则

$$\frac{\partial y(k)}{\partial u(k)}\approx\frac{\partial y_n(k)}{\partial u(k)}=\frac{\partial y_n(k)}{\partial x_j'}\times\frac{\partial x_j'}{\partial x_j}\times\frac{\partial x_j}{\partial x(1)}=\sum_j w_{jn}x_j'(1-x_j')w_{1j} \tag{6.25}$$

6.3.2 仿真实例

使用 BP 网络逼近对象

$$y(k)=u(k)^3+\frac{y(k-1)}{1+y(k-1)^2}$$

采样时间取 1ms,输入信号为 $u(k)=0.5\sin(6\pi t)$。神经网络为 2-6-1 结构,连接权值的初始值取 $[-1,1]$ 之间的随机值,$\eta=0.50,\alpha=0.05$。

BP 网络逼近程序见 chap6_1.m,仿真结果如图 6-9 至图 6-11 所示。

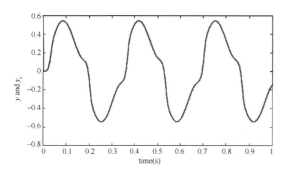

图 6-9　BP 网络逼近效果　　　　　图 6-10　BP 网络逼近误差

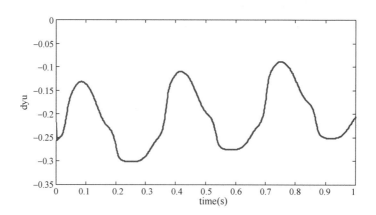

图 6-11　Jacobian 信息的辨识

BP 网络逼近程序:chap6_1.m

```
clear all;
```

```
close all;

xite= 0.50;  % η 学习速率
alfa= 0.05;  % α 动量因子

w2= rands(6,1);
w2_1= w2;w2_2= w2_1;

w1= rands(2,6);
w1_1= w1;w1_2= w1;

dw1= 0 * w1;

x= [0,0]';

u_1= 0;
y_1= 0;

I= [0,0,0,0,0,0]';
Iout= [0,0,0,0,0,0]';
FI= [0,0,0,0,0,0]';

ts= 0.001;
for   k= 1:1:1000

time(k)= k * ts;
u(k)= 0.50 * sin(3 * 2 * pi * k * ts);  % 输入信号
y(k)= u_1^3+ y_1/(1+ y_1^2);

for   j= 1:1:6
     I(j)= x' * w1(:,j);
     Iout(j)= 1/(1+exp(-I(j)));
end
yn(k)= w2' * Iout;           % 神经网络的输出

e(k)= y(k)-yn(k);            % 误差计算

w2= w2_1+(xite * e(k)) * Iout+ alfa * (w2_1-w2_2);

for j= 1:1:6
   FI(j)= exp(-I(j))/(1+ exp(-I(j)))^2;
end

for i= 1:1:2
   for j= 1:1:6
      dw1(i,j)= e(k) * xite * FI(j) * w2(j) * x(i);
   end
end
w1= w1_1+dw1+alfa * (w1_1-w1_2);
```

```
%%%%%%%%%%%%%% Jacobian%%%%%%%%%%%%%%%%%%%%%
yu= 0;
for j= 1:1:6
    yu= yu+ w2(j) * w1(1,j) * FI(j);
end
dyu(k)= yu;

x(1)= u(k);
x(2)= y(k);

w1_2= w1_1;w1_1= w1;
w2_2= w2_1;w2_1= w2;
u_1= u(k);
y_1= y(k);
end
figure(1);
plot(time,y,'r',time,yn,'b');
xlabel('time(s)');ylabel('y and yn');
figure(2);
plot(time,y- yn,'r');
xlabel('time(s)');ylabel('error');
figure(3);
plot(time,dyu);
xlabel('time(s)');ylabel('dyu');
```

6.4　基于数据的 BP 网络离线建模

6.4.1　基本原理

由于神经网络具有自学习、自组织和并行处理等特征,并具有很强的容错能力和联想能力,因此,神经网络具有模式识别的能力。

在神经网络模式识别中,根据标准的输入/输出模式对,采用神经网络学习算法,以标准的模式作为学习样本进行训练,通过学习调整神经网络的连接权值。当训练满足要求后,得到的连接权值构成了模式识别的知识库,利用神经网络并行推理算法对所需要的输入模式进行识别。

神经网络模式识别具有较强的鲁棒性。当待识别的输入模式与训练样本中的某个输入模式相同时,神经网络识别的结果就是与训练样本中相对应的输出模式。当待识别的输入模式与训练样本中的所有输入模式都不完全相同时,则可得到与其相近样本相对应的输出模式。当待识别的输入模式与训练样本中的所有输入模式相差较远时,就不能得到正确的识别结果,此时可将这一模式作为新的样本进行训练,使神经网络获取新的知识,并存储到网络的连接权值中,从而增强网络的识别能力。

BP 网络的训练过程如下:正向传播是输入信号从输入层经隐含层传向输出层,若输出层得到了期望的输出,则学习算法结束;否则,转至反向传播。

以 p 个样本为例,用于训练的 BP 网络结构采用图 6-6。

网络的学习算法如下:

(1) 前向传播:计算网络的输出

隐含层神经元的输入为所有输入的加权之和,即

$$x_j = \sum_i w_{ij} x_i \tag{6.26}$$

隐含层神经元的输出 x_j' 采用 S 函数激发 x_j,得

$$x_j' = f(x_j) = \frac{1}{1 + e^{-x_j}} \tag{6.27}$$

则

$$\frac{\partial x_j'}{\partial x_j} = x_j'(1 - x_j')$$

输出层神经元的输出为

$$x_l = \sum_j w_{jl} x_j' \tag{6.28}$$

网络第 l 个输出与相应理想输出 x_l^0 的误差为

$$e_l = x_l^0 - x_l$$

第 p 个样本的误差准则函数为

$$E_p = \frac{1}{2} \sum_{l=1}^N e_l^2 \tag{6.29}$$

其中,N 为网络输出层的神经元的个数。

每次迭代时,分别依次对各个样本进行训练,更新连接权值,直到所有样本训练完毕,再进行下一次迭代,直到满足精度为止。

(2) 反向传播:采用梯度下降法,调整各层间的连接权值

连接权值的学习算法如下:输出层及隐含层的连接权值 w_{jl} 学习算法为

$$\Delta w_{jl} = -\eta \frac{\partial E_p}{\partial w_{jl}} = \eta e_l \frac{\partial x_l}{\partial w_{jl}} = \eta e_l x_j'$$

$k+1$ 时刻网络的连接权值为

$$w_{jl}(k+1) = w_{jl}(k) + \Delta w_{jl}$$

隐含层及输入层的连接权值 w_{ij} 学习算法为

$$\Delta w_{ij} = -\eta \frac{\partial E_p}{\partial w_{ij}} = \eta \sum_{l=1}^N e_l \frac{\partial x_l}{\partial w_{ij}}$$

其中,$\dfrac{\partial x_l}{\partial w_{ij}} = \dfrac{\partial x_l}{\partial x_j'} \cdot \dfrac{\partial x_j'}{\partial x_j} \cdot \dfrac{\partial x_j}{\partial w_{ij}} = w_{jl} \cdot \dfrac{\partial x_j'}{\partial x_j} \cdot x_i = w_{jl} \cdot x_j'(1 - x_j') \cdot x_i$。

$k+1$ 时刻网络的连接权值为

$$w_{ij}(k+1) = w_{ij}(k) + \Delta w_{ij}$$

如果考虑上次连接权值对本次连接权值变化的影响,需要加入动量因子 α,此时的连接权值为

$$w_{jl}(k+1) = w_{jl}(k) + \Delta w_{jl} + \alpha(w_{jl}(k) - w_{jl}(k-1)) \tag{6.30}$$

$$w_{ij}(k+1) = w_{ij}(k) + \Delta w_{ij} + \alpha(w_{ij}(k) - w_{ij}(k-1)) \tag{6.31}$$

其中,η 为学习速率,α 为动量因子,$\eta \in [0,1]$,$\alpha \in [0,1]$。

6.4.2 仿真实例

取标准样本为3输入2输出样本,见表6-1。

BP 网络采用3-6-2结构,连接权值 w_{ij}、w_{jl} 的初始值取[-1,1]之间的随机值,$\eta=0.50$,$\alpha=0.05$。

BP 网络模式识别程序包括网络训练程序 chap6_2a. m 和网络测试程序 chap6_2b. m。运行程序 chap6_2a. m,取网络训练的最终指标为 $E=10^{-20}$,网络训练指标的变化如图 6-12 所示。将网络训练的最终连接权值构成用于模式识别的知识库,将其保存在文件 wfile. dat 中。

表 6-1　训练样本

输入			输出	
1	0	0	1	0
0	1	0	0	0.5
0	0	1	0	1

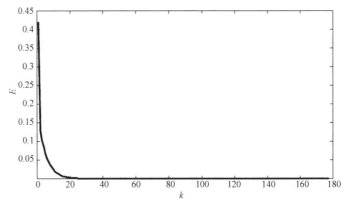

图 6-12　网络训练指标的变化

在仿真程序中,用 w1、w2 代表 w_{ij}、w_{jl},用 Iout 表示 x'_j。运行程序 chap6_2b. m,调用文件 wfile. dat,取一组实际样本进行测试,测试样本及测试结果见表 6-2。由仿真结果可见,BP 网络具有很好的模式识别能力。

表 6-2　测试样本及结果

输入			输出	
0.970	0.001	0.001	0.9862	0.0094
0.000	0.980	0.000	0.0080	0.4972
0.002	0.000	1.040	-0.0145	1.0202
0.500	0.500	0.500	0.2395	0.6108
1.000	0.000	0.000	1.0000	-0.0000
0.000	1.000	0.000	0.0000	0.5000
0.000	0.000	1.000	-0.0000	1.0000

网络训练程序:chap6_2a. m

```
% BP Training for MIMO and Multi- samples
clear all;
close all;

xite= 0.50;
alfa= 0.05;

w2= rands(6,2);
w2_1= w2;w2_2= w2_1;
```

```
w1= rands(3,6);
w1_1= w1;w1_2= w1;
dw1= 0 * w1;

I= [0,0,0,0,0,0]';
Iout= [0,0,0,0,0,0]';
FI= [0,0,0,0,0,0]';

OUT= 2;
k= 0;
E= 1.0;
NS= 3;

while E> = 1e-020
k= k+1;
times(k)= k;

for s= 1:1:NS     % MIMO Samples
xs= [1,0,0;
    0,1,0;
    0,0,1];       % Ideal Input
ys= [1,0;
    0,0.5;
    0,1];         % Ideal Output

x= xs(s,:);
for j= 1:1:6
    I(j)= x * w1(:,j);
    Iout(j)= 1/(1+exp(-I(j)));
end

yl= w2' * Iout;
yl= yl';

el= 0;
y= ys(s,:);
for l= 1:1:OUT
   el= el+0.5 * (y(l)- yl(l))^2;     % Output error
end
es(s)= el
E= 0;
if s== NS
   for s= 1:1:NS
      E= E+es(s);
   end
end
ey= y-yl;

w2= w2_1+ xite * Iout * ey+ alfa * (w2_1- w2_2);
```

```
for j= 1:1:6
    S= 1/(1+ exp(- I(j)));
    FI(j)= S * (1- S);
end

for i= 1:1:3
    for j= 1:1:6
        dw1(i,j)= xite * FI(j) * x(i) * (ey(1) * w2(j,1)+ ey(2) * w2(j,2));
    end
end
w1= w1_1+ dw1+ alfa * (w1_1- w1_2);

w1_2= w1_1;w1_1= w1;
w2_2= w2_1;w2_1= w2;
end     % End of for
Ek(k)= E;
end     % End of while
figure(1);
plot(times,Ek,'r');
xlabel('k');ylabel('E');

save wfile w1 w2;
```

网络测试程序：chap6_2b.m

```
% Test BP
clear all;
load wfile w1 w2;

% N Samples
x= [0.970,0.001,0.001;
    0.000,0.980,0.000;
    0.002,0.000,1.040;
    0.500,0.500,0.500;
    1.000,0.000,0.000;
    0.000,1.000,0.000;
    0.000,0.000,1.000];
for i= 1:1:7
    for j= 1:1:6
        I(i,j)= x(i,:) * w1(:,j);
        Iout(i,j)= 1/(1+exp(-I(i,j)));
    end
end
y= w2' * Iout';
y= y'
```

6.5 基于模型的 BP 网络离线建模

6.5.1 基本原理

神经网络应用于系统建模的一个优点是通过直接学习系统的输入/输出数据,使所要求的误差准则函数达到最小,从而辨识出隐含在系统输入/输出之间的关系。利用神经网络建模的基本结构如图 6-13 所示。其中,被控对象为实际系统,NN 为用神经网络建立的实际系统等效模型,u 为控制输入,y 为被控对象的输出,$\hat{y}$ 为神经网络的输出。

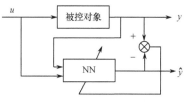

本方法的缺陷是在神经网络建模中需要被控对象的实际输出,所建立的模型不能脱离实际对象使用,在实际工程中很难得到实际应用。

图 6-13　利用神经网络建模的基本结构

6.5.2　仿真实例

使用 BP 网络对下面对象进行建模

$$G(s) = \frac{133}{s^2 + 25s}$$

在 BP 网络中,网络输入信号为两个,即 $u(k)$ 和 $y(k)$,网络初始连接权值可取随机值,也可通过仿真测试后获得。用于训练的 BP 网络结构见图 6-6。

取输入信号为正弦信号 $u(k) = 0.5\sin(2\pi t)$,隐含层神经元个数取 $m = 6$,网络结构为 2-6-1,网络的初始连接权值取随机值,$\alpha = 0.05$,$\eta = 0.5$。

将模型离散为 200 个样本,每次迭代时,分别依次对各个样本进行训练,更新权值,直到所有样本训练完毕,再进行下一次迭代,直到满足迭代次数为止。BP 网络离线训练程序见 chap6_3a. m,BP 网络在线估计程序见 chap6_3b. m。神经网络离线训练误差收敛过程如图 6-14所示,图 6-15 表示神经网络在线估计的系统输入和期望输出。

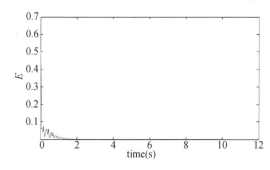

图 6-14　神经网络离线训练误差收敛过程

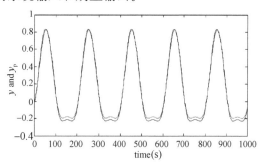

图 6-15　神经网络在线估计的系统输入和期望输出

仿真程序:

BP 网络离线训练程序:chap6_3a. m

```
% BP Training for Modeling off- line
clear all;
close all;

ts= 0.01;
sys= tf(133,[1,25,0]);% 实际模型
dsys= c2d(sys,ts,'z');
[num,den]= tfdata(dsys,'v');

u_1= 0;u_2= 0;
y_1= 0;y_2= 0;
```

```
xite= 0.50;
alfa= 0.05;

w2= rands(6,1);
w2_1= w2;w2_2= w2_1;

w1= rands(2,6);
w1_1= w1;w1_2= w1;
dw1= 0*w1;

I= [0,0,0,0,0,0]';
Iout= [0,0,0,0,0,0]';
FI= [0,0,0,0,0,0]';

k= 0;
NS= 200;
for s= 1:1:NS    % Samples
    u(s)= 0.5*sin(2*pi*s*ts);
% Linear model
    y(s)= - den(2)*y_1- den(3)*y_2+ num(2)*u_1+ num(3)*u_2;

    u_2= u_1;u_1= u(s);
    y_2= y_1;y_1= y(s);
end

for k= 1:1:1000
k= k+1;
time(k)= k*ts;

for s= 1:1:NS

x= [u(s),y(s)];
for j= 1:1:6
    I(j)= x*w1(:,j);
    Iout(j)= 1/(1+ exp(-I(j)));
end
yn(s)= w2'*Iout;

e(s)= y(s)-yn(s);
e1= 0.5*e(s)^2;
e1s(s)= e1;

E= 0;
if s== NS
    for s=1:1:NS
        E= E+e1s(s);
    end
end
```

```
w2= w2_1+ xite * Iout * e(s)+ alfa * (w2_1- w2_2);

for j= 1:1:6
    S= 1/(1+ exp(-I(j)));
    FI(j)= S * (1-S);
end

for i= 1:1:2
    for j= 1:1:6
        dw1(i,j)= xite * FI(j) * x(i) * e(s) * w2(j,1);
    end
end
w1= w1_1+dw1+alfa * (w1_1-w1_2);

w1_2= w1_1;w1_1= w1;
w2_2= w2_1;w2_1= w2;
end     % End of NS
Ek(k)= E;
end     % End of k
figure(1);
plot(time,Ek,'r');
xlabel('time(s)');ylabel('E');

save wfile w1 w2;
```

BP 网络在线估计程序:chap6_3b.m

```
% Online BP Etimation for Plant
clear all;
load wfile w1 w2;

ts= 0.01;
sys= tf(133,[1,25,0]);
dsys= c2d(sys,ts,'z');
[num,den]= tfdata(dsys,'v');

u_1= 0;u_2= 0;
y_1= 0;y_2= 0;

I= [0,0,0,0,0,0]';
Iout= [0,0,0,0,0,0]';

for s= 1:1:1000
    time(s)= s;
    M=2;
    if M== 1
        u(s)= 0.5 * sin(2 * pi * s * ts);
    elseif M== 2
        u(s)= 0.15 * sin(2 * pi * s * ts);
    elseif M== 3
        u(s)= 0.015 * sin(2 * pi * s * ts);
```

```
   elseif M==4
      u(s)= 0.2 * sin(2 * pi * s * ts)+ 0.3 * cos(pi * s * ts);
   elseif M==5
      u(s)= 0.35 * sign(sin(2 * pi * s * ts));
   end
% Linear model
   y(s)= - den(2) * y_1- den(3) * y_2+ num(2) * u_1+ num(3) * u_2;

   x= [u(s),y(s)];
for j= 1:1:6
   I(j)= x * w1(:,j);
   Iout(j)= 1/(1+ exp(- I(j)));
end
yp(s)= w2' * Iout;

u_2= u_1;u_1= u(s);
y_2= y_1;y_1= y(s);
end

figure(1);
plot(time,y,'r',time,yp,'b');
xlabel('time(s)');ylabel('y and yp');
```

6.6 RBF 网络的逼近

6.6.1 RBF 网络

径向基函数(Radial Basis Function,RBF)网络是由 J. Moody 和 C. Darken 在 20 世纪 80 年代末提出的一种神经网络[2],它是具有单隐含层的 3 层前向网络。RBF 网络模拟了人脑中局部调整、相互覆盖接收域(或称感受野,Receptive Field)的神经网络结构,已证明 RBF 网络能任意精度逼近任意连续函数。

RBF 网络的学习过程与 BP 网络的学习过程类似,两者的主要区别在于使用不同的激活函数。BP 网络中隐含层使用的是 S 函数,其值在输入空间中无限大的范围内为非零值,因而 BP 网络是一种全局逼近的神经网络;而 RBF 网络中的激活函数是高斯基函数,其值在输入空间中有限的范围内为非零值,因而 RBF 网络是局部逼近的神经网络。

理论上,3 层以上的 BP 网络能够逼近任何一个非线性函数,但由于 BP 网络是全局逼近网络,每次样本学习都要重新调整网络的所有连接权值,收敛速度慢,易陷入局部极小,很难满足控制系统的高度实时性要求。RBF 网络是一种 3 层前向网络,由输入到输出的映射是非线性的,而隐含层空间到输出空间的映射是线性的,而且 RBF 网络是局部逼近的神经网络,因而采用 RBF 网络可大大加快学习速度并避免局部极小问题,适合于实时控制的要求。采用 RBF 网络构成神经网络控制方案,可有效提高系统的精度、鲁棒性和自适应性。

多输入单输出的 RBF 网络结构如图 6-16 所示。

6.6.2 RBF 网络的逼近

采用 RBF 网络逼近被控对象的结构如图 6-17 所示。

在 RBF 网络结构中，$\boldsymbol{X}=\begin{bmatrix} x_1 & x_2 & \cdots & x_n \end{bmatrix}^\mathrm{T}$ 为网络的输入向量。设 RBF 网络的径向基向量 $\boldsymbol{H}=\begin{bmatrix} h_1 & \cdots & h_m \end{bmatrix}^\mathrm{T}$，其中 h_j 为高斯基函数，即

$$h_j = \exp\left(-\frac{\parallel \boldsymbol{X} - \boldsymbol{C}_j \parallel^2}{2b_j^2}\right) \qquad j=1,2,\cdots,m \tag{6.32}$$

其中，网络第 j 个节点的中心向量为 $\boldsymbol{C}_j = \begin{bmatrix} c_{j1} & \cdots & c_{ji} & \cdots & c_{jn} \end{bmatrix}^\mathrm{T}$，$i=1,2,\cdots,n$；$b_j$ 为节点基宽参数。

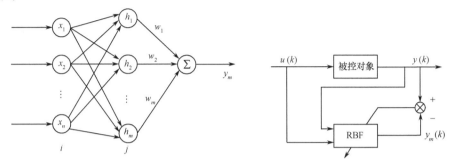

图 6-16　多输入单输出的 RBF 网络结构　　图 6-17　RBF 网络逼近被控对象的结构

设网络的基宽向量为

$$\boldsymbol{B} = \begin{bmatrix} b_1 & \cdots & b_m \end{bmatrix}^\mathrm{T}$$

b_j 为节点 j 的基宽参数，且为大于零的数。网络的连接权值向量为

$$\boldsymbol{W} = \begin{bmatrix} w_1 & \cdots & w_m \end{bmatrix}^\mathrm{T} \tag{6.33}$$

RBF 网络的输出为

$$y_m(t) = w_1 h_1 + w_2 h_2 + \cdots + w_m h_m \tag{6.34}$$

RBF 网络的性能指标函数为

$$E(k) = \frac{1}{2}(y(k) - y_m(k))^2 \tag{6.35}$$

根据梯度下降法，连接权值、节点中心及节点基宽参数的迭代算法如下

$$w_j(k) = w_j(k-1) + \eta(y(k) - y_m(k))h_j + \alpha(w_j(k-1) - w_j(k-2)) \tag{6.36}$$

其中，η 为学习速率，α 为动量因子。

将对象输出对输入的敏感度 $\dfrac{\partial y(k)}{\partial u(k)}$ 称为 Jacobian 信息，其值可由 RBF 网络辨识而得。辨识算法如下：取 RBF 网络的第一个输入为 $u(k)$，即 $x(1)=u(k)$，则

$$\frac{\partial y(k)}{\partial u(k)} \approx \frac{\partial y_m(k)}{\partial u(k)} = \frac{\partial y_m(k)}{\partial h_j} \times \frac{\partial h_j}{\partial x(1)} = \sum_j w_j h_j \frac{c(1,j) - x(1)}{b_j^2} \tag{6.37}$$

6.6.3　仿真实例

使用 RBF 网络逼近下列对象

$$y(k) = u(k)^3 + \frac{y(k-1)}{1 + y(k-1)^2}$$

在 RBF 网络中，网络输入信号为两个，即 $u(k)$ 和 $y(k)$，网络的初始连接权值可取随机值。取输入信号为正弦信号 $u(k)=0.5\sin(2\pi t)$，网络隐含层的神经元个数取 $m=4$，网络结构为 2-5-1，网络的初始连接权值取随机值，根据网络输入 $u(k)$ 和 $y(k)$ 的范围，高斯基函数的参数取 $\boldsymbol{C}_j = \begin{bmatrix} -2 & -1 & 0 & 1 & 2 \\ -2 & -1 & 0 & 1 & 2 \end{bmatrix}^\mathrm{T}$，$b_j=1.5$。网络的学习参数取 $\alpha=0.05$，$\eta=0.5$。

RBF 网络逼近程序见 chap6_4.m,仿真结果如图 6-18 至图 6-20 所示。

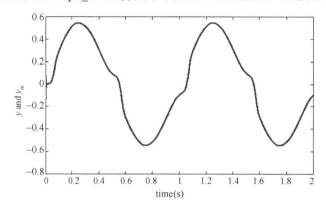

图 6-18   RBF 网络辨识结果

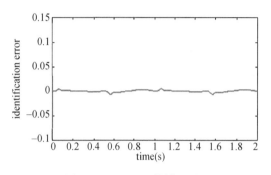

图 6-19   RBF 网络辨识误差

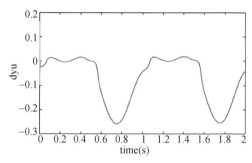

图 6-20   Jacobian 信息的辨识

RBF 网络逼近程序:chap6_4.m

```
clear all;
close all;

alfa=0.05;
xite=0.5;
x=[0,0]';

bj=1.5;
c=[-2  -1  0  1  2;
   -2  -1  0  1  2];
w=rands(5,1);

w_1=w;w_2=w_1;
d_w=0* w;
y_1=0;

ts=0.001;
for k=1:1:2000

time(k)=k* ts;
u(k)=0.50* sin(1* 2* pi* k* ts);
```

```
y (k)=u(k)^3+ y_1/(1+ y_1^2);

x (1)=u(k);
x (2)=y(k);

for j=1:1:5
  h(j)=exp(-norm(x-c(:,j))^2/(2* bj^2));
end
ym(k)=w'* h';
em(k)=y(k)-ym(k);

for j=1:1:5
d_w(j)=xite* em(k)* h(j);
end
  w=w_1+ d_w+ alfa* (w_1- w_2);
%%%%%%%%%%%%%%%%%%%%% Jacobian%%%%%%%%%%%%%%%%%%%%%%%%%%
yu=0;
for j=1:1:4
yu=yu+ w(j)* h(j)* (c(1,j)-x(1))/(bj^2);
end
dyu(k)=yu;

y_1=y(k);

w_2=w_1;
w_1=w;
end
figure(1);
plot(time,y,'r',time,ym,'b');
xlabel('time(s)');ylabel('y and ym');

figure(2);
plot(time,y-ym,'r');
xlabel('time(s)');ylabel('identification error');

figure(3);
plot(time,dyu,'r');
xlabel('time(s)');ylabel('dyu');
```

6.7　基于未知项在线建模的 RBF 网络自校正控制

6.7.1　神经网络自校正控制原理

自校正控制有两种结构：直接型与间接型。直接型自校正控制也称直接逆动态控制，属于前馈控制。间接型自校正控制是一种由辨识器将对象参数进行在线估计，用调节器（或控制器）实现参数的自动整定的自适应控制技术，可用于结构已知而参数未知但参数恒定的随机系统，也可用于结构已知而参数缓慢时变的随机系统。

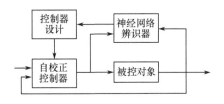

图 6-21　神经网络自校正控制结构

神经网络自校正控制结构如图 6-21 所示,它由两个回路组成:

① 自校正控制器与被控对象构成的反馈回路;

② 神经网络辨识器与控制器设计,以得到控制器的参数。

可见,辨识器与自校正控制器的在线设计是自校正控制实现的关键。

6.7.2　RBF 网络自校正控制

考虑被控对象

$$y(k+1)=g[y(k)]+\varphi[y(k)]u(k) \tag{6.38}$$

其中,u 和 y 分别为被控对象的输入和输出,$\varphi[\cdot]$ 为非零函数。

若 $g[\cdot]$、$\varphi[\cdot]$ 已知,则根据确定性等价原则,自校正控制算法为

$$u(k)=\frac{-g[\cdot]}{\varphi[\cdot]}+\frac{r(k+1)}{\varphi[\cdot]} \tag{6.39}$$

采用式(6.39),系统的输出 $y(k)$ 能精确地跟踪输入 $r(k)$。

若 $g[\cdot]$、$\varphi[\cdot]$ 未知,则可通过在线训练神经网络辨识器,得到 $g[\cdot]$ 和 $\varphi[\cdot]$ 的估计值 $Ng[\cdot]$ 和 $N\varphi[\cdot]$,此时自校正控制算法为

$$u(k)=\frac{-Ng[\cdot]}{N\varphi[\cdot]}+\frac{r(k+1)}{N\varphi[\cdot]} \tag{6.40}$$

其中,$Ng[\cdot]$、$N\varphi[\cdot]$ 分别为神经网络辨识器的输出。

采用两个 RBF 网络分别实现未知项 $g[\cdot]$ 和 $\varphi[\cdot]$ 的辨识。RBF 网络辨识器的结构如图 6-22 所示,$\boldsymbol{W}$ 和 $\boldsymbol{V}$ 分别为两个神经网络的连接权值向量。

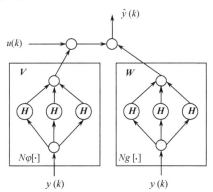

图 6-22　RBF 网络辨识器的结构

在 RBF 网络结构中,取网络的输入为 $y(k)$,网络的径向基向量为 $\boldsymbol{H}=\begin{bmatrix} h_1 & \cdots & h_m \end{bmatrix}^{\mathrm{T}}$,$h_j$ 为高斯基函数

$$h_j=\exp\left(-\frac{\|y(k)-c_{ij}\|^2}{2b_j^2}\right) \tag{6.41}$$

其中,$i=1$;$j=1,\cdots,m$;b_j 为节点 j 的基宽参数,$b_j>0$。

网络的连接权值向量为

$$\boldsymbol{W}=\begin{bmatrix} w_1 & \cdots & w_m \end{bmatrix}^{\mathrm{T}} \tag{6.42}$$

$$\boldsymbol{V}=\begin{bmatrix} v_1 & \cdots & v_m \end{bmatrix}^{\mathrm{T}} \tag{6.43}$$

两个 RBF 网络的输出分别为

$$Ng(k)=h_1w_1+\cdots+h_jw_j+\cdots+h_mw_m \tag{6.44}$$

$$N\varphi(k)=h_1v_1+\cdots+h_jv_j+\cdots+h_mv_m \tag{6.45}$$

其中,m 为 RBF 网络隐含层神经元的个数。

辨识后,被控对象的输出为

$$y_m(k) = Ng[y(k-1); \boldsymbol{W}(k)] + N\phi[y(k-1); \boldsymbol{V}(k)]u(k-1) \tag{6.46}$$

设神经网络调整的性能指标为

$$E(k) = \frac{1}{2}(y(k) - y_m(k))^2 \tag{6.47}$$

采用梯度下降法调整网络的连接权值

$$\Delta w_j(k) = -\eta_w \frac{\partial E(k)}{\partial w_j(k)} = \eta_w(y(k) - y_m(k))h_j(k)$$

$$\Delta v_j(k) = -\eta_v \frac{\partial E(k)}{\partial v_j(k)} = \eta_v(y(k) - y_m(k))h_j(k)$$

RBF 网络连接权值的调整过程为

$$\boldsymbol{W}(k) = \boldsymbol{W}(k-1) + \Delta \boldsymbol{W}(k) + \alpha(\boldsymbol{W}(k-1) - \boldsymbol{W}(k-2)) \tag{6.48}$$

$$\boldsymbol{V}(k) = \boldsymbol{V}(k-1) + \Delta \boldsymbol{V}(k) + \alpha(\boldsymbol{V}(k-1) - \boldsymbol{V}(k-2)) \tag{6.49}$$

式中,η_w 和 η_v 为学习速率;α 为动量因子。

综上所述,RBF 网络自校正控制的结构如图 6-23 所示。

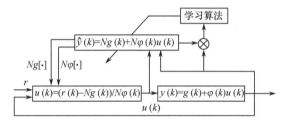

图 6-23　RBF 网络自校正控制的结构

6.7.3　仿真实例

被控对象为

$$y(k) = 0.8\sin(y(k-1)) + 15u(k-1)$$

其中,$g[y(k)] = 0.8\sin(y(k-1))$,$\varphi[y(k)] = 15$。

输入信号为正弦信号 $r(t) = 2.0\sin(0.1\pi t)$。取 $y(k)$ 作为网络的输入,网络隐含层神经元个数取 $m = 5$,网络结构为 1-5-1,网络的初始连接权值矩阵中的每个元素取 1.0,高斯基函数的参数取 $\boldsymbol{C}_j = [-2 \quad -1 \quad 0 \quad 1 \quad 2]$,$b_j = 5.0$,$\eta_1 = 0.15$,$\eta_2 = 0.50$,$\alpha = 0.05$。RBF 网络自校正控制程序为 chap6_5.m,仿真结果如图 6-24 至图 6-26 所示。

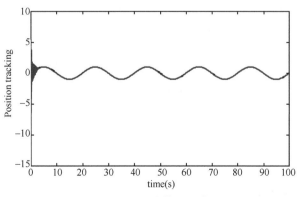

图 6-24　正弦位置跟踪

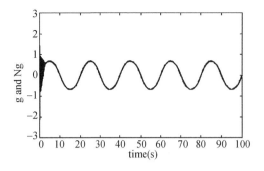

图 6-25 $g(x,t)$ 及其辨识结果 $\hat{g}(x,t)$ 图 6-26 $f(x,t)$ 及其辨识结果 $\hat{f}(x,t)$

仿真程序:chap6_5.m

```
clear all;
close all;

xite1=0.15;
xite2=0.50;
alfa=0.05;

w=ones(5,1);
v=ones(5,1);

cij=[-2 -1 0 1 2];
bj=5;
h=zeros(5,1);

w_1=w;w_2=w_1;
v_1=v;v_2=v_1;
u_1=0;y_1=0;

ts=0.02;
for k=1:1:5000
time(k)=k* ts;
r(k)=2.0* sin(0.1* pi* k* ts);

% Practical Plant;
g(k)=0.8* sin(y_1);
f(k)=15;
y(k)=g(k)+ f(k)* u_1;

for j=1:1:5
   h(j)=exp(-norm(y(k)-cij(:,j))^2/(2* bj^2));
end

Ng(k)=w'* h;
Nf(k)=v'* h;

ym(k)=Ng(k)+ Nf(k)* u_1;
```

```
e(k)=y(k)-ym(k);

d_w=0* w;
for j=1:1:5
d_w(j)=xite1* e(k)* h(j);
end
w=w_1+ d_w+ alfa* (w_1-w_2);

d_v=0* v;
for j=1:1:5
d_v(j)=xite2* e(k)* h(j)* u_1;
end
v=v_1+ d_v+ alfa* (v_1-v_2);

u(k)=-Ng(k)/Nf(k)+ r(k)/Nf(k);

u_1=u(k);
y_1=y(k);

w_2=w_1;
w_1=w;

v_2=v_1;
v_1=v;
end

figure(1);
plot(time,r,'r',time,y,'b');
xlabel('time(s)');ylabel('Position tracking');
figure(2);
plot(time,g,'r',time,Ng,'b');
xlabel('time(s)');ylabel('g and Ng');
figure(3);
plot(time,f,'r',time,Nf,'b');
xlabel('time(s)');ylabel('f and Nf');
```

6.8 Hopfield 网络辨识

6.8.1 Hopfield 网络原理

1986 年,美国物理学家 J. J. Hopfield 利用非线性动力学系统理论中的能量函数方法研究反馈型神经网络的稳定性,提出了 Hopfield 网络,并建立了求解优化计算问题的方程。

基本的 Hopfield 网络是一个由非线性元件构成的全连接型单层反馈系统,网络中的每个神经元都将自己的输出通过连接权值传送给所有其他神经元,同时又都接收所有其他神经元传递过来的信息。Hopfield 网络是一个反馈型神经网络,网络中的神经元在 t 时刻的输出状态实际上间接地与自己的 $t-1$ 时刻的输出状态有关,其状态变化可以用差分方程来描述。反馈型神经网络的一个重要特点是它具有稳定状态,当网络达到稳定状态时,也就是它的能量函数达到最小的时候。

Hopfield 网络的能量函数不是物理意义上的能量函数,而是在表达形式上与物理意义上的能量概念一致,表征网络状态的变化趋势,并可以依据 Hopfield 网络运行规则不断进行状态变化,最终能够达到的某个极小值的目标函数。网络收敛就是指能量函数达到极小值。如果把一个最优化问题的目标函数转换成网络的能量函数,把问题的变量对应于网络的状态,那么 Hopfield 网络就能够用于解决优化组合问题。

Hopfield 网络工作时,各个神经元的连接权值是固定的,更新的只是神经元的输出状态。Hopfield 网络的运行规则为:首先从网络中随机选取一个神经元 u_i 进行加权求和,再计算 u_i 的第 $t+1$ 时刻的输出值。除 u_i 外的所有神经元的输出值保持不变,直至网络进入稳定状态。

Hopfield 网络模型是由一系列互联的神经元组成的反馈型网络,如图 6-27 所示,其中虚线框内为一个神经元,u_i 为第 i 个神经元的输入,R_i 与 C_i 分别为输入电阻和输入电容,I_i 为输入电流,w_{ij} 为第 j 个神经元到第 i 个神经元的连接权值,v_i 为神经元的输出,是神经元输入 u_i 的非线性函数。

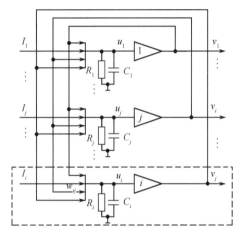

图 6-27   Hopfield 网络模型

对于 Hopfield 网络的第 i 个神经元,采用微分方程建立其输入/输出关系,即

$$\begin{cases} C_i \dfrac{\mathrm{d}u_i}{\mathrm{d}t} = \sum_{j=1}^{n} w_{ij}v_j - \dfrac{u_i}{R_i} + I_i \\ v_i = g(u_i) \end{cases} \tag{6.50}$$

其中,$i=1,2,\cdots,n$。

函数 $g(\cdot)$ 为双曲函数,一般取为

$$g(x) = \rho \frac{1-\mathrm{e}^{-\lambda x}}{1+\mathrm{e}^{-\lambda x}} \tag{6.51}$$

其中,$\rho > 0, \lambda > 0$。

Hopfield 网络的动态特性要在状态空间中考虑,分别令 $\boldsymbol{u} = \begin{bmatrix} u_1 & u_2 & \cdots & u_n \end{bmatrix}^{\mathrm{T}}$ 为具有 n 个神经元的 Hopfield 网络的状态向量,$\boldsymbol{V} = \begin{bmatrix} v_1 & v_2 & \cdots & v_n \end{bmatrix}^{\mathrm{T}}$ 为输出向量,$\boldsymbol{I} = \begin{bmatrix} I_1 & I_2 & \cdots & I_n \end{bmatrix}^{\mathrm{T}}$ 为网络的输入向量。

为了描述 Hopfield 网络的动态稳定性,定义能量函数为

$$E_N = -\frac{1}{2}\sum_i \sum_j w_{ij}v_iv_j + \sum_i \frac{1}{R_i}\int_0^{v_i} g_i^{-1}(v)\mathrm{d}v - \sum_i I_iv_i \tag{6.52}$$

若连接权值矩阵 $\boldsymbol{W}$ 是对称的($w_{ij}=w_{ji}$),则

$$\frac{\mathrm{d}E_N}{\mathrm{d}t} = \sum_{i=1}^{n} \frac{\partial E_N}{\partial v_i} \frac{\mathrm{d}v_i}{\mathrm{d}t} + \sum_{i=1}^{n} \frac{\partial E_N}{\partial w_{ij}} \frac{\mathrm{d}w_{ij}}{\mathrm{d}t} + \sum_{i=1}^{n} \frac{\partial E_N}{\partial I_i} \frac{\mathrm{d}I_i}{\mathrm{d}t} \tag{6.53}$$

式中,右式的后两项可以很小,原因如下:首先,由于 $\frac{\partial E_N}{\partial w_{ij}} = -\sum_i \sum_j v_i v_j$, $\frac{\partial E_N}{\partial I_i} = -\sum_i v_i$,故 $\frac{\partial E_N}{\partial w_{ij}}$ 和 $\frac{\partial E_N}{\partial I_i}$ 与 v_i, v_j 有关,而 v_i, v_j 为双曲函数 $g(\cdot)$ 的有界输出;其次,连接权值矩阵 $\boldsymbol{W}$ 和 $\boldsymbol{I}$ 的表达式只与 u 和系统状态有关,若取 u 为低速激活信号,则系统状态值很小,$\frac{\mathrm{d}w_{ij}}{\mathrm{d}t}$ 和 $\frac{\mathrm{d}I_i}{\mathrm{d}t}$ 也很小。

令 $\sum_{i=1}^{n} \frac{\partial E_N}{\partial w_{ij}} \frac{\mathrm{d}w_{ij}}{\mathrm{d}t} + \sum_{i=1}^{n} \frac{\partial E_N}{\partial I_i} \frac{\mathrm{d}I_i}{\mathrm{d}t} = \Delta$,$\Delta$ 为很小的实数,则上式可写为

$$\frac{\mathrm{d}E_N}{\mathrm{d}t} = \sum_{i=1}^{n} \frac{\partial E_N}{\partial v_i} \frac{\mathrm{d}v_i}{\mathrm{d}t} + \Delta = -\sum_i \frac{\mathrm{d}v_i}{\mathrm{d}t} \left(\sum_j w_{ij} v_j - \frac{u_i}{R_i} + I_i \right) + \Delta = -\sum_i \frac{\mathrm{d}v_i}{\mathrm{d}t} \left(C_i \frac{\mathrm{d}u_i}{\mathrm{d}t} \right) + \Delta$$

由于 $v_i = g(u_i)$,则

$$\frac{\mathrm{d}E_N}{\mathrm{d}t} = -\sum_i C_i \frac{\mathrm{d}g^{-1}(v_i)}{\mathrm{d}v_i} \left(\frac{\mathrm{d}v_i}{\mathrm{d}t} \right)^2 + \Delta$$

由于双曲函数是单调上升函数,显然它的反函数 $g^{-1}(v_i)$ 也为单调上升函数,即有 $\frac{\mathrm{d}g^{-1}(v_i)}{\mathrm{d}v_i} > 0$。又由于 $C_i > 0$,则可得到 $\frac{\mathrm{d}E_N}{\mathrm{d}t} \leqslant 0$,即能量函数 E_N 具有负的梯度,当且仅当 $\frac{\mathrm{d}v_i}{\mathrm{d}t} = 0$ 时,$\frac{\mathrm{d}E_N}{\mathrm{d}t} = 0 (i = 1, 2, \cdots, n)$。由此可见,随着时间的演化,网络的解在状态空间中总是朝着能量函数 E_N 减少的方向运动。网络最终输出向量 $\boldsymbol{V}$ 为网络的稳定平衡点,即 E_N 的极小点。

Hopfield 网络在优化计算中得到了成功应用,有效地解决了著名的旅行推销员问题(TSP 问题)。另外,Hopfield 网络在智能控制和系统辨识中也有广泛的应用。

6.8.2 Hopfield 网络线性系统参数辨识

在系统辨识中,直接采用 Hopfield 网络对时域内动态系统实现参数估计是一种简单而直接的辨识方法。该方法的特点是根据 Hopfield 网络的动力学机制,使其神经元的输出值对应待辨识参数,则系统趋于稳定的过程就是待辨识参数辨识的过程。

利用 Hopfield 网络进行辨识时,取所定义的辨识误差函数等于 Hopfield 网络能量函数,通过 Hopfield 网络动态方程,得到 Hopfield 网络的连接权值矩阵 $\boldsymbol{W}$ 和神经元的外部输入 $\boldsymbol{I}$,然后将其代入 Hopfield 网络动态方程运行,经过一段时间后,可得到稳定的参数辨识结果。

1. 系统描述

设待辨识参数为二阶线性系统的参数,系统的状态方程为

$$\dot{\boldsymbol{x}} = \boldsymbol{A}\boldsymbol{x} + \boldsymbol{B}u \tag{6.54}$$

其中,$\boldsymbol{A}$、$\boldsymbol{B}$ 为待辨识的参数矩阵,$\boldsymbol{A} = \begin{bmatrix} A_{11} & A_{12} \\ A_{21} & A_{22} \end{bmatrix}$,$\boldsymbol{B} = \begin{bmatrix} B_{21} \\ B_{22} \end{bmatrix}$,取 $\boldsymbol{P} = \begin{bmatrix} A_{11} & A_{12} & A_{21} & A_{22} \end{bmatrix}$
$B_{21} \quad B_{22}]^{\mathrm{T}}$;$\boldsymbol{x}$ 为状态向量;$\boldsymbol{x} = \begin{bmatrix} x_1 & x_2 \end{bmatrix}^{\mathrm{T}}$;$u$ 为控制输入。则二阶线性系统的参数辨识过程就是向量 $\boldsymbol{P}$ 的辨识过程。

2. 参数辨识基本原理

用于辨识的可调系统为

$$\dot{\boldsymbol{x}}_{\mathrm{p}} = \boldsymbol{F}\boldsymbol{x} + \boldsymbol{G}u \tag{6.55}$$

其中，$\boldsymbol{F}=\begin{bmatrix} a_{11} & a_{12} \\ a_{21} & a_{22} \end{bmatrix}$，$\boldsymbol{G}=\begin{bmatrix} b_1 \\ b_2 \end{bmatrix}$，取 $\boldsymbol{V}=\begin{bmatrix} a_{11} & a_{12} & a_{21} & a_{22} & b_1 & b_2 \end{bmatrix}^{\mathrm{T}}$。

由式(6.54)和式(6.55)得

$$\dot{\boldsymbol{e}}=(\boldsymbol{A}-\boldsymbol{F})\boldsymbol{x}+(\boldsymbol{B}-\boldsymbol{G})\boldsymbol{u} \tag{6.56}$$

其中，e 为状态偏差，即

$$\boldsymbol{e}=\boldsymbol{x}-\boldsymbol{x}_{\mathrm{p}} \tag{6.57}$$

式中，由于 x 与 u 线性无关，则当 $\dot{\boldsymbol{e}}\to 0$ 时，$\boldsymbol{F}\to\boldsymbol{A}$，$\boldsymbol{G}\to\boldsymbol{B}$，从而实现 $\boldsymbol{V}\to\boldsymbol{P}$。

3. Hopfield 网络辨识误差函数的设计

为了实现 $\dot{\boldsymbol{e}}\to 0$，选择基于状态偏差变化率的辨识误差函数为

$$E=\frac{1}{2}\dot{\boldsymbol{e}}^{\mathrm{T}}\dot{\boldsymbol{e}} \tag{6.58}$$

由于

$$\begin{aligned}
\dot{\boldsymbol{e}}^{\mathrm{T}}\dot{\boldsymbol{e}} &=[\dot{\boldsymbol{x}}-\boldsymbol{F}\boldsymbol{x}-\boldsymbol{G}\boldsymbol{u}]^{\mathrm{T}}[\dot{\boldsymbol{x}}-\boldsymbol{F}\boldsymbol{x}-\boldsymbol{G}\boldsymbol{u}] \\
&=\dot{\boldsymbol{x}}^{\mathrm{T}}\dot{\boldsymbol{x}}-\dot{\boldsymbol{x}}^{\mathrm{T}}\boldsymbol{F}\boldsymbol{x}-\dot{\boldsymbol{x}}^{\mathrm{T}}\boldsymbol{G}\boldsymbol{u}-\boldsymbol{x}^{\mathrm{T}}\boldsymbol{F}^{\mathrm{T}}\dot{\boldsymbol{x}}+\boldsymbol{x}^{\mathrm{T}}\boldsymbol{F}^{\mathrm{T}}\boldsymbol{F}\boldsymbol{x}+\boldsymbol{x}^{\mathrm{T}}\boldsymbol{F}^{\mathrm{T}}\boldsymbol{G}\boldsymbol{u}-\boldsymbol{u}\boldsymbol{G}^{\mathrm{T}}\dot{\boldsymbol{x}}+\boldsymbol{u}\boldsymbol{G}^{\mathrm{T}}\boldsymbol{F}\boldsymbol{x}+\boldsymbol{u}\boldsymbol{G}^{\mathrm{T}}\boldsymbol{G}\boldsymbol{u}
\end{aligned}$$

即

$$\begin{aligned}
E&=\frac{1}{2}(\dot{\boldsymbol{x}}^{\mathrm{T}}\dot{\boldsymbol{x}}-\dot{\boldsymbol{x}}^{\mathrm{T}}\boldsymbol{F}\boldsymbol{x}-\dot{\boldsymbol{x}}^{\mathrm{T}}\boldsymbol{G}\boldsymbol{u}-\boldsymbol{x}^{\mathrm{T}}\boldsymbol{F}^{\mathrm{T}}\dot{\boldsymbol{x}}+\boldsymbol{x}^{\mathrm{T}}\boldsymbol{F}^{\mathrm{T}}\boldsymbol{F}\boldsymbol{x}+\boldsymbol{x}^{\mathrm{T}}\boldsymbol{F}^{\mathrm{T}}\boldsymbol{G}\boldsymbol{u}-\boldsymbol{u}\boldsymbol{G}^{\mathrm{T}}\dot{\boldsymbol{x}}+\boldsymbol{u}\boldsymbol{G}^{\mathrm{T}}\boldsymbol{F}\boldsymbol{x}+\boldsymbol{u}\boldsymbol{G}^{\mathrm{T}}\boldsymbol{G}\boldsymbol{u}) \\
&=\frac{1}{2}(\dot{\boldsymbol{x}}^{\mathrm{T}}\dot{\boldsymbol{x}}+\boldsymbol{x}^{\mathrm{T}}\boldsymbol{F}^{\mathrm{T}}\boldsymbol{F}\boldsymbol{x}+\boldsymbol{u}\boldsymbol{G}^{\mathrm{T}}\boldsymbol{G}\boldsymbol{u}+\boldsymbol{x}^{\mathrm{T}}\boldsymbol{F}^{\mathrm{T}}\boldsymbol{G}\boldsymbol{u}+\boldsymbol{u}\boldsymbol{G}^{\mathrm{T}}\boldsymbol{F}\boldsymbol{x}-(\dot{\boldsymbol{x}}^{\mathrm{T}}\boldsymbol{F}\boldsymbol{x}+\boldsymbol{x}^{\mathrm{T}}\boldsymbol{F}^{\mathrm{T}}\dot{\boldsymbol{x}})-(\dot{\boldsymbol{x}}^{\mathrm{T}}\boldsymbol{G}\boldsymbol{u}+\boldsymbol{u}\boldsymbol{G}^{\mathrm{T}}\dot{\boldsymbol{x}}))
\end{aligned}$$
$$\tag{6.59}$$

其中 E 中的各项可表示为

$$\dot{\boldsymbol{x}}^{\mathrm{T}}\dot{\boldsymbol{x}}=\dot{x}_1^2+\dot{x}_2^2 \tag{6.60}$$

$$\begin{aligned}
\boldsymbol{x}^{\mathrm{T}}\boldsymbol{F}^{\mathrm{T}}\boldsymbol{F}\boldsymbol{x}&=\begin{bmatrix} x_1 & x_2 \end{bmatrix}\begin{bmatrix} a_{11} & a_{21} \\ a_{12} & a_{22} \end{bmatrix}\begin{bmatrix} a_{11} & a_{12} \\ a_{21} & a_{22} \end{bmatrix}\begin{bmatrix} x_1 \\ x_2 \end{bmatrix} \\
&=a_{11}^2x_1^2+a_{11}a_{12}x_2x_1+a_{21}^2x_1^2+a_{22}a_{21}x_2x_1+a_{11}a_{12}x_1x_2+a_{12}^2x_2^2+a_{21}a_{22}x_1x_2+a_{22}^2x_2^2 \\
&=v_1^2x_1^2+v_1v_2x_2x_1+v_3^2x_1^2+v_4v_3x_2x_1+v_1v_2x_1x_2+v_2^2x_2^2+v_3v_4x_1x_2+v_4^2x_2^2
\end{aligned} \tag{6.61}$$

$$\boldsymbol{u}\boldsymbol{G}^{\mathrm{T}}\boldsymbol{G}\boldsymbol{u}=(b_1^2+b_2^2)u^2=(v_5^2+v_6^2)u^2 \tag{6.62}$$

由于

$$\boldsymbol{x}^{\mathrm{T}}\boldsymbol{F}^{\mathrm{T}}\boldsymbol{G}\boldsymbol{u}=\boldsymbol{u}\boldsymbol{G}^{\mathrm{T}}\boldsymbol{F}\boldsymbol{x}=\begin{bmatrix} x_1 & x_2 \end{bmatrix}\begin{bmatrix} a_{11} & a_{21} \\ a_{12} & a_{22} \end{bmatrix}\begin{bmatrix} b_1 \\ b_2 \end{bmatrix}u=(a_{11}b_1x_1+a_{12}b_1x_2+a_{21}b_2x_1+a_{22}b_2x_2)u$$

则

$$\begin{aligned}
\boldsymbol{x}^{\mathrm{T}}\boldsymbol{F}^{\mathrm{T}}\boldsymbol{G}\boldsymbol{u}+\boldsymbol{u}\boldsymbol{G}^{\mathrm{T}}\boldsymbol{F}\boldsymbol{x}&=2(a_{11}b_1x_1+a_{12}b_1x_2+a_{21}b_2x_1+a_{22}b_2x_2)u \\
&=2(v_1v_5x_1+v_2v_5x_2+v_3v_6x_1+v_4v_6x_2)u
\end{aligned} \tag{6.63}$$

$$-(\dot{\boldsymbol{x}}^{\mathrm{T}}\boldsymbol{F}\boldsymbol{x}+\boldsymbol{x}^{\mathrm{T}}\boldsymbol{F}^{\mathrm{T}}\dot{\boldsymbol{x}})=-2\dot{\boldsymbol{x}}^{\mathrm{T}}\boldsymbol{F}\boldsymbol{x}=-2(a_{11}\dot{x}_1x_1+a_{12}\dot{x}_1x_2+a_{21}\dot{x}_2x_1+a_{22}\dot{x}_2x_2) \tag{6.64}$$

$$-(\dot{\boldsymbol{x}}^{\mathrm{T}}\boldsymbol{G}\boldsymbol{u}+\boldsymbol{u}\boldsymbol{G}^{\mathrm{T}}\dot{\boldsymbol{x}})=-2\dot{\boldsymbol{x}}^{\mathrm{T}}\boldsymbol{G}\boldsymbol{u}=-2(b_1\dot{x}_1+b_2\dot{x}_2)u \tag{6.65}$$

在式(6.59)中，取 $E=E_1+E_2$，其中 E_1 取 E 的前 5 项，E_2 取 E 的后 2 项，则有

$$\begin{aligned}
E_1&=\frac{1}{2}(\dot{\boldsymbol{x}}^{\mathrm{T}}\dot{\boldsymbol{x}}+\boldsymbol{x}^{\mathrm{T}}\boldsymbol{F}^{\mathrm{T}}\boldsymbol{F}\boldsymbol{x}+\boldsymbol{u}\boldsymbol{G}^{\mathrm{T}}\boldsymbol{G}\boldsymbol{u}+\boldsymbol{x}^{\mathrm{T}}\boldsymbol{F}^{\mathrm{T}}\boldsymbol{G}\boldsymbol{u}+\boldsymbol{u}\boldsymbol{G}^{\mathrm{T}}\boldsymbol{F}\boldsymbol{x}) \\
&=\frac{1}{2}(\dot{x}_1^2+\dot{x}_2^2+v_1^2x_1^2+v_1v_2x_2x_1+v_3^2x_1^2+v_4v_3x_2x_1+v_1v_2x_1x_2+v_2^2x_2^2+v_3v_4x_1x_2+v_4^2x_2^2+ \\
&\quad (v_5^2+v_6^2)u^2+2(v_1v_5x_1+v_2v_5x_2+v_3v_6x_1+v_4v_6x_2)u)
\end{aligned} \tag{6.66}$$

$$E_2 = -\frac{1}{2}(\dot{x}^T F x + x^T F^T \dot{x}) - \frac{1}{2}(\dot{x}^T G u + u G^T \dot{x})$$

$$= -(a_{11}\dot{x}_1 x_1 + a_{12}\dot{x}_1 x_2 + a_{21}\dot{x}_2 x_1 + a_{22}\dot{x}_2 x_2 + b_1 \dot{x}_1 u + b_2 \dot{x}_2 u)$$

$$= -(v_1 \dot{x}_1 x_1 + v_2 \dot{x}_1 x_2 + v_3 \dot{x}_2 x_1 + v_4 \dot{x}_2 x_2 + v_5 \dot{x}_1 u + v_6 \dot{x}_2 u) \tag{6.67}$$

4. 用于辨识的 Hopfield 网络设计

Hopfield 网络能量函数趋于极小的过程,就是估计矩阵 G 和 F 收敛于实际矩阵 A 和 B 的过程。通过构建一个具体的 Hopfield 网络,取网络的输出为辨识结果 V,可进行参数辨识。

Hopfield 网络第 i 个神经元的动态微分方程为

$$\begin{cases} C_i \dfrac{\mathrm{d}u_i}{\mathrm{d}t} = \displaystyle\sum_{j=1}^{n} w_{ij} v_j - \dfrac{u_i}{R_i} + I_i \\ v_i = g(u_i) \end{cases} \tag{6.68}$$

其中,$g(u) = \rho \dfrac{1 - \mathrm{e}^{-\lambda u}}{1 + \mathrm{e}^{-\lambda u}}, \rho > 0$。

假定 Hopfield 网络的神经元由理想放大器构成,即 $R_i \to \infty$,同时取 $C_i = 1$,并取网络的输出为辨识结果 V,则 Hopfield 网络的动态方程变为

$$\frac{\mathrm{d}u_i}{\mathrm{d}t} = \sum_i w_{ij} v_j + I_i = WV + I_i \tag{6.69}$$

Hopfield 网络的标准能量函数为

$$E_N = -\frac{1}{2}\sum_i \sum_j w_{ij} v_i v_j + \sum_i \frac{1}{R_i} \int_0^{v_i} g_i^{-1}(v)\,\mathrm{d}v_i - \sum_i I_i v_i \tag{6.70}$$

由于 $R \to \infty$,则

$$E_N = -\frac{1}{2}\sum_i \sum_j w_{ij} v_i v_j - \sum_i I_i v_i \tag{6.71}$$

利用 Hopfield 网络进行辨识时,取所定义的辨识误差函数与 Hopfield 网络标准能量函数相等,即 $E = E_N$。

对比式(6.66)、式(6.67)和式(6.71),可将网络的连接权值表示为

$$W = -\begin{bmatrix} x_1^2 & x_1 x_2 & 0 & 0 & x_1 u & 0 \\ x_2 x_1 & x_2^2 & 0 & 0 & x_2 u & 0 \\ 0 & 0 & x_1^2 & x_1 x_2 & 0 & x_1 u \\ 0 & 0 & x_2 x_1 & x_2^2 & 0 & x_2 u \\ u x_1 & u x_2 & 0 & 0 & u^2 & 0 \\ 0 & 0 & u x_1 & u x_2 & 0 & u^2 \end{bmatrix}, \quad I = \begin{bmatrix} x_1 \dot{x}_1 \\ x_2 \dot{x}_1 \\ x_1 \dot{x}_2 \\ x_2 \dot{x}_2 \\ u \dot{x}_1 \\ u \dot{x}_2 \end{bmatrix} \tag{6.72}$$

将式(6.72)的 W 和 I 代入式(6.69),可得到稳定的 u_i,通过双曲函数 $g(\cdot)$,可得到网络最终辨识结果的输出为

$$F = g(u_1), G = g(u_2) \tag{6.73}$$

由于以下两点,Hopfield 网络只能实现参数的近似辨识:

① E_1 中的 $\frac{1}{2}(\dot{x}_1^2 + \dot{x}_2^2)$ 项在 E_N 中没有对应项,未能实现 E 与 E_N 的完全等价,只能实现 E 的近似优化;

② 由于连接权值 W 和 I 与时间有关,为了保证式(6.53)的 $\dfrac{\mathrm{d}E_N}{\mathrm{d}t}$ 为负,需要使 $\dfrac{\mathrm{d}g^{-1}(v_i)}{\mathrm{d}v_i}\cdot$

$\left(\dfrac{\mathrm{d}v_i}{\mathrm{d}t}\right)^2$ 足够大,设计时应取合适的 ρ 和 λ。

6.8.3　仿真实例

针对二阶系统进行参数辨识。系统的状态方程为

$$\dot{x}=Ax+Bu$$

Hopfield 网络的输出对应待辨识参数,Hopfield 网络的连接权值 W 和 I 的初始值取 0。

在仿真程序中,取 $M=1$ 时,A 和 B 为常数矩阵,$A=\begin{bmatrix}0&1\\0&-25\end{bmatrix}$,$B=\begin{bmatrix}0\\133\end{bmatrix}$,$P=$

$\begin{bmatrix}A_{11}&A_{12}&A_{21}&A_{22}&B_{21}&B_{22}\end{bmatrix}^{\mathrm{T}}=\begin{bmatrix}0&1&0&-25&0&133\end{bmatrix}^{\mathrm{T}}$,取 $\rho=800,\lambda=5.0$。经过一段时间的仿真运行后,辨识参数的结果为 $V=\begin{bmatrix}-0.0003&1.0038&0.0060&-24.9962\end{bmatrix}$

$\begin{matrix}-0.0273&133.0231\end{matrix}]^{\mathrm{T}}$。取 $M=2$ 时,A 和 B 为时变系数矩阵,$A=\begin{bmatrix}0&1\\0&-25\end{bmatrix}(1+$

$0.1\sin(0.5\pi t))$,$B=\begin{bmatrix}0\\133\end{bmatrix}(1+0.1\sin(0.2\pi t))$。取 $\rho=800,\lambda=5.0$ 时,参数辨识过程的仿真结果如图 6-28 和图 6-29 所示。

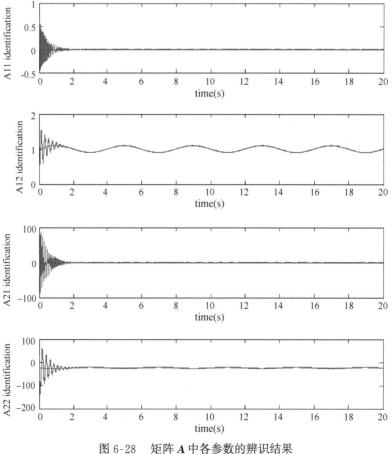

图 6-28　矩阵 A 中各参数的辨识结果

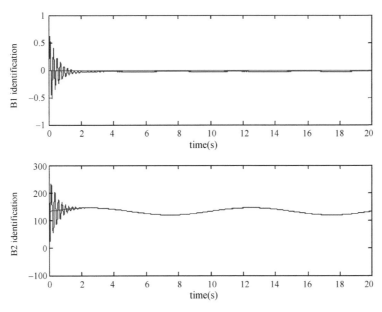

图 6-29　矩阵 $\boldsymbol{B}$ 中各参数的辨识结果

仿真程序：

（1）Simulink 主程序：chap6_6sim. mdl

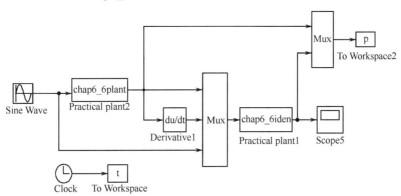

（2）被辨识对象程序：chap6_6plant. m

```
function [sys,x0,str,ts]= s_function(t,x,u,flag)
switch flag,
case 0,
    [sys,x0,str,ts]= mdlInitializeSizes;
case 1,
    sys= mdlDerivatives(t,x,u);
case 3,
    sys= mdlOutputs(t,x,u);
case {2, 4, 9 }
    sys = [];
otherwise
    error(['Unhandled flag = ',num2str(flag)]);
end
function [sys,x0,str,ts]= mdlInitializeSizes
global M
```

```
M= 2;
sizes = simsizes;
sizes.NumContStates  = 2;
sizes.NumDiscStates  = 0;
sizes.NumOutputs      = 8;
sizes.NumInputs       = 1;
sizes.DirFeedthrough = 0;
sizes.NumSampleTimes = 0;
sys= simsizes(sizes);
x0= [0.5,0.5];
str= [];
ts= [];
function sys= mdlDerivatives(t,x,u)
global M

ut= u;
if M= = 1
    A= [0 1;0 - 25];
    B= [0;133];
elseif M== 2
    A= [0 1;0 - 25] * (1+ 0.1 * sin(0.25 * 2 * pi * t));
    B= [0;133] * (1+ 0.1 * sin(0.1 * 2 * pi * t));
end
sys= A * x+ B * ut;
function sys= mdlOutputs(t,x,u)
global M
if M== 1
    A= [0 1;0 - 25];
    B= [0;133];
elseif M== 2
    A= [0 1;0 - 25] * (1+ 0.1 * sin(0.25 * 2 * pi * t));
    B= [0;133] * (1+ 0.1 * sin(0.1 * 2 * pi * t));
end

sys(1)= x(1);
sys(2)= x(2);
sys(3)= A(1,1);
sys(4)= A(1,2);
sys(5)= A(2,1);
sys(6)= A(2,2);
sys(7)= B(1);
sys(8)= B(2);
```

(3) 参数辨识程序:chap6_6iden.m

```
function [sys,x0,str,ts]= spacemodel(t,x,u,flag)
switch flag,
case 0,
    [sys,x0,str,ts]= mdlInitializeSizes;
case 1,
    sys= mdlDerivatives(t,x,u);
```

```
case 3,
    sys= mdlOutputs(t,x,u);
case {2,4,9}
    sys= [];
otherwise
    error(['Unhandled flag = ',num2str(flag)]);
end
function [sys,x0,str,ts]= mdlInitializeSizes
global rou nma
rou= 800;
nma= 5;

sizes = simsizes;
sizes.NumContStates   = 6;
sizes.NumDiscStates   = 0;
sizes.NumOutputs      = 6;
sizes.NumInputs       = 17;
sizes.DirFeedthrough = 1;
sizes.NumSampleTimes = 1;
sys = simsizes(sizes);
x0  = [zeros(6,1)];
str = [];
ts  = [0 0];
V= zeros(6,1);
function sys= mdlDerivatives(t,x,u)
global rou nma

x1= u(1);x2= u(2);
dx1= u(9);dx2= u(10);
ut= u(17);
% Calculating integration of W,I
P= zeros(6,6);
Q= zeros(6,1);

p11= x1^2;p12= x1 * x2;p13= 0;p14= 0;p15= x1 * ut;p16= 0;
p21= x2 * x1;p22= x2^2;p23= 0;p24= 0;p25= x2 * ut;p26= 0;
p31= 0;p32= 0;p33= x1^2;p34= x1 * x2;p35= 0;p36= x1 * ut;
p41= 0;p42= 0;p43= x2 * x1;p44= x2^2;p45= 0;p46= x2 * ut;
p51= ut * x1;p52= ut * x2;p53= 0;p54= 0;p55= ut^2;p56= 0;
p61= 0;p62= 0;p63= ut * x1;p64= ut * x2;p65= 0;p66= ut^2;
P = [p11 p12 p13 p14 p15 p16;
    p21 p22 p23 p24 p25 p26;
    p31 p32 p33 p34 p35 p36;
    p41 p42 p43 p44 p45 p46;
    p51 p52 p53 p54 p55 p56;
    p61 p62 p63 p64 p65 p66];

Q = [x1 * dx1;x2 * dx1;x1 * dx2;x2 * dx2;ut * dx1;ut * dx2];

W= -P;
```

```
            I= Q;

    ui= x;
    for i= 1:6
        y(i)= rou * (1-exp(-nma * ui(i)))/(1+exp(-nma * ui(i)));   % Gaussian function
    end
    V= [y(1) y(2) y(3) y(4) y(5) y(6)]';
    x= W * V+ I;% du/dt
    sys= x;
    function sys= mdlOutputs(t,x,u)
    global rou nma

    ui= x;
    for i= 1:1:6
        V(i)= rou * (1-exp(-nma * ui(i)))./(1+exp(-nma * ui(i)));
    end
    sys(1:6)= V;
```

（4）作图程序：chap6_6plot. m

```
    close all;
    figure(1);
    subplot(611);
    plot(t,p(:,3),'r',t,p(:,9),'b');
    xlabel('time(s)');ylabel('A11 identification');
    subplot(612);
    plot(t,p(:,4),'r',t,p(:,10),'b');
    xlabel('time(s)');ylabel('A12 identification');
    subplot(613);
    plot(t,p(:,5),'r',t,p(:,11),'b');
    xlabel('time(s)');ylabel('A21 identification');
    subplot(614);
    plot(t,p(:,6),'r',t,p(:,12),'b');
    xlabel('time(s)');ylabel('A22 identification');
    subplot(615);
    plot(t,p(:,7),'r',t,p(:,13),'b');
    xlabel('time(s)');ylabel('B1 identification');
    subplot(616);
    plot(t,p(:,8),'r',t,p(:,14),'b');
    xlabel('time(s)');ylabel('B2 identification');

    figure(2);
    subplot(611);
    plot(t,p(:,3)- p(:,9),'r');
    xlabel('time(s)');ylabel('A11 identification error');
    subplot(612);
    plot(t,p(:,4)- p(:,10),'r');
    xlabel('time(s)');ylabel('A12 identification error');
    subplot(613);
    plot(t,p(:,5)- p(:,11),'r');
    xlabel('time(s)');ylabel('A21 identification error');
```

```
subplot(614);
plot(t,p(:,6)- p(:,12),'r');
xlabel('time(s)');ylabel('A22 identification error');
subplot(615);
plot(t,p(:,7)- p(:,13),'r');
xlabel('time(s)');ylabel('B1 identification error');
subplot(616);
plot(t,p(:,8)- p(:,14),'r');
xlabel('time(s)');ylabel('B2 identification error');

P = p(length(p),:);
P(9:14)
```

6.9　RBF 网络建模应用——自适应神经网络控制

6.9.1　问题描述

简单的机械系统动力学方程为

$$\ddot{\theta}=f(\theta,\dot{\theta})+u \tag{6.74}$$

其中，θ 为角度，u 为控制输入。

取 $x_1=\theta,x_2=\dot{\theta},\boldsymbol{x}=\begin{bmatrix} x_1 & x_2 \end{bmatrix}^{\mathrm{T}},f(\boldsymbol{x})=f(x_1,x_2)$，则上式写成状态方程形式为

$$\begin{cases} \dot{x}_1=x_2 \\ \dot{x}_2=f(\boldsymbol{x})+u \end{cases} \tag{6.75}$$

其中，$f(\boldsymbol{x})$ 为未知函数。

位置指令为 x_{d}，则误差及其变化率为

$$e=x_1-x_{\mathrm{d}},\dot{e}=x_2-\dot{x}_{\mathrm{d}}$$

定义误差函数为

$$s=ce+\dot{e},c>0 \tag{6.76}$$

则

$$\dot{s}=c\dot{e}+\ddot{e}=c\dot{e}+\dot{x}_2-\ddot{x}_{\mathrm{d}}=c\dot{e}+f(\boldsymbol{x})+u-\ddot{x}_{\mathrm{d}}$$

由式(6.76)可见，如果 $s\to 0$，则 $e\to 0$ 且 $\dot{e}\to 0$。

6.9.2　RBF 网络逼近原理

采用 RBF 网络对不确定项 f 进行自适应逼近。RBF 网络算法为

$$h_j=g(\|\boldsymbol{x}-\boldsymbol{C}_j\|^2/b_j^2) \tag{6.77}$$

$$f(\boldsymbol{x})=\boldsymbol{W}^{\mathrm{T}}\boldsymbol{h}(\boldsymbol{x})+\varepsilon \tag{6.78}$$

其中，$\boldsymbol{x}$ 为网络的输入信号；i 为网络输入的个数；j 为网络隐含层节点的个数；$\boldsymbol{h}=\begin{bmatrix} h_1 & h_2 & \cdots \\ h_n \end{bmatrix}^{\mathrm{T}}$ 为高斯基函数的输出；$\boldsymbol{W}$ 为理想 RBF 网络的连接权值；ε 为 RBF 网络的逼近误差，$|\varepsilon|\leqslant\varepsilon_N$。

采用 RBF 网络逼近 $f(\boldsymbol{x})$，根据 $f(\boldsymbol{x})$ 的表达式，网络输入取 $\boldsymbol{x}=\begin{bmatrix} x_1 & x_2 \end{bmatrix}^{\mathrm{T}}$，网络输出为

$$\hat{f}(\boldsymbol{x})=\hat{\boldsymbol{W}}^{\mathrm{T}}\boldsymbol{h}(\boldsymbol{x}) \tag{6.79}$$

定义 Lyapunov 函数为

$$L = \frac{1}{2}s^2 + \frac{1}{2\gamma}\widetilde{\boldsymbol{W}}^{\mathrm{T}}\widetilde{\boldsymbol{W}} \tag{6.80}$$

其中,$\gamma > 0$,$\widetilde{\boldsymbol{W}} = \hat{\boldsymbol{W}} - \boldsymbol{W}$。

对 L 求导,得

$$\dot{L} = s\dot{s} + \frac{1}{\gamma}\widetilde{\boldsymbol{W}}^{\mathrm{T}}\dot{\widetilde{\boldsymbol{W}}} = s(c\dot{e} + f(\boldsymbol{x}) + u - \ddot{x}_{\mathrm{d}}) + \frac{1}{\gamma}\widetilde{\boldsymbol{W}}^{\mathrm{T}}\dot{\widetilde{\boldsymbol{W}}}$$

设计控制律为

$$u = -c\dot{e} - \hat{f}(\boldsymbol{x}) + \ddot{x}_{\mathrm{d}} - \eta\,\mathrm{sgn}(s) \tag{6.81}$$

其中,$\hat{f}(\boldsymbol{x})$ 为 RBF 网络对 $f(\boldsymbol{x})$ 的估计。则

$$\dot{L} = s(f(\boldsymbol{x}) - \hat{f}(\boldsymbol{x}) - \eta\,\mathrm{sgn}(s)) + \frac{1}{\gamma}\widetilde{\boldsymbol{W}}^{\mathrm{T}}\dot{\widetilde{\boldsymbol{W}}}$$

$$= s(-\widetilde{\boldsymbol{W}}^{\mathrm{T}}\boldsymbol{h}(\boldsymbol{x}) + \varepsilon - \eta\,\mathrm{sgn}(s)) + \frac{1}{\gamma}\widetilde{\boldsymbol{W}}^{\mathrm{T}}\dot{\widetilde{\boldsymbol{W}}}$$

其中,$f(\boldsymbol{x}) - \hat{f}(\boldsymbol{x}) = \boldsymbol{W}^{\mathrm{T}}\boldsymbol{h}(\boldsymbol{x}) + \varepsilon - \hat{\boldsymbol{W}}^{\mathrm{T}}\boldsymbol{h}(\boldsymbol{x}) = -\widetilde{\boldsymbol{W}}^{\mathrm{T}}\boldsymbol{h}(\boldsymbol{x}) + \varepsilon$。

设计自适应律为

$$\dot{\hat{\boldsymbol{W}}} = \gamma s\boldsymbol{h}(\boldsymbol{x}) \tag{6.82}$$

则

$$\dot{L} = s(\varepsilon - \eta\,\mathrm{sgn}(s)) = \varepsilon s - \eta|s|$$

取 $\eta \geqslant \varepsilon_{\mathrm{N}}$,则可保证 $\dot{L} \leqslant 0$,从而 L 有界,即 s 和 $\widetilde{\boldsymbol{W}}$ 有界。

可见,当且仅当 $s = 0$ 时,$\dot{L} = 0$;$s \neq 0$ 时,$\dot{L} < 0$,故 $t \to \infty$ 时,$s \to 0$。但由于 $t \to \infty$ 时,$\widetilde{\boldsymbol{W}} \to 0$ 不成立,因此,只能保证逼近误差有界。

6.9.3 仿真实例

考虑如下被控对象

$$\begin{cases} \dot{x}_1 = x_2 \\ \dot{x}_2 = f(\boldsymbol{x}) + u \end{cases}$$

其中,$f(\boldsymbol{x}) = 3(x_1 + x_2)$。

位置指令为 $x_{\mathrm{d}}(t) = \sin(t)$,被控对象的初始状态为 $[0.15, -0]$,控制律取式(6.81),自适应律取式(6.82),自适应参数取 $\gamma = 0.05$。

取 RBF 网络结构为 2-5-1。RBF 网络的高斯基函数参数的取值对神经网络控制的作用很重要,如果参数取值不合适,将使高斯基函数无法得到有效的映射,从而导致 RBF 网络无效。故 $\boldsymbol{C}_j$ 按网络输入值的范围取值,取 $\boldsymbol{C}_j = \begin{bmatrix} -2 & -1 & 0 & 1 & 2 \\ -2 & -1 & 0 & 1 & 2 \end{bmatrix}$,$b_j = 5$,$i = 1, 2$,$j = 1, 2$,$\cdots, 5$,RBF 网络的连接权值的初始值取 0。

针对初始阶段 $f(\boldsymbol{x})$ 逼近误差 ε 比较大的情况,为了保证稳定性,在初始阶段($t \leqslant 1.5\mathrm{s}$)取 $\eta = 1.0$。为了减小抖振,在初始阶段以后($t > 1.5\mathrm{s}$),取 $\eta = 0.1$。仿真结果如图 6-30 至图 6-32 所示。

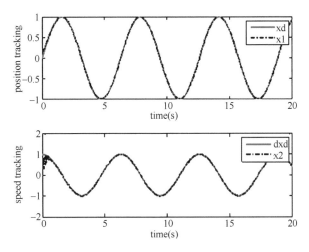

图 6-30 位置和速度跟踪

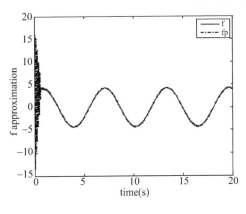

图 6-31 $f(\boldsymbol{x})$ 及 $\hat{f}(\boldsymbol{x})$ 变化

图 6-32 控制输入

仿真程序：

（1）Simulink 主程序：chap6_7sim.mdl

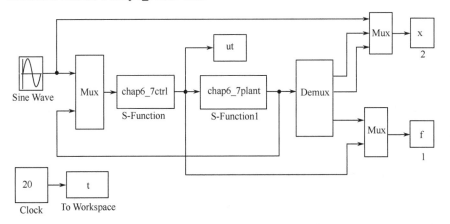

（2）控制器 S 函数：chap6_7ctrl.m

```
function [sys,x0,str,ts] = spacemodel(t,x,u,flag)
switch flag,
```

```matlab
case 0,
    [sys,x0,str,ts]= mdlInitializeSizes;
case 1,
    sys= mdlDerivatives(t,x,u);
case 3,
    sys= mdlOutputs(t,x,u);
case {2,4,9}
    sys= [];
otherwise
    error(['Unhandled flag = ',num2str(flag)]);
end
function [sys,x0,str,ts]= mdlInitializeSizes
globalcijbj c
sizes = simsizes;
sizes.NumContStates = 5;
sizes.NumDiscStates = 0;
sizes.NumOutputs    = 2;
sizes.NumInputs     = 4;
sizes.DirFeedthrough = 1;
sizes.NumSampleTimes = 0;
sys = simsizes(sizes);
x0 = 0* ones(1,5);
str = [];
ts = [];
cij= [- 2 - 1 0 1 2;
    - 2 - 1 0 1 2];
bj= 5;c= 5;
function sys= mdlDerivatives(t,x,u)
globalcijbj c
xd= sin(t);
dxd= cos(t);
ddxd= -sin(t);

x1= u(2);
x2= u(3);
e= x1-xd;
de= x2-dxd;
s= c*e+de;

xi= [x1;x2];

h = zeros(5,1);
for j= 1:1:5
    h(j)= exp(-norm(xi-cij(:,j))^2/(2* bj* bj));
end
gama= 850;
W= [x(1) x(2) x(3) x(4) x(5)]';
for i= 1:1:5
    sys(i)= gama* s* h(i);
end
```

```
function sys= mdlOutputs(t,x,u)
globalcijbj c
xd= sin(t);
dxd= cos(t);
ddxd= -sin(t);

x1= u(2);
x2= u(3);
e= x1-xd;
de= x2-dxd;
s= c*e+de;

xi= [x1;x2];
h= zeros(5,1);
for j= 1:1:5
    h(j)= exp(-norm(xi-cij(:,j))^2/(2* bj* bj));
end
W= [x(1) x(2) x(3) x(4) x(5)]';
fxp= W'* h;

if t< = 1.5
    xite= 1.0;
else
    xite= 0.10;
end
ut= - c* de- fxp+ ddxd- xite* sign(s);
sys(1)= ut;
sys(2)= fxp;
```

（3）被控对象 S 函数：chap6_7plant.m

```
function [sys,x0,str,ts]= s_function(t,x,u,flag)
switch flag,
case 0,
    [sys,x0,str,ts]= mdlInitializeSizes;
case 1,
    sys= mdlDerivatives(t,x,u);
case 3,
    sys= mdlOutputs(t,x,u);
case {2, 4, 9 }
    sys = [];
otherwise
    error(['Unhandled flag =  ',num2str(flag)]);
end
function [sys,x0,str,ts]= mdlInitializeSizes
sizes = simsizes;
sizes.NumContStates = 2;
sizes.NumDiscStates = 0;
sizes.NumOutputs    = 3;
sizes.NumInputs     = 2;
sizes.DirFeedthrough = 0;
```

```
sizes.NumSampleTimes = 0;
sys= simsizes(sizes);
x0= [0.15;0];
str= [];
ts= [];
function sys= mdlDerivatives(t,x,u)
ut= u(1);

f= 3* (x(1)+ x(2));
sys(1)= x(2);
sys(2)= f+ ut;
function sys= mdlOutputs(t,x,u)
f= 3* (x(1)+ x(2));

sys(1)= x(1);
sys(2)= x(2);
sys(3)= f;
```
(4) 作图程序：chap6_7plot.m
```
close all;

figure(1);
subplot(211);
plot(t,x(:,1),'r',t,x(:,2),'-.k','linewidth',2);
legend('xd','x1');
xlabel('time(s)');ylabel('position tracking');
subplot(212);
plot(t,cos(t),'r',t,x(:,3),'-.k','linewidth',2);
legend('dxd','x2');
xlabel('time(s)');ylabel('speed tracking');

figure(2);
plot(t,f(:,1),'r',t,f(:,3),'-.k','linewidth',2);
legend('f','fp');
xlabel('time(s)');ylabel('f approximation');

figure(3);
plot(t,ut(:,1),'r','linewidth',2);
xlabel('time(s)');ylabel('ut');
```

思考题与习题 6

6.1 以 2 输入 1 输出的 BP 网络为例，写出 BP 网络示意图、网络输入/输出算法及连接权值学习算法。

6.2 作出 Hopfield 网络结构示意图，写出网络输入/输出表达式及该网络辨识的基本原理。

6.3 针对 $J\ddot{\theta}=\tau+d$，其中 J 为转动惯量，d 为外加干扰，τ 为控制输入，取 $J=10$, $d=2$，试采用 Hopfield 网络辨识 J 和 d，写出设计思想和详细推导过程，并给出仿真程序和仿真结果。

6.4 试与自己研究方向相结合,举例说明神经网络在系统辨识中的应用。

参 考 文 献

[1] Hornik K M, Stinchcomb M, White H. Multilayer feed-forward networks are universal approximator[J]. Neural Networks, 1989, 2(5):359-366

[2] J. Park, I. W. Sandberg. Universal Approximation Using Radial Basis Function Networks[J]. Neural Computation, 1991, 3(2): 246-257.

第7章 模糊系统辨识

对于一些复杂的研究对象,由于影响的因素很多,甚至有些对象不能精确描述,且系统中存在着大量严重的非线性、时变现象,很难建立精确的数学模型。模糊集的提出,为用简单方法处理复杂系统提供了有力的数学工具。

7.1 模糊系统的理论基础

7.1.1 特征函数和隶属函数

在数学上经常用到集合的概念,例如,集合 A 由 4 个离散值 x_1,x_2,x_3,x_4 组成,记 $A=\{x_1,x_2,x_3,x_4\}$。再如,集合 A 由 0 到 1 之间的连续实数组成,记 $A=\{x,x\in R,0\leqslant x\leqslant 1\}$。以上两个集合是完全不模糊的,对任意元素 x,只有两种可能:属于 A,不属于 A。这种特性可以用特征函数 $\mu_A(x)$ 来描述,即

$$\mu_A(x)=\begin{cases} 1 & x\in A \\ 0 & x\notin A \end{cases} \tag{7.1}$$

为了表示模糊概念,需要引入模糊集合和隶属函数的概念。

$$\mu_A(x)=\begin{cases} 1 & x\in A \\ (0,1) & x \text{ 属于 } A \text{ 的程度} \\ 0 & x\notin A \end{cases} \tag{7.2}$$

其中,A 称为模糊集合;$\mu_A(x)$ 称为隶属函数,表示元素 x 属于模糊集合 A 的程度,取值范围为 $[0,1]$,称 $\mu_A(x)$ 的值为 x 属于模糊集合 A 的隶属度。

7.1.2 模糊算子

模糊集合的逻辑运算实质上就是隶属函数的运算过程。采用隶属函数的取大(MAX)、取小(MIN)进行模糊集合的并、交运算是目前最常用的方法。但还有其他逻辑运算,这些逻辑运算统称为"模糊算子"。

设有模糊集合 A、B 和 C,常用的模糊算子如下。

1. 交运算算子

设 $C=A\bigcap B$,有以下 3 种模糊算子。

(1) 模糊交算子

$$\mu_C(x)=\min\{\mu_A(x),\mu_B(x)\}$$

(2) 代数积算子

$$\mu_C(x)=\mu_A(x)\cdot\mu_B(x)$$

(3) 有界积算子

$$\mu_C(x)=\max\{0,\mu_A(x)+\mu_B(x)-1\}$$

2. 并运算算子

设 $C=A\bigcup B$,有 3 种模糊算子。

（1）模糊并算子

$$\mu_C(x) = \max\{\mu_A(x), \mu_B(x)\}$$

（2）概率或算子

$$\mu_C(x) = \mu_A(x) + \mu_B(x) - \mu_A(x) \times \mu_B(x)$$

（3）有界和算子

$$\mu_C(x) = \min\{1, \mu_A(x) + \mu_B(x)\}$$

3. 平衡算子

当隶属函数进行取大和取小运算时，不可避免地要丢失部分信息，采用平衡算子可起到补偿作用。设 $A \cdot B$，则 $\mu_C(x) = [\mu_A(x) \cdot \mu_B(x)]^{1-\gamma} \cdot [1-(1-\mu_A(x)) \cdot (1-\mu_B(x))]^{\gamma}$，$\gamma$ 取值为 $[0,1]$。当 $\gamma = 1$ 时，$\mu_C(x) = \mu_A(x) + \mu_B(x) - \mu_A(x) \times \mu_B(x)$，相当于 $A \bigcup B$ 时的算子。平衡算子目前已经应用于德国 Inform 公司研制的著名模糊控制软件 Fuzzy-Tech 中。

7.1.3 典型隶属函数

普通集合用特征函数来表示，模糊集合用隶属函数来描述。隶属函数很好地描述了事物的模糊性。隶属函数有以下两个特点。

① 隶属函数的值域为 $[0,1]$，它将普通集合只能取 0 和 1 两个值推广到 $[0,1]$ 上连续取值。隶属函数的值 $\mu_A(x)$ 越接近 1，表示元素 x 属于模糊集合 A 的程度越大；反之，$\mu_A(x)$ 越接近 0，表示元素 x 属于模糊集合 A 的程度越小。

② 隶属函数完全刻画了模糊集合，隶属函数是模糊数学的基本概念，不同的隶属函数所描述的模糊集合也不同。

典型的隶属函数有 11 种，如双 S 形隶属函数、高斯型隶属函数、联合高斯型隶属函数、广义钟形隶属函数、π 形隶属函数、S 形隶属函数、梯形隶属函数、三角形隶属函数、Z 形隶属函数等。

在模糊控制中应用较多的隶属函数有以下 6 种。

（1）高斯型隶属函数

高斯型隶属函数由两个参数 σ 和 c 确定，即

$$f(x, \sigma, c) = e^{-\frac{(x-c)^2}{2\sigma^2}} \tag{7.3}$$

其中，通常参数 $\sigma > 0$，参数 c 用于确定曲线的中心。MATLAB 表示为 gaussmf$(x, [\sigma, c])$。

（2）广义钟形隶属函数

广义钟形隶属函数由 3 个参数 a, b, c 确定，即

$$f(x, a, b, c) = \frac{1}{1 + \left| \dfrac{x-c}{a} \right|^{2b}} \tag{7.4}$$

其中，通常参数 $b > 0$，参数 c 用于确定曲线的中心。MATLAB 表示为 gbellmf$(x, [a, b, c])$。

（3）S 形隶属函数

S 形隶属函数由参数 a 和 c 决定，即

$$f(x, a, c) = \frac{1}{1 + e^{-a(x-c)}} \tag{7.5}$$

其中，参数 a 的正、负决定 S 形隶属函数的开口向左或向右，参数 c 用来表示"正大"或"负大"的概念。MATLAB 表示为 sigmf$(x, [a, c])$。

（4）梯形隶属函数

梯形隶属函数由 4 个参数 a,b,c,d 确定，即

$$f(x,a,b,c,d)=\begin{cases}0 & x\leqslant a\\ \dfrac{x-a}{b-a} & a\leqslant x\leqslant b\\ 1 & b\leqslant x\leqslant c\\ \dfrac{d-x}{d-c} & c\leqslant x\leqslant d\\ 0 & x\geqslant d\end{cases} \tag{7.6}$$

其中，参数 a 和 d 确定梯形的"脚"，而参数 b 和 c 确定梯形的"肩膀"。MATLAB 表示为 trapmf$(x,[a,b,c,d])$。

（5）三角形隶属函数

三角形隶属函数由 3 个参数 a,b,c 确定，即

$$f(x,a,b,c)=\begin{cases}0 & x\leqslant a\\ \dfrac{x-a}{b-a} & a\leqslant x\leqslant b\\ \dfrac{c-x}{c-b} & b\leqslant x\leqslant c\\ 0 & x\geqslant c\end{cases} \tag{7.7}$$

其中，参数 a 和 c 确定三角形的"脚"，而参数 b 确定三角形的"峰"。MATLAB 表示为 trimf$(x,[a,b,c])$。

（6）Z 形隶属函数

Z 形隶属函数是基于样条函数而设计的，因其呈现 Z 形状而得名。MATLAB 表示为 zmf$(x,[a,b])$，参数 a 和 b 确定了曲线的形状。

实例 1：针对上述描述的 6 种隶属函数进行仿真。$x\in[0,10]$，M 为隶属函数的类型，其中 $M=1$ 为高斯型隶属函数，$M=2$ 为广义钟形隶属函数，$M=3$ 为 S 形隶属函数，$M=4$ 为梯形隶属函数，$M=5$ 为三角形隶属函数，$M=6$ 为 Z 形隶属函数。

仿真程序见 chap7_1.m，仿真结果如图 7-1 至图 7-6 所示。

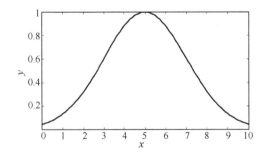

图 7-1　高斯型隶属函数（$M=1$）

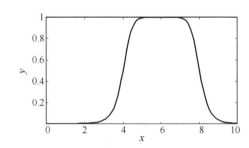

图 7-2　广义钟形隶属函数（$M=2$）

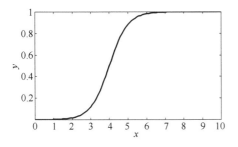

图 7-3　S形隶属函数($M=3$)

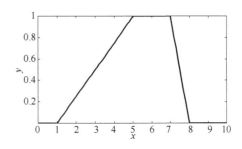

图 7-4　梯形隶属函数($M=4$)

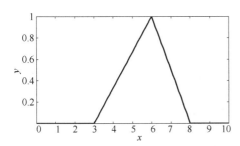

图 7-5　三角形隶属函数($M=5$)

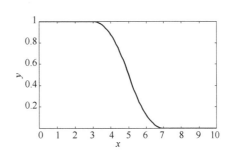

图 7-6　Z形隶属函数($M=6$)

仿真程序:chap7_1.m

```
% Membership function
clear all;
close all;

M= 6;
if M== 1          % 高斯型隶属函数
    x= 0:0.1:10;
    y= gaussmf(x,[2 5]);
    plot(x,y,'k');
    xlabel('x');ylabel('y');
elseif M== 2      % 广义钟形隶属函数
    x= 0:0.1:10;
    y= gbellmf(x,[2 4 6]);
    plot(x,y,'k');
    xlabel('x');ylabel('y');
elseif M== 3      % S形隶属函数
    x= 0:0.1:10;
    y= sigmf(x,[2 4]);
    plot(x,y,'k');
    xlabel('x');ylabel('y');
elseif M== 4      % 梯形隶属函数
    x= 0:0.1:10;
    y= trapmf(x,[1 5 7 8]);
    plot(x,y,'k');
```

```
    xlabel('x');ylabel('y');
elseif M==5        % 三角形隶属函数
    x=0:0.1:10;
    y=trimf(x,[3 6 8]);
    plot(x,y,'k');
    xlabel('x');ylabel('y');
elseif M==6        % Z形隶属函数
    x=0:0.1:10;
    y=zmf(x,[3 7]);
    plot(x,y,'k');
    xlabel('x');ylabel('y');
end
```

实例 2: 设计评价一个学生成绩的隶属函数,在[0,100]之内按 A、B、C、D、E 分为 5 个等级,即{不及格,及格,中,良,优}。分别采用 5 个高斯型隶属函数来表示,建立一个模糊系统,仿真程序见 chap7_2.m,仿真结果如图 7-7 所示。

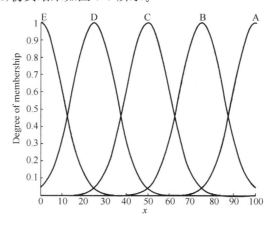

图 7-7   高斯型隶属函数曲线

仿真程序:chap7_2.m

```
clear all;
close all;
N=4;

x=0:0.1:100;
for i=1:N+1
    f(i)=100/N*(i-1);
end
u=gaussmf(x,[10,0]);
gtext('E');
hold on;

figure(1);
plot(x,u,'b');
u=gaussmf(x,[10,25]);
plot(x,u,'c');gtext('D');hold on;
u=gaussmf(x,[10,50]);
plot(x,u,'r');gtext('C');hold on;
```

```
u= gaussmf(x,[10,75]);
plot(x,u,'k');gtext('B');hold on;

u= gaussmf(x,[10,100]);
plot(x,u,'y');gtext('A');hold on;
xlabel('x');
ylabel('Degree of membership');
```

7.1.4 模糊系统的设计

(1) 模糊系统的结构

单变量二维模糊系统是最常见的形式。

(2) 定义输入/输出模糊集

例如,对模糊变量误差 E、误差变化 EC 的模糊集及其论域定义如下。

E、EC 的模糊集均为:{NB,NM,NS,ZO,PS,PM,PB}。

E、EC 的论域均为:{$-3,-2,-1,0,1,2,3$}。

(3) 定义输入/输出隶属函数

模糊变量误差 E、误差变化 EC 的模糊集和论域确定后,需采用模糊语言变量确定隶属函数,确定论域内元素对模糊语言变量的隶属度。

(4) 建立模糊规则

按照人们的经验,根据系统输出的误差及误差的变化趋势来设计模糊规则。模糊规则语句构成了描述系统的模糊模型。模糊规则表见表 7-1。

表 7-1 模糊规则表

U		E						
		NB	NM	NS	ZO	PS	PM	PB
EC	NB	PB	PB	PM	PM	PS	ZO	ZO
	NM	PB	PB	PM	PS	PS	ZO	NS
	NS	PM	PM	PM	PS	ZO	NS	NS
	ZO	PM	PM	PS	ZO	NS	NM	NM
	PS	PS	PS	ZO	NS	NS	NM	NM
	PM	PS	ZO	NS	NM	NM	NM	NB
	PB	ZO	ZO	NM	NM	NM	NB	NB

(5) 建立模糊控制表

模糊系统可用表 7-1 描述,共 49 条模糊规则。各条模糊语句之间是或的关系,由第一条语句所确定的模糊规则可以计算出 u_1。同理,可以由其余各条语句分别求出控制量 $u_2,\cdots,u_{49}$,则系统输出为模糊集合 U,可表示为

$$U=u_1+u_2+\cdots+u_{49} \tag{7.8}$$

(6) 模糊推理

模糊推理是模糊系统的核心,它利用某种模糊推理算法和模糊规则进行推理,得出最终的控制量。

(7) 反模糊化

通过模糊推理得到的结果是一个模糊集合,需要进行反模糊化得出最终的输出值。常用的反模糊化为重心法。重心法是指取隶属函数曲线与横坐标围成面积的重心为模糊推理的最

终输出值，即 $v_0 = \dfrac{\displaystyle\int_V v\mu_v(v)\mathrm{d}v}{\displaystyle\int_V \mu_v(v)\mathrm{d}v}$；对于具有 m 个输出量化级数的离散域情况，$v_0 = \dfrac{\displaystyle\sum_{k=1}^{m} v_k\mu_v(v_k)}{\displaystyle\sum_{k=1}^{m} \mu_v(v_k)}$。

7.2　基于 Sugeno 模糊模型的建模

自 20 世纪 60 年代以来，研究者已经提出了许多动态系统的辨识方法。但系统辨识无论在理论上还是实际应用中，还远没有达到完善的程度。对于非线性时变动态系统的辨识，是实际应用中经常遇到的问题，目前常用的有两种方法[2]：一是用多个线性模型在平衡点附近近似描述非线性系统，这对于有严重非线性的系统如何做到平稳切换，减小系统误差仍然缺乏有效的方法；二是根据被控对象已知的信息，选择与之相近的非线性数学模型，这显然有其局限性。因此，模糊模型辨识方法被认为是解决此类问题的一种可行方法。Takagi 和 Sugeno 于 1985 年[1]提出了一种 T-S 模糊模型，后来研究者称之为 Sugeno 模糊模型。它是一种本质非线性模型，易于表达复杂系统的动态特性。另外，Sugeno 模糊模型的结论部分采用线性方程式描述，因此便于采用传统的控制策略设计相关的控制器和分析控制系统。

7.2.1　Sugeno 模糊模型及仿真实例

1. Sugeno 模糊模型

传统的模糊系统属于 Mamdani 模糊模型，其输出为模糊量。而 Sugeno 模糊模型的输出为常量或线性函数，其函数形式为

$$y = a \quad 或 \quad y = ax + b \tag{7.9}$$

不失一般性，MIMO 系统可以看成是多个 MISO 系统，具有 p 个输入、单个输出的 MISO 系统的离散时间模型可以由 n 条模糊规则组成的集合来表示，其中第 i 条模糊规则的形式为

$$R^i\text{:if } x_1 \text{ is } A_1^i \text{ AND } x_2 \text{ is } A_2^i, \cdots, \text{AND } x_p \text{ is } A_p^i \text{ THEN}$$

$$y^i = p_0^i + p_1^i x_1 + \cdots + p_m^i x_m$$

基于 Sugeno 模糊模型的模糊系统非常适合于分段线性控制系统，例如，在导弹、飞行器的控制中，可根据高度和速度建立 Sugeno 模糊模型的模糊系统，从而实现性能良好的线性控制。

2. 仿真实例

设计一个 Sugeno 模糊模型，输入为 $x \in [0,5]$，$y \in [0,10]$，输出 z 为输入 (x,y) 的线性函数。

将 $x \in [0,5]$，$y \in [0,10]$ 模糊化为两个模糊量，即"小"和"大"，模糊规则为

If x 为 small and y 为 small then $z = -x + y - 3$

If x 为 small and y 为 big then $z = x + y + 1$

If x 为 big and y 为 small then $z = -2y + 2$

If x 为 big and y 为 big then $z = 2x + y - 6$

仿真程序见 chap7_3.m。Sugeno 模糊模型的输入隶属函数曲线及其输入/输出曲线如图 7-8 和图 7-9 所示。

通过命令 showrule(ts2) 可显示模糊规则，共以下 4 条：

(1) If (x is small) and (y is small) then (z is first area) (1)

(2) If (x is small) and (y is big) then (z is second area) (1)

(3) If (x is big) and (y is small) then (z is third area) (1)

(4) If (x is big) and (y is big) then (z is fourth area) (1)

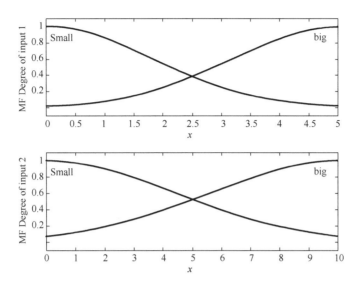

图 7-8　Sugeno 模糊模型的输入隶属函数曲线

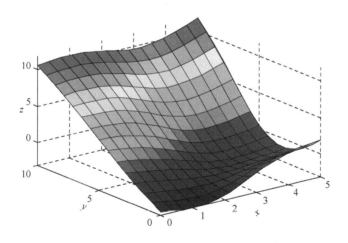

图 7-9　Sugeno 模糊模型的输入/输出曲线

Sugeno 模糊模型仿真程序：chap7_3.m

```
% Sugeno type fuzzy model
clear all;
close all;

ts2= newfis('ts2','sugeno');

ts2= addvar(ts2,'input','X',[0 5]);
ts2= addmf(ts2,'input',1,'little','gaussmf',[1.8 0]);
ts2= addmf(ts2,'input',1,'big','gaussmf',[1.8 5]);
```

```
ts2= addvar(ts2,'input','Y',[0 10]);
ts2= addmf(ts2,'input',2,'little','gaussmf',[4.4 0]);
ts2= addmf(ts2,'input',2,'big','gaussmf',[4.4 10]);

ts2= addvar(ts2,'output','Z',[- 3 15]);
ts2= addmf(ts2,'output',1,'first area','linear',[- 1 1 - 3]);
ts2= addmf(ts2,'output',1,'second area','linear',[1 1 1]);
ts2= addmf(ts2,'output',1,'third area','linear',[0 - 2 2]);
ts2= addmf(ts2,'output',1,'fourth area','linear',[2 1 - 6]);

rulelist= [1 1 1 1 1;
           1 2 2 1 1;
           2 1 3 1 1;
           2 2 4 1 1];

ts2= addrule(ts2,rulelist);
showrule(ts2);

figure(1);
subplot 211;
plotmf(ts2,'input',1);
xlabel('x'),ylabel('MF Degree of input 1');
subplot 212;
plotmf(ts2,'input',2);
xlabel('x'),ylabel('MF Degree of input 2');

figure(2);
gensurf(ts2);
xlabel('x'),ylabel('y'),zlabel('z');
```

7.2.3 基于简单 Sugeno 模糊模型的倒立摆模糊控制及仿真实例

1. 基于简单 Sugeno 模糊模型的倒立摆模糊控制

当倒立摆的摆角和摆速很小时,其模型可进行线性化,从而可实现基于 Sugeno 模糊模型的倒立摆模糊控制。

倒立摆的动力学方程为

$$\begin{cases} \dot{x}_1 = x_2 \\ \dot{x}_2 = \dfrac{g\sin(x_1) - amlx_2^2\sin(2x_1)/2 - a\cos(x_1)u}{4/3l - aml\cos^2(x_1)} \end{cases} \tag{7.10}$$

其中,x_1 表示倒立摆与垂直线的夹角即摆角,$x_1 = \theta$;x_2 表示倒立摆的摆动角速度即摆速,$x_2 = \dot{\theta}$;$g = 9.8\text{m/s}^2$ 为重力加速度;m 为倒立摆的质量;$2l$ 为摆长;$a = l/(m+M)$,M 为小车质量。

由式(7.10)可知,当摆角 θ 和摆速 $\dot{\theta}$ 很小时,$\sin(x_1) \to x_1$,$\cos(x_1) \to 1$,$amlx_2^2 \to 0$,则在 (x_1, x_2) 平面上对倒立摆模型进行局部线性化,倒立摆的动力学方程可近似写为

$$\begin{cases} \dot{x}_1 = x_2 \\ \dot{x}_2 = \dfrac{g}{4/3l - aml}x_1 - \dfrac{a}{4/3l - aml}u \end{cases} \tag{7.11}$$

取 ZR 表示很小的模糊集,则可得到 Sugeno 模糊模型的模糊规则为

If x_1 is ZR   and x_2 is ZR   then $\dot{x} = Ax + Bu$

其中,$x = [x_1 \quad x_2]^T$,$A = \begin{bmatrix} 0 & 1 \\ \dfrac{g}{4/3l - aml} & 0 \end{bmatrix}$,$B = \begin{bmatrix} 0 \\ -\dfrac{a}{4/3l - aml} \end{bmatrix}$。

如果选择期望的闭环极点,则采用 $u = -Fx$ 的反馈控制,利用极点配置函数 place(A,B,P),可以得到系统的反馈增益矩阵 F。

2. 仿真实例

针对摆角和摆速很小,通过模糊规则进行建模,可实现基于 Sugeno 模糊模型的倒立摆模糊控制。

取倒立摆参数 $m = 2$kg,$M = 8$kg,$l = 0.5$m。令 $x = \begin{bmatrix} x_1 \\ x_2 \end{bmatrix}$,则式(7.11)可表示为如下状态方程

$$\dot{x} = Ax + Bu \tag{7.12}$$

其中 $A = \begin{bmatrix} 0 & 1 \\ 15.8919 & 0 \end{bmatrix}$,$B = \begin{bmatrix} 0 \\ -0.0811 \end{bmatrix}$。

Sugeno 模糊模型的模糊规则为

If x_1 is   ZR   and x_2 is   ZR   then $\dot{x} = Ax + Bu$ \qquad (7.13)

选择期望的闭环极点($-10 - 10$i,$-10 + 10$i),采用 $u = -Fx$ 的反馈控制,利用极点配置函数 place(A,B,P),可以得到系统的反馈增益矩阵 $F = [-2662.7 \quad -246.7]$。

根据倒立摆的模糊建模过程,可以设计极点配置控制器,其 Sugeno 模糊模型的模糊规则为

If x_1 is   ZR   and x_2 is   ZR   then $u = -Fx$ \qquad (7.14)

利用模糊规则式(7.13)和式(7.14),可设计基于 Sugeno 模糊模型的倒立摆模糊控制系统。

设倒立摆的摆角范围为[-15 15]度,摆速范围为[-200 200]度/秒。采用三角形隶属函数对摆角和摆速进行模糊化。摆角初始状态为[0.2,0],运行仿真程序 chap7_4.m,倒立摆的摆角、摆速响应,控制输出信号及模糊输入(摆角、摆速)的隶属函数曲线的仿真结果如图 7-10 至图 7-13所示。

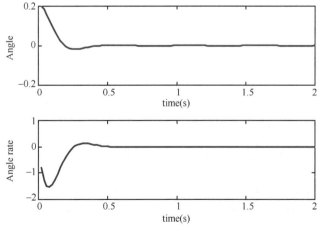

图 7-10   摆角、摆速的响应

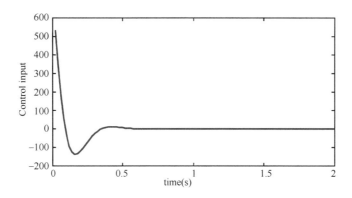

图 7-11   控制输出信号

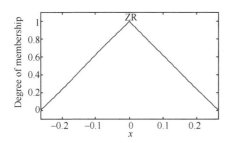

图 7-12   摆角的隶属函数曲线

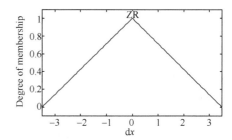

图 7-13   摆速的隶属函数曲线

仿真程序：chap7_4.m

```
% Sugeno fuzzy model based control for single link inverted pendulum
clear all;
close all;
warning off;

m=2;M=8;l=0.5;g=9.8;
a=1/(m+M);
A21=g/(4/3*l-a*m*l);
A=[0 1;A21 0];
B2=-a/(4/3*l-a*m*l);
B=[0;B2];

P=[-10-10i;-10+10i];        % Stable pole point
F=place(A,B,P)
%%%%%%%%%%%%%%%%%%%%%%%%%%%%%%%%%%%%%%%%%%%%%%%%%%%%%%%%%
model=newfis('model','sugeno');
model=addvar(model,'input','x1',[-15,15]*pi/180);
model=addmf(model,'input',1,'ZR','trimf',[-15,0,15]*pi/180);

model=addvar(model,'input','x2',[-200,200]*pi/180);
model=addmf(model,'input',2,'ZR','trimf',[-200,0,200]*pi/180);

model=addvar(model,'input','u',[-200,600]);
```

```
model= addvar(model,'output','dx',[- 200,200] * pi/180);
model= addmf(model,'output',1,'No.1','linear',[0 1 0 0]);

model= addvar(model,'output','ddx',[- 200,200] * pi/180);
model= addmf(model,'output',2,'No.1','linear',[A(2,1),A(2,2),B(2) 0]);

rulelist= [1 1 0 1 1 1 1];
model= addrule(model,rulelist);
writefis(model,'out');
out = readfis('out');
%%%%%%%%%%%%%%%%%%%%%%%%%%%%%%%%%%%%%%%%%%%%%%%%%%
ts= 0.02;
x= [12,-120] * pi/180;      % From Degree to Radian

for k= 1:1:500
    time(k)= k * ts;

    u(k)= -F * x';
    dx= evalfis([x(1),x(2),u(k)],out);      % Using fuzzy T-S model "model.fis"
    x= x+ ts * dx;

    y1(k)= x(1);
    y2(k)= x(2);
end
figure(1);
subplot(211);
plot(time,y1,'k','linewidth',2);
xlabel('time(s)'),ylabel('Angle');
subplot(212);
plot(time,y2,'k','linewidth',2);
xlabel('time(s)'),ylabel('Angle rate');

figure(2);
plot(time,u,'k','linewidth',2);
xlabel('time(s)'),ylabel('Control input');

figure(3);
subplot(211);
plotmf(model,'input',1);
subplot(212);
plotmf(model,'input',2);

figure(4);
gensurf(out);
showrule(model)
```

7.2.5 基于 Sugeno 模糊模型的倒立摆模糊控制及仿真实例

1. 基于 Sugeno 模糊模型的倒立摆模糊控制

当倒立摆的摆角和摆速在一定范围变化时,分别采用 3 个模糊集合"负、零、正",即"NG、

ZR、PO",对倒立摆动力学模型式(7.10)进行模糊化,从而实现模型的线性化。

取倒立摆参数为 $m=2\text{kg}$,$M=8\text{kg}$,$l=0.5\text{m}$,在(x_1,x_2)平面上对倒立摆动力学方程进行模糊分割,分成 3×3 的栅格。针对 x_1 和 x_2,分别取 3 个模糊集合 NG,ZR 和 PO,则可得 7 条 Sugeno 模糊模型的模糊规则。

R^1:If $\quad x_1 \quad$ is ZR $\quad$ and $\quad x_2$ is ZR $\quad$ then $\quad \dot{\boldsymbol{x}}=\boldsymbol{A}_1\boldsymbol{x}+\boldsymbol{B}_1 u$

R^2:If $\quad x_1 \quad$ is ZR $\quad$ and $\quad x_2$ is NG(PO) $\quad$ then $\quad \dot{\boldsymbol{x}}=\boldsymbol{A}_2\boldsymbol{x}+\boldsymbol{B}_2 u$

R^3:If $\quad x_1 \quad$ is NG (PO) and $\quad x_2$ is ZR $\quad$ then $\quad \dot{\boldsymbol{x}}=\boldsymbol{A}_3\boldsymbol{x}+\boldsymbol{B}_3 u$

R^4:If $\quad x_1 \quad$ is PO $\quad$ and $\quad x_2$ is PO $\quad$ then $\quad \dot{\boldsymbol{x}}=\boldsymbol{A}_4\boldsymbol{x}+\boldsymbol{B}_4 u$

R^5:If $\quad x_1 \quad$ is NG $\quad$ and $\quad x_2$ is NG $\quad$ then $\quad \dot{\boldsymbol{x}}=\boldsymbol{A}_4\boldsymbol{x}+\boldsymbol{B}_4 u$

R^6:If $\quad x_1 \quad$ is PO $\quad$ and $\quad x_2$ is NG $\quad$ then $\quad \dot{\boldsymbol{x}}=\boldsymbol{A}_5\boldsymbol{x}+\boldsymbol{B}_5 u$

R^7:If $\quad x_1 \quad$ is NG $\quad$ and $\quad x_2$ is PO $\quad$ then $\quad \dot{\boldsymbol{x}}=\boldsymbol{A}_5\boldsymbol{x}+\boldsymbol{B}_5 u$

通过上述 7 条 Sugeno 模糊模型的模糊规则,可实现倒立摆非线性模型的线性化,即模糊辨识,从而可以利用极点配置方法,实现控制律的设计。

令 $\boldsymbol{x}=\begin{bmatrix}x_1 & x_2\end{bmatrix}^\text{T}$,倒立摆的摆角范围为 $\begin{bmatrix}-15 & +15\end{bmatrix}\times\dfrac{\pi}{180}$ 弧度,摆速范围为 $\begin{bmatrix}-200 & +200\end{bmatrix}$度/秒,即$\begin{bmatrix}-200 & +200\end{bmatrix}\times\dfrac{\pi}{180}$弧度/秒。

针对式(7.10),如果摆角很小,则 $\sin x_1 \rightarrow x_1$,$\cos x_1 \rightarrow 1$,倒立摆的动力学方程可简化为

$$\begin{cases}\dot{x}_1=x_2 \\ \dot{x}_2=\dfrac{gx_1-amlx_2^2 x_1-au}{4/3l-aml}\end{cases} \tag{7.15}$$

对倒立摆模型进行局部线性化,可得到如下 5 个线性化方程。

对规则 R^1,当 x_1 和 x_2 都为 ZR 时,摆角 θ 和摆速 $\dot{\theta}$ 都很小,$\sin(x_1)\rightarrow x_1$,$\cos(x_1)\rightarrow 1$,$amlx_2^2 \rightarrow 0$。倒立摆的动力学方程为

$$\dot{x}_2=\dfrac{gx_1-au}{4/3l-aml} \tag{7.16}$$

对规则 R^2,当 x_1 为 ZR,x_2 为 NG 或 PO 时,取 $x_2=\pm200\times\dfrac{\pi}{180}$,则倒立摆的动力学方程为

$$\dot{x}_2=\dfrac{gx_1-amlx_2^2 x_1-au}{4/3l-aml} \tag{7.17}$$

对规则 R^3,当 x_1 为 NG 或 PO,x_2 为 ZR 时,取 $x_1=\pm15\times\dfrac{\pi}{180}$,则倒立摆的动力学方程为

$$\dot{x}_2=\dfrac{gx_1-a\cos(x_1)u}{4/3l-aml\cos^2(x_1)} \tag{7.18}$$

对规则 R^4,当 x_1 为 PO,x_2 为 PO 时,取 $x_1=15\times\dfrac{\pi}{180}$,$x_2=200\times\dfrac{\pi}{180}$,则倒立摆的动力学方程为

$$\dot{x}_2=\dfrac{gx_1-amlx_2\sin(2x_1)/2\times x_2-a\cos(x_1)u}{4/3l-aml\cos^2(x_1)} \tag{7.19}$$

对规则 R^5,当 x_1 为 NG,x_2 为 NG 时,取 $x_1=-15\times\dfrac{\pi}{180}$,$x_2=-200\times\dfrac{\pi}{180}$,则倒立摆的动力学方程同式(7.19)。

对规则 R^6，当 x_1 为 PO，x_2 为 NG 时，$x_1=15\times\dfrac{\pi}{180}$，$x_2=-200\times\dfrac{\pi}{180}$，则倒立摆的动力学方程为

$$\dot{x}_2=\frac{gx_1-amlx_2\sin(2x_1)/2\times x_2-a\cos(x_1)u}{4/3l-aml\cos^2(x_1)} \tag{7.20}$$

对规则 R^7，当 x_1 为 NG，x_2 为 PO 时，$x_1=-15\times\dfrac{\pi}{180}$，$x_2=200\times\dfrac{\pi}{180}$，则倒立摆的动力学方程同式(7.20)。

可见，7 条规则可以合并成 5 条。将倒立摆参数值及 x_1 和 x_2 分别代入式(7.16)至式(7.20)，由式(7.16)至式(7.20)可写出具体的 $\boldsymbol{A}_i$ 和 $\boldsymbol{B}_i(i=1,\cdots,5)$ 的表达式(见仿真程序 chap7_5eq.m)

$$\boldsymbol{A}_1=\begin{bmatrix}0 & 1\\17.2941 & 0\end{bmatrix},\boldsymbol{A}_2=\begin{bmatrix}0 & 1\\14.4706 & 0\end{bmatrix},\boldsymbol{A}_3=\begin{bmatrix}0 & 1\\5.8512 & 0\end{bmatrix},\boldsymbol{A}_4=\begin{bmatrix}0 & 1\\7.2437 & 0.5399\end{bmatrix},$$

$$\boldsymbol{A}_5=\begin{bmatrix}0 & 1\\7.2437 & -0.5399\end{bmatrix},\boldsymbol{B}_1=\begin{bmatrix}0\\-0.1765\end{bmatrix},\boldsymbol{B}_2=\begin{bmatrix}0\\-0.1765\end{bmatrix},$$

$$\boldsymbol{B}_3=\begin{bmatrix}0\\-0.0779\end{bmatrix},\boldsymbol{B}_4=\begin{bmatrix}0\\-0.0779\end{bmatrix},\boldsymbol{B}_5=\begin{bmatrix}0\\-0.0779\end{bmatrix}。$$

2. 仿真实例

针对摆角和摆速在一定范围内变化，采用基于 Sugeno 模糊模型的方法实现倒立摆模糊控制。

对每个区域选择期望的闭环极点 $(-10\pm10\mathrm{i})$，采用 $u=-\boldsymbol{Fx}$ 的反馈控制，利用极点配置函数 place$(\boldsymbol{A},\boldsymbol{B},\boldsymbol{P})$，可以得到 5 个子系统的反馈增益矩阵：$\boldsymbol{F}_1=[-1231.1 \quad -113.3]$，$\boldsymbol{F}_2=[-1215.1 \quad -113.3]$，$\boldsymbol{F}_3=[-2642.5 \quad -256.7]$，$\boldsymbol{F}_4=[-2660.4 \quad -263.7]$，$\boldsymbol{F}_5=[-2660.4 \quad -249.8]$。

仿真中，针对 5 条模糊规则所建立的 Sugeno 模糊模型，建立两个模糊系统：采用模糊系统 tc.fis 实现 $u=-\boldsymbol{Fx}$ 反馈控制，采用模糊系统 model.fis 实现被控对象 $\dot{\boldsymbol{x}}=\boldsymbol{Ax}+\boldsymbol{Bu}$ 的输出，通过 MATLAB 的 showrule 命令可显示模糊系统的规则。倒立摆的摆角、摆速的响应、输入隶属函数曲线及控制输入信号的仿真结果如图 7-14 至图 7-16 所示。

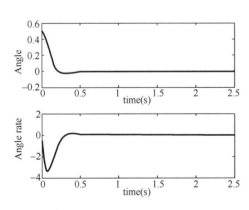

图 7-14　摆角、摆速的响应

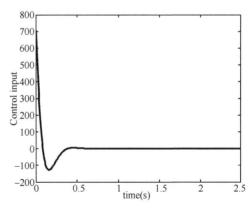

图 7-15　控制输入信号

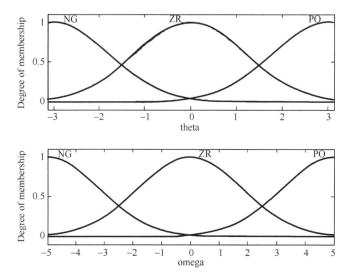

图 7-16　摆角和摆速的隶属函数曲线

仿真程序：

（1）Sugeno 模糊模型建立：chap7_5eq.m

```
% Local linearization for single inverted pendulum
clear all;
close all;

g= 9.8;
m= 2;
M= 8;
l= 0.5;
a= 1/(m+M);

%%%%%%%%%%%%%%%%%%%%%%%%%%%%%%%%%%%%%%%%%%
% Equation 1:
a1= g/(4/3 * l- a * m * l);
A1= [0 1;
   a1 0]

b1= -a/(4/3 * l-a * m * l);
B1= [0;b1]
%%%%%%%%%%%%%%%%%%%%%%%%%%%%%%%%%%%%%%%%%%
% Equation 2:
x2= 200 * pi/180;
a2= (g-a * m * l * x2^2)/(4/3 * l-a * m * l);
A2= [0 1;
   a2 0]

b2= b1;
B2= [0;b2]
%%%%%%%%%%%%%%%%%%%%%%%%%%%%%%%%%%%%%%%%%%
% Equation 3:
% x1= -15 * pi/180;
```

```
x1= 15 * pi/180;

a3= g/(4/3 * l- a * m * l * (cos(x1))^2)
A3= [0 1;
    a3 0]
b3= - a * cos(x1)/(4/3 * l- a * m * l * (cos(x1))^2)
B3= [0;b3]
%%%%%%%%%%%%%%%%%%%%%%%%%%%%%%%%%%%%%%%%%%%%
% Equation 4:
x1= 15 * pi/180;
x2= 200 * pi/180;

a41= g/(4/3 * l- a * m * l * (cos(x1))^2)
a42= - a * m * l * x2 * sin(2 * x1) * 0.5/(4/3 * l- a * m * l * (cos(x1))^2)
A4= [0    1;
    a41 a42]
b4= b3;
B4= [0;b4]
%%%%%%%%%%%%%%%%%%%%%%%%%%%%%%%%%%%%%%%%%%%%
% Equation 5:
x1= -15 * pi/180;
x2= 200 * pi/180;

a51= g/(4/3 * l-a * m * l * (cos(x1))^2)
a52= - a * m * l * x2 * sin(2 * x1) * 0.5/(4/3 * l- a * m * l * (cos(x1))^2)
A5= [0    1;
    a51 a52]
b5= b3;
B5= [0;b5]
```

（2）Sugeno 模糊控制：chap7_5. m

```
% Sugeno type fuzzy control for single inverted pendulum
clear all;
close all;

P = [-10-10i;-10+10i];        % Stable pole point

A1= [0,1;17.2941,0];
B1= [0;-0.1765];
F1= place(A1,B1,P)

A2= [0,1;14.4706,0];
B2= [0;-0.1765];
F2= place(A2,B2,P)

A3= [0,1;5.8512,0];
B3= [0;-0.0779];
F3= place(A3,B3,P)

A4= [0,1;7.2437,0.5399];
```

```
B4= [0;-0.0779];
F4= place(A4,B4,P)

A5= [0,1;7.2437,-0.5399];
B5= [0;-0.0779];
F5= place(A5,B5,P)

%%%%%%%%%%%%%%%%%%%%%%%%%%%%%%%%%%%%%%%%%%%%%%%%
tc= newfis('tc','sugeno');
tc= addvar(tc,'input','theta',[- pi,pi]);
tc= addmf(tc,'input',1,'NG','gaussmf',[1.2,- 3]);
tc= addmf(tc,'input',1,'ZR','gaussmf',[1.2,0]);
tc= addmf(tc,'input',1,'PO','gaussmf',[1.2,3]);

tc= addvar(tc,'input','omega',[- 5,5]);
tc= addmf(tc,'input',2,'NG','gaussmf',[1.8,- 5]);
tc= addmf(tc,'input',2,'ZR','gaussmf',[1.8,0]);
tc= addmf(tc,'input',2,'PO','gaussmf',[1.8,5]);

tc= addvar(tc,'output','u',[- 200,200]);
tc= addmf(tc,'output',1,'No.1','linear',[F1(1),F1(2) 0]);
tc= addmf(tc,'output',1,'No.2','linear',[F2(1),F2(2) 0]);
tc= addmf(tc,'output',1,'No.3','linear',[F3(1),F3(2) 0]);
tc= addmf(tc,'output',1,'No.4','linear',[F4(1),F4(2) 0]);
tc= addmf(tc,'output',1,'No.5','linear',[F5(1),F5(2) 0]);

rulelist1= [1 1 4 1 1;
            1 2 3 1 1;
            1 3 5 1 1;
            2 1 2 1 1;
            2 2 1 1 1;
            3 1 5 1 1;
            3 2 3 1 1;
            3 3 4 1 1];
tc= addrule(tc,rulelist1);

model= newfis('model','sugeno');
model= addvar(model,'input','theta',[- pi,pi]);
model= addmf(model,'input',1,'NG','gaussmf',[1.2,- 3]);
model= addmf(model,'input',1,'ZR','gaussmf',[1.2,0]);
model= addmf(model,'input',1,'PO','gaussmf',[1.2,3]);

model= addvar(model,'input','omega',[- 5,5]);
model= addmf(model,'input',2,'NG','gaussmf',[1.8,- 5]);
model= addmf(model,'input',2,'ZR','gaussmf',[1.8,0]);
model= addmf(model,'input',2,'PO','gaussmf',[1.8,5]);

model= addvar(model,'input','u',[- 200,200]);
model= addmf(model,'input',3,'Any','gaussmf',[1.5,- 5]);
```

```
model= addvar(model,'output','d_theta',[0,2]);
model= addmf(model,'output',1,'No.1','linear',[0 1 0 0]);
model= addmf(model,'output',1,'No.2','linear',[0 1 0 0]);
model= addmf(model,'output',1,'No.3','linear',[0 1 0 0]);
model= addmf(model,'output',1,'No.4','linear',[0 1 0 0]);
model= addmf(model,'output',1,'No.5','linear',[0 1 0 0]);

model= addvar(model,'output','d_omega',[- 1,20]);
model= addmf(model,'output',2,'No.1','linear',[A1(2,1),0,B1(2),0]);
model= addmf(model,'output',2,'No.2','linear',[A2(2,1),0,B2(2),0]);
model= addmf(model,'output',2,'No.3','linear',[A3(2,1),0,B3(2),0]);
model= addmf(model,'output',2,'No.4','linear',[A4(2,1),A4(2,2),B4(2),0]);
model= addmf(model,'output',2,'No.5','linear',[A5(2,1),A5(2,2),B5(2),0]);

rulelist2= [1 1 0 4 4 1 1;
            1 2 0 3 3 1 1;
            1 3 0 5 5 1 1;
            2 1 0 2 2 1 1;
            2 2 0 1 1 1 1;
            2 3 0 2 2 1 1;
            3 1 0 5 5 1 1;
            3 2 0 3 3 1 1;
            3 3 0 4 4 1 1];
model= addrule(model,rulelist2);
%%%%%%%%%%%%%%%%%%%%%%%%%%%%%%%%%%%%%%%%%%%%%%
T= 0.005;
x= [0.50;0];  % Initial state

for k=1:1:500
    time(k)= k * T;

    u(k)= (-1) * evalfis([x(1),x(2)],tc);    % u=- F * x

    dx= evalfis([x(1),x(2),u(k)],model)';  % dx= A * x+ B * u

    x= x+T * dx;
    x1(k)= x(1);
    x2(k)= x(2);
end
figure(1);
subplot(211);
plot(time,x1,'k','linewidth',2);
xlabel('time(s)'),ylabel('Angle');
subplot(212);
plot(time,x2,'k','linewidth',2);
xlabel('time(s)'),ylabel('Angle rate');

figure(2);
plot(time,u,'k','linewidth',2);
xlabel('time(s)'),ylabel('Control input');
```

```
figure(3);
subplot(211);
plotmf(tc,'input',1);
subplot(212);
plotmf(tc,'input',2);

showrule(tc);
showrule(model);
```

由于 Sugeno 模糊模型可以任意精度逼近连续的非线性系统,因此它实际上是动态非线性系统的局部线性化。多个简单线性系统控制器(子控制器)通过模糊推理得到全局控制器,从而控制非线性系统,这显示了良好的全局控制性能和设计方法的灵活性,但对于非线性系统的稳定性仍需进一步证明。在子控制器的设计中,可以采用任意现有的线性控制理论的方法,根据子控制器的特点灵活使用。

在 Sugeno 模糊模型的参数辨识中,需要前提部分的结构、参数和结论部分的参数联合辨识,可应用模糊聚类方法,将前提部分的结构和结论部分的参数的辨识分开进行,从而减少计算量[1,2]。

7.3　模　糊　逼　近

7.3.1　模糊系统的设计

设二维模糊系统 $g(x)$ 为集合 $U=[\alpha_1,\beta_1]\times[\alpha_2,\beta_2]\subset R^2$ 上的一个函数,其解析式形式未知。假设对任意一个 $x\in U$,都能得到 $g(x)$,则可设计一个逼近 $g(x)$ 的模糊系统。模糊系统的设计步骤如下。

步骤 1:在 $[\alpha_i,\beta_i]$ 上定义 $N_i(i=1,2)$ 个标准的、一致的和完备的模糊集 $A_i^1,A_i^2,\cdots,A_i^{N_i}$。

步骤 2:组建 $M=N_1\times N_2$ 条模糊规则,即

$$R_u^{i_1 i_2}: \text{if } x_1 \text{ is } A_1^{i_1} \text{ AND } x_2 \text{ is } A_2^{i_2}, \text{THEN } y \text{ is } B^{i_1 i_2}$$

其中,$i_1=1,2,\cdots,N_1;i_2=1,2,\cdots,N_2$。将模糊集 $B^{i_1 i_2}$ 的中心(用 $\bar{y}^{i_1 i_2}$ 表示)选择为

$$\bar{y}^{i_1 i_2}=g(e_1^{i_1},e_2^{i_2}) \tag{7.21}$$

步骤 3:采用乘积推理机、单值模糊器和中心平均解模糊器,根据 $M=N_1\times N_2$ 条规则来构造模糊系统 $f(x)$

$$f(x)=\frac{\sum\limits_{i_1=1}^{N_1}\sum\limits_{i_2=1}^{N_2}\bar{y}^{i_1 i_2}(\mu_{A_1}^{i_1}(x_1)\mu_{A_2}^{i_2}(x_2))}{\sum\limits_{i_1=1}^{N_1}\sum\limits_{i_2=1}^{N_2}(\mu_{A_1}^{i_1}(x_1)\mu_{A_2}^{i_2}(x_2))} \tag{7.22}$$

7.3.2　模糊系统的逼近精度

万能逼近定理[3]:令 $f(x)$ 为式(7.22)中的二维模糊系统,$g(x)$ 为式(7.21)中的未知函数,如果 $g(x)$ 在 $U=[\alpha_1,\beta_1]\times[\alpha_2,\beta_2]$ 上是连续可微的,则

$$\|g(x)-f(x)\|_\infty \leqslant \left\|\frac{\partial g(x)}{\partial x_1}\right\|_\infty h_1 + \left\|\frac{\partial g(x)}{\partial x_2}\right\|_\infty h_2 \tag{7.23}$$

模糊系统的逼近精度为

$$h_i = \max_{1 \leqslant j \leqslant N_i - 1} |e_i^{j+1} - e_i^j| \quad (i = 1, 2) \tag{7.24}$$

式中,无穷维范数 $\|\cdot\|_\infty$ 定义为 $\|d(x)\|_\infty = \sup_{x \in U} |d(x)|$。

由式(7.24)可知:假设 x_i 的模糊集的个数为 N_i,其变化范围的长度为 L_i,则模糊系统的逼近精度满足 $h_i = \dfrac{L_i}{N_i - 1}$,即 $N_i = \dfrac{L_i}{h_i} + 1$。

由该定理可得到以下结论:

① 形如式(7.23)的模糊系统是万能逼近器,对任意给定的 $\varepsilon > 0$,都可将 h_1 和 h_2 选得足够小,使 $\left\|\dfrac{\partial g(x)}{\partial x_1}\right\|_\infty h_1 + \left\|\dfrac{\partial g(x)}{\partial x_2}\right\|_\infty h_2 < \varepsilon$ 成立,从而保证 $\sup_{x \in U} |g(x) - f(x)| = \|g(x) - f(x)\|_\infty < \varepsilon$。

② 通过对 x_i 定义更多的模糊集可以得到更为准确的逼近器,即规则越多,所产生的模糊系统越有效。

③ 为了设计一个具有预定精度的模糊系统,必须知道 $g(x)$ 关于 x_1 和 x_2 的导数边界,即 $\left\|\dfrac{\partial g(x)}{x_1}\right\|_\infty$ 和 $\left\|\dfrac{\partial g(x)}{x_2}\right\|_\infty$。同时,在设计过程中,还必须知道 $g(x)$ 在 $x = (e_1^{i_1}, e_2^{i_2})$ ($i_1 = 1, 2$, $\cdots, N_1$; $i_2 = 1, 2, \cdots, N_2$)处的值。

7.3.3 仿真实例

针对一维函数 $g(x)$,设计一个模糊系统 $f(x)$,使之一致地逼近定义在 $U = [-3, 3]$ 上的连续函数 $g(x) = \sin(x)$,所需精度为 $\varepsilon = 0.2$,即 $\sup_{x \in U} |g(x) - f(x)| < \varepsilon$。

由于 $\left\|\dfrac{\partial g(x)}{\partial x}\right\|_\infty = \|\cos(x)\|_\infty = 1$,由式(7.23)可知,$\|g(x) - f(x)\|_\infty \leqslant \left\|\dfrac{\partial g(x)}{\partial x}\right\|_\infty h = h$,因此取 $h \leqslant 0.2$ 满足精度要求。取 $h = 0.2$,则模糊集的个数为 $N = \dfrac{L}{h} + 1 = 31$。在 $U = [-3, 3]$ 上定义 31 个具有三角形隶属函数的模糊集 A^j,如图 7-17 所示。所设计的模糊系统为

$$f(x) = \frac{\displaystyle\sum_{j=1}^{31} \sin(e^j) \mu_A^j(x)}{\displaystyle\sum_{j=1}^{31} \mu_A^j(x)} \tag{7.25}$$

一维函数逼近的 MATLAB 仿真程序见 chap7_6.m,逼近效果如图 7-18 和图 7-19 所示。

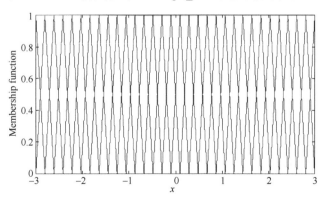

图 7-17 隶属函数

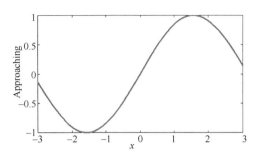

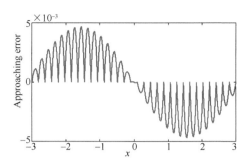

图 7-18　模糊逼近

图 7-19　逼近误差

仿真程序:chap7_6.m

```
% Fuzzy approaching
clear all;
close all;

L1= -3;L2= 3;
L= L2- L1;

h= 0.2;
N= L/h+1;
T= 0.01;

x= L1:T:L2;
for i= 1:N
    e(i)= L1+L/(N-1) * (i-1);
end

c=0;d=0;
for j= 1:N
    if j== 1
        u= trimf(x,[e(1),e(1),e(2)]);     % The first MF
    elseif j== N
        u= trimf(x,[e(N-1),e(N),e(N)]); % The last MF
    else
        u= trimf(x,[e(j-1),e(j),e(j+1)]);
    end
    hold on;
    plot(x,u);
    c= c+sin(e(j)) * u;
    d= d+u;
end
xlabel('x');ylabel('Membership function');

for k= 1:L/T+1
    f(k)= c(k)/d(k);
end

y= sin(x);
figure(2);
plot(x,f,'b',x,y,'r');
```

```
xlabel('x');ylabel('Approaching');
figure(3);
plot(x,f- y,'r');
xlabel('x');ylabel('Approaching error');
```

针对二维函数 $g(x)$，设计一个模糊系统 $f(x)$，使之一致地逼近定义在 $U=[-1,1]\times[-1,1]$ 上的连续函数 $g(x)=0.52+0.1x_1+0.28x_2-0.06x_1x_2$，所需精度为 $\varepsilon=0.1$。

由于 $\left\|\dfrac{\partial g(x)}{\partial x_1}\right\|_\infty=\sup\limits_{x\in U}|0.1-0.06x_2|=0.16,\left\|\dfrac{\partial g(x)}{\partial x_2}\right\|_\infty=\sup\limits_{x\in U}|0.28-0.06x_1|=0.34,$
由式(7.23)可知,取 $h_1=0.2,h_2=0.2$ 时,有 $\|g(x)-f(x)\|\leqslant0.16\times0.2+0.34\times0.2=0.1$,满足精度要求。由于 $L=2$,此时模糊集的个数为 $N=\dfrac{L}{h}+1=11$,即 x_1 和 x_2 分别在 $U=[-1,1]$ 上定义 11 个具有三角形隶属函数的模糊集 A^j。

所设计的模糊系统为

$$f(x)=\frac{\sum\limits_{i_1=1}^{11}\sum\limits_{i_2=1}^{11}g(e^{i_1},e^{i_2})\mu_A^{i_1}(x_1)\mu_A^{i_2}(x_2)}{\sum\limits_{i_1=1}^{11}\sum\limits_{i_2=1}^{11}\mu_A^{i_1}(x_1)\mu_A^{i_2}(x_2)}\qquad(7.26)$$

该模糊系统由 $11\times11=121$ 条规则来逼近函数 $g(x)$。

二维函数逼近的 MATLAB 仿真程序见 chap7_7.m,x_1 和 x_2 的隶属函数及逼近效果如图 7-20 至图 7-23 所示。

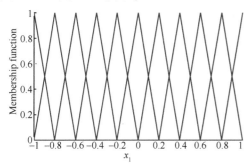

图 7-20　x_1 的隶属函数

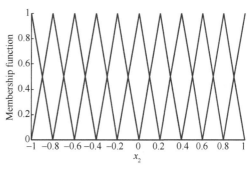

图 7-21　x_2 的隶属函数

仿真程序:chap7_7.m

```
clear all;
close all;

T= 0.1;
x1= -1:T:1;
x2= -1:T:1;

L= 2;
h= 0.2;
N= L/h+1;

for i= 1:1:N       % N MF
  for j= 1:1:N
```

```
        e1(i)= -1+L/(N-1) * (i-1);
        e2(j)= -1+L/(N-1) * (j-1);
         gx(i,j)= 0.52+ 0.1 * e1(i)+ 0.28 * e2(j)- 0.06 * e1(i) * e2(j);
        end
    end

    df= zeros(L/T+1,L/T+1);
    cf= zeros(L/T+1,L/T+1);
    for m= 1:1:N                          % u1 从 1 变到 N
        if m== 1
            u1= trimf(x1,[-1,-1,-1+L/(N-1)]);    % u1= 1
        elseif m== N
            u1= trimf(x1,[1-L/(N-1),1,1]);       % u1= 1
        else
          u1= trimf(x1,[e1(m-1),e1(m),e1(m+1)]);
        end
figure(1); hold on;
plot(x1,u1);
xlabel('x1');ylabel('Membership function');

    for n= 1:1:N                          % u2 从 1 变到 N
        if n== 1
            u2= trimf(x2,[-1,-1,-1+L/(N-1)]);    % u2= 1
        elseif n== N
            u2= trimf(x2,[1-L/(N-1),1,1]);       % u2= N
        else
            u2= trimf(x2,[e2(n-1),e2(n),e2(n+1)]);
        end
figure(2); hold on;
plot(x2,u2);
xlabel('x2');ylabel('Membership function');

        for i= 1:1:L/T+1
          for j= 1:1:L/T+1
             d= df(i,j)+ u1(i) * u2(j);
             df(i,j)= d;
             c= cf(i,j)+ gx(m,n) * u1(i) * u2(j);
             cf(i,j)= c;
          end
        end
    end
    end

    for i= 1:1:L/T+1
        for j= 1:1:L/T+1
            f(i,j)= cf(i,j)/df(i,j);
            y(i,j)= 0.52+ 0.1 * x1(i)+ 0.28 * x2(j)- 0.06 * x1(i) * x2(j);
        end
    end
    figure(3);
```

```
subplot(211);
surf(x1,x2,f);
title('f(x)');
subplot(212);
surf(x1,x2,y);
title('g(x)');
figure(4);
surf(x1,x2,f-y);
title('Approaching error');
```

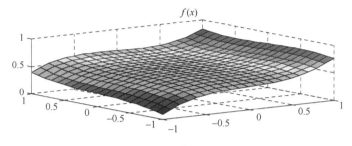

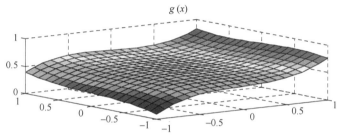

图 7-22　模糊逼近

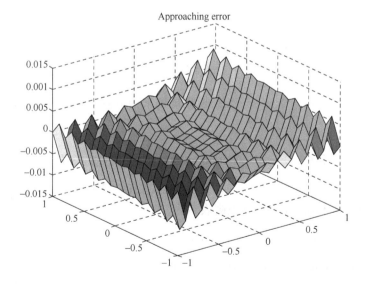

图 7-23　逼近误差

7.4 模糊系统建模应用——自适应模糊控制

7.4.1 问题描述

简单的机械系统动力学方程为

$$\ddot{\theta} = f(\theta, \dot{\theta}) + u \tag{7.27}$$

其中,θ 为角度,u 为控制输入。

取 $f(\boldsymbol{x}) = f(x_1, x_2) = f(\theta, \dot{\theta})$,写成状态方程形式为

$$\begin{cases} \dot{x}_1 = x_2 \\ \dot{x}_2 = f(\boldsymbol{x}) + u \end{cases} \tag{7.28}$$

其中,$f(\boldsymbol{x})$ 为未知函数。

位置指令为 x_d,则误差及其变化率为

$$e = x_1 - x_d, \dot{e} = x_2 - \dot{x}_d$$

定义误差函数为

$$s = ce + \dot{e}, c > 0 \tag{7.29}$$

则

$$\dot{s} = c\dot{e} + \ddot{e} = c\dot{e} + \dot{x}_2 - \ddot{x}_d = c\dot{e} + f(x) + u - \ddot{x}_d$$

由式(7.29)可见,如果 $s \to 0$,则 $e \to 0$ 且 $\dot{e} \to 0$。

7.4.2 模糊逼近原理

由于模糊系统具有万能逼近特性,以 $\hat{f}(\boldsymbol{x} \mid \boldsymbol{\theta})$ 来逼近 $f(\boldsymbol{x})$。针对模糊系统的输入 x_1 和 x_2 分别设计 5 个模糊集,即取 $n = 2, i = 1, 2, p_1 = p_2 = 5$,则共有 $p_1 \times p_2 = 25$ 条模糊规则。

采用以下两步构造模糊系统 $\hat{f}(\boldsymbol{x} \mid \boldsymbol{\theta})$[3]。

步骤 1:对变量 $x_i (i = 1, 2)$,定义 p_i 个模糊集合 $A_i^{l_i} (l_i = 1, 2, 3, 4, 5)$。

步骤 2:采用 $\prod\limits_{i=1}^{n} p_i = p_1 \times p_2 = 25$ 条模糊规则来构造模糊系统 $\hat{f}(\boldsymbol{x} \mid \boldsymbol{\theta})$,则第 j 条模糊规则为

$$R^{(j)}: \text{IF } x_1 \text{ is } A_1^{l_1} \text{ and } x_2 \text{ is } A_1^{l_2} \text{ THEN } \hat{f} \text{ is } B^{l_1 l_2} \tag{7.30}$$

其中,$l_i = 1, 2, 3, 4, 5; i = 1, 2; j = 1, 2, \cdots, 25; B^{l_1 l_2}$ 为结论的模糊集。

则第 1 条、第 i 条和第 25 条模糊规则表示为

$R^{(1)}$:IF x_1 is A_1^1 and x_2 is A_2^1 THEN $\hat{f}$ is B^1

$R^{(i)}$:IF x_1 is A_1^i and x_2 is A_2^i THEN $\hat{f}$ is B^i

$R^{(25)}$:IF x_1 is A_1^5 and x_2 is A_1^5 THEN $\hat{f}$ is B^{25}

模糊推理过程采用如下 4 个步骤[3]。

① 采用乘积推理机实现规则的前提推理,推理结果为 $\prod\limits_{i=1}^{2} m_{A_i^{l_i}}(x_i)$。

② 采用单值模糊器求 $\bar{y}_f^{l_1 l_2}$，即隶属函数最大值(1.0)所对应的横坐标值(x_1, x_2)的函数值 $f(x_1, x_2)$。

③ 采用乘积推理机实现规则前提与规则结论的推理，推理结果为 $\bar{y}_f^{l_1 l_2}\left(\prod_{i=1}^{2} m_{A_i^{l_i}}(x_i)\right)$；对 所有的模糊规则进行并运算，则模糊系统的输出为 $\sum_{l_1=1}^{5}\sum_{l_2=1}^{5}\bar{y}_f^{l_1 l_2}\left(\prod_{i=1}^{2} m_{A_i^{l_i}}(x_i)\right)$。

④ 采用平均解模糊器，得到模糊系统的输出为

$$\hat{f}(\boldsymbol{x} \mid \boldsymbol{\theta}) = \frac{\sum_{l_1=1}^{5}\sum_{l_2=1}^{5}\bar{y}_f^{l_1 l_2}\left(\prod_{i=1}^{2} m_{A_i^{l_i}}(x_i)\right)}{\sum_{l_1=1}^{5}\sum_{l_2=1}^{5}\left(\prod_{i=1}^{2} m_{A_i^{l_i}}(x_i)\right)} \tag{7.31}$$

其中，$\mu_{A_i^j}(x_i)$ 为 x_i 的隶属函数。

令 $\bar{y}_f^{l_1 l_2}$ 是自由参数，放在 $\boldsymbol{\theta} \in R^{(25)}$ 中，则可引入模糊基向量 $\boldsymbol{\xi}(\boldsymbol{x})$，式(7.31)变为

$$\hat{f}(\boldsymbol{x} \mid \boldsymbol{\theta}) = \hat{\boldsymbol{\theta}}^{\mathrm{T}} \boldsymbol{\xi}(\boldsymbol{x}) \tag{7.32}$$

其中，$\boldsymbol{\xi}(\boldsymbol{x})$为 $\prod_{i=1}^{n} p_i = p_1 \times p_2 = 25$ 维模糊基向量，其第 $l_1 l_2$ 个元素为

$$\boldsymbol{\xi}_{l_1 l_2}(\boldsymbol{x}) = \frac{\prod_{i=1}^{2} m_{A_i^{l_i}}(x_i)}{\sum_{l_1=1}^{5}\sum_{l_2=1}^{5}\left(\prod_{i=1}^{2} m_{A_i^{l_i}}(x_i)\right)} \tag{7.33}$$

7.4.3 控制算法设计与分析

设最优参数为

$$\boldsymbol{\theta}^* = \arg\min_{\boldsymbol{\theta}\in\Omega}\left[\sup_{x\in R^2}|\hat{f}(\boldsymbol{x}\mid\boldsymbol{\theta}) - f(\boldsymbol{x})|\right] \tag{7.34}$$

其中，Ω 为 $\boldsymbol{\theta}$ 的集合。则

$$f(\boldsymbol{x}) = \boldsymbol{\theta}^{*\mathrm{T}}\boldsymbol{\xi}(\boldsymbol{x}) + \varepsilon$$

其中，ε 为模糊系统的逼近误差，$|\varepsilon| \leqslant \varepsilon_N$。

$$f(\boldsymbol{x}) - \hat{f}(\boldsymbol{x}) = \boldsymbol{\theta}^{*\mathrm{T}}\boldsymbol{\xi}(\boldsymbol{x}) + \varepsilon - \hat{\boldsymbol{\theta}}^{\mathrm{T}}\boldsymbol{\xi}(\boldsymbol{x}) = -\tilde{\boldsymbol{\theta}}^{\mathrm{T}}\boldsymbol{\xi}(\boldsymbol{x}) + \varepsilon$$

定义 Lyapunov 函数为

$$V = \frac{1}{2}s^2 + \frac{1}{2\gamma}\tilde{\boldsymbol{\theta}}^{\mathrm{T}}\tilde{\boldsymbol{\theta}} \tag{7.35}$$

其中，$\gamma>0$，$\tilde{\boldsymbol{\theta}} = \hat{\boldsymbol{\theta}} - \boldsymbol{\theta}^*$。则

$$\dot{V} = s\dot{s} + \frac{1}{\gamma}\tilde{\boldsymbol{\theta}}^{\mathrm{T}}\dot{\tilde{\boldsymbol{\theta}}} = s(c\dot{e} + f(\boldsymbol{x}) + u - \ddot{x}_{\mathrm{d}}) + \frac{1}{\gamma}\tilde{\boldsymbol{\theta}}^{\mathrm{T}}\dot{\tilde{\boldsymbol{\theta}}}$$

设计控制律为

$$u = -c\dot{e} - \hat{f}(\boldsymbol{x}) + \ddot{x}_{\mathrm{d}} - \eta\,\mathrm{sgn}(s) \tag{7.36}$$

则

$$\dot{V}=s(f(\boldsymbol{x})-\hat{f}(\boldsymbol{x})-\eta\mathrm{sgn}(s))+\frac{1}{\gamma}\tilde{\boldsymbol{\theta}}^{\mathrm{T}}\dot{\tilde{\boldsymbol{\theta}}}$$

$$=s(-\hat{\boldsymbol{\theta}}^{\mathrm{T}}\xi(\boldsymbol{x})+\varepsilon-\eta\mathrm{sgn}(s))+\frac{1}{\gamma}\tilde{\boldsymbol{\theta}}^{\mathrm{T}}\dot{\tilde{\boldsymbol{\theta}}}$$

$$=\varepsilon s-\eta|s|+\tilde{\boldsymbol{\theta}}^{\mathrm{T}}\left(\frac{1}{\gamma}\dot{\tilde{\boldsymbol{\theta}}}-s\xi(\boldsymbol{x})\right)$$

取 $\eta>\varepsilon_N$，自适应律为

$$\dot{\hat{\boldsymbol{\theta}}}=\gamma s\xi(\boldsymbol{x}) \tag{7.37}$$

则 $\dot{V}=\varepsilon s-\eta|s|\leqslant0$，从而 V 有界，即 s 和 $\tilde{\boldsymbol{\theta}}$ 有界。

可见，当且仅当 $s=0$ 时，$\dot{V}=0$；$s\neq0$ 时，$\dot{V}<0$。故 $t\to\infty$ 时，$s\to0$，但由于无法实现 $t\to\infty$ 时，$\tilde{\boldsymbol{\theta}}\to0$，只能实现有界的逼近。

7.4.4 仿真实例

考虑如下被控对象，实现 $f(x)$ 模糊逼近的模糊控制

$$\begin{cases}\dot{x}_1=x_2\\\dot{x}_2=f(x)+u\end{cases}$$

其中 $f(x)=10x_1x_2$。

位置指令为 $x_{\mathrm{d}}(t)=\sin(t)$，取以下 5 种隶属函数对模糊系统输入 x_i 进行模糊化：$m_{\mathrm{NM}}(x_i)=\exp[-((x_i+\pi/3)/(\pi/12))^2]$，$m_{\mathrm{NS}}(x_i)=\exp[-((x_i+\pi/6)/(\pi/12))^2]$，$m_{\mathrm{ZO}}(x_i)=\exp[-(x_i/(\pi/12))^2]$，$m_{\mathrm{PS}}(x_i)=\exp[-((x_i-\pi/6)/(\pi/12))^2]$，$m_{\mathrm{PM}}(x_i)=\exp[-((x_i-\pi/3)/(\pi/12))^2]$。则用于逼近 $f(x)$ 的模糊规则有 25 条。

根据隶属函数设计程序，可得到隶属函数曲线，如图 7-24 所示。

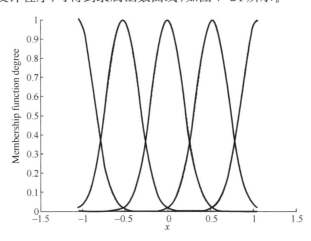

图 7-24　隶属函数曲线

在控制器程序中，分别用 FS_2、FS_1 和 FS 表示模糊系统 $\xi(\boldsymbol{x})$ 的分子、分母及 $\xi(\boldsymbol{x})$。被控对象初始值取 $[0.15,0]$，控制律采用式(7.36)，自适应律采用式(7.37)，向量 $\hat{\boldsymbol{\theta}}$ 中各个元素的初始值取 0.10，取 $\gamma=5000$，$\eta=0.50$。仿真结果如图 7-25 和图 7-26 所示。

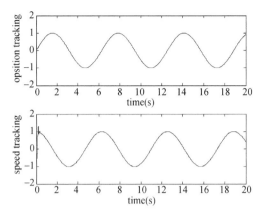

图 7-25　位置和速度跟踪

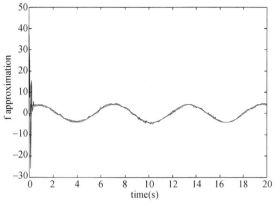

图 7-26　$f(x)$ 及其模糊逼近

仿真程序：

（1）隶属函数设计：chap7_8mf.m

```
clear all;
close all;

L1= -pi/3;
L2= pi/3;
L= L2-L1;

T= L * 1/1000;

x= L1:T:L2;
figure(1);
for i= 1:1:5
    gs= -[(x+pi/3-(i-1) * pi/6)/(pi/12)].^2;
    u= exp(gs);
    hold on;
    plot(x,u);
end
xlabel('x');ylabel('Membership function degree');
```

（2）Simulink 主程序：chap7_8sim.mdl

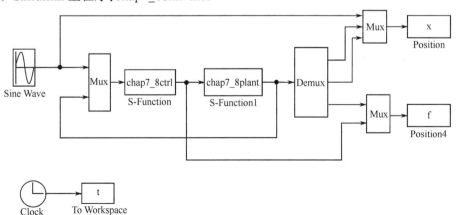

（3）被控对象 S 函数：chap7_8plant.m

```
function [sys,x0,str,ts]= s_function(t,x,u,flag)
switch flag,
case 0,
    [sys,x0,str,ts]= mdlInitializeSizes;
case 1,
    sys= mdlDerivatives(t,x,u);
case 3,
    sys= mdlOutputs(t,x,u);
case {2, 4, 9 }
    sys = [];
otherwise
    error(['Unhandled flag = ',num2str(flag)]);
end
function [sys,x0,str,ts]= mdlInitializeSizes
sizes = simsizes;
sizes.NumContStates   = 2;
sizes.NumDiscStates   = 0;
sizes.NumOutputs      = 3;
sizes.NumInputs       = 2;
sizes.DirFeedthrough  = 0;
sizes.NumSampleTimes  = 0;
sys= simsizes(sizes);
x0= [0.15;0];
str= [];
ts= [];
function sys= mdlDerivatives(t,x,u)
ut= u(1);

f= 10x(1)* x(2);
sys(1)= x(2);
sys(2)= f+ut;
function sys= mdlOutputs(t,x,u)
f= 10x(1)* x(2);

sys(1)= x(1);
sys(2)= x(2);
sys(3)= f;
```

（4）控制器 S 函数：chap7_8ctrl.m

```
function [sys,x0,str,ts] = spacemodel(t,x,u,flag)
switch flag,
case 0,
    [sys,x0,str,ts]= mdlInitializeSizes;
case 1,
    sys= mdlDerivatives(t,x,u);
case 3,
    sys= mdlOutputs(t,x,u);
case {2,4,9}
    sys= [];
```

```matlab
otherwise
    error(['Unhandled flag = ',num2str(flag)]);
end
function [sys,x0,str,ts]= mdlInitializeSizes
sizes = simsizes;
sizes.NumContStates  = 25;
sizes.NumDiscStates  = 0;
sizes.NumOutputs     = 2;
sizes.NumInputs      = 4;
sizes.DirFeedthrough = 1;
sizes.NumSampleTimes = 1;
sys = simsizes(sizes);
x0= [0.1 * ones(25,1)];
str= [];
ts= [0 0];
function sys= mdlDerivatives(t,x,u)
xd= sin(t);
dxd= cos(t);

x1= u(2);
x2= u(3);
e= x1-xd;
de= x2-dxd;
c= 15;
s= c * e+de;

xi= [x1;x2];

FS1= 0;
for l1= 1:1:5
    gs1= -[(x1+pi/3- (l1-1) * pi/6)/(pi/12)]^2;
    u1(l1)= exp(gs1);
end

for l2= 1:1:5
    gs2= - [(x2+ pi/3- (l2-1) * pi/6)/(pi/12)]^2;
    u2(l2)= exp(gs2);
end
for l1= 1:1:5
    for l2= 1:1:5
        FS2(5 * (l1-1)+ l2)= u1(l1) * u2(l2);
        FS1= FS1+ u1(l1) * u2(l2);
    end
end
FS= FS2/(FS1+ 0.001);

for i= 1:1:25
    thta(i,1)= x(i);
end
gama= 1500;
```

```
S= gama * s * FS;

for i= 1:1:25
    sys(i)= S(i);
end
function sys= mdlOutputs(t,x,u)
xd= sin(t);
dxd= cos(t);
ddxd= -sin(t);

x1= u(2);
x2= u(3);
e= x1-xd;
de= x2-dxd;
c= 15;
s= c*e+de;

xi= [x1;x2];

FS1= 0;
for l1= 1:1:5
    gs1= -[(x1+ pi/3- (l1-1)*pi/6)/(pi/12)]^2;
    u1(l1)= exp(gs1);
end
for l2= 1:1:5
    gs2= -[(x2+ pi/3- (l2-1)*pi/6)/(pi/12)]^2;
    u2(l2)= exp(gs2);
end
for l1= 1:1:5
    for l2= 1:1:5
        FS2(5*(l1-1)+ l2)= u1(l1)*u2(l2);
        FS1= FS1+ u1(l1)*u2(l2);
    end
end
FS= FS2/(FS1+ 0.001);

for i= 1:1:25
    thta(i,1)= x(i);
end
fxp= thta'*FS';
xite= 0.50;
ut= -c*de+ddxd-fxp-xite*sign(s);

sys(1)= ut;
sys(2)= fxp;
```
（5）作图程序：chap7_8plot

```
close all;

figure(1);
```

```
subplot(211);
plot(t,x(:,1),'r',t,x(:,2),'b');
xlabel('time(s)');ylabel('position tracking');
subplot(212);
plot(t,cos(t),'r',t,x(:,3),'b');
xlabel('time(s)');ylabel('speed tracking');

figure(2);
plot(t,f(:,1),'r',t,f(:,3),'b');
xlabel('time(s)');ylabel('f approximation');
```

7.5 模糊 RBF 网络的在线逼近

由于神经网络具有自学习、自组织和并行处理等特征,并具有很强的容错能力和联想能力,因此,神经网络具有建模的能力。在模糊系统中,模糊集、隶属函数和模糊规则的设计是建立在经验知识基础上的,这种设计方法存在很大的主观性。将神经网络的学习能力引入模糊系统中,将模糊系统的模糊化处理、模糊推理、精确化计算通过分布式的神经网络来表示是实现模糊系统自组织、自学习的重要途径。模糊神经网络是将模糊系统和神经网络相结合而构成的网络。在模糊神经网络中,神经网络的输入/输出节点用来表示模糊系统的输入/输出信号,神经网络的隐含节点用来表示隶属函数和模糊规则,利用神经网络的并行处理能力使得模糊系统的推理能力大大提高。

利用 RBF 网络与模糊系统相结合,构成了模糊 RBF 网络。该网络是建立在 BP 网络基础上的一种多层神经网络,可以称为一种特殊的深度神经网络[4]。

7.5.1 网络结构

如图 7-27 所示为 2 输入 1 输出的模糊 RBF 网络,该网络由输入层、模糊化层、模糊推理层和输出层构成,其中模糊化层对每个输入采用 5 个隶属函数,模糊 RBF 网络中信号传播及各层的功能表示如下。

第一层:输入层。该层的各个节点直接与输入量的各个分量连接,将输入量传到下一层。对该层的每个节点 i 的输入/输出表示为

$$f_1 = \begin{bmatrix} x_1 & x_2 \end{bmatrix} \tag{7.38}$$

第二层:模糊化层。采用高斯基函数作为隶属函数, c_{ij} 和 b_j 分别是第 i 个输入变量第 j 个模糊集合的隶属函数的均值和标准差。

$$f_2(i,j) = \exp\left(-\frac{(f_1(i)-c_{ij})^2}{b_j^2}\right) \tag{7.39}$$

其中, $i=1,2;j=1,2,3,4,5$ 。

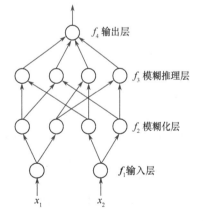

图 7-27 2 输入 1 输出的模糊
RBF 网络结构

第三层:模糊推理层。该层通过与模糊化层的连接来完成模糊规则的匹配,各个节点之间实现模糊运算,即通过各个模糊节点的组合得到相应的输出。

由于第一个输入经模糊化后输出为 5 个,第二个输入经模糊化后输出为 5 个,故两两组合后,构成 25 条模糊规则,从而可得到 25 个模糊输出,即

$$f_3(l) = f_2(1,j_1)f_2(2,j_2) \tag{7.40}$$

其中,$j_1 = 1,2,3,4,5;j_2 = 1,2,3,4,5;l = 1,2,\cdots,25$。

第四层:输出层。输出层为 f_4,即

$$f_4(l) = \sum_{l=1}^{25} w(l) \cdot f_3(l) \tag{7.41}$$

其中,$w(l)$ 为输出节点与第三层各节点的连接权值。

7.5.2 基于模糊 RBF 网络的逼近算法

采用模糊 RBF 网络逼近对象,取网络结构为 2-4-1,如图 7-28 所示。

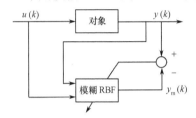

图 7-28 模糊 RBF 神经网络逼近

网络输入为 $u(k)$ 和 $y(k)$,网络输出为 $y_m(k)$,则网络的逼近误差为

$$e(k) = y(k) - y_m(k) \tag{7.42}$$

采用梯度下降法来修正可调参数,定义目标函数为

$$E = \frac{1}{2}e(k)^2 \tag{7.43}$$

网络的学习算法如下:

输出层的连接权值通过如下方式来调整

$$\Delta w(k) = -\eta \frac{\partial E}{\partial w} = -\eta \frac{\partial E}{\partial e} \frac{\partial e}{\partial \hat{y}_m} \frac{\partial \hat{y}_m}{\partial w} = \eta e(k) f_3(l) \tag{7.44}$$

则输出层的连接权值学习算法为

$$w(k) = w(k-1) + \Delta w(k) + \alpha(w(k-1) - w(k-2)) \tag{7.45}$$

其中,η 为学习速率,α 为动量因子。

7.5.3 仿真实例

使用模糊 RBF 网络逼近非线性系统

$$y(k) = u(k)^3 + \frac{y(k-1)}{1+y(k-1)^2}$$

其中,采样周期为 0.001s。

输入信号为正弦信号:$u(k) = \sin(0.1t)$,网络的连接权值矩阵 $\boldsymbol{W}$ 的初始值取 $[-1,+1]$ 之间的随机值。根据网络输入 $u(k)$ 和 $y(k)$ 的取值范围来设计高斯基函数的参数,参数取 $c = \begin{bmatrix} -1 & -0.5 & 0 & 0.5 & 1 \\ -1.5 & -1 & 0 & 1 & 1.5 \end{bmatrix}$ 和 $b_j = 0.50, i = 1,2, j = 1,2,3,4,5$。网络的学习参数取 $\eta = 0.50, \alpha = 0.05$。采用算法式(7.38)至式(7.45),模糊 RBF 网络逼近程序见 chap7_9.m。仿真结果如图7-29 和图 7-30 所示。

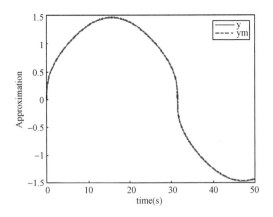

图 7-29　模糊 RBF 网络逼近效果

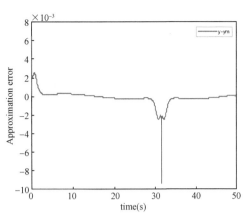

图 7-30　模糊 RBF 网络逼近误差

仿真程序:chap7_9.m

```
% Fuzzy RBF Approximation
clear all;
close all;

xite= 0.50;
alfa= 0.05;

bj= 0.50;
c= [-1 -0.5 0 0.5 1;
    -1.5 -1 0 1 1.5];
% w= rands(25,1);
w= zeros(25,1);

w_1= w;
w_2= w_1;

u_1= 0.0;
y_1= 0.0;

ts= 0.001;
for k= 1:1:100000
time(k)= k*ts;

u(k)= sin(0.1*k*ts);
y(k)= (u(k))^3+y_1/(1+y_1^2);
% Layer1:input
x= [u(k),y(k)]';
f1= x;
% Layer2:fuzzation
 for i= 1:1:2
    for j= 1:1:5
       net2(i,j)= -(f1(i)-c(i,j))^2/bj^2;
       f2(i,j)= exp(net2(i,j));
    end
```

```
end
% Layer3:fuzzy inference(25 rules)
for j1= 1:1:5
    for j2= 1:1:5
    ff3(j1,j2)= f2(1,j1)* f2(2,j2);
    end
end
f3= [ff3(1,:),ff3(2,:),ff3(3,:),ff3(4,:),ff3(5,:)];
% Layer4:output
f4= w_1'* f3';
ym(k)= f4;

e(k)= y(k)-ym(k);

d_w= 0* w_1;
for L= 1:1:25
    d_w(L)= xite*e(k)*f3(L);
end
w= w_1+ d_w+ alfa* (w_1- w_2);

    u_1= u(k);
    y_1= y(k);
    w_2= w_1;
    w_1= w;
end
figure(1);
plot(time,y,'r',time,ym,'- .b','linewidth',2);
xlabel('time(s)');ylabel('Approximation');
legend('y','ym');
figure(2);
plot(time,y- ym,'r','linewidth',2);
xlabel('time(s)');ylabel('Approximation error');
legend('y- ym');
```

7.6　模糊 RBF 网络的数据建模

在神经网络的数据建模中,根据标准的输入/输出模式对,采用神经网络学习算法,以标准的模式作为学习样本进行训练,通过学习,调整神经网络的连接权值。当训练满足要求后,得到的连接权值构成了模型的知识库。

7.6.1　基本原理

模糊 RBF 网络的训练过程如下:正向传播采用算法式(7.38)至式(7.45),输入信号从输入层经模糊化层和模糊推理层传向输出层,若输出层得到了期望的输出,则学习算法结束;否则,转至反向传播。反向传播采用梯度下降法,调整各层间的连接权值。网络的第 l 个输出与相应理想输出 x_l^0 的误差为

$$e_l = x_l^0 - x_l$$

第 p 个样本的误差性能指标函数为

$$E_p = \frac{1}{2} \sum_{l=1}^{N} e_l^2 \tag{7.46}$$

其中,N 为网络输出层的个数。

输出层的连接权值通过如下方式来调整

$$\Delta w(k) = -\eta \frac{\partial E_p}{\partial w} = -\eta \frac{\partial E_p}{\partial e} \frac{\partial e}{\partial y_m} \frac{\partial y_m}{\partial w} = \eta e(k) f_3(l) \tag{7.47}$$

则输出层的连接权值学习算法为

$$w(k) = w(k-1) + \Delta w(k) + \alpha(w(k-1) - w(k-2)) \tag{7.48}$$

其中,η 为学习速率,α 为动量因子。

每次迭代时,分别依次对各个样本进行训练,更新权值,直到所有样本训练完毕,再进行下一次迭代,直到满足要求为止。

7.6.2 仿真实例之一:SISO 系统

模糊 RBF 网络为 3-15-125-2 结构,连接权值矩阵 W 的初始值取 $[-1 \quad +1]$ 之间的随机值,学习参数取 $\eta = 0.50, \alpha = 0.05$。根据网络输入的取值范围来设计高斯基函数的参数,参数取 $c = \begin{bmatrix} -1.5 & -1 & 0 & 1 & 1.5 \\ -1.5 & -1 & 0 & 1 & 1.5 \\ -1.5 & -1 & 0 & 1 & 1.5 \end{bmatrix}$ 和 $b_j = 0.50, i = 1, 2, 3, j = 1, 2, 3, 4, 5$。

取标准样本为单个样本,该样本为 3 输入 2 输出样本,见表 7-2。

运行网络训练程序 chap7_10a.m,取网络训练的最终指标为 $E = 10^{-20}$,样本训练的收敛过程如图 7-31 所示。将网络训练的最终连接权值构成模型的知识库,将其保存在文件 wfile1.dat 中。运行网络测试程序 chap7_10b.m,调用文件 wfile1.dat,取一组实际样本进行测试,测试样本及测试结果见表 7-3。

表 7-2 训练样本

输入			输出	
1	0	0	1	0

表 7-3 测试样本及测试结果

输入			输出	
1	0	0	1	0

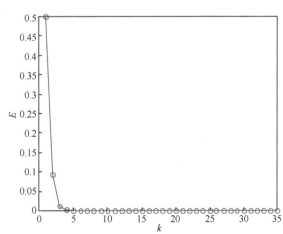

图 7-31 样本训练的收敛过程

7.6.3 仿真实例之二:MIMO 系统

取标准样本为 3 个样本,每个样本为 3 输入 2 输出样本,见表 7-4。

运行网络训练程序 chap7_11a.m，取网络训练的最终指标为 $E=10^{-20}$，样本训练的收敛过程如图 7-32 所示。将网络训练的最终连接权值构成用于模型的知识库，将其保存在文件 wfile2.dat 中。运行网络测试程序 chap7_11b.m，调用文件 wfile2.dat，取一组实际样本进行测试，测试样本及测试结果见表 7-5。

表 7-4 训练样本

输 入			输 出	
1	0	0	1	0
0	1	0	0	0.5
0	0	1	0	1

表 7-5 测试样本及测试结果

输 入			输 出	
0.970	0.001	0.001	0.9862	0.0094
0.000	0.980	0.000	0.0080	0.4972
0.002	0.000	1.040	−0.0145	1.0202
0.500	0.500	0.500	0.2395	0.6108
1.000	0.000	0.000	1.0000	−0.0000
0.000	1.000	0.000	0.0000	0.5000
0.000	0.000	1.000	−0.0000	1.0000

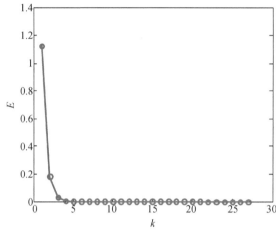

图 7-32 样本训练的收敛过程

由仿真结果可见，相同的输入得到相同的输出，相近的输入得到相近的输出。如果是新的没有经过训练的样本，则得到新的输入/输出。这表明模糊 RBF 网络具有很好的非线性建模能力。

思考题与习题 7

7.1 说明模糊算法进行系统辨识的原理和方法。

7.2 假定有如下 3 条模糊规则。

$R^{(1)}$：If x_1 is small and x_2 is small, then $y=2x_1+2x_2$

$R^{(2)}$：If x_1 is big, then $y=2x_1+x_2$

$R^{(3)}$：If x_2 is big, then $y=x_1+2x_2$

其中，x_1, x_2 的隶属函数分别是

$$\mu_{x_1 \in \text{small}}(x) = \begin{cases} 1 & x<0 \\ \frac{1}{5}(5-x) & 0 \leqslant x \leqslant 5 \\ 0 & x>5 \end{cases}$$

$$\mu_{x_2 \in \text{small}}(x) = \begin{cases} 1 & x<0 \\ \frac{1}{10}(10-x) & 0 \leqslant x \leqslant 10 \\ 0 & x>10 \end{cases}$$

$$\mu_{x_1 \in \text{big}}(x) = \begin{cases} 0 & x < 5 \\ \dfrac{1}{5}(x-5) & 5 \leqslant x \leqslant 10 \\ 1 & x > 10 \end{cases}$$

$$\mu_{x_2 \in \text{big}}(x) = \begin{cases} 0 & x < 10 \\ \dfrac{1}{10}(x-10) & 10 \leqslant x \leqslant 20 \\ 1 & x > 20 \end{cases}$$

计算 $x_1 = 17, x_2 = 22$ 时模糊系统的输出结果。

7.3 设计一个在 $U = [-1,1]$ 上的模糊系统，使其精度 $\varepsilon = 0.1$ 一致地逼近函数 $g(x) = \sin(x\pi) + \cos(x\pi) + \sin(x\pi)\cos(x\pi)$，并进行 MATLAB 仿真。

7.4 试与自己研究方向相结合，举例说明模糊算法在系统辨识中的应用。

参 考 文 献

[1] T. Takagi, M. Sugeno. Fuzzy identification of systems and its application to modeling and control. IEEE Transaction on Systems, Manand Cybernetics, 1985, 15(1): 116-132.

[2] 李少远, 席裕庚. Sugeno 模糊模型的辨识. 系统仿真学报, 2001, 13(Suppl.): 27-32.

[3] 王立新. 模糊系统与模糊控制教程. 北京: 清华大学出版社, 2003.

[4] 段艳杰, 吕宜生, 张杰, 赵学亮, 王飞跃. 深度学习在控制领域的研究现状与展望. 自动化学报, 42(5): 643-654.

第8章 智能优化算法辨识

随着优化理论的发展,一些新的智能算法得到了迅速发展和广泛应用,成为解决传统系统辨识问题的新方法,如遗传算法、粒子群算法、差分进化算法等,这些算法丰富了系统辨识技术。这些算法都是通过模拟揭示自然现象和过程来实现的,其优点和机制的独特,为非线性系统的辨识问题提供了切实可行的解决方案。本章介绍利用遗传算法、粒子群算法和差分进化算法解决参数辨识的问题。

8.1 遗 传 算 法

8.1.1 遗传算法基本操作

20世纪70年代初,美国密歇根大学的Holland教授和他的学生提出并创立了一种新的优化算法——遗传算法(Genetic Algorithm,GA)。该方法植根于自然进化与遗传机理,原先被用于模拟自然界的自适应(适者生存)现象,后来被引向广泛的工程问题,进而快速发展成一种"自适应启发式、概率性迭代式的全局搜索算法"。20世纪80年代以来,遗传算法在许多方面得到了应用,如自动控制、计算机科学、机器人学、模式识别和神经网络等领域。随着遗传算法理论的发展与成熟,遗传算法在系统辨识领域中的应用越来越多,尤其是在非线性系统辨识中的应用潜力越来越大。

遗传算法是以达尔文的自然选择学说为基础发展起来的。自然选择学说包括以下3个方面。

① 遗传:这是生物的普遍特征,亲代把生物信息交给子代,子代按照所得信息发育、分化,因而子代总是和亲代具有相同或相似的性状。生物有了这个特征,物种才能稳定存在。

② 变异:亲代和子代之间及子代的不同个体之间总是有些差异,这种现象称为变异。变异是随机发生的,变异的选择和积累是生命多样性的根源。

③ 生存斗争和适者生存:自然选择来自繁殖过剩和生存斗争。由于弱肉强食的生存斗争不断地进行,其结果是适者生存,即具有适应性变异的个体被保留下来,不具有适应性变异的个体被淘汰,通过一代代的生存环境的选择作用,个体的性状逐渐与祖先有所不同,从而演变为新的物种。这种自然选择过程是一个长期的、缓慢的、连续的过程。

遗传算法将"优胜劣汰,适者生存"的生物进化法则引入优化参数形成的编码串(位串)种群中,按所选择的适应度函数并通过遗传中的复制、交叉及变异对个体进行筛选,使适应度高的个体被保留下来,组成新的种群,新的种群既继承了上一代的信息,又优于上一代。这样周而复始,种群中个体适应度不断提高,直到满足一定的条件。遗传算法的算法简单,可并行处理,并能得到全局最优解。

遗传算法的基本操作为[1]:

(1) 复制(Reproduction Operator)

复制是从一个旧种群中选择生命力强的个体(位串)产生新种群的过程。根据位串的适应度复制,也就是具有高适应度的位串更有可能在下一代中产生一个或多个子孙。复制模仿了自然现象,应用了达尔文的自然选择学说。复制操作可以通过随机方法来实现。若用计算机程序来实现,可考虑首先产生 $0\sim1$ 之间均匀分布的随机数,若某位串的复制概率为 40%,则当产生的随机数在 $0.40\sim1.0$ 之间时,该位串被复制,否则被淘汰。此外,还可以通过计算方法实现,较典型的方法如适应度比例法、期望值法、排位次法等,其中适应度比例法较常用。选择运算是复制中的重要步骤。

（2）交叉（Crossover Operator）

复制操作能从旧种群中选择出优秀者,但不能创造新的染色体。而交叉模拟了生物进化过程中的繁殖现象,通过两个染色体的交换组合,来产生新的优良品种。交叉过程为:在匹配池中任选两个染色体,随机选择一个或多个交换点位置;交换双亲染色体交换点右边的部分,即可得到两个新的染色体符号串。交换体现了自然界中信息交换的思想。交叉有一点交叉、多点交叉,还有一致交叉、顺序交叉和周期交叉。一点交叉是最基本的方法,应用较广。例如:

A： 101100 1110→101100 0101

B： 001010 0101→001010 1110

（3）变异（Mutation Operator）

变异操作用来模拟生物在自然的遗传环境中由于各种偶然因素引起的基因突变,它以很小的概率随机地改变遗传基因(表示染色体符号串的某一位)的值。在染色体以二进制编码的系统中,变异随机地将染色体的某一个基因由 1 变为 0,或由 0 变为 1。若只有选择和交叉,而没有变异,则无法在初始基因组合以外的空间进行搜索,使进化过程在早期就陷入局部解而进入终止过程,从而影响解的质量。为了在尽可能大的空间中获得质量较高的优化解,必须采用变异操作。

8.1.2　遗传算法的特点

遗传算法主要有以下几个特点。

① 遗传算法是对参数的编码进行操作,而非对参数本身,这就使得我们在优化计算过程中可以借鉴生物学中染色体和基因等概念,模仿自然界中生物的遗传和进化等机理。

② 遗传算法同时使用多个搜索点的搜索信息。传统的优化方法往往是从解空间的一个初始点开始最优解的迭代搜索过程,单个搜索点所提供的信息不多,搜索效率不高,有时甚至使搜索过程局限于局部最优解而停滞不前。遗传算法从由很多个体组成的一个初始种群开始最优解的搜索过程,而不是从一个单一的个体开始搜索的,这是遗传算法所特有的一种隐含并行性,因此遗传算法的搜索效率较高。

③ 遗传算法直接以目标函数作为搜索信息。传统的优化算法不仅需要利用目标函数值,而且需要目标函数的导数值等辅助信息才能确定搜索方向。而遗传算法仅使用由目标函数值变换来的适应度值,就可以确定进一步的搜索方向和搜索范围,无须目标函数的导数值等辅助信息。因此,遗传算法可应用于目标函数无法求导数或导数不存在的函数的优化问题,以及组合优化问题等。而且,直接利用目标函数值或适应度值,也可将搜索范围集中到适应度值较高的部分搜索空间中,从而提高搜索效率。

④ 遗传算法使用概率搜索技术。许多传统的优化算法使用的是确定性搜索算法,一个搜索点到另一个搜索点的转移有确定的转移方法和转移关系,这种确定性的搜索方法有可能使

得搜索无法达到最优点,因而限制了算法的使用范围。遗传算法的复制、交叉、变异等操作都是以一种概率的方式来进行的,因而遗传算法的搜索过程具有很好的灵活性。随着进化过程的进行,新的种群会产生出更多的、新的优良的个体。理论已经证明,遗传算法在一定条件下以概率1收敛于问题的最优解。

⑤ 遗传算法在解空间进行高效启发式搜索,而非盲目地穷举或完全随机搜索。

⑥ 遗传算法对于待寻优的函数基本无限制,它既不要求函数连续,也不要求函数可微,既可以是数学解析式所表示的显函数,又可以是映射矩阵甚至是神经网络的隐函数,因而应用范围较广。

⑦ 遗传算法具有并行计算的特点,因而可通过大规模并行计算来提高计算速度,适合大规模复杂问题的优化。

8.1.3 遗传算法的应用领域

① 函数优化。函数优化是遗传算法的经典应用领域,也是遗传算法进行性能评价的常用算例。尤其是对非线性、多模型、多目标的函数优化问题,采用其他优化方法较难求解,而遗传算法却可以得到较好的结果。

② 组合优化。随着问题的增大,组合优化问题的搜索空间也急剧扩大,采用传统的优化方法很难得到最优解。遗传算法是寻求这种满意解的最佳工具。例如,遗传算法已经在求解旅行商问题、背包问题、装箱问题、图形划分问题等方面得到了成功的应用。

③ 生产调度问题。在很多情况下,采用建立数学模型的方法难以对生产调度问题进行精确求解。在现实生产中,多采用一些经验进行调度。遗传算法是解决复杂调度问题的有效工具,在单件生产车间调度、流水线生产车间调度、生产规划、任务分配等方面都得到了有效应用。

④ 自动控制。在自动控制领域中有很多与优化相关的问题需要求解,遗传算法已经在其中得到了初步的应用。例如,利用遗传算法进行控制器参数的优化、基于遗传算法的模糊控制规则的学习、基于遗传算法的参数辨识、基于遗传算法的神经网络结构的优化和连接权值学习等。

⑤ 机器人。例如,遗传算法已经在移动机器人路径规划、关节机器人运动轨迹规划、机器人结构优化和行为协调等方面得到研究及应用。

⑥ 图像处理。遗传算法可用于图像处理过程中的扫描、特征提取、图像分割等的优化计算。目前遗传算法已经在模式识别、图像恢复和图像边缘特征提取等方面得到了应用。

8.1.4 遗传算法的优化设计

1. 遗传算法的构成要素

(1)染色体编码方法

基本遗传算法使用固定长度的二进制符号来表示种群中的个体,其基因是由二值符号集{0,1}所组成的。初始个体的基因值可用均匀分布的随机值来生成,如 $x=100111001000101101$ 就可表示一个个体,该个体的染色体长度是 $n=18$。

(2)个体适应度评价

在基本遗传算法中,每个个体按与该个体适应度成正比的概率来决定该个体遗传到下一代种群中的概率。为正确计算这个概率,要求所有个体的适应度值必须为正数或零。因此,必须先确定由目标函数值到个体适应度值之间的转换规则。

（3）遗传算子

基本遗传算法中的 3 种运算使用下述 3 种遗传算子：

① 选择运算使用比例选择算子；

② 交叉运算使用单点交叉算子；

③ 变异运算使用基本位变异算子或均匀变异算子。

（4）基本遗传算法的运行参数

有下述 4 个运行参数需要提前设定。

M：种群大小，即种群中所含个体的数量，一般取 20～100。

G：遗传算法的终止进化代数，一般取 100～500。

P_c：交叉概率，一般取 0.4～0.99。

P_m：变异概率，一般取 0.0001～0.1。

2. 遗传算法的应用步骤

对于一个需要进行优化的实际问题，一般可按下述步骤构造遗传算法。

第 1 步：确定决策变量及各种约束条件，即确定出个体表现型 X 和问题的解空间。

第 2 步：建立优化模型，即确定出目标函数的类型及数学描述形式或量化方法。

第 3 步：确定表示可行解的染色体编码方法，即确定出个体基因型 x 及遗传算法的搜索空间。

第 4 步：确定个体适应度的量化评价方法，即确定出由目标函数 $J(x)$ 到个体适应度函数 $F(x)$ 的转换规则。

第 5 步：设计遗传算子，即确定选择运算、交叉运算、变异运算等的具体操作方法。

第 6 步：确定遗传算法的有关运行参数，即 M,G,P_c,P_m 等。

第 7 步：确定解码方法，即确定出由个体表现型 X 到个体基因型 x 的对应关系或转换方法。

以上操作过程可以用图 8-1 来表示。

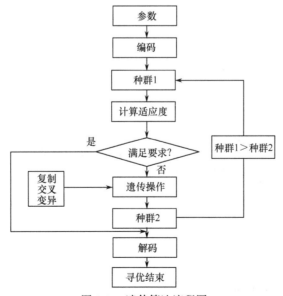

图 8-1　遗传算法流程图

8.2 遗传算法求函数极大值

利用遗传算法求 Rosenbrock 函数的极大值

$$\begin{cases} f(x_1,x_2)=100(x_1^2-x_2)^2+(1-x_1)^2 \\ -2.048 \leqslant x_i \leqslant 2.048 \quad (i=1,2) \end{cases}$$

该函数有两个局部极大值,分别是 $f(2.048,-2.048)=3897.7342$ 和 $f(-2.048,-2.048)=3905.9262$,其中后者为全局最大值。

函数 $f(x_1,x_2)$ 的三维图形如图 8-2 所示,可以发现该函数在指定的定义域上有两个接近的极值,即一个全局极大值和一个局部极大值。因此,采用寻优算法求极大值时,需要避免陷入局部最优解。

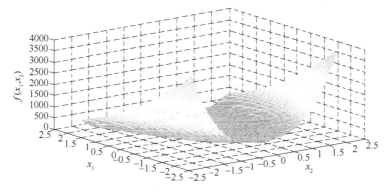

图 8-2 $f(x_1,x_2)$ 的三维图形

仿真程序:function_plot. m

```matlab
clear all;
close all;

x_min= -2.048;
x_max= 2.048;

L= x_max-x_min;
N= 101;
for i= 1:1:N
    for j= 1:1:N
        x1(i)= x_min+L/(N-1)* (i-1);    % 在 x1 轴上取 100 点
        x2(j)= x_min+L/(N-1)* (j-1);    % 在 x2 轴上取 100 点
        fx(i,j)= 100* (x1(i)^2-x2(j))^2+ (1-x1(i))^2;
    end
 end
figure(1);
surf(x1,x2,fx);
title('f(x)');

display('Maximum value of fx= ');
disp(max(max(fx)));
```

8.2.1 二进制编码遗传算法求函数极大值

采用二进制编码遗传算法求函数极大值,遗传算法的构造过程如下:

① 确定决策变量和约束条件。

② 建立优化模型。

③ 确定编码方法:用长度为 10 位的二进制编码串来分别表示两个决策变量 x_1, x_2。10 位二进制编码串可以表示 $0 \sim 1023$ 之间的 1024 个不同的数,故将 x_1, x_2 的定义域离散化为 1023 个均等的区域,包括两个端点在内共有 1024 个不同的离散点。从离散点 -2.048 到离散点 2.048,依次让它们分别对应于从 0000000000(0) 到 1111111111(1023) 之间的二进制编码。再将分别表示 x_1, x_2 的两个 10 位长的二进制编码串连接在一起,组成一个 20 位长的二进制编码串,它就构成了这个函数优化问题的染色体编码方法。使用这种编码方法,解空间和遗传算法的搜索空间就具有——对应的关系。例如,x:0000110111 1101110001 就表示一个个体的基因型,其中前 10 位表示 x_1,后 10 位表示 x_2。

④ 确定解码方法:解码时需要将 20 位长的二进制编码串切断为两个 10 位长的二进制编码串,然后分别将它们转换为对应的十进制整数代码,分别记为 y_1 和 y_2。由个体编码方法和对定义域的离散化方法可知,将代码 y_i 转换为变量 x_i 的解码公式为

$$x_i = 4.096 \times \frac{y_i}{1023} - 2.048 \qquad (i = 1, 2) \tag{8.1}$$

例如,对个体 x:0000110111 1101110001,它由两个代码所组成:$y_1 = 55, y_2 = 881$。这两个代码经过解码后,可得到两个实际的值

$$x_1 = -1.828, x_2 = 1.476$$

⑤ 确定个体评价方法:由于 Rosenbrock 函数的值域总是非负的,并且优化目标是求函数的极大值,故可将个体适应度直接取为对应的函数值,即

$$F(x) = f(x_1, x_2) \tag{8.2}$$

选个体适应度函数的倒数作为目标函数

$$J(x) = \frac{1}{F(x)} \tag{8.3}$$

⑥ 设计遗传算子:选择运算使用比例选择算子,交叉运算使用单点交叉算子,变异运算使用基本位变异算子。

⑦ 确定遗传算法的运行参数:种群大小 $M = 500$,终止进化代数 $G = 300$,交叉概率 $P_c = 0.80$,变异概率 $P_m = 0.10$。

上述 7 个步骤构成了用于求 Rosenbrock 函数极大值优化计算的二进制编码遗传算法。经过 100 步迭代,最佳样本为 BestS=[0 0 0 0 0 0 0 0 0 0 0 0 0 0 0 0 0 0 0 0],即当 $x_1 = -2.048, x_2 = -2.048$ 时,Rosenbrock 函数具有极大值,极大值为 3905.9。

仿真程序见 chap8_1.m,遗传算法的优化过程中目标函数 $J(x)$ 和个体适应度函数 $F(x)$ 的变化过程如图 8-3 和图 8-4 所示。由仿真结果可知,随着优化过程的进行,种群中适应度值较低的一些个体逐渐被淘汰,而适应度值较高的一些个体会越来越多,并且它们都集中在所求问题的最优点附近,从而搜索到问题的最优解。

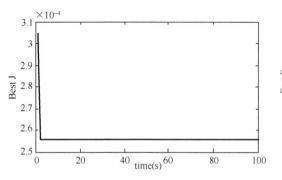

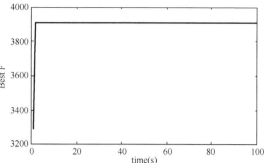

图 8-3　目标函数的变化过程　　　　图 8-4　个体适应度函数的变化过程

仿真程序:chap8_1.m

```
% Generic Algorithm for function f(x1,x2) optimum
clear all;
close all;

% Parameters
Size= 500;
G= 300;
CodeL= 10;

umax= 2.048;
umin= -2.048;

E= round(rand(Size,2* CodeL));    % Initial Code

% Main Program
for k= 1:1:G
time(k)= k;

for s= 1:1:Size
m= E(s,:);
y1= 0;y2= 0;

% Uncoding
m1= m(1:1:CodeL);
for i= 1:1:CodeL
    y1= y1+ m1(i)* 2^(i-1);
end
x1= (umax- umin)* y1/1023+ umin;
m2= m(CodeL+ 1:1:2* CodeL);
for i= 1:1:CodeL
    y2= y2+ m2(i)* 2^(i-1);
end
x2= (umax- umin)* y2/1023+ umin;

F(s)= 100* (x1^2-x2)^2+ (1-x1)^2;
end
```

```
Ji= 1. /F;
% * * * * * *  Step 1 : Evaluate BestJ * * * * * *
BestJ(k)= min(Ji);

fi= F;                          % Fitness Function
[Oderfi,Indexfi]= sort(fi);      % Arranging fi small to bigger
Bestfi= Oderfi(Size);            % Let Bestfi= max(fi)
BestS= E(Indexfi(Size),:);       % Let BestS= E(m), m is the Indexfi belong to max(fi)
bfi(k)= Bestfi;

% * * * * * *  Step 2 : Select and Reproduct Operation* * * * * *
   fi_sum= sum(fi);
   fi_Size= (Oderfi/fi_sum)* Size;

   fi_S= floor(fi_Size);        % Selecting Bigger fi value
   % sum(fi_S)     % Before fill
% ////////////////////////
   r= Size- sum(fi_S);
   Rest= fi_Size- fi_S;
   [RestValue,Index]= sort(Rest);

   for i= Size:-1:Size-r+1
     fi_S(Index(i))= fi_S(Index(i))+1;     % Adding rest to equal Size
   end
   % sum(fi_S)    % After fill
% ////////////////////////
   kk= 1;
   for i= 1:1:Size
     for j= 1:1:fi_S(i)         % Select and Reproduce
      TempE(kk,:)= E(Indexfi(i),:);
       kk= kk+1;                % kk is used to reproduce
     end
   end
E= TempE;
% * * * * * * * * * * * *  Step 3 : Crossover Operation * * * * * * * * * * * *
pc= 0.80;
n= ceil(20* rand);
for i= 1:2:(Size-1)
   temp= rand;
   if pc> temp                  % Crossover Condition
   for j= n:1:20
      TempE(i,j)= E(i+1,j);
      TempE(i+1,j)= E(i,j);
   end
   end
end
TempE(Size,:)= BestS;
E= TempE;
```

```
% * * * * * * * * * * *  Step 4: Mutation Operation * * * * * * * * * * * * *
% pm= 0.001;
% pm= 0.001- [1:1:Size]* (0.001)/Size; % Bigger fi, smaller Pm
% pm= 0.0;      % No mutation
pm= 0.1;       % Big mutation

   for i= 1:1:Size
      for j= 1:1:2* CodeL
         temp= rand;
         if pm> temp                  % Mutation Condition
            if TempE(i,j)== 0
               TempE(i,j)= 1;
            else
               TempE(i,j)= 0;
            end
         end
      end
   end

% Guarantee TempPop(30,:) is the code belong to the best individual(max(fi))
TempE(Size,:)= BestS;
E= TempE;
end

Max_Value= Bestfi
BestS
x1
x2
figure(1);
plot(time,BestJ);
xlabel('time(s)');ylabel('Best J');
figure(2);
plot(time,bfi);
xlabel('time(s)');ylabel('Best F');
```

8.2.2 实数编码遗传算法求函数极大值

采用实数编码遗传算法求函数极大值,遗传算法设计的步骤如下:

① 确定决策变量和约束条件。

② 建立优化模型。

③ 确定编码方法:用两个实数分别表示两个决策变量 x_1,x_2,分别将 x_1,x_2 的定义域离散化为从离散点—2.048 到离散点 2.048 的 Size 个实数。

④ 确定个体评价方法:个体适应度函数直接取为对应的函数值,即

$$F(x)=f(x_1,x_2) \tag{8.4}$$

可选个体适应度函数的倒数作为目标函数

$$J(x)=\frac{1}{F(x)} \tag{8.5}$$

⑤ 设计遗传算子:选择运算使用比例选择算子,交叉运算使用单点交叉算子,变异运算使用基本位变异算子。

⑥ 确定遗传算法的运行参数:种群大小 $M=500$,终止进化代数 $G=500$,交叉概率 $P_c=0.90$,变异概率 $P_m=0.10-[1:1:Size]\times0.01/Size$,即变异概率与适应度值有关,适应度值越小,变异概率越大。

上述 6 个步骤构成了用于求 Rosenbrock 函数极大值优化计算的实数编码遗传算法。采用十进制编码求函数极大值,经过 200 步迭代,最佳样本为 BestS$=[-2.0438 \quad -2.044]$,即当 $x_1=-2.0438$,$x_2=-2.044$ 时,Rosenbrock 函数具有极大值,极大值为 3880.3。

仿真程序见 chap8_2.m,遗传算法的优化过程中目标函数的变化过程如图 8-5 所示。由仿真结果可知,采用实数编码的遗传算法的搜索效率低于二进制编码的遗传算法。

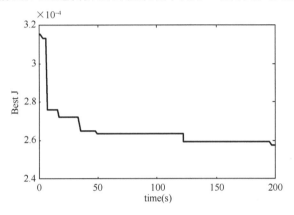

图 8-5　目标函数的变化过程

仿真程序:chap8_2.m

```
% Generic Algorithm for function f(x1,x2) optimum
clear all;
close all;

Size= 500;
CodeL= 2;

MinX(1)= - 2.048;
MaxX(1)= 2.048;
MinX(2)= - 2.048;
MaxX(2)= 2.048;

E(:,1)= MinX(1)+ (MaxX(1)- MinX(1))* rand(Size,1);
E(:,2)= MinX(2)+ (MaxX(2)- MinX(2))* rand(Size,1);

G= 500;
BsJ= 0;

% * * * * * * * * * * * * * Start Running * * * * * * * * * * * * * * *
for kg= 1:1:G
time(kg)= kg;
```

```
% * * * * * *  Step 1 : Evaluate BestJ * * * * * *
for i= 1:1:Size
xi= E(i,:);
x1= xi(1);
x2= xi(2);

F(i)= 100* (x1^2-x2)^2+ (1-x1)^2;

Ji= 1./F;
BsJi(i)= min(Ji);

end

[OderJi,IndexJi]= sort(BsJi);
BestJ(kg)= OderJi(1);
BJ= BestJ(kg);
Ji= BsJi+ 1e-10;       % Avoiding deviding zero

fi= F;

   [Oderfi,Indexfi]= sort(fi);    % Arranging fi small to bigger
   Bestfi= Oderfi(Size);          % Let Bestfi= max(fi)
   BestS= E(Indexfi(Size),:);  % Let BestS= E(m), m is the Indexfi belong to max(fi)

   bfi(kg)= Bestfi;

   % kg
   % BestS
% * * * * * *  Step 2 : Select and Reproduct Operation* * * * * *
   fi_sum= sum(fi);
   fi_Size= (Oderfi/fi_sum)* Size;

   fi_S= floor(fi_Size);                   % Selecting Bigger fi value
   % sum(fi_S)   % Before fill
   r= Size- sum(fi_S);
   Rest= fi_Size-fi_S;
   [RestValue,Index]= sort(Rest);

   for i= Size:-1:Size-r+1
      fi_S(Index(i))= fi_S(Index(i))+ 1;    % Adding rest to equal Size
   end
   % sum(fi_S)    % After fill

   k=1;
   for i= Size:-1:1      % Select the Sizeth and Reproduce firstly
      for j= 1:1:fi_S(i)
        TempE(k,:)= E(Indexfi(i),:);       % Select and Reproduce
         k=k+1;                            % k is used to reproduce
      end
   end
```

```
E= TempE;
% * * * * * * * * * *   Step 3 : Crossover Operation * * * * * * * * * * *
    Pc= 0. 90;
    for i= 1:2:(Size-1)
        temp= rand;
      if Pc> temp                    % Crossover Condition
          alfa= rand;
          TempE(i,:)= alfa* E(i+1,:)+ (1-alfa)* E(i,:);
          TempE(i+1,:)= alfa* E(i,:)+ (1-alfa)* E(i+1,:);
      end
    end
    TempE(Size,:)= BestS;
    E= TempE;

% * * * * * * * * * * *  Step 4: Mutation Operation * * * * * * * * * * * *
Pm= 0.10- [1:1:Size]* (0.01)/Size;        % Bigger fi,smaller Pm
Pm_rand= rand(Size,CodeL);
Mean= (MaxX +  MinX)/2;
Dif= (MaxX-MinX);

    for i= 1:1:Size
      for j= 1:1:CodeL
        if Pm(i)> Pm_rand(i,j)        % Mutation Condition
            TempE(i,j)= Mean(j)+ Dif(j)* (rand- 0.5);
        end
      end
    end
% Guarantee TempE(Size,:) belong to the best individual
    TempE(Size,:)= BestS;
    E= TempE;
end
BestS
Bestfi

figure(1);
plot(time,BestJ,'k');
xlabel('time(s)');ylabel('Best J');

figure(2);
plot(time,bfi,'k');
xlabel('time(s)');ylabel('Best F');
```

8.3   粒子群算法

　　粒子群算法,也称为粒子群优化(Particle Swarm Optimization,PSO)算法。粒子群算法是一种进化计算技术,1995 年由 Eberhart 博士和 Kennedy 博士提出[2],该算法源于对鸟群觅食的行为研究,是近年来迅速发展的一种新的进化算法。

　　最早的 PSO 算法是模拟鸟群觅食行为而发展起来的一种基于种群协作的随机搜索算法,

让一群鸟在空间里自由飞翔、觅食,每只鸟都能记住它曾经飞过最高的位置,然后就随机地靠近那个位置,不同的鸟之间可以互相交流,它们都尽量靠近整个鸟群中曾经飞过的最高点,这样,经过一段时间就可以找到近似的最高点。

PSO 算法和遗传算法相似,也是从随机解出发,通过迭代寻找最优解;也是通过适应度来评价解的品质,但它比遗传算法更为简单,没有遗传算法的交叉和变异操作,通过追随当前搜索到的最优值来寻找全局最优。这种算法以其实现容易、精度高、收敛快等优点引起了学术界的重视,并且在解决实际问题中展示了其优越性,目前已广泛应用于函数优化、系统辨识、模糊控制等领域。

8.3.1 粒子群算法的基本原理

设想这样一个场景:一群鸟在随机搜寻食物,在这个区域里只有一块食物,所有的鸟都不知道食物在哪里,但是它们知道当前的位置离食物还有多远。那么,找到食物的最优策略就是搜寻目前离食物最近的鸟的周围区域。

PSO 算法从这种模型中得到启示并用于解决优化问题。PSO 算法中,每个优化问题的解都是搜索空间中的一只鸟,称为"粒子"。所有的粒子都有一个由被优化的函数决定的适应度值,适应度值越大越好。每个粒子还有一个速度来决定它们飞行的方向和距离,粒子们追随当前的最优粒子在解空间中搜索。

PSO 算法首先初始化一群随机粒子(随机解),然后通过迭代找到最优解。在每次迭代中,粒子通过跟踪两个"极值"来更新自己的位置。第一个极值是粒子本身所找到的最优解,这个解称为个体极值。另一个极值是整个种群目前找到的最优解,这个极值称为全局极值。另外,也可以不用整个种群而只用其中一部分作为粒子的邻域,那么在所有邻域中的极值就是全局极值。

8.3.2 粒子群算法的参数设置

应用 PSO 算法解决优化问题的过程中有两个重要的步骤:问题解的编码和适应度函数。

(1)编码

PSO 算法的一个优势就是采用实数编码。例如,对于问题 $f(x) = x_1^2 + x_2^2 + x_3^2$ 求最大值,粒子可以直接编码为 (x_1, x_2, x_3),而适应度函数就是 $f(x)$。

(2)PSO 算法中需要调节的参数

① 粒子数:一般取 20~40,对于比较难的问题,粒子数可以取 100 或 200。

② 最大速度 V_{max}:决定粒子在一个循环中最大的移动距离(通常小于粒子的范围宽度)。较大的 V_{max} 可以保证粒子种群的全局搜索能力,较小的 V_{max} 则保证粒子种群的局部搜索能力。

③ 学习因子:c_1 为局部学习因子,c_2 为全局学习因子,一般取 c_2 大一些。c_1 和 c_2 通常可设定为 2.0。

④ 惯性权重:一个大的惯性权重有利于展开全局寻优,而一个小的惯性权重有利于局部寻优。当粒子的最大速度 V_{max} 很小时,使用接近于 1 的惯性权重;当 V_{max} 不是很小时,使用惯性权重 0.8 较好。

还可使用时变权重。如果在迭代过程中采用线性递减惯性权重,则 PSO 算法在开始时具有良好的全局搜索性能,能够迅速定位到接近全局最优点的区域,而在后期具有良好的局部搜索性能,能够精确地得到全局最优解。经验表明,惯性权重采用从 0.90 线性递减到 0.10 的策略,会获得比较好的算法性能。

⑤ 中止条件:最大循环数或最小误差要求。

8.3.3 粒子群算法的基本流程

① 初始化:设定参数运动范围,学习因子 c_1、c_2,最大进化代数 G,kg 表示当前的进化代数。在一个 D 维参数的搜索解空间中,粒子组成的种群规模大小为 Size,每个粒子代表解空间的一个候选解,其中第 $i(1 \leqslant i \leqslant \text{Size})$ 个粒子在整个解空间的位置表示为 X_i,速度表示为 V_i。第 i 个粒子从初始到当前迭代次数搜索产生个体极值为 p_i,整个种群目前的最优值为 BestS。随机产生 Size 个粒子,随机产生初始种群的位置矩阵和速度矩阵。

② 个体评价(适应度评价):将各个粒子的初始位置作为个体极值,计算种群中各个粒子的初始适应度值 $f(X_i)$,并求出种群的最优位置。

③ 更新粒子的速度和位置,产生新种群,并对粒子的速度和位置进行越界检查。为避免算法陷入局部最优解,加入一个局部自适应变异算子进行调整。

$$V_i^{kg+1} = w(t) \times V_i^{kg} + c_1 r_1 (p_i^{kg} - X_i^{kg}) + c_2 r_2 (\text{BestS}_i^{kg} - X_i^{kg})$$
(8.6)

$$X_i^{kg+1} = X_i^{kg} + V_i^{kg+1}$$
(8.7)

其中,kg$=1,2,\cdots,G$;$i=1,2,\cdots,$Size;r_1 和 r_2 为 0~1 的随机数;c_1 为局部学习因子;c_2 为全局学习因子,一般取 c_2 大一些。

④ 比较粒子的当前适应度值 $f(X_i)$ 和自身极值 p_i,如果 $f(X_i)$ 优于 p_i,则置 p_i 为当前适应度值 $f(X_i)$,并更新粒子位置。

⑤ 比较粒子当前适应度值 $f(X_i)$ 与种群最优值 BestS,如果 $f(X_i)$ 优于 BestS,则置 BestS 为当前适应度值 $f(X_i)$,更新种群全局最优值。

⑥ 检查结束条件,若满足,则结束寻优;否则 kg$=$kg$+1$,转至③。结束条件为寻优达到最大进化代数,或评价值小于给定精度。

PSO 算法的流程图如图 8-6 所示。

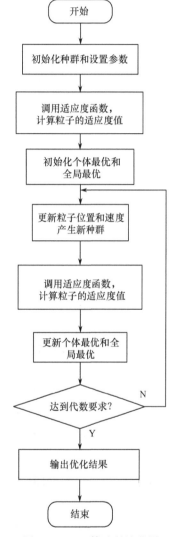

图 8-6 PSO 算法的流程图

8.4 基于粒子群算法的函数优化

利用粒子群算法求 Rosenbrock 函数的极大值

$$\begin{cases} f(x_1, x_2) = 100(x_1^2 - x_2)^2 + (1-x_1)^2 \\ -2.048 \leqslant x_i \leqslant 2.048 \qquad (i=1,2) \end{cases}$$

该函数有两个局部极大值,分别是 $f(2.048, -2.048) = 3897.7342$ 和 $f(-2.048, -2.048) = 3905.9262$,其中后者为全局最大值。

粒子群算法包括全局粒子群算法和局部粒子群算法。在全局粒子群算法中,每个粒子的速度是根据粒子自己的历史极值 p_i 和种群的全局最优值 BesS 更新的。在局部粒子群算法中,每个粒子的速度是根据粒子自己的历史极值 p_i 和粒子邻域内的最优值 $p_{i\text{local}}$ 更新的。

在全局粒子群算法中,粒子 i 的邻域随着迭代次数的增加而逐渐增加。开始第一次迭代时,它的邻域粒子的个数为 0,随着迭代次数的增加,邻域线性变大,最后邻域扩展到整个种群。全局粒子群算法的收敛速度快,但容易陷入局部最优;而局部粒子群算法的收敛速度慢,但可有效避免局部最优。

根据取邻域的方式的不同,局部粒子群算法有很多不同的实现方法。本节采用最简单的环形邻域法,如图 8-7 所示。

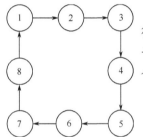

以 8 个粒子为例说明局部粒子群算法,如图 8-7 所示。在每次进行速度和位置更新时,粒子 1 追踪 1、2、8 三个粒子中的最优个体,粒子 2 追踪 1、2、3 三个粒子中的最优个体,依次类推。仿真中,求解某个粒子邻域中的最优个体是由函数 chap8_3lbest. m 来完成的。

在局部粒子群算法中,按如下两式更新粒子的速度和位置

$$V_i^{kg+1} = w(t) \times V_i^{kg} + c_1 r_1 (p_i^{kg} - X_i^{kg}) + c_2 r_2 (p_{i\text{local}}^{kg} - X_i^{kg}) \qquad (8.8)$$

$$X_i^{kg+1} = X_i^{kg} + V_i^{kg+1} \qquad (8.9)$$

图 8-7 环形邻域法

其中,$p_{i\text{local}}^{kg}$ 为局部寻优粒子的最优值。

同样,对粒子的速度和位置要进行越界检查。为避免算法陷入局部最优解,加入一个局部自适应变异算子进行调整。

采用实数编码求函数极大值,用两个实数分别表示两个决策变量 x_1, x_2,分别将 x_1, x_2 的定义域离散化为从离散点 -2.048 到离散点 2.048 的 Size 个实数。粒子的适应度值直接取为对应的目标函数值,而且越大越好,即取适应度函数为 $F(x) = f(x_1, x_2)$。

在粒子群算法仿真中,取种群个数为 Size=50,最大迭代次数 $G=100$,粒子运动的最大速度为 $V_{max}=1.0$,即速度范围为 $[-1,1]$。学习因子取 $c_1=1.3$, $c_2=1.7$,采用线性递减的惯性权重,惯性权重采用从 0.90 线性递减到 0.10 的策略。

在主程序 chap8_3. m 中,根据 M 的不同,可采用不同的粒子群算法。取 $M=2$,采用局部粒子群算法。按式(8.8)和式(8.9)更新粒子的速度和位置,产生新种群。经过 100 步迭代,最佳样本为 BestS=$[-2.048 \quad -2.048]$,即当 $x_1=-2.048$, $x_2=-2.048$ 时,Rosenbrock 函数具有极大值,极大值为 3905.9。

适应度函数的变化过程如图 8-8 所示。由仿真可见,随着迭代过程的进行,粒子群通过追踪自身极值和局部极值,不断更新自身的速度和位置,从而找到全局最优解。通过采用局部粒子群算法,增强了算法的局部搜索能力,有效地避免了陷入局部最优解,仿真结果表明正确率在 95% 以上。

粒子群优化程序:包括以下 3 部分。

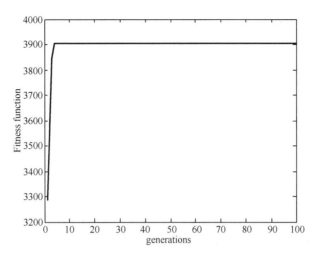

图 8-8　适应度函数的变化过程

(1) 主程序：chap8_3.m

```
clear all;
close all;
% (1)初始化粒子群算法参数
min= -2.048;max= 2.048;% 粒子位置范围
Vmax= 1;Vmin= -1;% 粒子运动速度范围
c1= 1.3;c2= 1.7;   % 学习因子[0,4]

wmin= 0.10;wmax= 0.90;% 惯性权重
G= 100;            % 最大迭代次数
Size= 50;          % 初始化种群个体数目

for i= 1:G
    w(i)= wmax- ((wmax- wmin)/G)*i;   % 随着优化进行,应降低自身权重
end

for i= 1:Size
    for j= 1:2
        x(i,j)= min+ (max- min)* rand(1);      % 随机初始化位置
        v(i,j)= Vmin + (Vmax- Vmin)* rand(1); % 随机初始化速度
    end
end

% (2)计算各个粒子的适应度值,并初始化 Pi、plocal 和最优个体 BestS
for i= 1:Size
    p(i)= chap8_3func(x(i,:));
    y(i,:)= x(i,:);

    if i== 1
        plocal(i,:)= chap8_3lbest(x(Size,:),x(i,:),x(i+1,:));
    elseif i== Size
        plocal(i,:)= chap8_3lbest(x(i-1,:),x(i,:),x(1,:));
        else
        plocal(i,:)= chap8_3lbest(x(i-1,:),x(i,:),x(i+1,:));
```

```
        end
    end

BestS= x(1,:);% 初始化最优个体 BestS
for i= 2:Size
    if chap8_3func(x(i,:))> chap8_3func(BestS)
        BestS= x(i,:);
    end
end

% (3)进入主循环
for kg= 1:G
    for i= 1:Size

        M= 2;
        if M== 1
v(i,:)= w(kg)* v(i,:)+ c1* rand* (y(i,:)- x(i,:))+ c2* rand* (plocal(i,:)-
x(i,:));% 局部寻优:加权,实现速度的更新
        elseif M== 2
            v(i,:)= w(kg)* v(i,:)+ c1* rand* (y(i,:)- x(i,:))+ c2* rand* (BestS-
            x(i,:));        % 全局寻优:加权,实现速度的更新
        end
          for j= 1:2     % 检查速度是否越界
            if v(i,j)< Vmin
                v(i,j)= Vmin;
            elseif  x(i,j)> Vmax
                v(i,j)= Vmax;
            end
          end
        x(i,:)= x(i,:)+ v(i,:)* 1;% 实现位置的更新
        for j= 1:2     % 检查位置是否越界
            if x(i,j)< min
                x(i,j)= min;
            elseif  x(i,j)> max
                x(i,j)= max;
            end
        end
% 自适应变异,避免粒子群算法陷入局部最优
    if rand> 0.60
        k= ceil(2*rand);
        x(i,k)= min+ (max-min)* rand(1);
    end
% (4)判断和更新
    if i== 1
        plocal(i,:)= chap8_3lbest(x(Size,:),x(i,:),x(i+1,:));
    elseif i== Size
        plocal(i,:)= chap8_3lbest(x(i-1,:),x(i,:),x(1,:));
    else
        plocal(i,:)= chap8_3lbest(x(i-1,:),x(i,:),x(i+1,:));
    end
```

```
        if chap8_3func(x(i,:))> p(i) % 判断此时的位置是否为最优的情况,当不满足时继续更新
          p(i)= chap8_3func(x(i,:));
          y(i,:)= x(i,:);
        end
        if p(i)> chap8_3func(BestS)
            BestS= y(i,:);
        end
    end
Best_value(kg)= chap8_3func(BestS);
end
figure(1);
kg= 1:G;
plot(kg,Best_value,'r','linewidth',2);
xlabel('generations');ylabel('Fitness function');
display('Best Sample= ');disp(BestS);
display('Biggest value= ');disp(Best_value(G));
```

（2）局部最优排序函数：chap8_3lbest.m

```
function f = evaluate_localbest(x1,x2,x3)% 求解粒子环形邻域中的最优个体
K0= [x1;x2;x3];
K1= [chap8_3func.m(x1),chap8_3func.m(x2),chap8_3func.m(x3)];
[maxvalue index]= max(K1);
plocalbest= K0(index,:);
f= plocalbest;
```

（3）函数计算程序：chap8_3func.m

```
function f = func(x)
f=100* (x(1)^2-x(2))^2+(1-x(1))^2;
```

8.5 基于粒子群算法的非线性系统参数辨识

以下面两个例子为例,说明粒子群算法在非线性系统的参数辨识中的应用。

8.5.1 辨识非线性静态模型

$$y=\begin{cases}0\\k_1(x-g\,\mathrm{sgn}(x))\\k_2(x-h\,\mathrm{sgn}(x))+k_1(h-g)\,\mathrm{sgn}(x)\end{cases} \tag{8.10}$$

辨识参数为 $\hat{\boldsymbol{\theta}}=[\hat{g}\quad\hat{h}\quad\hat{k_1}\quad\hat{k_2}]$,真实参数为 $\boldsymbol{\theta}=[g\quad h\quad k_1\quad k_2]=[1\quad 2\quad 1\quad 0.5]$。
采用实数编码,辨识误差指标取为

$$J = \sum_{i=1}^{N} \frac{1}{2}(y_i - \hat{y_i})^2 \tag{8.11}$$

其中,N 为测试数据的数量;y_i 为模型第 i 个测试样本的输出。

首先运行模型测试程序 chap8_4.m,对象的输入样本区间为 $[-4,4]$,步长为 0.10,由式

(8.10)计算样本输出值,共有 81 对输入/输出样本。

在粒子群算法仿真程序中,将待辨识的参数向量记为 X,取粒子群个数为 Size=80,最大迭代次数 G=500,采用实数编码,4 个参数的搜索范围均为 $[0,5]$,粒子运动的最大速度为 V_{max}=1.0,即速度范围为 $[-1,1]$。学习因子取 c_1=1.3,c_2=1.7,采用线性递减的惯性权重,惯性权重采用从 0.90 线性递减到 0.10 的策略。目标函数的倒数作为粒子群的适应度函数。将辨识误差指标直接作为粒子的目标函数,并且越小越好。

按式(8.6)和式(8.7)更新粒子的速度和位置,产生新种群,辨识误差函数的变化过程如图 8-9 所示。辨识结果为 $\hat{\boldsymbol{\theta}} = \begin{bmatrix} \hat{g} & \hat{h} & \hat{k}_1 & \hat{k}_2 \end{bmatrix} = \begin{bmatrix} 0.999999930217796 & 2.000000160922045 \\ 0.999999322205419 & 0.500000197043791 \end{bmatrix}$,最终的辨识误差指标为 J=3.6166×10^{-12}。

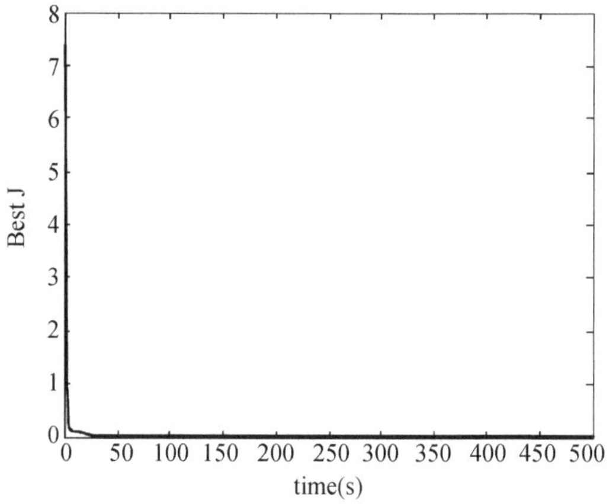

仿真程序:

模型测试程序:chap8_4.m

```
clear all;
close all;
g= 1;
h= 2;
k1= 1;
k2= 0.5;

xmin= -4;
xmax= 4;
N= (xmax-xmin)/0.1+1;

for i= 1:1:N
    x(i)= xmin+ (i-1)* 0.10;
    x_abs= abs(x(i));
if x_abs< = g
   y(i)= 0;
elseif x_abs> g&&x_abs< = h
   y(i)= k1* (x(i)-g* sign(x(i)));
elseif x_abs> = h
   y(i)= k2* (x(i)- h* sign(x(i)))+ k1* (h-g)* sign(x(i));
end
end

save pso1_file N x y;
```

图 8-9　辨识误差函数的变化过程

辨识程序:

(1) 粒子群算法辨识程序:chap8_5.m

```
clear all;
close all;
load pso1_file;

% 限定位置和速度的范围
MinX= [0 0 0 0];   % 参数搜索范围
MaxX= [5 5 5 5];
Vmax= 1;
Vmin= -1;          % 限定速度的范围
```

```matlab
% 设计粒子群参数
Size= 80;     % 种群规模
CodeL= 4;     % 参数个数


c1= 1.3;c2= 1.7;            % 学习因子:[1,2]
wmax= 0.90;wmin= 0.10;      % 惯性权重:(0,1)
G= 500;                     % 最大迭代次数
% (1)初始化种群的个体
for i= 1:G              % 采用时变权重
    w(i)= wmax- ((wmax-wmin)/G)* i;
end
for i= 1:1:CodeL        % 十进制浮点编码
    X(:,i)= MinX(i)+ (MaxX(i)-MinX(i))*rand(Size,1);
    v(:,i)= Vmin+ (Vmax-Vmin)* rand(Size,1);% 随机初始化速度
end
% (2)初始化个体最优和全局最优:先计算各个粒子的目标函数,并初始化 Ji 和 BestS
for i= 1:Size
    Ji(i)= chap8_5obj(X(i,:),y,N);
    Xl(i,:)= X(i,:);        % Xl 用于局部优化
end


BestS= X(1,:); % 全局最优个体初始化
for i= 2:Size
    if chap8_5obj(X(i,:),y,N)< chap8_5obj(BestS,y,N)
        BestS= X(i,:);
    end
end
% (3)进入主循环,直到满足精度要求
 for kg= 1:1:G
    times(kg)= kg;
    for i= 1:Size
        v(i,:)= w(kg)*v(i,:)+ c1* rand* (Xl(i,:)-X(i,:))+ c2*rand* (BestS-X(i,:));
        % 加权,实现速度的更新
        for j= 1:CodeL     % 检查速度是否越界
            if v(i,j)< Vmin
                v(i,j)= Vmin;
            elseif  v(i,j)> Vmax
                v(i,j)= Vmax;
            end
        end
        X(i,:)= X(i,:)+ v(i,:); % 实现位置的更新
        for j= 1:CodeL% 检查位置是否越界
            if X(i,j)< MinX(j)
                X(i,j)= MinX(j);
            elseif X(i,j)> MaxX(j)
                X(i,j)= MaxX(j);
            end
        end
% 自适应变异,避免陷入局部最优
```

```
            if rand> 0.8
                k= ceil(4* rand);     % ceil 为向上取整
                X(i,k)= 5* rand;
            end
%（4）判断和更新
        if chap8_5obj(X(i,:),y,N)< Ji(i) % 局部优化:判断此时的位置是否为最优的情况
            Ji(i)= chap8_5obj(X(i,:),y,N);
            Xl(i,:)= X(i,:);
        end

        if Ji(i)< chap8_5obj(BestS,y,N)    % 全局优化
            BestS= Xl(i,:);
        end
    end
Best_J(kg)= chap8_5obj(BestS,y,N);
end
display('true value: g=1,h=2,k1=1,k2=0.5');


BestS     % 最佳个体
Best_J(kg)% 最佳目标函数值

figure(1);% 目标函数值变化曲线
plot(times,Best_J(times),'r','linewidth',2);
xlabel('time(s)');ylabel('Best J');
```
（2）目标函数计算程序:chap8_5obj.m
```
function J= obj(X,y,N)% * * * * * * * * * 计算个体目标函数值
  gp= X(1);
  hp= X(2);
  k1p= X(3);
  k2p= X(4);

  xmin= -4;
  xmax= 4;

for i= 1:1:N
    x(i)= xmin+ (i-1)* 0.10;
    x_abs= abs(x(i));
    if x_abs< = gp
        yp(i)= 0;
    elseif x_abs> gp&&x_abs< = hp
        yp(i)= k1p* (x(i)-gp* sign(x(i)));
    elseif x_abs> = hp
        yp(i)= k2p* (x(i)- hp* sign(x(i)))+ k1p* (hp-gp)* sign(x(i));
    end
end

  E= yp-y;
  J= 0;
    for i= 1:1:N
```

```
        J= J+ 0.5* E(i)* E(i);
    end
end
```

8.5.2 辨识非线性动态模型

$$G(s) = \frac{K}{(T_1 s+1)(T_2 s+1)} e^{-Ts} = \frac{2}{(s+1)(20s+1)} e^{-0.8s} \tag{8.12}$$

辨识参数为 $\hat{\boldsymbol{X}} = [\hat{K} \quad \hat{T}_1 \quad \hat{T}_2 \quad \hat{T}]$，真实参数为 $\boldsymbol{X} = [2 \quad 1 \quad 20 \quad 0.8]$。设待辨识参数 K、T_1、T_2 分布在 $[0,30]$ 之间，T 分布在 $[0,1]$ 之间。

采用实数编码，辨识误差指标取

$$J = \sum_{i=1}^{N} \frac{1}{2} (y_i - \hat{y}_i)^2 \tag{8.13}$$

其中，N 为测试数据的数量；y_i 为模型第 i 个测试样本的输出。

首先运行模型测试程序 chap8_6.m，对象的输入信号取 M 序列（其产生原理见本书 2.3 节，程序为 chap8_6prbs.m），如图 8-10 所示，从而得到用于辨识的模型测试数据。

在粒子群算法仿真程序中，将待辨识的参数向量记为 $\boldsymbol{X}$，取粒子群个数为 Size=80，最大迭代次数 $G=200$，采用实数编码，向量 $\boldsymbol{X}$ 中 4 个参数的搜索范围分别为 $[0,30]$，$[0,30]$，$[0,30]$，$[0,1]$，粒子运动的最大速度为 $V_{max}=1.0$，即速度范围为 $[-1,1]$。学习因子取 $c_1=1.3$，$c_2=1.7$，采用线性递减的惯性权重，惯性权重采用从 0.90 线性递减到 0.10 的策略。目标函数的倒数作为粒子群的适应度函数。将辨识误差直接作为粒子的目标函数，并且越小越好。

按式 (8.6) 和式 (8.7) 更新粒子的速度和位置，产生新种群，辨识误差函数的变化过程如图 8-11 所示。辨识结果为 $\hat{\boldsymbol{X}} = [2.0 \quad 1.0022 \quad 20.0013 \quad 0.7998]$，最终的辨识误差指标为 $J=2.5426 \times 10^{-7}$。

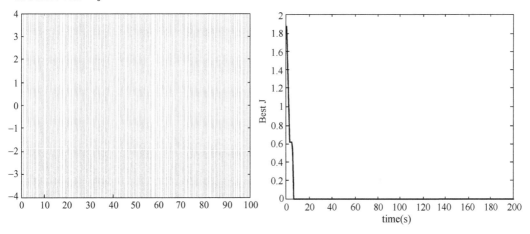

图 8-10　M 序列信号　　　　　图 8-11　辨识误差函数的变化过程

仿真程序：

(1) 模型测试程序：chap8_6.m

```
clear all;
close all;
```

```
n= 8;              %  移位寄存器的个数
A= 4;              %  M序列的输出幅值,1→- A,0→+ A
ts= 0.10;          %  时钟周期(采样时间)

N= 1000;           %  输出的个数
% Generate M- sequence
ut= chap8_6prbs(n,A,N);

G= tf([2],[20 21 1],'inputdelay',0.8);
t= 0:ts:N*ts-ts;
y= lsim(G, ut, t);   % lsim 函数求模型输出

figure(1);
stairs(t,ut,'r');
figure(2);
plot(t,y,'r');

save pso2_file t N ut y;
```

（2）M 序列产生程序：chap8_6prbs. m

```
function Out= genPRBS(n,A,N)
Out = [];    % 二进制序列初始化
% 移位寄存器初始化
    for i = 1:n
        R(i) = 1;
    end
    if (R(n)== 1)
        Out(1) = -A;
    end
    if(R(n)== 0)
        Out(1)= A;
    end

for i= 2:N
        temp= R(1);
        R(1)= xor(R(n-2),R(n));    % 采用异或产生
        j= 2;
        while j<= n
            temp1= R(j);
            R(j)= temp;
            j= j+1;
             temp= temp1;
         end
        if (R(n)== 1)
           Out(i) = -A;
         end
        if(R(n)== 0)
          Out(i)= A;
        end
end
end
```

辨识程序:

(1) 粒子群算法辨识程序:chap8_7.m

```
clear all;
close all;
load pso2_file;

% 限定位置和速度的范围
MinX= [0 0 0 0];      % 参数搜索范围
MaxX= [30 30 30 1];
Vmax= 1;
Vmin= -1;                    % 限定速度的范围

% 设计粒子群参数
Size= 80;     % 种群规模
CodeL= 4;     % 参数个数

c1= 1.3;c2= 1.7;             % 学习因子:[1,2]
wmax= 0.90;wmin= 0.10;       % 惯性权重:(0,1)
G= 200;                      % 最大迭代次数
% (1)初始化种群的个体
for i= 1:G             % 采用时变权重
    w(i)= wmax- ((wmax- wmin)/G)* i;
end
for i= 1:1:CodeL       % 十进制浮点编码
    X(:,i)= MinX(i)+ (MaxX(i)- MinX(i))* rand(Size,1);
    v(:,i)= Vmin+ (Vmax- Vmin)* rand(Size,1);% 随机初始化速度
end
% (2)初始化个体最优和全局最优:先计算各个粒子的目标函数,并初始化 Ji 和 BestS
for i= 1:Size
    Ji(i)= chap8_7obj(X(i,:),t,N,ut,y);
    Xl(i,:)= X(i,:);         % Xl 用于局部优化
end

BestS= X(1,:); % 全局最优个体初始化
for i= 2:Size
    if chap8_7obj(X(i,:),t,N,ut,y)< chap8_7obj(BestS,t,N,ut,y)
        BestS= X(i,:);
    end
end
% (3)进入主循环,直到满足精度要求
 for kg= 1:1:G
     times(kg)= kg;
     for i= 1:Size
         v(i,:)= w(kg)* v(i,:)+ c1* rand* (Xl(i,:)- X(i,:))+ c2* rand* (BestS- X
     (i,:));% 加权,实现速度的更新
         for j= 1:CodeL     % 检查速度是否越界
             if v(i,j)< Vmin
                 v(i,j)= Vmin;
             elseif  v(i,j)> Vmax
```

```
                    v(i,j)= Vmax;
                end
            end
        X(i,:)= X(i,:)+ v(i,:); % 实现位置的更新
        for j= 1:CodeL% 检查位置是否越界
            if X(i,j)< MinX(j)
                X(i,j)= MinX(j);
            elseif X(i,j)> MaxX(j)
                X(i,j)= MaxX(j);
            end
        end
% 自适应变异,避免陷入局部最优
        if rand> 0.8
            k= ceil(4*rand);     % ceil 为向上取整
            X(i,k)= 30*rand;
            if k== 4
                X(i,k)= rand;
            end
        end
% (4)判断和更新
        if chap8_7obj(X(i,:),t,N,ut,y)< Ji(i) % 局部优化:判断此时的位置是否为最优的情况
            Ji(i)= chap8_7obj(X(i,:),t,N,ut,y);
            Xl(i,:)= X(i,:);
        end

        if Ji(i)< chap8_7obj(BestS,t,N,ut,y)   % 全局优化
            BestS= Xl(i,:);
        end
    end
Best_J(kg)= chap8_7obj(BestS,t,N,ut,y);
end
display('true value: K= 2;T1= 1;T2= 20;T= 0.8');

BestS       % 最佳个体
Best_J(kg)% 最佳目标函数值

figure(1);% 目标函数值变化曲线
plot(times,Best_J(times),'r','linewidth',2);
xlabel('time(s)');ylabel('Best J');
```

(2) 目标函数计算程序:chap8_7obj.m

```
function J= obj(X,t,N,ut,y)% * * * * * * * * * 计算个体目标函数值
    Kp= X(1);
    T1p= X(2);
    T2p= X(3);
    Tp= X(4);
%%%%%%%%%%%%%%%%%%5

Gp= tf([Kp],[T2p T1p+ T2p 1],'inputdelay',Tp);
yp= lsim(Gp,ut,t);
```

```
E= yp-y;
J= 0;
for i= 1:1:N
    J= J+ 0.5* E(i)* E(i);
end
```

8.6　差分进化算法

差分进化(Differential Evolution, DE)算法是模拟自然界生物种群以"优胜劣汰,适者生存"的进化发展规律而形成的一种随机启发式搜索算法,是一种新兴的进化计算技术。它于1995 年由 Rainer Storn 和 Kenneth Price 提出[3]。由于具有简单易用、稳健性好及强大的全局搜索能力,差分进化算法已在多个领域应用并取得成功。

差分进化算法保留了基于种群的全局搜索策略,采用实数编码、基于差分的简单变异操作和一对一的竞争生存策略,降低了遗传操作的复杂性。同时,差分进化算法特有的记忆能力使其可以动态跟踪当前的搜索情况,以调整其搜索策略,具有较强的全局收敛能力和鲁棒性,且不需要借助问题的特征信息,适于求解一些利用常规的数学规划方法所无法求解的复杂环境中的优化问题。采用差分进化算法可实现复杂系统的参数辨识[4,5]。

实验结果表明,差分进化算法的性能优于粒子群算法和其他进化算法,该算法已成为一种求解非线性、不可微、多极值和高维复杂函数的有效方法。

8.6.1　差分进化算法的基本原理

差分进化算法是基于种群理论的智能优化算法,其主要优点可总结为:待定参数少;不易陷入局部最优;收敛速度快。

差分进化算法根据父代个体间的差分向量进行变异、交叉和选择操作,其基本思想是从某一随机产生的初始种群开始,通过把种群中任意两个个体的向量差加权后,按一定的规则与第三个个体求和来产生新个体,然后将新个体与当代种群中某个预先确定的个体相比较,如果新个体的适应度值优于与之相比较的个体的适应度值,则在下一代中就用新个体取代旧个体,否则旧个体仍保存下来。通过不断的迭代运算,保留优良个体,淘汰劣质个体,引导搜索过程向最优解逼近。

在优化设计中,差分进化算法与传统的进化方法相比,具有以下主要特点:

① 差分进化算法从一个种群即多个点而不是从一个点开始搜索,这是它能以较大的概率找到整体最优解的主要原因;

② 差分进化算法的进化准则是基于适应性信息的,无须借助其他辅助信息(如要求函数可导或连续),大大扩展了其应用范围;

③ 差分进化算法具有内在的并行性,这使得它非常适用于大规模并行分布处理,减少时间成本开销;

④ 差分进化算法采用概率转移规则,不需要确定性的规则。

8.6.2　差分进化算法的基本流程

差分进化算法是基于实数编码的进化算法,整体结构上与其他进化算法类似,由变异、交叉和选择 3 个基本操作构成。差分进化算法主要包括以下 4 个步骤。

(1) 生成初始种群

在 n 维空间里随机产生满足约束条件的 M 个个体,实施措施如下

$$x_{ij}(0) = \text{rand } l_{ij}(0,1)(x_{ij}^U - x_{ij}^L) + x_{ij}^L \qquad (8.14)$$

其中,x_{ij}^U 和 x_{ij}^L 分别是第 j 个染色体的上界和下界;$\text{rand } l_{ij}(0,1)$ 是 $[0,1]$ 之间的随机数。

(2) 变异操作

从种群中随机选择 3 个个体 x_{p_1},x_{p_2} 和 x_{p_3},且 $i \neq p_1 \neq p_2 \neq p_3$,则基本变异操作为

$$h_{ij}(t+1) = x_{p_1 j}(t) + F(x_{p_2 j}(t) - x_{p_3 j}(t)) \qquad (8.15)$$

如果无局部优化问题,变异操作可写为

$$h_{ij}(t+1) = x_{bj}(t) + F(x_{p_2 j}(t) - x_{p_3 j}(t)) \qquad (8.16)$$

其中,$x_{p_2 j}(t) - x_{p_3 j}(t)$ 为变异项,此差分操作是差分进化算法的关键;F 为变异因子;p_1,p_2,p_3 为随机整数,表示个体在种群中的序号;$x_{bj}(t)$ 为当代种群中最好的个体。由于式(8.16)借鉴了当代种群中最好的个体信息,因此可加快收敛速度。

(3) 交叉操作

交叉操作是为了增加种群的多样性,具体操作为

$$v_{ij}(t+1) = \begin{cases} h_{ij}(t+1), & \text{rand } l_{ij} \leqslant CR \\ x_{ij}(t), & \text{rand } l_{ij} > CR \end{cases} \qquad (8.17)$$

其中,CR 为交叉因子,$CR \in [0,1]$。

(4) 选择操作

为了确定 $x_{ij}(t)$ 是否成为下一代的成员,$v_{ij}(t+1)$ 和 $x_{ij}(t)$ 对评价函数进行比较

$$x_{ij}(t+1) = \begin{cases} v_{ij}(t+1), & f(v_{i1}(t+1),\cdots,v_{in}(t+1)) < f(x_{i1}(t),\cdots,x_{in}(t)) \\ x_{ij}(t), & f(v_{i1}(t+1),\cdots,v_{in}(t+1)) \geqslant f(x_{i1}(t),\cdots,x_{in}(t)) \end{cases} \qquad (8.18)$$

反复执行步骤(2)至步骤(4),直至达到最大迭代次数 G。差分进化算法的流程如图 8-12 所示。

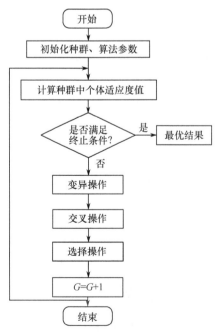

图 8-12　差分进化算法的流程

8.6.3 差分进化算法的参数设置

为了取得理想的结果,需要对差分进化算法的参数进行合理的设置。针对不同的优化问题,参数的设置往往也是不同的。另外,为了使差分进化算法的收敛速度得到提高,研究者们针对差分进化算法的核心部分——变异项的构造形式提出了多种扩展模式,以适应更广泛的优化问题。

差分进化算法的参数主要有:变异因子 F、交叉因子 CR、种群规模 M 和最大迭代次数 G。

(1) 变异因子 F

变异因子 F 是控制种群多样性和收敛性的重要参数,一般在 $[0,2]$ 之间取值。变异因子 F 较小时,种群的差异度减小,进化过程不易跳出局部极值,从而导致种群过早收敛;变异因子 F 较大时,虽然容易跳出局部极值,但是收敛速度会变慢。一般可选 $F=0.3\sim0.6$。

(2) 交叉因子 CR

交叉因子 CR 可控制个体对交叉的参与程度,以及全局与局部搜索能力的平衡,一般在 $[0,1]$ 之间取值。交叉因子 CR 越小,种群多样性减小,容易过早收敛;CR 越大,收敛速度越大,但过大可能导致收敛变慢,因为扰动大于种群差异度。CR 一般应选在 $[0.6, 0.9]$ 之间。

CR 越大,F 越小,种群的收敛速度逐渐加大,但随着交叉因子 CR 的增大,收敛对变异因子 F 的敏感度逐渐提高。

(3) 种群规模 M

种群所含个体数量 M 一般介于 $5D$ 与 $10D$ 之间(D 为问题空间的维度),但不能小于 $4D$,否则无法进行变异操作。M 越大,种群多样性越强,获得最优解的概率越大,但是计算时间更长,一般取 $20\sim50$。

(4) 最大迭代次数 G

最大迭代次数 G 一般作为进化过程的终止条件。迭代次数越大,最优解更精确,但同时计算的时间会更长,需要根据具体问题设定。

以上 4 个参数对差分进化算法的求解结果和求解效率都有很大的影响,因此,要合理设定这些参数才能获得较好的效果。

8.6.4 基于差分进化算法的函数优化

利用差分进化算法求 Rosenbrock 函数的极大值

$$\begin{cases} f(x_1,x_2)=100(x_1^2-x_2)^2+(1-x_1)^2 \\ -2.048 \leqslant x_i \leqslant 2.048 \qquad (i=1,2) \end{cases} \tag{8.19}$$

该函数有两个局部极大值,分别是 $f(2.048,-2.048)=3897.7342$ 和 $f(-2.048,-2.048)=3905.9262$,其中后者为全局最大值。

采用实数编码求函数极大值,用两个实数分别表示两个决策变量 x_1,x_2,分别将 x_1,x_2 的定义域离散化为从离散点 -2.048 到离散点 2.048 的 Size 个实数。个体的适应度值直接取为对应的目标函数值,并且越大越好,即取适应度函数为 $F(x)=f(x_1,x_2)$。

在差分进化算法仿真中,取 $F=1.2$,$CR=0.90$,样本个数为 Size$=30$,最大迭代次数 $G=50$。按式(8.14)至式(8.18)设计差分进化算法,经过 30 步迭代,最佳样本为 BestS $=$

$[-2.048 \quad -2.048]$，即当 $x_1 = -2.048, x_2 = -2.048$ 时，Rosenbrock 函数具有极大值，极大值为 3905.9。

适应度函数的变化过程如图 8-13 所示，通过适当增大 F 值及增加样本数量，有效地避免了陷入局部最优解，仿真结果表明正确率接近 100%。

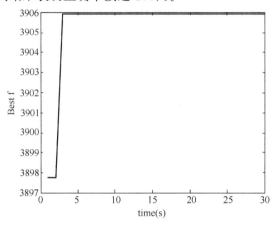

图 8-13　适应度函数的变化过程

差分进化算法优化程序：包括以下两部分。

（1）主程序：chap8_8.m

```
% To Get maximum value of function f(x1,x2) by Differential Evolution
clear all;
close all;

Size= 30;
CodeL= 2;

MinX(1)= -2.048;
MaxX(1)= 2.048;
MinX(2)= -2.048;
MaxX(2)= 2.048;

G= 50;

F= 1.2;                 % 变异因子[0,2]
cr= 0.9;                % 交叉因子[0.6,0.9]
% 初始化种群
for i= 1:1:CodeL
    P(:,i)= MinX(i)+(MaxX(i)-MinX(i))*rand(Size,1);
end

BestS= P(1,:); % 全局最优个体
for i= 2:Size
        if(chap8_8obj(P(i,1),P(i,2))> chap8_8obj(BestS(1),BestS(2)))
BestS= P(i,:);
end
end
```

```
fi= chap8_8obj( BestS(1),BestS(2));

% 进入主循环,直到满足精度要求
for kg= 1:1:G
time(kg)= kg;
% 变异
fori= 1:Size
        r1 =1;r2=1;r3=1;
while(r1 == r2|| r1 == r3 || r2 == r3 || r1 == i || r2 == i || r3 == i )
            r1 = ceil(Size * rand(1));
             r2 = ceil(Size * rand(1));
              r3 = ceil(Size * rand(1));
end
        h(i,:) =P(r1,:)+ F* (P(r2,:)-P(r3,:));

        for j= 1:CodeL% 检查位置是否越界
if h(i,j)< MinX(j)
h(i,j)= MinX(j);
elseif h(i,j)> MaxX(j)
h(i,j)= MaxX(j);
end
end

% 交叉
for j = 1:1:CodeL
tempr = rand(1);
if(tempr< cr)
v(i,j) = h(i,j);
else
v(i,j) = P(i,j);
end
end

% 选择
        if(chap8_8obj( v(i,1),v(i,2))> chap8_8obj( P(i,1),P(i,2)))
P(i,:)= v(i,:);
end
% 判断和更新
        if(chap8_8obj( P(i,1),P(i,2))> fi) % 判断此时的位置是否为最优的情况
fi= chap8_8obj( P(i,1),P(i,2));
BestS= P(i,:);
end
end
Best_f(kg)= chap8_8obj( BestS(1),BestS(2));
end
BestS       % 最佳个体
Best_f(kg)% 最大函数值

figure(1);
```

```
plot(time,Best_f(time),'k','linewidth',2);
xlabel('time(s)');ylabel('Best f');
```
(2) 函数计算程序:chap8_8obj.m
```
function J= evaluate_objective(x1,x2) % 计算函数值
 J= 100* ( x1^2-x2)^2+ (1-x1)^2;
end
```

8.7 基于差分进化算法的非线性系统参数辨识

以下面两个例子为例,说明差分进化算法在非线性系统参数辨识中的应用。

8.7.1 辨识非线性静态模型

利用差分进化算法辨识非线性静态模型的参数

$$y=\begin{cases} 0 \\ k_1(x-g\operatorname{sgn}(x)) \\ k_2(x-h\operatorname{sgn}(x))+k_1(h-g)\operatorname{sgn}(x) \end{cases} \tag{8.20}$$

辨识参数为 $\hat{\boldsymbol{\theta}}=\begin{bmatrix} \hat{g} & \hat{h} & \hat{k}_1 & \hat{k}_2 \end{bmatrix}$,真实参数为 $\boldsymbol{\theta}=\begin{bmatrix} g & h & k_1 & k_2 \end{bmatrix}=\begin{bmatrix} 1 & 2 & 1 & 0.5 \end{bmatrix}$。

采用实数编码,辨识误差指标取

$$J = \sum_{i=1}^{N} \frac{1}{2}(y_i - \hat{y}_i)^2 \tag{8.21}$$

其中,N 为测试数据的数量;y_i 为模型第 i 个测试样本的输出。

首先运行模型测试程序 chap8_9.m,对象的输入样本区间为$[-4,4]$,步长为 0.10,由式(8.20)计算样本输出值,共有 81 对输入/输出样本。

将待辨识的参数向量记为 $\boldsymbol{X}$,取样本个数为 Size=80,最大迭代次数 $G=500$,采用实数编码,4 个参数的搜索范围均为$[0,5]$。

在差分进化算法仿真中,取 $F=0.80$,$CR=0.60$。按式(8.14)至式(8.18)设计差分进化算法,经过 200 步迭代,辨识误差函数的变化过程如图 8-14 所示。辨识结果为 $\hat{\boldsymbol{X}}=\begin{bmatrix} 1 & 2 & 1 \\ 0.5 \end{bmatrix}$,最终的辨识误差指标为 $J=9.0680\times10^{-23}$。

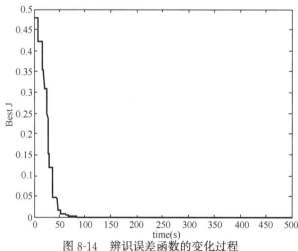

图 8-14 辨识误差函数的变化过程

仿真程序：

模型测试程序：chap8_9.m

```
clear all;
close all;
g= 1;
h= 2;
k1= 1;
k2= 0.5;

xmin= -4;
xmax= 4;
N= (xmax-xmin)/0.1+1;

for i= 1:1:N
x(i)= xmin+ (i-1)* 0.10;
x_abs= abs(x(i));
if x_abs< = g
y(i)= 0;
elseif x_abs> g&&x_abs< = h
y(i)= k1*(x(i)- g*sign(x(i)));
elseif x_abs> = h
y(i)= k2*(x(i)- h*sign(x(i)))+ k1*(h-g)*sign(x(i));
end
end

save pso1_file N x y;
```

辨识程序：

(1) 差分进化算法辨识程序：chap8_10.m

```
clear all;
close all;
load de1_file;

MinX= [0 0 0 0];   % 参数搜索范围
MaxX= [5 5 5 5];

% 设计粒子群参数
Size= 80;     % 种群规模
CodeL= 4;     % 参数个数

F= 0.80;      % 变异因子:[1,2]
cr = 0.6;     % 交叉因子
G= 500;       % 最大迭代次数
% 初始化种群的个体
for i= 1:1:CodeL
    X(:,i)= MinX(i)+ (MaxX(i)- MinX(i))* rand(Size,1);
end

BestS= X(1,:); % 全局最优个体
for i= 2:Size
```

```
if chap8_10obj(X(i,:),y,N)< chap8_10obj(BestS,y,N)
BestS= X(i,:);
end
end
Ji= chap8_10obj(BestS,y,N);
% 进入主循环,直到满足精度要求
for kg= 1:1:G
time(kg)= kg;
% 变异
for i= 1:Size
        r1 = 1;r2= 1;r3= 1;r4= 1;
while(r1 == r2|| r1 == r3 || r2 == r3 || r1 == i|| r2 == i || r3 == i||r4== i ||r1==
r4||r2== r4||r3== r4 )
            r1 = ceil(Size * rand(1));
            r2 = ceil(Size * rand(1));
            r3 = ceil(Size * rand(1));
            r4 = ceil(Size * rand(1));
end
h(i,:)= BestS+ F* (X(r1,:)- X(r2,:));
        % h(i,:)= X(r1,:)+ F* (X(r2,:)- X(r3,:));


        for j= 1:CodeL    % 检查值是否越界
if h(i,j)< MinX(j)
h(i,j)= MinX(j);
elseif h(i,j)> MaxX(j)
h(i,j)= MaxX(j);
end
end
% 交叉
for j = 1:1:CodeL
tempr = rand(1);
if(tempr< cr)
v(i,j) = h(i,j);
else
v(i,j) = X(i,j);
end
end
% 选择
        if(chap8_10obj(v(i,:),y,N)< chap8_10obj(X(i,:),y,N))
X(i,:)= v(i,:);
end
% 判断和更新
        if chap8_10obj(X(i,:),y,N)< Ji % 判断此时的指标是否为最优的情况
Ji= chap8_10obj(X(i,:),y,N);
BestS= X(i,:);
end
end
Best_J(kg)= chap8_10obj(BestS,y,N);
end
display('true value: g= 1,h= 2,k1= 1,k2= 0.5');
```

```
BestS      % 最佳个体
Best_J(kg)% 最佳目标函数值

figure(1);% 指标函数值变化曲线
plot(time,Best_J(time),'r','linewidth',2);
xlabel('time(s)');ylabel('Best J');
```
（2）目标函数计算程序：chap8_10obj.m
```
function J= obj(X,y,N)
gp= X(1);
hp= X(2);
  k1p= X(3);
  k2p= X(4);

xmin= -4;
xmax= 4;

for i= 1:1:N
x(i)= xmin+ (i-1)* 0.10;
x_abs= abs(x(i));
ifx_abs< = gp
yp(i)= 0;
elseifx_abs> gp&&x_abs< = hp
yp(i)= k1p* (x(i)- gp* sign(x(i)));
elseifx_abs> = hp
yp(i)= k2p* (x(i)- hp* sign(x(i)))+ k1p* (hp- gp)* sign(x(i));
end
end

E= yp-y;
J= 0;
for i= 1:1:N
        J= J+ 0.5* E(i)* E(i);
end
end
```

8.7.2　辨识非线性动态模型

利用差分进化算法辨识非线性动态模型的参数

$$G(s)=\frac{K}{(T_1 s+1)(T_2 s+1)}e^{-Ts}=\frac{2}{(s+1)(20s+1)}e^{-0.8s} \qquad (8.22)$$

辨识参数为 $\hat{\boldsymbol{X}}=\begin{bmatrix}\hat{K} & \hat{T_1} & \hat{T_2} & \hat{T}\end{bmatrix}$，真实参数为 $\boldsymbol{X}=\begin{bmatrix}2 & 1 & 20 & 0.8\end{bmatrix}$。设待辨识参数 K、T_1、T_2 分布在 $[0,30]$ 之间，T 分布在 $[0,1]$ 之间。

采用实数编码，辨识误差指标取

$$J = \sum_{i=1}^{N}\frac{1}{2}(y_i - \hat{y}_i)^2 \qquad (8.23)$$

其中，N 为测试数据的数量；y_i 为模型第 i 个测试样本的输出。

首先运行模型测试程序 chap8_11.m，通过程序 chap8_11prbs.m 产生 M 序列作为输入信号,从而由式(8.22)得到用于辨识的模型测试数据。

将待辨识的参数向量记为 $\boldsymbol{X}$,取粒子群个数为 Size＝30,最大迭代次数为 $G＝100$,采用实数编码,向量 $\boldsymbol{X}$ 中 4 个参数的搜索范围分别为[0,10],[0,10],[0,30],[0,3]。

在差分进化算法仿真中,取 $F＝0.95,CR＝0.60$。按式(8.14)至式(8.18)设计差分进化算法,经过 100 步迭代,辨识误差函数的变化过程如图 8-15 所示。辨识结果为 $\hat{\boldsymbol{X}}＝[1.9999\ 1.0325\ 19.9626\ 0.80]$,最终的辨识误差指标为 $J＝1.7788×10^{-6}$。

仿真程序:

(1) 模型测试程序:chap8_11.m

```
clear all;
close all;

n= 8;            % 移位寄存器的个数
A= 4;            % M 序列的输出幅值,1→- A,0→+ A
ts= 0.10;        % 时钟周期(采样时间)

N= 1000;         % 输出的个数
% Generate M- sequence
ut= chap8_19prbs(n,A,N);

G= tf([2],[20 21 1],'inputdelay',0.8);
t= 0:ts:N*ts-ts;
y= lsim(G, ut, t);   % lsim 函数求模型输出

figure(1);
stairs(t,ut,'r');
figure(2);
plot(t,y,'r');

save de2_file t N ut y;
```

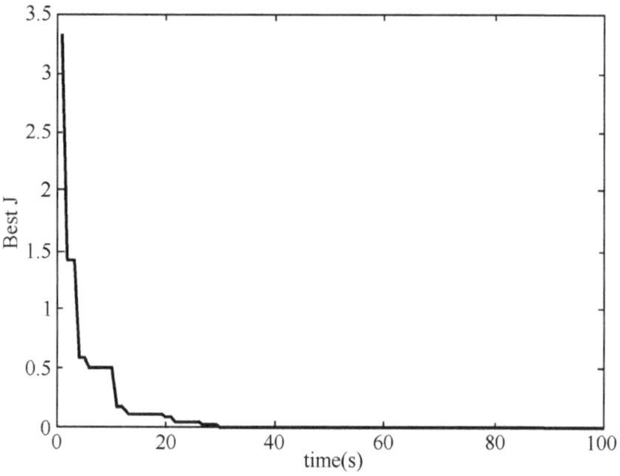

图 8-15　辨识误差函数的变化过程

(2) M 序列产生程序:chap8_11prbs.m

```
function Out= genPRBS(n,A,N)
Out = [];     % 二进制序列初始化
% 移位寄存器初始化
for i = 1:n
R(i) = 1;
end
if (R(n)== 1)
Out(1) = -A;
end
if(R(n)== 0)
Out(1)= A;
end

for i= 2:N
temp= R(1);
        R(1)= xor(R(n-2),R(n));    % 采用异或产生
        j= 2;
```

```
while j< = n
            temp1= R(j);
R(j)= temp;
            j= j+1;
temp= temp1;
end
if (R(n)== 1)
Out(i) = -A;
end
if(R(n)== 0)
Out(i)= A;
end
end
```

辨识程序：

（1）差分进化算法辨识程序：chap8_12.m

```
clear all;
close all;
load de2_file;

% 限定位置和速度的范围
MinX= [0 0 0 0];   % 参数搜索范围
MaxX= [10 10 30 3];

% 设计粒子群参数
Size= 30;    % 种群规模
CodeL= 4;    % 参数个数

F= 0.95;         % 变异因子:[1,2]
cr= 0.6;         % 交叉因子
G= 100;                    % 最大迭代次数
% 初始化种群的个体
for i= 1:1:CodeL
    X(:,i)= MinX(i)+ (MaxX(i)- MinX(i))* rand(Size,1);
end
BestS= X(1,:); % 全局最优个体
for i= 2:Size
    if chap8_12obj(X(i,:),t,N,ut,y)< chap8_12obj(BestS,t,N,ut,y)
BestS= X(i,:);
end
end
Ji= chap8_12obj(BestS,t,N,ut,y);
% 进入主循环,直到满足精度要求
for kg= 1:1:G
time(kg)= kg;
% 变异
for i= 1:Size
        r1 =1;r2=1;r3=1;r4=1;
while(r1 == r2|| r1 == r3 || r2 == r3 || r1 == i|| r2 == i || r3 == i||r4== i||r1==
r4||r2== r4||r3== r4 )
```

```
                    r1 = ceil(Size * rand(1));
                    r2 = ceil(Size * rand(1));
                    r3 = ceil(Size * rand(1));
                    r4 = ceil(Size * rand(1));
end
h(i,:)= BestS+ F* (X(r2,:)- X(r3,:));
        % h(i,:)= X(r1,:)+ F* (X(r2,:)- X(r3,:));


        for j= 1:CodeL    % 检查值是否越界
if h(i,j)< MinX(j)
h(i,j)= MinX(j);
elseif h(i,j)> MaxX(j)
h(i,j)= MaxX(j);
end
end


% 交叉
for j = 1:1:CodeL
tempr = rand(1);
if(tempr< cr)
v(i,j) = h(i,j);
else
v(i,j) = X(i,j);
end
end
% 选择
        if chap8_12obj(v(i,:),t,N,ut,y)< chap8_12obj(X(i,:),t,N,ut,y)
X(i,:)= v(i,:);
end


% 判断和更新
        if chap8_12obj(X(i,:),t,N,ut,y)< Ji % 判断此时的指标是否为最优的情况
Ji= chap8_12obj(X(i,:),t,N,ut,y);
BestS= X(i,:);
end
end
Best_J(kg)= chap8_12obj(BestS,t,N,ut,y);
end
display('true value: K=2;T1=1;T2=20;T=0.8');


BestS      % 最佳个体
Best_J(kg)% 最佳目标函数值


figure(1);% 指标函数值变化曲线
plot(time,Best_J(time),'r','linewidth',2);
xlabel('time(s)');ylabel('Best J');
```

(2) 目标函数计算程序:chap8_12obj.m

```
function J= obj(X,t,N,ut,y)% * * * * * * * * 计算个体目标函数值
Kp= X(1);
```

```
    T1p= X(2);
    T2p= X(3);
Tp= X(4);
%%%%%%%%%%%%%%%%5

Gp= tf([Kp],[T2p T1p+ T2p 1],'inputdelay',Tp);
yp= lsim(Gp,ut,t);

E= yp-y;
J= 0;
fori= 1:1:N
    J= J+ 0.5* E(i)* E(i);
end
```

思考题与习题 8

8.1 以粒子群算法辨识为例,分析粒子群个数、迭代次数、最大速度、学习因子、惯性权重对辨识精度的影响,并给出仿真分析。

8.2 以求 Rosenbrock 函数的极大值为例,分析并比较遗传算法、粒子群算法和差分进化算法各自的优化机理,并给出仿真分析。

参 考 文 献

[1] 周明,孙树栋. 遗传算法原理及应用. 北京:国防工业出版社,1999.

[2] J. Kennedy,R. Eberhart. Particle swarm optimization. IEEE International Conference on Neural Networks,1995,4:1942-1948.

[3] R. Storn,K. Price. Differential evolution-a simple and efficient heuristic for global optimization over continuous spaces. Journal ofGlobalOptimization,1997,11:341-359.

[4] R. K. Ursem. Parameter identification of induction motors using differential evolution. The 2003 Congress on Evolutionary Computation,2003,2:790-796.

[5] W. D. Chang. Parameter identification of Chen and Lü systems:A differential evolution approach. Chaos, Solitons&Fractals,2007,32(4):1469-1476.

第9章　智能辨识算法在机械手和飞行器中的应用

所谓参数辨识,就是在模型结构确定后,选择某种辨识算法,利用测量数据估计模型中的未知参数。采用智能辨识算法可以高精度地辨识模型中的参数。

9.1　机械手参数辨识

机械手参数辨识是机械手建模的关键[1,2],由于机械手动力学模型是高度非线性的,采用智能算法可实现机械手参数的高精度辨识[3]。

9.1.1　系统描述

由参考文献[1],一个带有未知负载的两关节机械手,第一个关节连同负载可视为一个整体,该关节具有 4 个未知物理参数,分别为质量 m_1、第一个机械臂长度 l_1、质量中心距第一个关节处的距离 l_{c1}、转动惯量 I_1。第二个关节连同负载也可视为一个整体,该关节具有 4 个未知物理参数,分别为质量 m_e、质量中心距第二个关节处的距离 l_{ce}、转动惯量 I_e、质量中心与第二个机械臂的夹角 δ_e。双关节机械手动力学方程可写为

$$\begin{bmatrix} \alpha+2\varepsilon\cos(q_2)+2\eta\sin(q_2) & \beta+\varepsilon\cos(q_2)+\eta\sin(q_2) \\ \beta+\varepsilon\cos(q_2)+\eta\sin(q_2) & \beta \end{bmatrix}\begin{bmatrix} \ddot{q}_1 \\ \ddot{q}_2 \end{bmatrix}+$$

$$\begin{bmatrix} \varepsilon Y_1+\eta Y_2+(\alpha-\beta+e_1)e_2\cos(q_1) \\ \varepsilon Y_3+\eta Y_4 \end{bmatrix}=\begin{bmatrix} \tau_1 \\ \tau_2 \end{bmatrix} \tag{9.1}$$

其中,$Y_1=-2\sin(q_2)\dot{q}_1\dot{q}_2-\sin(q_2)\dot{q}_2^2+e_2\cos(q_1+q_2)$;$Y_2=2\cos(q_2)\dot{q}_1\dot{q}_2+\cos(q_2)\dot{q}_2^2+e_2\sin(q_1+q_2)$;$Y_3=\sin(q_2)\dot{q}_1^2+e_2\cos(q_1+q_2)$;$Y_4=-\cos(q_2)\dot{q}_1^2+e_2\sin(q_1+q_2)$;$e_1=m_1l_1l_{c1}-I_1-m_1l_1^2$;$e_2=g/l_1$;$g$ 为重力加速度。

在实际过程中,双关节机械手的末端往往带有未知负载,造成参数 m_e,I_e,l_{ce} 和 δ_e 为未知,因此需要进行参数辨识。令 $\alpha,\beta,\varepsilon,\eta$ 分别为机械手动力学模型中包含物理参数的未知参数,定义如下:$\alpha=I_1+m_1l_{c1}^2+I_e+m_el_{ce}^2+m_el_1^2$,$\beta=I_e+m_el_{ce}^2$,$\varepsilon=m_el_1l_{ce}\cos(\delta_e)$,$\eta=m_el_1l_{ce}\sin(\delta_e)$。

由 Y_1,Y_2,Y_3,Y_4 的定义,可知

$\varepsilon Y_1+\eta Y_2+(\alpha-\beta+e_1)e_2\cos(q_1)$

$=\varepsilon(-2\sin(q_2)\dot{q}_1\dot{q}_2-\sin(q_2)\dot{q}_2^2+e_2\cos(q_1+q_2))+\eta(2\cos(q_2)\dot{q}_1\dot{q}_2+\cos(q_2)\dot{q}_2^2+$

　　$e_2\sin(q_1+q_2))+(\alpha-\beta+e_1)e_2\cos(q_1)$

$=(-2\varepsilon\sin(q_2)+2\eta\cos(q_2))\dot{q}_2\dot{q}_1+(-\varepsilon\sin(q_2)+\eta\cos(q_2))\dot{q}_2^2+\varepsilon e_2\cos(q_1+q_2)+$

　　$\eta e_2\sin(q_1+q_2)+(\alpha-\beta+e_1)e_2\cos(q_1)$

$\varepsilon Y_3+\eta Y_4=\varepsilon(\sin(q_2)\dot{q}_1^2+e_2\cos(q_1+q_2))+\eta(-\cos(q_2)\dot{q}_1^2+e_2\sin(q_1+q_2))$

$$= (\varepsilon\sin(q_2) - \eta\cos(q_2))\dot{q}_1^2 + \varepsilon e_2\cos(q_1+q_2) + \eta e_2\sin(q_1+q_2)$$

进一步整理可得

$$\begin{bmatrix} \varepsilon Y_1 + \eta Y_2 + (\alpha - \beta + e_1)e_2\cos(q_1) \\ \varepsilon Y_3 + \eta Y_4 \end{bmatrix}$$

$$= \begin{bmatrix} (-2\varepsilon\sin(q_2) + 2\eta\cos(q_2))\dot{q}_2 & (-\varepsilon\sin(q_2) + \eta\cos(q_2))\dot{q}_2 \\ (\varepsilon\sin(q_2) - \eta\cos(q_2))\dot{q}_1 & 0 \end{bmatrix}\begin{bmatrix} \dot{q}_1 \\ \dot{q}_2 \end{bmatrix} +$$

$$\begin{bmatrix} \varepsilon e_2\cos(q_1+q_2) + \eta e_2\sin(q_1+q_2) + (\alpha - \beta + e_1)e_2\cos(q_1) \\ \varepsilon e_2\cos(q_1+q_2) + \eta e_2\sin(q_1+q_2) \end{bmatrix}$$

则式(9.1)可写为

$$\begin{bmatrix} \alpha + 2\varepsilon\cos(q_2) + 2\eta\sin(q_2) & \beta + \varepsilon\cos(q_2) + \eta\sin(q_2) \\ \beta + \varepsilon\cos(q_2) + \eta\sin(q_2) & \beta \end{bmatrix}\begin{bmatrix} \ddot{q}_1 \\ \ddot{q}_2 \end{bmatrix} +$$

$$\begin{bmatrix} (-2\varepsilon\sin(q_2) + 2\eta\cos(q_2))\dot{q}_2 & (-\varepsilon\sin(q_2) + \eta\cos(q_2))\dot{q}_2 \\ (\varepsilon\sin(q_2) - \eta\cos(q_2))\dot{q}_1 & 0 \end{bmatrix}\begin{bmatrix} \dot{q}_1 \\ \dot{q}_2 \end{bmatrix} +$$

$$\begin{bmatrix} \varepsilon e_2\cos(q_1+q_2) + \eta e_2\sin(q_1+q_2) + (\alpha - \beta + e_1)e_2\cos(q_1) \\ \varepsilon e_2\cos(q_1+q_2) + \eta e_2\sin(q_1+q_2) \end{bmatrix} = \begin{bmatrix} \tau_1 \\ \tau_2 \end{bmatrix}$$

令

$$\boldsymbol{H}(\boldsymbol{q}) = \begin{bmatrix} \alpha + 2\varepsilon\cos(q_2) + 2\eta\sin(q_2) & \beta + \varepsilon\cos(q_2) + \eta\sin(q_2) \\ \beta + \varepsilon\cos(q_2) + \eta\sin(q_2) & \beta \end{bmatrix}$$

$$\boldsymbol{C}(\boldsymbol{q},\dot{\boldsymbol{q}}) = \begin{bmatrix} (-2\varepsilon\sin(q_2) + 2\eta\cos(q_2))\dot{q}_2 & (-\varepsilon\sin(q_2) + \eta\cos(q_2))\dot{q}_2 \\ (\varepsilon\sin(q_2) - \eta\cos(q_2))\dot{q}_1 & 0 \end{bmatrix}$$

$$\boldsymbol{G}(\boldsymbol{q}) = \begin{bmatrix} \varepsilon e_2\cos(q_1+q_2) + \eta e_2\sin(q_1+q_2) + (\alpha - \beta + e_1)e_2\cos(q_1) \\ \varepsilon e_2\cos(q_1+q_2) + \eta e_2\sin(q_1+q_2) \end{bmatrix}$$

则式(9.1)可写为标准的机械手动力学方程

$$\boldsymbol{H}(\boldsymbol{q})\ddot{\boldsymbol{q}} + \boldsymbol{C}(\boldsymbol{q},\dot{\boldsymbol{q}})\dot{\boldsymbol{q}} + \boldsymbol{G}(\boldsymbol{q}) = \boldsymbol{\tau} \tag{9.2}$$

式中,$\boldsymbol{q} = \begin{bmatrix} q_1 & q_2 \end{bmatrix}^T$;$\boldsymbol{\tau} = \begin{bmatrix} \tau_1 & \tau_2 \end{bmatrix}^T$。

由于

$$\boldsymbol{H}\ddot{\boldsymbol{q}} + \dot{\boldsymbol{C}}\boldsymbol{q} + \boldsymbol{G}$$

$$= \begin{bmatrix} (\alpha + 2\varepsilon\cos(q_2) + 2\eta\sin(q_2))\ddot{q}_1 + (\beta + \varepsilon\cos(q_2) + \eta\sin(q_2))\ddot{q}_2 \\ (\beta + \varepsilon\cos(q_2) + \eta\sin(q_2))\ddot{q}_1 + \beta\ddot{q}_2 \end{bmatrix} +$$

$$\begin{bmatrix} (-2\varepsilon\sin(q_2)+2\eta\cos(q_2))\dot{q}_2\dot{q}_1+(-\varepsilon\sin(q_2)+\eta\cos(q_2))\dot{q}_2^2 \\ (\varepsilon\sin(q_2)-\eta\cos(q_2))\dot{q}_1^2 \end{bmatrix}+$$

$$\begin{bmatrix} \varepsilon e_2\cos(q_1+q_2)+\eta e_2\sin(q_1+q_2)+(\alpha-\beta+e_1)e_2\cos(q_1) \\ \varepsilon e_2\cos(q_1+q_2)+\eta e_2\sin(q_1+q_2) \end{bmatrix}$$

$$= \begin{bmatrix} (\ddot{q}_1+e_2\cos(q_1))\alpha+(\ddot{q}_2-e_2\cos(q_1))\beta+ \\ (2\cos(q_2)\ddot{q}_1+\cos(q_2)\ddot{q}_2-2\sin(q_2)\dot{q}_2\dot{q}_1-\sin(q_2)\dot{q}_2^2+e_2\cos(q_1+q_2))\varepsilon+ \\ (2\sin(q_2)\ddot{q}_1+\sin(q_2)\ddot{q}_2+2\cos(q_2)\dot{q}_2\dot{q}_1+\cos(q_2)\dot{q}_2^2+e_2\sin(q_1+q_2))\eta \\ 0\cdot\alpha+(\ddot{q}_1+\ddot{q}_2)\beta+(\cos(q_2)\ddot{q}_1+\sin(q_2)\dot{q}_1^2+e_2\cos(q_1+q_2))\varepsilon+ \\ (\sin(q_2)\ddot{q}_1-\cos(q_2)\dot{q}_1^2+e_2\sin(q_1+q_2))\eta \end{bmatrix}$$

$$= \begin{bmatrix} \ddot{q}_1+e_2\cos(q_1) & \ddot{q}_2-e_2\cos(q_1) & \begin{matrix}2\cos(q_2)\ddot{q}_1+\cos(q_2)\ddot{q}_2- \\ 2\sin(q_2)\dot{q}_2\dot{q}_1-\sin(q_2)\dot{q}_2^2+ \\ e_2\cos(q_1+q_2)\end{matrix} & \begin{matrix}2\sin(q_2)\ddot{q}_1+\sin(q_2)\ddot{q}_2+ \\ 2\cos(q_2)\dot{q}_2\dot{q}_1+\cos(q_2)\dot{q}_2^2+ \\ e_2\sin(q_1+q_2)\end{matrix} \\ 0 & \ddot{q}_1+\ddot{q}_2 & \begin{matrix}\cos(q_2)\ddot{q}_1+\sin(q_2)\dot{q}_1^2+ \\ e_2\cos(q_1+q_2)\end{matrix} & \begin{matrix}\sin(q_2)\ddot{q}_1-\cos(q_2)\dot{q}_1^2+ \\ e_2\sin(q_1+q_2)\end{matrix} \end{bmatrix}\cdot\begin{bmatrix}\alpha \\ \beta \\ \varepsilon \\ \eta\end{bmatrix}$$

观察上式,可得 $Y(q,\dot{q},\ddot{q})$ 和 a 的表达式为

$$Y(q,\dot{q},\ddot{q})=\begin{bmatrix} \ddot{q}_1+e_2\cos(q_1) & \ddot{q}_2-e_2\cos(q_1) & \begin{matrix}2\cos(q_2)\ddot{q}_1+\cos(q_2)\ddot{q}_2- \\ 2\sin(q_2)\dot{q}_2\dot{q}_1-\sin(q_2)\dot{q}_2^2+ \\ e_2\cos(q_1+q_2)\end{matrix} & \begin{matrix}2\sin(q_2)\ddot{q}_1+\sin(q_2)\ddot{q}_2+ \\ 2\cos(q_2)\dot{q}_2\dot{q}_1+\cos(q_2)\dot{q}_2^2+ \\ e_2\sin(q_1+q_2)\end{matrix} \\ 0 & \ddot{q}_1+\ddot{q}_2 & \begin{matrix}\cos(q_2)\ddot{q}_1+\sin(q_2)\dot{q}_1^2+ \\ e_2\cos(q_1+q_2)\end{matrix} & \begin{matrix}\sin(q_2)\ddot{q}_1-\cos(q_2)\dot{q}_1^2+ \\ e_2\sin(q_1+q_2)\end{matrix} \end{bmatrix}$$

$$\tag{9.3}$$

$$a=\begin{bmatrix}\alpha & \beta & \varepsilon & \eta\end{bmatrix}^{\mathrm{T}}$$

则可证明机械手的线性特性,即

$$H(q)\ddot{q}+C(q,\dot{q})\dot{q}+G(q)=Ya \tag{9.4}$$

式中,$Y=Y(q,\dot{q},\ddot{q})$ 是一个 $n\times m$ 维的矩阵。

结合式(9.3),从而将式(9.1)整理成如下线性无关的形式

$$Ya=\tau \tag{9.5}$$

利用最小二乘法,可得

$$a=(Y^{\mathrm{T}}Y)^{-1}Y^{\mathrm{T}}\tau \tag{9.6}$$

由于 Y 具有很强的非线性,a 中的 4 个参数线性无关,故可采用遗传算法进行 a 的辨识。采用实数编码,辨识误差指标取

$$E=\sum_{i=1}^{N}\frac{1}{2}(\tau_i-\hat{\tau}_i)^2 \tag{9.7}$$

其中,N 为测试数据的数量;τ_i 为模型第 i 个测试样本的输入。

9.1.2 基于最小二乘法的机械手参数辨识

模型取式(9.1)，双关节机械手的实际物理参数见表 9-1。

表 9-1 双关节机械手的实际物理参数

m_1	l_1	l_{c1}	I_1	m_e	l_{ce}	I_e	δ_e	e_1	e_2
1kg	1m	1/2m	1/12kg	3kg	1m	2/5kg	0	$-7/12$	9.81

由表 9-1 可得 a 的真值为

$$a=\begin{bmatrix}\alpha & \beta & \varepsilon & \eta\end{bmatrix}^{\mathrm{T}}=\begin{bmatrix}6.7333 & 3.4 & 3.0 & 0\end{bmatrix}^{\mathrm{T}}$$

首先运行模型测试程序 chap9_1sim.mdl，对象的输入信号取 $\tau_1=0.1\sin(2\pi t)$，$\tau_2=0.1\sin(2\pi t)$，从而得到用于辨识的模型测试数据。

$Y(q,\dot{q},\ddot{q})$ 取式(9.3)，采用最小二乘法式(9.6)，可得到辨识结果。最小二乘法的辨识结果见表 9-2。由 η 的辨识结果可见，采用最小二乘法的辨识精度难以满足要求。

表 9-2 真值与辨识值的比较

参数	α	β	ε	η
真值	6.7333	3.4	3.0	0
最小二乘法辨识值	6.7370	3.4202	3.0092	0.4917

仿真程序：

(1) 模型测试程序：chap9_1sim.mdl

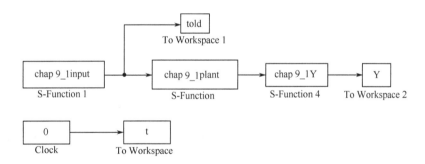

(2) 辨识对象程序：chap9_1plant.m

```
function [sys,x0,str,ts]= s_function(t,x,u,flag)
switch flag,
case 0,
    [sys,x0,str,ts]= mdlInitializeSizes;
case 1,
    sys= mdlDerivatives(t,x,u);
case 3,
    sys= mdlOutputs(t,x,u);
case {2, 4, 9}
    sys = [];
otherwise
    error(['Unhandled flag = ',num2str(flag)]);
```

```
end
function [sys,x0,str,ts]= mdlInitializeSizes
sizes = simsizes;
sizes.NumContStates  = 4;
sizes.NumDiscStates  = 0;
sizes.NumOutputs     = 6;
sizes.NumInputs      = 2;
sizes.DirFeedthrough = 1;
sizes.NumSampleTimes = 0;
sys= simsizes(sizes);
x0= [-pi/2,0,0,0];
str= [];
ts= [];
function sys= mdlDerivatives(t,x,u)
tol= [u(1);u(2)];

q1= x(1);dq1= x(2);
q2= x(3);dq2= x(4);

m1= 1;l1= 1;
lc1= 1/2;I1= 1/12;

me= 3;lce= 1;Ie= 2/5;deltae= 0;
g= 9.8;
e1= m1* l1* lc1-I1-m1* l1^2;e2= g/l1;

alfa= I1+ m1* lc1^2+ Ie+ me* lce^2+ me* l1^2;
beta= Ie+ me* lce^2;
epc= me* l1* lce* cos(deltae);
eta= me* l1* lce* sin(deltae);

% alfa= 6.7333;beta= 3.4;epc= 3.0;eta= 0;
a= [alfa,beta,epc,eta];

H= [alfa+ 2* epc* cos(q2)+ 2* eta* sin(q2),beta+ epc* cos(q2)+ eta* sin(q2);
    beta+ epc* cos(q2)+ eta* sin(q2),beta];
C= [(-2* epc* sin(q2)+ 2* eta* cos(q2))* dq2,(-epc* sin(q2)+ eta* cos(q2))* dq2;
    (epc* sin(q2)-eta* cos(q2))* dq1,0];
% G= [epc* e2* cos(q1+q2)+ eta* e2* sin(q1+q2)+ (alfa-beta+e1)* e2* cos(q1);
%     epc* e2* cos(q1+q2)+ eta* e2* sin(q1+q2)];
G= [epc* e2* cos(q1+q2)+ eta* e2* sin(q1+q2)+ (alfa-beta)* e2* cos(q1);
    epc* e2* cos(q1+q2)+ eta* e2* sin(q1+q2)];
S= inv(H)* (tol-C* [dq1;dq2]-G);

sys(1)= x(2);
sys(2)= S(1);
sys(3)= x(4);
sys(4)= S(2);
function sys= mdlOutputs(t,x,u)
tol= [u(1);u(2)];
```

```
q1= x(1);dq1= x(2);
q2= x(3);dq2= x(4);

m1= 1;l1= 1;
lc1= 1/2;I1= 1/12;

me= 3;lce= 1;Ie= 2/5;deltae= 0;
g= 9.8;
e1= m1* l1* lc1- I1- m1* l1^2;e2= g/l1;

alfa= I1+ m1* lc1^2+ Ie+ me* lce^2+ me* l1^2;
beta= Ie+ me* lce^2;
epc= me* l1* lce* cos(deltae);
eta= me* l1* lce* sin(deltae);

% alfa= 6.7;beta= 3.4;epc= 3.0;eta= 0;
a= [alfa,beta,epc,eta];

H= [alfa+ 2* epc* cos(q2)+ 2* eta* sin(q2),beta+ epc* cos(q2)+ eta* sin(q2);
    beta+ epc* cos(q2)+ eta* sin(q2),beta];
C= [(- 2* epc* sin(q2)+ 2* eta* cos(q2))* dq2,(- epc* sin(q2)+ eta* cos(q2))* dq2;
    (epc* sin(q2)- eta* cos(q2))* dq1,0];
G= [epc* e2* cos(q1+q2)+ eta* e2* sin(q1+q2)+ (alfa-beta)* e2* cos(q1);
    epc* e2* cos(q1+q2)+ eta* e2* sin(q1+q2)];
S= inv(H)* (tol- C* [dq1;dq2]- G);

ddq1= S(1);
ddq2= S(2);

sys(1)= x(1);
sys(2)= x(2);
sys(3)= S(1);
sys(4)= x(3);
sys(5)= x(4);
sys(6)= S(2);
```

(3) 输入指令程序：chap9_1input.m

```
function [sys,x0,str,ts]= input(t,x,u,flag)
switch flag,
case 0,
    [sys,x0,str,ts]= mdlInitializeSizes;
case 3,
    sys= mdlOutputs(t,x,u);
case {2,4,9}
    sys= [];
otherwise
    error(['Unhandled flag = ',num2str(flag)]);
end
function [sys,x0,str,ts]= mdlInitializeSizes
```

```
sizes= simsizes;
sizes.NumOutputs= 2;
sizes.NumInputs= 0;
sizes.DirFeedthrough= 0;
sizes.NumSampleTimes= 0;
sys= simsizes(sizes);
x0= [];
str= [];
ts= [];
function sys= mdlOutputs(t,x,u)
tol1= 0.1* sin(1* 2* pi* t);
tol2= 0.1* cos(1* 2* pi* t);

sys(1)= tol1;
sys(2)= tol2;
```

（4）Y 计算程序：chap9_1Y.m

```
function [sys,x0,str,ts]= s_function(t,x,u,flag)
switch flag,
case 0,
    [sys,x0,str,ts]= mdlInitializeSizes;
case 3,
    sys= mdlOutputs(t,x,u);
case {2, 4, 9 }
    sys = [];
otherwise
    error(['Unhandled flag = ',num2str(flag)]);
end
function [sys,x0,str,ts]= mdlInitializeSizes
sizes = simsizes;
sizes.NumContStates  = 0;
sizes.NumDiscStates  = 0;
sizes.NumOutputs     = 8;
sizes.NumInputs      = 6;
sizes.DirFeedthrough = 1;
sizes.NumSampleTimes = 0;
sys= simsizes(sizes);
x0= [];
str= [];
ts= [];
function sys= mdlOutputs(t,x,u)
q1= u(1);dq1= u(2);ddq1= u(3);
q2= u(4);dq2= u(5);ddq2= u(6);

m1= 1;l1= 1;
lc1= 1/2;I1= 1/12;

me= 3;lce= 1;Ie= 2/5;deltae= 0;
g= 9.8;
e1= m1* l1* lc1- I1- m1* l1^2;e2= g/l1;
```

```
alfa= I1+ m1* lc1^2+ Ie+ me* lce^2+ me* l1^2;
beta= Ie+ me* lce^2;
epc= me* l1* lce* cos(deltae);
eta= me* l1* lce* sin(deltae);

% alfa= 6.7333;beta= 3.4;epc= 3.0;eta= 0;
a= [alfa,beta,epc, eta];

Y= [ddq1+ e2* cos(q1),ddq2- e2* cos(q1),2* cos(q2)* ddq1+ cos(q2)* ddq2- 2* sin(q2)
* dq2* dq1- sin(q2)* dq2* dq2+ e2* cos(q1+ q2),2* sin(q2)* ddq1+ sin(q2)* ddq2+ 2*
cos(q2)* dq2* dq1+ cos(q2)* dq2* dq2+ e2* sin(q1+ q2);
    0,ddq1+ ddq2,cos(q2)* ddq1+ sin(q2)* dq1* dq1+ e2* cos(q1+ q2),sin(q2)* ddq1-
    cos(q2)* dq1* dq1+ e2* sin(q1+ q2)];

% toll= Y* a';

sys(1)= Y(1,1);
sys(2)= Y(1,2);
sys(3)= Y(1,3);
sys(4)= Y(1,4);
sys(5)= Y(2,1);
sys(6)= Y(2,2);
sys(7)= Y(2,3);
sys(8)= Y(2,4);
```

(5) 保存数据程序：chap9_1save.m

```
savepara_file told Y;
```

(6) 最小二乘法辨识程序：chap9_2.m：

```
% alfa= 6.7333;beta= 3.4;epc= 3.0;eta= 0;
% a= [alfa,beta,epc, eta];
save para_file told Y;
clear all;
close all;

load para_file;

n= size(told);
N= n(1);
for i= 1:1:N
YY= [Y(i,1) Y(i,2) Y(i,3) Y(i,4);
    Y(i,5) Y(i,6) Y(i,7) Y(i,8)];
y11(i)= YY(1,1);
y12(i)= YY(1,2);
y13(i)= YY(1,3);
y14(i)= YY(1,4);
y21(i)= YY(2,1);
y22(i)= YY(2,2);
y23(i)= YY(2,3);
y24(i)= YY(2,4);
```

```
toldi= told(i,:);
told1(i)= toldi(1);
told2(i)= toldi(2);
end
% J= sum(ei);
y= [y11' y12' y13' y14';
    y21' y22' y23' y24'];
Told= [told1 told2]';
a= y'*inv(y*y')*Told
```

9.1.3 　基于粒子群算法的机械手参数辨识

本节介绍采用粒子群算法实现机械手的参数辨识。由式(9.5)可知

$$Ya = \tau \tag{9.8}$$

其中，Y 和 a 的表达式见式(9.3)。

需要辨识的参数向量为 a，其真值为 $a = \begin{bmatrix} \alpha & \beta & \varepsilon & \eta \end{bmatrix}^{\mathrm{T}} = \begin{bmatrix} 6.7333 & 3.4 & 3.0 & 0 \end{bmatrix}^{\mathrm{T}}$。由于 Y 具有很强的非线性，a 中的 4 个参数之间线性无关，故可采用粒子群算法进行 a 的辨识。

采用实数编码，辨识误差指标取

$$J = \sum_{i=1}^{N} \frac{1}{2} (\tau_i - \hat{\tau}_i)^2 \tag{9.9}$$

其中，N 为测试数据的数量；τ_i 为模型第 i 个测试样本的输入。

首先运行模型测试程序 chap9_3sim.mdl，对象的输入信号取 $\tau_1 = 0.1\sin(2\pi t)$，$\tau_2 = 0.1\sin(2\pi t)$，从而得到用于辨识的模型测试数据。

共有 4 个参数需要辨识，采用粒子群算法式(8.6)和式(8.7)，将待辨识的参数向量 a 记为 X，取粒子群个数为 Size=200，最大迭代次数 G=200，采用实数编码，向量 X 中 4 个参数的搜索范围分别为[0,10]，[0,5]，[0,5]，[0,5]，粒子运动的最大速度为 $V_{max} = 1.0$，即速度范围为 $[-1,1]$。学习因子取 $c_1 = 1.3$，$c_2 = 1.7$，采用线性递减的惯性权重，惯性权重采用从 0.90 线性递减到 0.10 的策略。目标函数的倒数作为粒子群的适应度函数。将辨识误差指标直接作为粒子的目标函数，并且越小越好。

更新粒子的速度和位置，产生新种群，辨识误差函数的变化过程如图 9-1 所示。最小二乘法及粒子群算法的辨识结果见表 9-3。可见，采用粒子群算法的辨识精度大大优于最小二乘法。

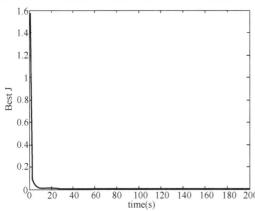

图 9-1　辨识误差函数的变化过程

表 9-3　两种方法的真值与辨识值比较

参数	α	β	ε	η
真值	6.7333	3.4	3.0	0
最小二乘法辨识值	6.7370	3.4202	3.0092	0.4917
粒子群算法辨识值	6.7335	3.4001	3.0001	0

仿真程序：

(1) 粒子群算法辨识程序：chap9_3.m

```
save para_file told Y;
clear all;
close all;
load para_file;
n= size(told);
N= n(1);

% 限定位置和速度的范围
MinX= [0 0 0 0];   % 参数搜索范围
MaxX= [10 5 5 5];
Vmax= 1;
Vmin= -1;                      % 限定速度的范围

% 设计粒子群参数
Size= 200;      % 种群规模
CodeL= 4;       % 参数个数

c1= 1.3;c2= 1.7;              % 学习因子:[1,2]
wmax= 0.90;wmin= 0.10;       % 惯性权重:(0,1)
G= 200;                       % 最大迭代次数
% (1)初始化种群的个体
for i= 1:G             % 采用时变权重
    w(i)= wmax-((wmax-wmin)/G)* i;
end
for i= 1:1:CodeL          % 十进制浮点编码
    X(:,i)= MinX(i)+ (MaxX(i)- MinX(i))* rand(Size,1);
    v(:,i)= Vmin+ (Vmax- Vmin)* rand(Size,1);% 随机初始化速度
end
% (2)初始化个体最优和全局最优:先计算各个粒子的适应度值,并初始化 Ji 和 BestS
for i= 1:Size
    Ji(i)= chap9_3obj(X(i,:),told,Y,N);
    Xl(i,:)= X(i,:);
end

BestS= X(1,:); % 全局最优个体初始化
for i= 2:Size
    if chap9_3obj(X(i,:),told,Y,N)< chap9_3obj(BestS,told,Y,N)
        BestS= X(i,:);
    end
end
% (3)进入主循环,直到满足精度要求
 for kg= 1:1:G
    times(kg)= kg;
    for i= 1:Size
        v(i,:)= w(kg)*v(i,:)+ c1* rand* (Xl(i,:)-X(i,:))+c2* rand* (BestS-X(i,:));
        % 加权,实现速度的更新
            for j= 1:CodeL     % 检查速度是否越界
```

```
                if v(i,j)< Vmin
                    v(i,j)= Vmin;
                elseif  v(i,j)> Vmax
                    v(i,j)= Vmax;
                end
            end
        X(i,:)= X(i,:)+ v(i,:); % 实现位置的更新
        for j= 1:CodeL% 检查位置是否越界
            if X(i,j)< MinX(j)
                X(i,j)= MinX(j);
            elseif X(i,j)> MaxX(j)
                X(i,j)= MaxX(j);
            end
        end
% 自适应变异,避免陷入局部最优
        if rand> 0.6
            k= ceil(4* rand);    % ceil 为向上取整
            if k== 1
            X(i,k)= 10* rand;
            else
            X(i,k)= 5* rand;
            end
        end
% (4)判断和更新
        if chap9_3obj(X(i,:),told,Y,N)< Ji(i) % 局部优化:判断此时的位置是否为最优的情况
            Ji(i)= chap9_3obj(X(i,:),told,Y,N);
            Xl(i,:)= X(i,:);
        end

        if Ji(i)< chap9_3obj(BestS,told,Y,N)    % 全局优化
            BestS= Xl(i,:);
        end
    end
Best_J(kg)= chap9_3obj(BestS,told,Y,N);
end
display('true value: alfa =6.7333,beta=3.4000,epc=3.0,eta= 0');


BestS      % 最佳个体
Best_J(kg)% 最佳目标函数值

figure(1);% 目标函数值变化曲线
plot(times,Best_J(times),'r','linewidth',2);
xlabel('time(s)');ylabel('Best J');
```

(2) 目标函数计算程序:chap9_3obj.m

```
function f= obj(A,told,Y,N)% * * * * 计算个体目标函数值
  J= 0;
  a= A;% the ith sample
  alfa= a(1);
  beta= a(2);
```

```
    ep= a(3);
    eta= a(4);
    ai= [alfa beta ep eta];
for j= 1:1:N
    YY= [Y(j,1) Y(j,2) Y(j,3) Y(j,4);
        Y(j,5) Y(j,6) Y(j,7) Y(j,8)];
    tol= YY* ai';
    tol1(j)= tol(1);
    tol2(j)= tol(2);
end
tol= [tol1;tol2]';
E= tol- told;
for j= 1:1:N
    Ej(j)= sqrt(E(j,1)^2+ E(j,2)^2);
    J= J+ 0.5* Ej(j)* Ej(j);
end
f=J;
end
```

9.2 柔性机械手动力学模型物理参数粒子群辨识

9.2.1 柔性机械手模型描述

柔性机械手的动力学方程为

$$\begin{cases} I\ddot{q}_1+MgL\sin q_1+K(q_1-q_2)=0 \\ J\ddot{q}_2+K(q_2-q_1)=u \end{cases} \tag{9.10}$$

其中,$q_1\in R^n$ 和 $q_2\in R^n$ 分别为柔性机械臂和电机的转动角度;K 为柔性机械臂的刚度;$u\in R^n$ 为控制输入;J 为电机的转动惯量;I 为柔性机械臂的转动惯量;M 为柔性机械臂的质量;L 为柔性机械臂的重心至关节点的长度。

为了实现柔性机械手的设计,模型中需要辨识的物理参数为 I,J,MgL 和 K。

考虑单关节柔性机械臂,式(9.10)可写为

$$\begin{cases} \dot{x}_1=x_2 \\ \dot{x}_2=-\dfrac{1}{I}(MgL\sin x_1+K(x_1-x_3)) \\ \dot{x}_3=x_4 \\ \dot{x}_4=\dfrac{1}{J}(u-K(x_3-x_1)) \end{cases} \tag{9.11}$$

则 $K(x_3-x_1)=u-J\ddot{x}_3$,从而有

$$\begin{cases} \ddot{x}_1=-\dfrac{1}{I}(MgL\sin x_1-u+J\ddot{x}_3) \\ \ddot{x}_3=\dfrac{1}{J}(u-K(x_3-x_1)) \end{cases}$$

即

$$\begin{cases} I\ddot{x}_1+J\ddot{x}_3+MgL\sin x_1=u \\ J\ddot{x}_3+K(x_3-x_1)=u \end{cases}$$

上式可写为

$$\begin{cases} \begin{bmatrix} I & J & MgL \end{bmatrix} \begin{bmatrix} \ddot{x}_1 \\ \ddot{x}_3 \\ \sin x_1 \end{bmatrix} = u \\ \begin{bmatrix} J & K \end{bmatrix} \begin{bmatrix} \ddot{x}_3 \\ x_3 - x_1 \end{bmatrix} = u \end{cases}$$

进一步整理,上式可写成

$$\begin{bmatrix} I & J & MgL & 0 \\ 0 & J & 0 & K \end{bmatrix} \begin{bmatrix} \ddot{x}_1 \\ \ddot{x}_3 \\ \sin x_1 \\ x_3 - x_1 \end{bmatrix} = \begin{bmatrix} u \\ u \end{bmatrix}$$

令 $\boldsymbol{\eta} = \begin{bmatrix} I & J & MgL & 0 \\ 0 & J & 0 & K \end{bmatrix}, \boldsymbol{Y} = \begin{bmatrix} \ddot{x}_1 \\ \ddot{x}_3 \\ \sin x_1 \\ x_3 - x_1 \end{bmatrix}, \boldsymbol{\tau} = \begin{bmatrix} u \\ u \end{bmatrix}$,则

$$\boldsymbol{\eta Y} = \boldsymbol{\tau} \tag{9.12}$$

需要辨识的参数为 I, J, MgL 和 K,其真实值为 $I = 1.0, J = 1.0, MgL = 5.0$ 和 $K = 1200$。利用最小二乘法,可得

$$\boldsymbol{\eta} = \boldsymbol{\tau} (\boldsymbol{Y}^{\mathrm{T}} \boldsymbol{Y})^{-1} \boldsymbol{Y}^{\mathrm{T}} \tag{9.13}$$

由于 $\boldsymbol{Y}$ 具有很强的非线性,可保证 4 个参数之间线性无关,故可采用粒子群算法进行参数辨识。

采用实数编码,辨识误差指标取

$$J = \sum_{i=1}^{N} \frac{1}{2} (\tau_i - \hat{\tau}_i)^2 \tag{9.14}$$

其中,N 为测试数据的数量;τ_i 为模型第 i 个测试样本的输入。

9.2.2　仿真实例

首先运行模型测试程序 chap9_4sim.mdl,对象的输入信号取 $u = \sin(2\pi t)$,从而得到用于辨识的模型测试数据。

共有 4 个参数需要辨识,采用粒子群算法式(8.6)和式(8.7),粒子群个数为 Size=200,最大迭代次数 $G = 200$,采用实数编码,矩阵 $\boldsymbol{\eta}$ 中 4 个参数的搜索范围分别为 $[0,5]$,$[0,5]$,$[0,10]$,$[1000,1500]$,粒子运动的最大速度为 $V_{\max} = 1.0$,即速度范围为 $[-1,1]$。学习因子取 $c_1 = 1.3, c_2 = 1.7$,采用线性递减的惯性权重,惯性权重采用从 0.90 线性递减到 0.10 的策略。将辨识误差指标直接作为粒子的目标函数,并且越小越好。

运行粒子群算法参数辨识程序 chap9_5pso.m,按粒子群算法更新粒子的速度和位置,产生新种群,辨识误差函数的变化过程如图 9-2 所示。经过 35 次迭代,辨识误差函数为 $J = 7.3047 \times 10^{-6}$。

仿真中取 $M = 2$,同时采用最小二乘法进行辨识,由于 $\boldsymbol{Y}^{\mathrm{T}} \boldsymbol{Y}$ 的逆不存在,无法实现辨识。可见,采用粒子群算法的辨识可以克服最小二乘法的不足,粒子群算法的辨识结果见表 9-4。

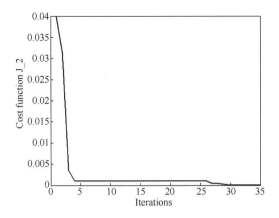

图 9-2　辨识误差函数的变化过程

表 9-4　粒子群算法的辨识结果

参数	I	J	MgL	K
真值	1	1	5	1200
粒子群算法辨识值	1.0	1.0	5.0	1200.5

仿真程序：

1. 输入/输出测试程序

(1) 信号输入程序：chap9_4input. m

```
function [sys,x0,str,ts]= input(t,x,u,flag)
switch flag,
case 0,
    [sys,x0,str,ts]= mdlInitializeSizes;
case 3,
    sys= mdlOutputs(t,x,u);
case {2,4,9}
    sys= [];
otherwise
    error(['Unhandled flag =  ',num2str(flag)]);
end
function [sys,x0,str,ts]= mdlInitializeSizes
sizes= simsizes;
sizes.NumOutputs= 1;
sizes.NumInputs= 0;
sizes.DirFeedthrough= 0;
sizes.NumSampleTimes= 0;
sys= simsizes(sizes);
x0= [];
str= [];
ts= [];
function sys= mdlOutputs(t,x,u)
sys(1)= sin(2* pi* t);
```

(2) 模型测试程序：chap9_4sim. mdl

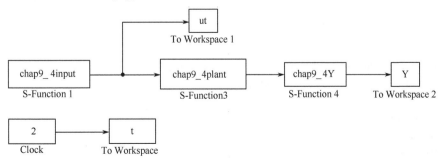

(3) 模型程序：chap9_4plant.m

```
function [sys,x0,str,ts] = spacemodel(t,x,u,flag)

switch flag,
case 0,
    [sys,x0,str,ts]= mdlInitializeSizes;
case 1,
    sys= mdlDerivatives(t,x,u);
case 3,
    sys= mdlOutputs(t,x,u);
case {2,4,9}
    sys= [];
otherwise
    error(['Unhandled flag = ',num2str(flag)]);
end

function [sys,x0,str,ts]= mdlInitializeSizes
global I J Mgl K
sizes = simsizes;
sizes.NumContStates  = 4;
sizes.NumDiscStates  = 0;
sizes.NumOutputs     = 4;
sizes.NumInputs      = 1;
sizes.DirFeedthrough = 1;
sizes.NumSampleTimes = 1;
sys = simsizes(sizes);
x0  = [0;0;0;0];
str = [];
ts  = [0 0];

I= 1.0;J= 1.0;Mgl= 5.0;K= 1200;
function sys= mdlDerivatives(t,x,u)
global I J Mgl K

tol= u(1);
sys(1)= x(2);
sys(2)= - (1/I)* (Mgl* sin(x(1))+ K* (x(1)- x(3)));
sys(3)= x(4);
sys(4)= (1/J)* (tol- K* (x(3)- x(1)));
function sys= mdlOutputs(t,x,u)
global I J Mgl K

tol= u(1);
ddx1= - (1/I)* (Mgl* sin(x(1))+ K* (x(1)- x(3)));
ddx3= (1/J)* (tol- K* (x(3)- x(1)));

sys(1)= x(1);
sys(2)= x(3);
sys(3)= ddx1;
```

```
sys(4)= ddx3;
```

(4) 模型状态输出: chap9_4Y.m

```
function [sys,x0,str,ts]= s_function(t,x,u,flag)
switch flag,
case 0,
    [sys,x0,str,ts]= mdlInitializeSizes;
case 3,
    sys= mdlOutputs(t,x,u);
case {2, 4, 9 }
    sys = [];
otherwise
    error(['Unhandled flag = ',num2str(flag)]);
end
function [sys,x0,str,ts]= mdlInitializeSizes
sizes = simsizes;
sizes.NumContStates  = 0;
sizes.NumDiscStates  = 0;
sizes.NumOutputs     = 4;
sizes.NumInputs      = 4;
sizes.DirFeedthrough = 1;
sizes.NumSampleTimes = 0;
sys= simsizes(sizes);
x0= [];
str= [];
ts= [];
function sys= mdlOutputs(t,x,u)
x1= u(1);
x3= u(2);
ddx1= u(3);
ddx3= u(4);

Y = [ddx1 ddx3 sin(x1) x3-x1]';
sys(1)= Y(1);
sys(2)= Y(2);
sys(3)= Y(3);
sys(4)= Y(4);
```

2. 参数辨识程序

(1) 粒子群算法参数辨识程序: chap9_5pso.m

```
save para_file ut Y;
clear all;
close all;
load para_file;
n= size(ut);
N= n(1);
% 限定位置和速度的范围
MinX= [0 0 0 1000];    % 参数搜索范围
MaxX= [5 5 10 1500];
Vmax= 1;
Vmin= -1;              % 限定速度的范围
```

```
% 设计粒子群参数
Size= 300;     % 种群规模
CodeL= 4;      % 参数个数

c1= 1.3;c2= 1.3;            % 学习因子:[1,2]
wmax= 0.90;wmin= 0.10;     % 惯性权重:(0,1)

G= 100;                    % 最大迭代次数
% (1)初始化种群的个体
for i= 1:G           % 初始化每次更新的惯性权重
    w(i)= wmax- ((wmax- wmin)/G)* i;
end
for i= 1:1:CodeL        % 十进制浮点编码
    A(:,i)= MinX(i)+ (MaxX(i)- MinX(i))* rand(Size,1);
    v(:,i)= Vmin + (Vmax - Vmin)* rand(Size,1);% 随机初始化速度
end
% (2)初始化个体最优和全局最优:先计算各个粒子的适应度值,并初始化 Pi 和 BestS
for i= 1:1:Size
    J(i)= chap9_5obj(A(i,:),ut,Y,N);
    PB(i,:)= A(i,:);     % 初始化局部最优个体
end
BestS= A(1,:);% 初始化全局最优个体
for i= 2:Size
    if chap9_5obj(A(i,:),ut,Y,N)< chap9_5obj(BestS,ut,Y,N)
      BestS= A(i,:);
    end
end
% (3)进入主循环,直到满足精度要求
for kg= 1:1:G
    times(kg)= kg;
    for i= 1:Size
        v(i,:)= w(kg)* v(i,:)+c1* rand* (PB(i,:)-A(i,:))+c2* rand* (BestS-A(i,:));
                        % 加权,实现速度的更新
        for j= 1:CodeL    % 检查速度是否越界
            if v(i,j)< Vmin
                v(i,j)= Vmin;
            elseif  v(i,j)> Vmax
                v(i,j)= Vmax;
            end
        end
    A(i,:)= A(i,:)+ v(i,:);% 实现位置的更新
    for j= 1:CodeL      %检查位置是否越界
        if A(i,j)< MinX(j)
            A(i,j)= MinX(j);
        elseif  A(i,j)> MaxX(j)
            A(i,j)= MaxX(j);
        end
    end
% (4)判断和更新
    if chap9_5obj(A(i,:),ut,Y,N)< J(i) % 判断此时的位置是否为最优的情况
```

```matlab
            J(i)= chap9_5obj(A(i,:),ut,Y,N);
            PB(i,:)= A(i,:);
        end
        if J(i)< chap9_5obj(BestS,ut,Y,N)
            BestS= PB(i,:);
            end
    end
Best_J(kg)= chap9_5obj(BestS,ut,Y,N);
Record(kg,:)= BestS;
if Best_J(kg)< 1e-5
    break
end
end
BestS      % 最佳个体
Best_J(kg)% 最佳目标函数值

disp('True value of rotation parameters:1.0  1.0  5.0  1200');
figure(1);% 目标函数值变化曲线
plot(times,Best_J,'b','linewidth',1.5);
xlabel('Iterations');ylabel('Cost function J_2');

figure(2);% 目标函数值变化曲线
para1= Record(1:kg,1);
para2= Record(1:kg,2);
para3= Record(1:kg,3);
para4= Record(1:kg,4);

plot(times,para1,'b:','linewidth',1.5);
hold on;
plot(times,para2,'b- ','linewidth',1.5);
hold on;
plot(times,para3,'r:','linewidth',1.5);
hold on;
plot(times,para4,'r- ','linewidth',1.5);
xlabel('Iterations');ylabel('Identified value');
legend('I','J','MgL','K');

% 最小二乘法
M= 1;
if M== 2
    told= [ut ut]';
    xitep= told* inv(Y* Y')* Y'
end
```

(2)目标函数计算程序:chap9_5obj.m

```matlab
function J= evaluate_objective(B,ut,Y,N) % 计算个体适应度值
  J= 0;

  I= B(1);
  Jp= B(2);
```

```
    MgL= B(3);
    K= B(4);

    eta= [I Jp MgL 0;
        0 Jp 0 K];

for j= 1:1:N
    YY= [Y(j,1) Y(j,2) Y(j,3) Y(j,4)];

    tol= [ut(j,1) ut(j,1)];
    E(:,j)= tol'- eta* YY';
end
for j= 1:1:N
    Ej(j)= sqrt(E(1,j)^2+ E(2,j)^2);
    J= J+ 0.5* Ej(j)* Ej(j);
end
end
```

9.3 飞行器纵向模型物理参数粒子群辨识

9.3.1 问题描述

仅考虑飞行器在俯仰平面上的运动,飞行器纵向模型如图 9-3 所示。

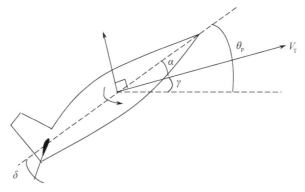

图 9-3 飞行器纵向模型示意图

飞行器纵向模型可以表示为[4]

$$
\begin{cases}
\dot{\gamma}=\overline{L}_o+\overline{L}_a\alpha-\dfrac{g}{V_T}\cos\gamma \\[2mm]
\dot{\alpha}=-\overline{L}_o-\overline{L}_a\alpha+\dfrac{g}{V_T}\cos\gamma+q \\[2mm]
\dot{\theta}_p=q \\[2mm]
\dot{q}=M_o+M_\delta\delta
\end{cases}
\tag{9.15}
$$

其中,$\overline{L}_o=\dfrac{L_o}{mV_T}$,$\overline{L}_a=\dfrac{L_a}{mV_T}$;$\gamma,\alpha,\theta_p$ 分别为飞行器航迹倾角、攻角和俯仰角,且 $\gamma=\theta_p-\alpha$;q 为俯仰角变化率;V_T 为航速;m 和 g 分别为飞行器的质量和重力加速度;L_a 为升力曲线斜率,L_o 为

对升力的影响因素；M_δ 为控制俯仰力矩，M_o 为其他来源力矩，通常由公式 $M_o = M_{ol} + M_q q$ 近似，$M_{ol} = \alpha M_\alpha$；δ 为舵面偏角，作为控制输入。

在某一工作点，$L_o, L_\alpha, M_{ol}, M_\delta$ 和 M_q 可被视为未知常量，航速 V_T 通过某线性控制器(如 PI 控制器)稳定在理想值的一个很小邻域内，可以被视为一个常量。

选取 (γ, θ_p, q) 作为状态变量，并定义状态 $x_1 = \gamma, x_2 = \theta_p, x_3 = q$ 及控制输入 $u = \delta$，则 $\alpha = x_2 - x_1$，从而得到反馈形式下的三角型模型

$$\begin{cases} \dot{x}_1 = a_1 x_2 - a_1 x_1 + a_2 - a_3 \cos x_1 \\ \dot{x}_2 = x_3 \\ \dot{x}_3 = b_1 u + b_2 (x_2 - x_1) + b_3 x_3 \end{cases} \tag{9.16}$$

定义 $a_1 = \overline{L}_\alpha > 0, a_2 = \overline{L}_o > 0, a_3 = \dfrac{g}{V_T}, b_1 = M_\delta > 0, b_2 = M_\alpha, b_3 = M_q$，则

$$\begin{cases} a_1 x_1 + \dot{x}_1 - a_1 x_2 + a_3 \cos x_1 - a_2 = 0 \\ \dfrac{b_2}{b_1} x_1 - \dfrac{b_2}{b_1} x_2 - \dfrac{b_3}{b_1} x_3 + \dfrac{1}{b_1} \dot{x}_3 = u \end{cases} \tag{9.17}$$

定义
$$\boldsymbol{\eta} = \begin{bmatrix} a_1 & 1 & -a_1 & 0 & 0 & a_3 & -a_2 \\ \dfrac{b_2}{b_1} & 0 & -\dfrac{b_2}{b_1} & -\dfrac{b_3}{b_1} & \dfrac{1}{b_1} & 0 & 0 \end{bmatrix}, \boldsymbol{Y} = \begin{bmatrix} x_1 \\ \dot{x}_1 \\ x_2 \\ x_3 \\ \dot{x}_3 \\ \cos x_1 \\ 1 \end{bmatrix}, \boldsymbol{\tau} = \begin{bmatrix} 0 \\ u \end{bmatrix}$$

则式(9.17)可写为

$$\boldsymbol{\eta} \boldsymbol{Y} = \boldsymbol{\tau} \tag{9.18}$$

需要辨识的参数为 $a_1, a_2, a_3, b_1, b_2, b_3$，利用最小二乘法，可得

$$\boldsymbol{\eta} = \boldsymbol{\tau} (\boldsymbol{Y}^T \boldsymbol{Y})^{-1} \boldsymbol{Y}^T \tag{9.19}$$

由于 $\boldsymbol{Y}$ 具有很强的非线性，可保证 6 个参数之间线性无关，故可采用粒子群算法进行参数辨识。

采用实数编码，辨识误差指标取

$$J = \sum_{i=1}^{N} \frac{1}{2} (\tau_i - \hat{\tau}_i)^2 \tag{9.20}$$

其中，N 为测试数据的数量；τ_i 为模型第 i 个测试样本的输入。

9.3.2 仿真实例

首先运行模型测试程序 chap9_6sim.mdl，对象的输入信号取 $u = \sin(2\pi t)$，从而得到用于辨识的模型测试数据。

共有 6 个参数需要辨识，采用粒子群算法式(8.6)和式(8.7)，粒子群个数为 Size=200，最大迭代次数 $G = 200$，采用实数编码，矩阵 $\boldsymbol{\eta}$ 中 6 个参数的搜索范围分别为 $[0, 2]$，$[-1, 0]$，$[0, 1]$，$[0.1, 2]$，$[0, 2]$，$[-1, 0]$，粒子运动的最大速度为 $V_{\max} = 1.0$，即速度范围为 $[-1, 1]$。学习因子取 $c_1 = 1.3, c_2 = 1.7$，采用线性递减的惯性权重，惯性权重采用从 0.90 线性递减到 0.10 的策略。将辨识误差指标直接作为粒子的目标函数，并且越小越好。

运行粒子群算法参数辨识程序 chap9_7pso. m,按粒子群算法更新粒子的速度和位置,产生新种群,各个参数的辨识过程及辨识误差函数的变化过程如图 9-4 和图 9-5 所示。经过 91 次迭代,辨识误差函数 $J=9.7034\times10^{-7}$,参数辨识结果见表 9-5。

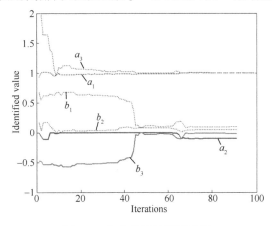 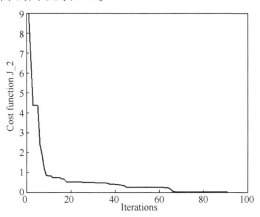

图 9-4　各个参数的辨识过程　　　　　图 9-5　辨识误差函数的变化过程

表 9-5　粒子群算法的参数辨识结果

参数	$a_1=\bar{L}_\alpha$	$a_2=\bar{L}_o$	$a_3=g/V_T$	$b_1=M_\delta$	$b_2=M_\alpha$	$b_3=M_q$
真值	1	-0.10	0.049	1	0.10	-0.02
辨识值	1.0000	-0.1001	0.049	0.9999	0.0994	-0.0194

仿真程序:

1. 输入/输出测试程序:

(1) 信号输入程序:chap9_6input. m

```
function [sys,x0,str,ts] = input(t,x,u,flag)
switch flag,
case 0,
    [sys,x0,str,ts]= mdlInitializeSizes;
case 3,
    sys= mdlOutputs(t,x,u);
case {2,4,9}
    sys= [];
otherwise
    error(['Unhandled flag = ',num2str(flag)]);
end
function [sys,x0,str,ts]= mdlInitializeSizes
sizes= simsizes;
sizes.NumOutputs= 1;
sizes.NumInputs= 0;
sizes.DirFeedthrough= 0;
sizes.NumSampleTimes= 0;
sys= simsizes(sizes);
x0= [];
str= [];
ts= [];
function sys= mdlOutputs(t,x,u)
```

sys(1)= sin(2* pi* t);

（2）模型测试程序：chap9_6sim.mdl

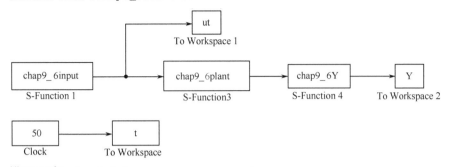

（3）模型程序：chap9_6plant.m

```
function [sys,x0,str,ts] = spacemodel(t,x,u,flag)
switch flag,
case 0,
    [sys,x0,str,ts]= mdlInitializeSizes;
case 1,
    sys= mdlDerivatives(t,x,u);
case 3,
    sys= mdlOutputs(t,x,u);
case {2,4,9}
    sys= [];
otherwise
    error(['Unhandled flag = ',num2str(flag)]);
end
function [sys,x0,str,ts]= mdlInitializeSizes
sizes = simsizes;
sizes.NumContStates  = 3;
sizes.NumDiscStates  = 0;
sizes.NumOutputs     = 6;
sizes.NumInputs      = 1;
sizes.DirFeedthrough = 1;
sizes.NumSampleTimes = 1;
sys = simsizes(sizes);
x0  = [0.1;0;0];
str = [];
ts  = [0 0];
function sys= mdlDerivatives(t,x,u)
%%%%%%%%%%%%%%%%%%%%%%%%
Vt= 200;g= 9.8;Lop= -0.1;Lap= 1;Ma= 0.1;Mq= -0.02;Md= 1;
a3= g/Vt;a2= Lop;a1= Lap;
b1= Md;b2= Ma;b3= Mq;
%%%%%%%%%%%%%%%%%%%%%%%
ut= u(1);
sys(1)= a1* x(2)- a1* x(1)+ a2- a3* cos(x(1));
sys(2)= x(3);
sys(3)= b1* ut+ b2* (x(2)- x(1))+ b3* x(3);
function sys= mdlOutputs(t,x,u)
ut= u(1);
```

```
Vt= 200;g= 9.8;Lop= -0.1;Lap= 1;Ma= 0.1;Mq= -0.02;Md= 1;
a3= g/Vt;a2= Lop;a1= Lap;
b1= Md;b2= Ma;b3= Mq;
dx1= a1* x(2)- a1* x(1)+ a2- a3* cos(x(1));
dx2= x(3);
dx3= b1* ut+ b2* (x(2)- x(1))+ b3* x(3);
sys(1)= x(1);
sys(2)= x(2);
sys(3)= x(3);
sys(4)= dx1;
sys(5)= dx2;
sys(6)= dx3;
```

(4) 模型状态输出:chap9_6Y.m

```
function [sys,x0,str,ts]= s_function(t,x,u,flag)
switch flag,
case 0,
    [sys,x0,str,ts]= mdlInitializeSizes;
case 3,
    sys= mdlOutputs(t,x,u);
case {2, 4, 9 }
    sys = [];
otherwise
    error(['Unhandled flag = ',num2str(flag)]);
end
function [sys,x0,str,ts]= mdlInitializeSizes
sizes = simsizes;
sizes.NumContStates  = 0;
sizes.NumDiscStates  = 0;
sizes.NumOutputs     = 7;
sizes.NumInputs      = 6;
sizes.DirFeedthrough = 1;
sizes.NumSampleTimes = 0;
sys= simsizes(sizes);
x0= [];
str= [];
ts= [];
function sys= mdlOutputs(t,x,u)
x1= u(1);
x2= u(2);
x3= u(3);
dx1= u(4);
dx2= u(5);
dx3= u(6);
Y= [x1 dx1 x2 x3 dx3 cos(x1) 1]';
for i= 1:1:7
    sys(i)= Y(i);
end
```

2. 参数辨识程序

(1) 粒子群算法参数辨识程序:chap9_7pso.m

```
save para_file ut Y;
clear all;
close all;
load para_file;
n= size(ut);
N= n(1);


%%%%%%%%%%%%%%%%
a1= 1;a2= -0.1000;a3= 0.0490;
b1= 1;b2= 0.1000;b3= -0.0200;
%%%%%%%%%%%%%%%%

% 限定位置和速度的范围
MinX= [0 - 1 0 0.1 0 - 1];   % 参数搜索范围
MaxX= [2 0 1 2 2 0];
Vmax= 1;
Vmin= -1;                   % 限定速度的范围
% 设计粒子群参数
Size= 300;    % 种群规模
CodeL= 6;     % 参数个数


c1= 1.3;c2= 1.3;            % 学习因子:[1,2]
wmax= 0.90;wmin= 0.10;     % 惯性权重:(0,1)


G= 200;                    % 最大迭代次数
% (1)初始化种群的个体
for i= 1:G           % 初始化每次更新的惯性权重
    w(i)= wmax- ((wmax-wmin)/G)* i;
end
for i= 1:1:CodeL        % 十进制浮点编码
    A(:,i)= MinX(i)+ (MaxX(i)- MinX(i))* rand(Size,1);
    v(:,i)= Vmin + (Vmax - Vmin)* rand(Size,1);% 随机初始化速度
end
% (2)初始化个体最优和全局最优:先计算各个粒子的适应度值,并初始化 Pi 和 BestS
for i= 1:1:Size
    J(i)= chap9_7obj(A(i,:),ut,Y,N);
    PB(i,:)= A(i,:);    % 初始化局部最优个体
end
BestS= A(1,:); % 初始化全局最优个体
for i= 2:Size
    if chap9_7obj(A(i,:),ut,Y,N)< chap9_7obj(BestS,ut,Y,N)
      BestS= A(i,:);
    end
end
% (3)进入主循环,直到满足精度要求
for kg= 1:1:G
    times(kg)= kg;
    for i= 1:Size
      v(i,:)= w(kg)*v(i,:)+c1*rand* (PB(i,:)-A(i,:))+c2*rand* (BestS-A(i,:));
                        % 加权,实现速度的更新
```

```
        for j= 1:CodeL    % 检查速度是否越界
            if v(i,j)< Vmin
                v(i,j)= Vmin;
            elseif  v(i,j)> Vmax
                v(i,j)= Vmax;
            end
         end
    A(i,:)= A(i,:)+ v(i,:); % 实现位置的更新
    for j= 1:CodeL% 检查位置是否越界
            if A(i,j)< MinX(j)
                A(i,j)= MinX(j);
            elseif  A(i,j)> MaxX(j)
                A(i,j)= MaxX(j);
            end
        end
% (4)判断和更新
        if chap9_7obj(A(i,:),ut,Y,N)< J(i) % 判断此时的位置是否为最优的情况
            J(i)= chap9_7obj(A(i,:),ut,Y,N);
            PB(i,:)= A(i,:);
        end
        if J(i)< chap9_7obj(BestS,ut,Y,N)
            BestS= PB(i,:);
        end
    end
Best_J(kg)= chap9_7obj(BestS,ut,Y,N);
Record(kg,:)= BestS;
if Best_J(kg)< 1e- 6
    break
end
end
BestS     % 最佳个体
Best_J(kg)% 最佳目标函数值


% From Plant
a1= 1;a2= -0.1000;a3= 0.0490;
b1= 1;b2= 0.1000;b3= -0.0200;
disp('True value of parameters:a1= 1;a2= -0.10;a3= 0.049; b1= 1;b2= 0.10;b3= -0.02');

figure(1);% 目标函数值变化曲线
plot(times,Best_J,'b','linewidth',1.5);
xlabel('Iterations');ylabel('Cost function J_2');

figure(2);% 目标函数值变化曲线
para1= Record(1:kg,1);
para2= Record(1:kg,2);
para3= Record(1:kg,3);
para4= Record(1:kg,4);
para5= Record(1:kg,5);
para6= Record(1:kg,6);
```

```
plot(times,para1,'b:','linewidth',1.5);
hold on;
plot(times,para2,'b- ','linewidth',1.5);
hold on;
plot(times,para3,'r:','linewidth',1.5);
hold on;
plot(times,para4,'r:','linewidth',1.5);
hold on;
plot(times,para5,'r:','linewidth',1.5);
hold on;
plot(times,para6,'r- ','linewidth',1.5);
xlabel('Iterations');ylabel('Identified value');
legend('a1','a2','a3','b1','b2','b3');
```

（2）目标函数计算程序：chap9_7obj.m

```
function J= pso_evaluate_obj(B,ut,Y,N) % 计算个体适应度值
  J= 0;
  a1= B(1);
  a2= B(2);
  a3= B(3);
  b1= B(4);
  b2= B(5);
  b3= B(6);

  eta= [a1 1 -a1 0   0 a3 -a2;
       b2/b1 0 -b2/b1  -b3/b1 1/b1 0 0];

for j= 1:1:N
    tol= [0 ut(j)]';
    E(:,j)= tol-eta* Y(j,:)';
end
for j= 1:1:N
    Ej(j)= sqrt(E(1,j)^2+ E(2,j)^2);
    J= J+0.5* Ej(j)* Ej(j);
end
end
end
```

9.4 VTOL 飞行器参数辨识

9.4.1 VTOL 飞行器参数辨识问题

VTOL(Vertical Take-Off and Landing)飞行器即垂直起降飞行器,一般指战斗机或轰炸机。该飞行器可实现自由起落,从而突破跑道的限制,具有重要的军用价值。

如图 9-6 所示为 X-Y 平面上的 VTOL 受力图[5]。由于只考虑起飞过程,因此只考虑竖向 Y 轴和横向 X 轴,忽略了前后运动(Z 方向)。X-Y 为惯性坐标系,X_b-Y_b 为飞行器的机体坐标系。

根据图 9-6,可建立 VTOL 动力学平衡方程为

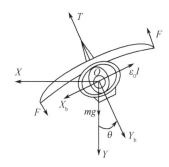

$$\begin{cases} -m\ddot{X} = -T\sin\theta + \varepsilon_0 l\cos\theta \\ -m\ddot{Y} = T\cos\theta + \varepsilon_0 l\sin\theta - mg \\ I_x\ddot{\theta} = l \end{cases} \quad (9.21)$$

其中，T 和 l 为控制输入，即飞行器底部推力力矩和滚动力矩；m 为飞行器的质量；g 为重力加速度；ε_0 是描述 T 和 l 之间耦合关系的系数；I_x 为转动惯量。

由式(9.21)可见，该模型为 2 个控制输入控制 3 个状态，为典型的欠驱动系统。模型中包括 3 个物理参数，即 m、ε_0 和 I_x。

图 9-6　VTOL 示意图

令 $[X,\dot{X},Y,\dot{Y},\theta,\dot{\theta}]=[x_1,x_2,x_3,x_4,x_5,x_6]$，则式(9.21)可表示为

$$\begin{cases} \dot{x}_1 = x_2 \\ -m\dot{x}_2 = -T\sin x_5 + \varepsilon_0 l\cos x_5 \\ \dot{x}_3 = x_4 \\ -m\dot{x}_4 = T\cos x_5 + \varepsilon_0 l\sin x_5 - mg \\ \dot{x}_5 = x_6 \\ I_x\dot{x}_6 = l \end{cases} \quad (9.22)$$

令 $a_1 = \dfrac{1}{m}, a_2 = \dfrac{\varepsilon_0}{m}, a_3 = \dfrac{1}{I_x}, T = u_1, l = u_2$，则

$$\begin{cases} \dot{x}_1 = x_2 \\ \dot{x}_2 = a_1\sin x_5 \cdot u_1 - a_2\cos x_5 \cdot u_2 \\ \dot{x}_3 = x_4 \\ \dot{x}_4 = -a_1\cos x_5 \cdot u_1 - a_2\sin x_5 \cdot u_2 + g \\ \dot{x}_5 = x_6 \\ \dot{x}_6 = a_3 u_2 \end{cases} \quad (9.23)$$

上式可表示为

$$\begin{bmatrix} \dot{x}_2 \\ \dot{x}_4 \\ \dot{x}_6 \end{bmatrix} = \begin{bmatrix} a_1\sin x_5 u_1 - a_2\cos x_5 u_2 \\ -a_1 u_1\cos x_5 - a_2 u_2\sin x_5 \\ a_3 u_2 \end{bmatrix} + \begin{bmatrix} 0 \\ g \\ 0 \end{bmatrix}$$

由于

$$\begin{bmatrix} a_1\sin x_5 u_1 - a_2\cos x_5 u_2 \\ -a_1 u_1\cos x_5 - a_2 u_2\sin x_5 \\ a_3 u_2 \end{bmatrix} = \begin{bmatrix} \sin x_5 & -\cos x_5 & 0 \\ -\cos x_5 & -\sin x_5 & 0 \\ 0 & 0 & 1 \end{bmatrix} \begin{bmatrix} a_1 u_1 \\ a_2 u_2 \\ a_3 u_2 \end{bmatrix}$$

$$= \begin{bmatrix} \sin x_5 & -\cos x_5 & 0 \\ -\cos x_5 & -\sin x_5 & 0 \\ 0 & 0 & 1 \end{bmatrix} \begin{bmatrix} a_1 & 0 \\ 0 & a_2 \\ 0 & a_3 \end{bmatrix} \begin{bmatrix} u_1 \\ u_2 \end{bmatrix}$$

则得

$$
\begin{bmatrix} \dot{x}_2 \\ \dot{x}_4 \\ \dot{x}_6 \end{bmatrix} = \begin{bmatrix} \sin x_5 & -\cos x_5 & 0 \\ -\cos x_5 & -\sin x_5 & 0 \\ 0 & 0 & 1 \end{bmatrix} \begin{bmatrix} a_1 & 0 \\ 0 & a_2 \\ 0 & a_3 \end{bmatrix} \begin{bmatrix} u_1 \\ u_2 \end{bmatrix} + \begin{bmatrix} 0 \\ g \\ 0 \end{bmatrix}
$$

即

$$
\begin{bmatrix} \sin x_5 & -\cos x_5 & 0 \\ -\cos x_5 & -\sin x_5 & 0 \\ 0 & 0 & 1 \end{bmatrix}^{-1} \left(\begin{bmatrix} \dot{x}_2 \\ \dot{x}_4 \\ \dot{x}_6 \end{bmatrix} - \begin{bmatrix} 0 \\ g \\ 0 \end{bmatrix} \right) = \begin{bmatrix} a_1 & 0 \\ 0 & a_2 \\ 0 & a_3 \end{bmatrix} \begin{bmatrix} u_1 \\ u_2 \end{bmatrix} \tag{9.24}
$$

上式可写成下面的形式

$$
\boldsymbol{Y} = \boldsymbol{A}\boldsymbol{\tau} \tag{9.25}
$$

其中,$\boldsymbol{Y} = \begin{bmatrix} \sin x_5 & -\cos x_5 & 0 \\ -\cos x_5 & -\sin x_5 & 0 \\ 0 & 0 & 1 \end{bmatrix}^{-1} \left(\begin{bmatrix} \dot{x}_2 \\ \dot{x}_4 \\ \dot{x}_6 \end{bmatrix} - \begin{bmatrix} 0 \\ g \\ 0 \end{bmatrix} \right)$,$\boldsymbol{A} = \begin{bmatrix} a_1 & 0 \\ 0 & a_2 \\ 0 & a_3 \end{bmatrix}$,$\boldsymbol{\tau} = \begin{bmatrix} u_1 \\ u_2 \end{bmatrix}$。

由式(9.25)可知,参数 a_1,a_2 及 a_3 之间线性无关,因此,可采用智能搜索算法进行参数辨识。

取参数 a_1、a_2 及 a_3 辨识值对应的输出为 $\hat{\boldsymbol{Y}}(i)$,辨识误差指标取

$$
J = \sum_{i=1}^{N} \frac{1}{2} (\boldsymbol{Y}(1,i) - \hat{\boldsymbol{Y}}(1,i))^2 + \sum_{i=1}^{N} \frac{1}{2} (\boldsymbol{Y}(2,i) - \hat{\boldsymbol{Y}}(2,i))^2 + \sum_{i=1}^{N} \frac{1}{2} (\boldsymbol{Y}(3,i) - \hat{\boldsymbol{Y}}(3,i))^2 \tag{9.26}
$$

其中,N 为测试数据的数量。

9.4.2 基于粒子群算法的参数辨识

仿真中,取真实参数为 $\boldsymbol{P} = \begin{bmatrix} m & \varepsilon_0 & I_x \end{bmatrix} = \begin{bmatrix} 68.6 & 0.5 & 123.1 \end{bmatrix}$,辨识参数为 $\hat{\boldsymbol{P}} = \begin{bmatrix} \hat{m} & \hat{\varepsilon}_0 \end{bmatrix}$ $\hat{I}_x \big]$。

首先运行信号产生程序 chap9_8input.m,对象的输入信号取正弦和余弦信号,从而得到用于辨识的模型测试数据,并将数据保存在 para_file.mat 中。

采用粒子群算法式(8.6)和式(8.7),将待辨识的参数向量记为 $\hat{\boldsymbol{P}}$,取粒子群个数为 Size=80,最大迭代次数 $G=100$,采用实数编码,待辨识参数 m、ε_0 和 I_x 分别分布在[0,100]、[0,10]和[0,200]。粒子运动的最大速度为 $V_{\max}=1.0$,即速度范围为[−1,1]。学习因子取 $c_1=1.3$,c_2 =1.7,采用线性递减的惯性权重,惯性权重采用从0.90线性递减到0.10的策略。将辨识误差直接作为粒子的目标函数,并且越小越好。

运行粒子群算法参数辨识程序 chap9_9pso.m,更新粒子的速度和位置,产生新种群,辨识误差函数的变化过程如图9-7所示。辨识结果为 $\hat{\boldsymbol{P}} = \begin{bmatrix} 68.6 & 0.5 & 123.1 \end{bmatrix}$,最终的辨识误差指标为 $J = 7.5191 \times 10^{-30}$。

仿真程序:

1. 输入/输出测试程序

(1) 信号产生程序:chap9_8input.m

```
function[sys,x0,str,ts] = input(t,x,u,flag)
switch flag,
case 0,
    [sys,x0,str,ts]= mdlInitializeSizes;
case 3,
    sys= mdlOutputs(t,x,u);
case {2,4,9}
    sys=[];
otherwise
    error(['Unhandled flag = ',num2str(flag)]);
end
function[sys,x0,str,ts]= mdlInitializeSizes
sizes= simsizes;
sizes.NumOutputs= 2;
sizes.NumInputs= 0;
sizes.DirFeedthrough= 0;
sizes.NumSampleTimes= 0;
sys= simsizes(sizes);
x0=[];
str=[];
ts=[];
function sys= mdlOutputs(t,x,u)
u1= cos(t);
u2= sin(t);
sys(1)= u1;
sys(2)= u2;
```

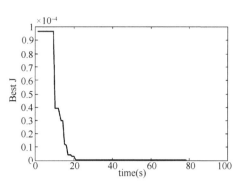

图 9-7　辨识误差函数的变化过程

（2）模型测试程序：chap9_8sim. mdl

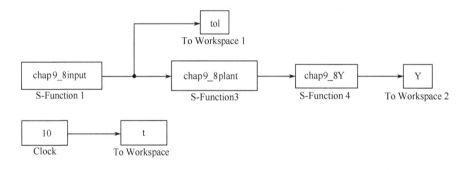

（3）模型程序：chap9_8plant. m

```
function [sys,x0,str,ts]= s_function(t,x,u,flag)
switch flag,
case 0,
    [sys,x0,str,ts]= mdlInitializeSizes;
case 1,
    sys= mdlDerivatives(t,x,u);
case 3,
    sys= mdlOutputs(t,x,u);
case {2, 4, 9 }
    sys = [];
otherwise
```

```
    error(['Unhandled flag = ',num2str(flag)]);
end
function [sys,x0,str,ts]= mdlInitializeSizes
sizes = simsizes;
sizes.NumContStates   = 6;
sizes.NumDiscStates   = 0;
sizes.NumOutputs      = 4;
sizes.NumInputs       = 2;
sizes.DirFeedthrough = 1;
sizes.NumSampleTimes = 0;
sys= simsizes(sizes);
x0= [0,0,0,0,0,0];
str= [];
ts= [];
function sys= mdlDerivatives(t,x,u)
u1= u(1);
u2= u(2);
g= 9.8;m= 68.6;epsilon0= 0.5;Ix= 123.1;
a1= 1/m;
a2= epsilon0/m;
a3= 1/Ix;

sys(1)= x(2);
sys(2)= a1* sin(x(5))* u1- a2* cos(x(5))* u2;
sys(3)= x(4);
sys(4)= - a1* cos(x(5))* u1- a2* sin(x(5))* u2+ g;
sys(5)= x(6);
sys(6)= a3* u2;
function sys= mdlOutputs(t,x,u)
u1= u(1);
u2= u(2);
g= 9.8;m= 68.6;epsilon0= 0.5;Ix= 123.1;
a1= 1/m;
a2= epsilon0/m;
a3= 1/Ix;

dx2= a1* sin(x(5))* u1- a2* cos(x(5))* u2;
dx4= - a1* cos(x(5))* u1- a2* sin(x(5))* u2+ g;
dx6= a3* u2;

sys(1)= dx2;
sys(2)= dx4;
sys(3)= dx6;
sys(4)= x(5);
```

2. 辨识程序

（1）粒子群算法参数辨识程序：chap9_9pso.m

```
save para_file tol Y;
clear all;
close all;
```

```
load para_file;
n= size(tol);
N= n(1);

% 限定位置和速度的范围
MinX= [0 0 0];    % 参数搜索范围
MaxX= [100 10 200];
Vmax= 100;
Vmin= - 100;                    % 限定速度的范围

% 设计粒子群参数
Size= 80;      % 种群规模
CodeL= 3;       % 参数个数


c1= 1.3;c2= 1.7;              % 学习因子:[1,2]
wmax= 0.90;wmin= 0.10;       % 惯性权重:(0,1)
G= 100;                        % 最大迭代次数
% (1)初始化种群的个体
for i= 1:G            % 初始化每次更新的惯性权重
    w(i)= wmax- ((wmax- wmin)/G)* i;
end
for i= 1:1:CodeL         % 十进制浮点编码
    P(:,i)= MinX(i)+ (MaxX(i)- MinX(i))* rand(Size,1);
    v(:,i)= Vmin + (Vmax -Vmin)* rand(Size,1);% 随机初始化速度
end
% (2)初始化个体最优和全局最优:先计算各个粒子的适应度值,并初始化 Pi 和 BestS
for i= 1:1:Size
    Ji(i)= chap9_9obj(P(i,:),tol,Y,N);
    Pl(i,:)= P(i,:);
end
BestS= P(1,:); % 全局最优个体
for i= 2:Size
    if chap9_9obj(P(i,:),tol,Y,N)< chap9_9obj(BestS,tol,Y,N)
        BestS= P(i,:);
    end
end
% (3)进入主循环,直到满足精度要求
 for kg= 1:1:G
    time(kg)= kg;
    for i= 1:Size
        v(i,:)= w(kg)*v(i,:)+c1* rand* (Pl(i,:)-P(i,:))+c2* rand* (BestS-P(i,:));
        % 加权,实现速度的更新
            for j= 1:CodeL    % 检查速度是否越界
              if v(i,j)< Vmin
                  v(i,j)= Vmin;
              elseif  v(i,j)> Vmax
                  v(i,j)= Vmax;
              end
            end
        P(i,:)= P(i,:)+ v(i,:); % 实现位置的更新
```

```matlab
        for j= 1:CodeL   % 检查位置是否越界
            if P(i,j)< MinX(j)
                P(i,j)= MinX(j);
            elseif P(i,j)> MaxX(j)
                P(i,j)= MaxX(j);
            end
        end
% 自适应变异(避免粒子群算法陷入局部最优)
        if rand> 0.6
            k= ceil(3* rand);   % ceil 朝正无穷大方向取整
            P(1,k)= 100* rand;
            P(2,k)= 10* rand;
            P(3,k)= 200* rand;
        end
% (4)判断和更新
        if chap9_9obj(P(i,:),tol,Y,N)< Ji(i)   % 判断此时的位置是否为最优的情况
            Ji(i)= chap9_9obj(P(i,:),tol,Y,N);
            Pl(i,:)= P(i,:);
        end
        if Ji(i)< chap9_9obj(BestS,tol,Y,N)
            BestS= Pl(i,:);
        end
    end
Best_J(kg)= chap9_9obj(BestS,tol,Y,N);
end
display('true value: m= 68.6,epsilon0= 0.5,IX= 123.1');
BestS       % 最佳个体
Best_J(kg)% 最佳目标函数值

figure(1);% 目标函数值变化曲线
plot(time,Best_J(time),'k','linewidth',2);
xlabel('time(s)');ylabel('Best J');
```

(2)目标函数计算程序:chap9_9obj.m

```matlab
 function J= evaluate_objective(B,tol,Y,N) % 计算个体目标函数值
   J= 0;
   m= B(1);
   epc0= B(2);
   Ix= B(3);

   a1= 1/m;
   a2= epc0/m;
   a3= 1/Ix;
   A= [a1 0;0 a2;0 a3];
 for j= 1:1:N
     YY= [Y(j,1);Y(j,2);Y(j,3)];
     Yp= A* tol(j,:)';
     E(:,j)= YY- Yp;
 end
```

```
for j= 1:1:N
    Ej(j)= sqrt(E(1,j)^2+ E(2,j)^2+ E(3,j)^2);
    J= J+ 0.5* Ej(j)* Ej(j);
end
end
```

9.4.3　基于差分进化算法的 VTOL 飞行器参数辨识

仿真中,取真实参数为 $\boldsymbol{P}=[\begin{matrix} m & \varepsilon_0 & I_x \end{matrix}]=[\begin{matrix} 68.6 & 0.5 & 123.1 \end{matrix}]$,辨识参数为 $\hat{\boldsymbol{P}}=[\begin{matrix} \hat{m} & \hat{\varepsilon}_0 & \hat{I}_x \end{matrix}]$。

首先运行模型测试程序 chap9_10sim. mdl,对象的输入信号取正弦和余弦信号,从而得到用于辨识的模型测试数据,并将数据保存在 para_file. mat 中。

采用差分进化算式(8.14)~式(8.18),将待辨识的参数向量记为 $\hat{\boldsymbol{P}}$,取种群规模为Size=50,最大迭代次数 $G=200$,采用实数编码,待辨识参数 m、ε_0 和 I_x 分别分布在[0,100]、[0,10]和[0,200]。将辨识误差指标直接作为目标函数,并且越小越好。

运行差分进化算法辨识程序 chap9_11de. m,在差分进化算法仿真中,取变异因子 $F=0.70$,交叉因子 CR=0.60。经过 200 步迭代,辨识误差函数的变化过程如图 9-8 所示。辨识结果为 $\hat{\boldsymbol{P}}=[\begin{matrix} 68.6 & 0.5 & 123.1 \end{matrix}]$,最终的辨识误差指标为 $J=7.4194\times10^{-30}$。

仿真程序:

1. 输入/输出测试程序

(1) 信号产生程序:chap9_10input. m

```
function [sys,x0,str,ts]= input(t,x,u,flag)
switch flag,
case 0,
    [sys,x0,str,ts]= mdlInitializeSizes;
case 3,
    sys= mdlOutputs(t,x,u);
case {2,4,9}
    sys= [];
otherwise
    error(['Unhandled flag = ',num2str(flag)]);
end
function [sys,x0,str,ts]= mdlInitializeSizes
sizes= simsizes;
sizes.NumOutputs= 2;
sizes.NumInputs= 0;
sizes.DirFeedthrough= 0;
sizes.NumSampleTimes= 0;
sys= simsizes(sizes);
x0= [];
str= [];
ts= [];
function sys= mdlOutputs(t,x,u)
u1= cos(t);
u2= sin(t);
sys(1)= u1;
```

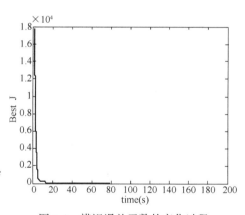

图 9-8　辨识误差函数的变化过程

sys(2)= u2;

(2) 模型测试程序:chap9_10sim.mdl

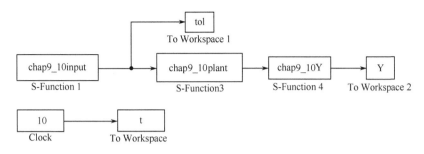

(3) 模型程序:chap9_10plant.m

```
function [sys,x0,str,ts]= s_function(t,x,u,flag)
switch flag,
case 0,
    [sys,x0,str,ts]= mdlInitializeSizes;
case 1,
    sys= mdlDerivatives(t,x,u);
case 3,
    sys= mdlOutputs(t,x,u);
case {2, 4, 9 }
    sys = [];
otherwise
    error(['Unhandled flag = ',num2str(flag)]);
end
function [sys,x0,str,ts]= mdlInitializeSizes
sizes = simsizes;
sizes.NumContStates   = 6;
sizes.NumDiscStates   = 0;
sizes.NumOutputs      = 4;
sizes.NumInputs       = 2;
sizes.DirFeedthrough  = 1;
sizes.NumSampleTimes  = 0;
sys= simsizes(sizes);
x0= [0,0,0,0,0,0];
str= [];
ts= [];
function sys= mdlDerivatives(t,x,u)
u1= u(1);
u2= u(2);
g= 9.8;m= 68.6;epsilon0= 0.5;Ix= 123.1;
a1= 1/m;
a2= epsilon0/m;
a3= 1/Ix;

sys(1)= x(2);
sys(2)= a1* sin(x(5))* u1- a2* cos(x(5))* u2;
sys(3)= x(4);
sys(4)= - a1* cos(x(5))* u1- a2* sin(x(5))* u2+ g;
```

```
sys(5)= x(6);
sys(6)= a3* u2;
function sys= mdlOutputs(t,x,u)
u1= u(1);
u2= u(2);
g= 9.8;m= 68.6;epsilon0= 0.5;Ix= 123.1;
a1= 1/m;
a2= epsilon0/m;
a3= 1/Ix;

dx2= a1* sin(x(5))* u1- a2* cos(x(5))* u2;
dx4= - a1* cos(x(5))* u1- a2* sin(x(5))* u2+ g;
dx6= a3* u2;

sys(1)= dx2;
sys(2)= dx4;
sys(3)= dx6;
sys(4)= x(5);
```

(4) 模型输出程序：chap9_10Y.m

```
function [sys,x0,str,ts]= s_function(t,x,u,flag)
switch flag,
case 0,
    [sys,x0,str,ts]= mdlInitializeSizes;
case 3,
    sys= mdlOutputs(t,x,u);
case {2, 4, 9 }
    sys = [];
otherwise
    error(['Unhandled flag = ',num2str(flag)]);
end
function [sys,x0,str,ts]= mdlInitializeSizes
sizes = simsizes;
sizes.NumContStates  = 0;
sizes.NumDiscStates  = 0;
sizes.NumOutputs     = 3;
sizes.NumInputs      = 4;
sizes.DirFeedthrough = 1;
sizes.NumSampleTimes = 0;
sys= simsizes(sizes);
x0= [];
str= [];
ts= [];
function sys= mdlOutputs(t,x,u)
g= 9.8;
dx2= u(1);dx4= u(2);dx6= u(3);
x5= u(4);
A= [dx2 dx4- g dx6]';
B= [sin(x5) - cos(x5) 0;- cos(x5) - sin(x5) 0;0 0 1];
Y= B* A;
```

```
sys(1)= Y(1,1);
sys(2)= Y(2,1);
sys(3)= Y(3,1);
```

2. 辨识程序

(1) 差分进化算法辨识程序:chap9_11de.m

```matlab
save para_filetol Y;
clear all;
close all;
load para_file;
n= size(tol);
N= n(1);

MinX= [0 0 0]; % 参数搜索范围
MaxX= [100 10 200];

% 设计粒子群参数
Size= 50;       % 种群规模
CodeL= 3;       % 参数个数

F= 0.7;             % 变异因子:[1,2]
cr = 0.6;           % 交叉因子
G= 200;                 % 最大迭代次数
% 初始化种群的个体
for i= 1:1:CodeL
    P(:,i)= MinX(i)+ (MaxX(i)- MinX(i))* rand(Size,1);
end

BestS= P(1,:); % 全局最优个体
for i= 2:Size
    if chap9_11obj(P(i,:),tol,Y,N)< chap9_11obj(BestS,tol,Y,N)
        BestS= P(i,:);
    end
end
Ji= chap9_11obj(BestS,tol,Y,N);
% 进入主循环,直到满足精度要求
for kg= 1:1:G
    time(kg)= kg;
% 变异
    for i= 1:Size
        r1 = 1;r2= 1;r3= 1;r4= 1;
        while(r1 == r2|| r1 == r3 || r2 == r3 || r1 == i || r2 == i || r3 == i||r4== i
        ||r1== r4||r2== r4||r3== r4 )
            r1 = ceil(Size * rand(1));
            r2 = ceil(Size * rand(1));
            r3 = ceil(Size * rand(1));
            r4 = ceil(Size * rand(1));
        end
        h(i,:)= BestS+ F*(P(r1,:)-P(r2,:));
```

```
        for j= 1:CodeL % 检查位置是否越界
            if h(i,j)< MinX(j)
                h(i,j)= MinX(j);
            elseif h(i,j)> MaxX(j)
                h(i,j)= MaxX(j);
            end
        end
% 交叉
    for j = 1:1:CodeL
        tempr =  rand(1);
        if(tempr< cr)
            v(i,j) =  h(i,j);
        else
            v(i,j) =  P(i,j);
        end
    end
% 选择
    if(chap9_11obj(v(i,:),tol,Y,N)< chap9_11obj(P(i,:),tol,Y,N))
        P(i,:)= v(i,:);
    end
% 判断和更新
    if chap9_11obj(P(i,:),tol,Y,N)< Ji % 判断此时的位置是否为最优的情况
        Ji= chap9_11obj(P(i,:),tol,Y,N);
        BestS= P(i,:);
    end

  end
Best_J(kg)= chap9_11obj(BestS,tol,Y,N);
end
display('true value: m = 68.6,epsilon0= 0.5,IX= 123.1');
BestS     % 最佳个体
Best_J(kg)% 最佳目标函数值

figure(1);% 目标函数值变化曲线
plot(time,Best_J(time),'k','linewidth',2);
xlabel('time(s)');ylabel('Best J');
```

(2) 目标函数计算程序：chap9_11obj.m

```
function J= evaluate_objective(B,tol,Y,N) % 计算个体目标函数值
    J= 0;
    m= B(1);
    epc0= B(2);
    Ix= B(3);

    a1= 1/m;
    a2= epc0/m;
    a3= 1/Ix;
    A= [a1 0;0 a2;0 a3];
for j= 1:1:N
    YY= [Y(j,1);Y(j,2);Y(j,3)];
```

```
    Yp= A* tol(j,:)';
    E(:,j)= YY- Yp;
end

for j= 1:1:N
    Ej(j)= sqrt(E(1,j)^2+ E(2,j)^2+ E(3,j)^2);
    J= J+ 0.5* Ej(j)* Ej(j);
end
end
```

9.5 四旋翼飞行器建模与参数辨识

9.5.1 四旋翼飞行器动力学模型

四旋翼飞行器,国外又称 Quadrotor,Four-rotor,4 Rotors Helicopter,X4-Flyer 等,是一种具有 4 个螺旋桨的飞行器,并且 4 个螺旋桨呈十字形交叉结构,4 个螺旋桨分为两组,两组的旋转方向不同,但每组的旋转方向相同。与传统的直升机不同,四旋翼飞行器只能通过改变螺旋桨的速度来实现各种动作。

四旋翼飞行器有 6 个自由度,带有 4 个执行器,如图 9-9 所示,$F_i(i=1,2,3,4)$ 为推力。动力学模型表示为

$$\begin{cases} \ddot{x}=u_1(\cos\phi\sin\theta\cos\psi+\sin\phi\sin\psi)-K_1\dot{x}/m \\ \ddot{y}=u_1(\sin\phi\sin\theta\cos\psi-\cos\phi\sin\psi)-K_2\dot{y}/m \\ \ddot{z}=u_1\cos\phi\cos\psi-g-K_3\dot{z}/m \\ \ddot{\theta}=u_2-lK_4\dot{\theta}/I_1 \\ \ddot{\psi}=u_3-lK_5\dot{\psi}/I_2 \\ \ddot{\phi}=u_4-lK_6\dot{\phi}/I_3 \end{cases} \tag{9.27}$$

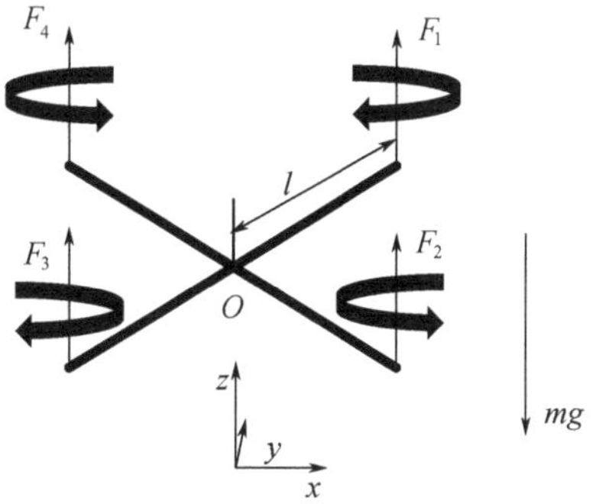

图 9-9 四旋翼飞行器示意图

其中,(x,y,z) 为飞行器的坐标位置;θ,ψ,ϕ 分别为飞行器的俯仰角、滚转角和偏航角;g 为重力加速度;m 为飞行器质量;I_i 为转动惯量($i=1,2,3$);K_j 为阻力系数($j=1,2,\cdots,6$)。假设飞行器的重心在原点。

控制输入与实际的推力变换关系为

$$\begin{bmatrix} u_1 \\ u_2 \\ u_3 \\ u_4 \end{bmatrix} = \begin{bmatrix} 1/m & 1/m & 1/m & 1/m \\ -l/I_1 & -l/I_1 & l/I_1 & l/I_1 \\ -l/I_2 & l/I_2 & l/I_2 & -l/I_2 \\ C/I_3 & -C/I_3 & C/I_3 & -C/I_3 \end{bmatrix} \begin{bmatrix} F_1 \\ F_2 \\ F_3 \\ F_4 \end{bmatrix} \tag{9.28}$$

其中,u_i 为控制输入,u_1 与推力有关,而 u_2,u_3 和 u_4 与相应的角度相关;C 为力矩系数。则

$$\begin{cases} u_1=\dfrac{1}{m}(F_1+F_2+F_3+F_4) \\ u_2=\dfrac{l}{I_1}(-F_1-F_2+F_3+F_4) \\ u_3=\dfrac{l}{I_2}(-F_1+F_2+F_3-F_4) \\ u_4=\dfrac{C}{I_3}(F_1-F_2+F_3-F_4) \end{cases} \tag{9.29}$$

9.5.2 动力学模型的变换

为了辨识式(9.27)中的物理参数,需要将模型加以变换[6]。定义

$$\begin{cases} V_1 = (F_1 + F_2 + F_3 + F_4) \\ V_2 = (-F_1 - F_2 + F_3 + F_4) \\ V_3 = (-F_1 + F_2 + F_3 - F_4) \\ V_4 = (F_1 - F_2 + F_3 - F_4) \end{cases} \tag{9.30}$$

则式(9.29)可写为 $u_1 = \dfrac{1}{m} V_1$, $u_2 = \dfrac{l}{I_1} V_2$, $u_3 = \dfrac{l}{I_2} V_3$, $u_4 = \dfrac{C}{I_3} V_4$, 则式(9.27)变为如下两个子系统,即

$$\begin{cases} \ddot{x} = V_1 \alpha_1 (\cos\phi\sin\theta\cos\psi + \sin\phi\sin\psi) - \alpha_2 \dot{x} \\ \ddot{y} = V_1 \alpha_1 (\sin\phi\sin\theta\cos\psi - \cos\phi\sin\psi) - \alpha_3 \dot{y} \\ \ddot{z} = V_1 \alpha_1 \cos\phi\cos\psi - g - \alpha_4 \dot{z} \end{cases} \tag{9.31}$$

$$\begin{cases} \ddot{\theta} = \alpha_5 V_2 - \alpha_6 \dot{\theta} \\ \ddot{\psi} = \alpha_7 V_3 - \alpha_8 \dot{\psi} \\ \ddot{\phi} = \alpha_9 V_4 - \alpha_{10} \dot{\phi} \end{cases} \tag{9.32}$$

其中,第一个子系统为坐标子系统,第二个子系统为旋转子系统。待辨识参数定义为 $\boldsymbol{\alpha} = [\alpha_1, \alpha_2, \alpha_3, \alpha_4, \alpha_5, \alpha_6, \alpha_7, \alpha_8, \alpha_9, \alpha_{10}]$ 的形式,见表9-6。

表 9-6　待辨识参数

待辨识参数	表达式	单位	待辨识参数	表达式	单位
α_1	$\dfrac{1}{m}$	1/kg	α_6	$\dfrac{lK_4}{I_1}$	kg/s
α_2	$\dfrac{K_1}{m}$	N·s/(kg·m)	α_7	$\dfrac{l}{I_2}$	kg·rad/(N·s²)
α_3	$\dfrac{K_2}{m}$	N·s/(kg·m)	α_8	$\dfrac{lK_5}{I_2}$	kg/s
α_4	$\dfrac{K_3}{m}$	N·s/(kg·m)	α_9	$\dfrac{C}{I_3}$	rad/(N·s²)
α_5	$\dfrac{l}{I_1}$	kg·rad/(N·s²)	α_{10}	$\dfrac{lK_6}{I_3}$	kg·rad/(N·s²)

式(9.31)可写为

$$\begin{cases} \dfrac{1}{\alpha_1}(\ddot{x} + \alpha_2 \dot{x}) = V_1 (\cos\phi\sin\theta\cos\psi + \sin\phi\sin\psi) \\ \dfrac{1}{\alpha_1}(\ddot{y} + \alpha_3 \dot{y}) = V_1 (\sin\phi\sin\theta\cos\psi - \cos\phi\sin\psi) \\ \dfrac{1}{\alpha_1}(\ddot{z} + \alpha_4 \dot{z} + g) = V_1 \cos\phi\cos\psi \end{cases}$$

则可得坐标子系统的辨识模型为

$$\boldsymbol{\eta}_1 (\alpha_1, \alpha_2, \alpha_3, \alpha_4) \boldsymbol{Y}_1 = \boldsymbol{k}\boldsymbol{\tau}_1 \tag{9.33}$$

其中

$$\boldsymbol{\eta}_1 = \begin{bmatrix} \dfrac{1}{\alpha_1} & 0 & 0 & \dfrac{\alpha_2}{\alpha_1} & 0 & 0 \\[2mm] 0 & \dfrac{1}{\alpha_1} & 0 & 0 & \dfrac{\alpha_3}{\alpha_1} & 0 \\[2mm] 0 & 0 & \dfrac{1}{\alpha_1} & 0 & 0 & \dfrac{\alpha_4}{\alpha_1} \end{bmatrix}, \boldsymbol{Y}_1 = \begin{bmatrix} \ddot{x} \\ \ddot{y} \\ \ddot{z}+g \\ \dot{x} \\ \dot{y} \\ \dot{z} \end{bmatrix},$$

$$\boldsymbol{k} = \begin{bmatrix} \cos\phi\sin\theta\cos\psi+\sin\phi\sin\psi & 0 & 0 \\ 0 & \sin\phi\sin\theta\cos\psi-\cos\phi\sin\psi & 0 \\ 0 & 0 & \cos\phi\cos\psi \end{bmatrix}, \boldsymbol{\tau}_1 = \begin{bmatrix} V_1 \\ V_1 \\ V_1 \end{bmatrix}, 向量 \boldsymbol{Y}_1 和$$

矩阵 $\boldsymbol{k}$ 可通过测量得出。

式(9.32)可写为

$$\begin{cases} \dfrac{1}{\alpha_5}(\ddot{\theta}+\alpha_6\dot{\theta})=V_2 \\[2mm] \dfrac{1}{\alpha_7}(\ddot{\psi}+\alpha_8\dot{\psi})=V_3 \\[2mm] \dfrac{1}{\alpha_9}(\ddot{\phi}+\alpha_{10}\dot{\phi})=V_4 \end{cases}$$

则可得旋转子系统的辨识模型为

$$\boldsymbol{\eta}_2(\alpha_5,\alpha_6,\alpha_7,\alpha_8,\alpha_9,\alpha_{10})\boldsymbol{Y}_2=\boldsymbol{\tau}_2 \tag{9.34}$$

其中,$\boldsymbol{\eta}_2 = \begin{bmatrix} \dfrac{1}{\alpha_5} & 0 & 0 & \dfrac{\alpha_6}{\alpha_5} & 0 & 0 \\[2mm] 0 & \dfrac{1}{\alpha_7} & 0 & 0 & \dfrac{\alpha_8}{\alpha_7} & 0 \\[2mm] 0 & 0 & \dfrac{1}{\alpha_9} & 0 & 0 & \dfrac{\alpha_{10}}{\alpha_9} \end{bmatrix}, \boldsymbol{Y}_2 = \begin{bmatrix} \ddot{\theta} \\ \ddot{\psi} \\ \ddot{\phi} \\ \dot{\theta} \\ \dot{\psi} \\ \dot{\phi} \end{bmatrix}, \boldsymbol{\tau}_2 = \begin{bmatrix} V_2 \\ V_3 \\ V_4 \end{bmatrix},$ 向量 $\boldsymbol{Y}_2$ 可通过测量得出。

9.5.3 参数辨识

辨识之前,首先要进行模型测试。针对式(9.27),通过取 $\boldsymbol{\tau}_i(i=1,2)$,可得到实际的 $\boldsymbol{Y}_i(i=1,2)$;然后通过辨识算法,通过选取辨识指标,实现参数的辨识。

根据式(9.33)和式(9.34),取辨识误差为

$$\begin{cases} \boldsymbol{E}_1 = \boldsymbol{k}(\boldsymbol{\tau}_1-\hat{\boldsymbol{\tau}}_1)=\boldsymbol{k}\boldsymbol{\tau}_1-\hat{\boldsymbol{\eta}}_1\boldsymbol{Y}_1 \\ \boldsymbol{E}_2 = \boldsymbol{\tau}_2-\hat{\boldsymbol{\tau}}_2=\boldsymbol{\tau}_2-\hat{\boldsymbol{\eta}}_2\boldsymbol{Y}_2 \end{cases} \tag{9.35}$$

辨识策略为:采用 $\hat{\boldsymbol{\eta}}_1\boldsymbol{Y}_1$ 逼近 $\boldsymbol{k}\boldsymbol{\tau}_1$,实现 $\alpha_1,\alpha_2,\alpha_3,\alpha_4$ 的辨识;采用 $\hat{\boldsymbol{\eta}}_2\boldsymbol{Y}_2$ 逼近 $\boldsymbol{\tau}_2$,实现 α_5,α_6,$\alpha_7,\alpha_8,\alpha_9,\alpha_{10}$ 的辨识。辨识指标分别为

$$J_i = \sum_{j=1}^{N} \boldsymbol{E}_i^{\mathrm{T}}\boldsymbol{E}_i \qquad (i=1,2) \tag{9.36}$$

其中,N 为测试数据的个数。

需要说明的是,由于 $(\boldsymbol{Y}_i\boldsymbol{Y}_i^{\mathrm{T}})^{-1}$ 可能产生奇异,故最小二乘法不适用。

辨识时,首先进行模型测试,得到模型输入/输出数据,然后利用这些数据,分别按坐标子

系统和旋转子系统进行参数辨识。针对式(9.28),取 $m=2.15,l=0.25,g=9.8,I_1=1.28$, $I_2=1.26,I_3=2.87,K_1=0.11,K_2=0.12,K_3=0.13,K_4=0.17,K_5=0.16,K_6=0.15$, $C=1.33$。

运行模型测试程序 chap9_12sim.mdl,对象的输入信号取 $F_1=200\sin\left(t+\dfrac{\pi}{4}\right)$,$F_2=$ $-100\sin(t)$,$F_3=200\sin\left(t+\dfrac{\pi}{4}\right)$,$F_4=-20\sin(t)$,从而得到用于辨识的模型测试数据。

模型测试仿真程序:

(1) 模型测试程序:chap9_12sim.mdl

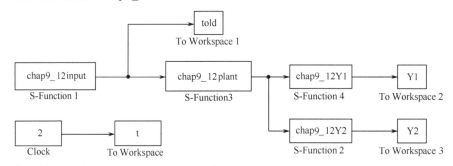

(2) 信号输入程序:chap9_12input.m(略)

(3) 模型描述程序:chap9_12plant.m(略)

(4) 模型输出程序:chap9_12Y1.m 和 chap9_12Y2.m(略)

9.5.4 基于粒子群算法的参数辨识

采用粒子群辨识时,首先设定参数范围,设定学习因子为 c_1、c_2,最大进化代数为 G,第 i 个粒子在整个解空间的位置为 X_i,速度为 V_i。第 i 个粒子从初始到当前迭代次数搜索产生的个体极值为 P_i,整个种群的最优解为 BestS。

采用粒子群算法,按如下公式更新粒子的速度和位置

$$\begin{cases} V_i(i+1)=\omega V_i(i)+c_1 r_1(P_i(i)-X_i(i))+c_2 r_2(\text{BestS}(i)-X_i(i)) \\ X_i(i+1)=X_i(i)+V_i(i+1) \end{cases} \tag{9.37}$$

其中,BestS(i) 为全局寻优的粒子;r_1 和 r_2 为 0~1 的随机数;c_1 为局部学习因子;c_2 为全局学习因子,一般取 c_2 大一些。

随着迭代次数的增加,逐渐降低惯性权重,惯性权重按如下方式进行更新

$$w(i)=w_{\max}-\frac{i(w_{\max}-w_{\min})}{G} \tag{9.38}$$

同样,对粒子的速度和位置进行越界检查,为避免算法陷入局部最优解,加入一个局部自适应变异算子进行调整。

仿真时,首先进行模型测试,运行模型测试程序 chap9_12sim.mdl,然后分别按式(9.33)和式(9.34)进行参数辨识,共有 10 个参数需要辨识。

在粒子群算法仿真程序中,粒子群个数为 Size=200,最大迭代次数 $G=200$,采用实数编码,10 个参数的搜索范围均为 $[0,1]$,粒子运动的最大速度为 $V_{\max}=1.0$,即速度范围均为 $[-1,1]$。学习因子取 $c_1=1.3,c_2=1.7$,采用线性递减的惯性权重,惯性权重采用从 0.90 线性递减到 0.10 的策略。将辨识误差指标直接作为粒子的目标函数,并且越小越好。按粒子群算

法更新粒子的速度和位置,产生新种群。

参数辨识的变化过程如图 9-10 和图 9-11 所示,经过 91 次迭代,辨识误差函数分别为 $J_1=7.946 \times 10^{-5}$ 和 $J_2=7.9217 \times 10^{-5}$。粒子群算法辨识结果见表 9-7。

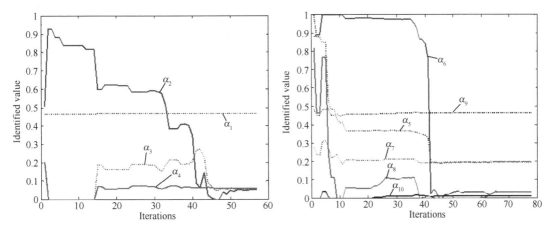

图 9-10　参数辨识的变化过程(坐标子系统)　　图 9-11　参数辨识的变化过程(旋转子系统)

表 9-7　粒子群算法辨识结果

参数	α_1	α_2	α_3	α_4	α_5	α_6	α_7	α_8	α_9	α_{10}
真值	0.4651	0.0512	0.0558	0.0605	0.1953	0.0332	0.1984	0.0317	0.4634	0.0131
辨识值	0.4651	0.0512	0.0547	0.0605	0.1953	0.0332	0.1984	0.0317	0.4634	0.0131

粒子群辨识程序:

(1) 坐标子系统辨识

参数辨识程序:chap9_13transition. m(略)

目标函数计算程序:chap9_13obj. m(略)

(2) 旋转子系统辨识

参数辨识程序:chap9_14rotation. m(略)

目标函数计算程序:chap9_14obj. m(略)

9.5.5　基于差分进化算法的参数辨识

同理,首先进行模型测试,运行模型测试程序 chap9_12sim. mdl,然后分别按式(9.33)和式(9.34)进行参数辨识,共有 10 个参数需要辨识。

在差分进化算法仿真程序中,将待辨识的参数向量记为 $\hat{P}$,取种群规模为 Size=50,最大迭代次数 $G=100$,采用实数编码,待辨识参数均分布在[0,1]内。将式(9.36)作为目标函数,并且越小越好。

采用差分进化算法式(8.14)~式(8.18),取变异因子 $F=0.70$,交叉因子 CR=0.60。按标准的差分进化算法,分别针对坐标子系统和旋转子系统进行辨识,经过 100 步迭代,参数辨识的变化过程和目标函数的变化过程如图 9-12 至图 9-15 所示。

由仿真可见,随着迭代过程的进行,可找到最优解,辨识结果见表 9-8。

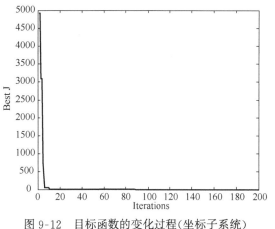

图 9-12 目标函数的变化过程(坐标子系统)　　图 9-13 参数辨识的变化过程(坐标子系统)

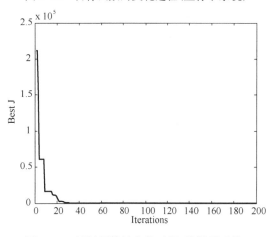
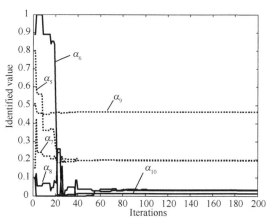

图 9-14 目标函数的变化过程(旋转子系统)　　图 9-15 参数辨识的变化过程(旋转子系统)

表 9-8　差分进化算法的辨识结果

参数	α_1	α_2	α_3	α_4	α_5	α_6	α_7	α_8	α_9	α_{10}
真值	0.4651	0.0512	0.0558	0.0605	0.1953	0.0332	0.1984	0.0317	0.4634	0.0131
辨识值	0.4651	0.0512	0.0547	0.0605	0.1953	0.0332	0.1984	0.0317	0.4634	0.0131

差分进化算法辨识程序:

(1) 坐标子系统辨识

参数辨识程序:chap9_15transition. m(略)

目标函数计算程序:chap9_15obj. m(略)

(2) 旋转子系统辨识

参数辨识程序:chap9_16 rotation. m(略)

目标函数计算程序:chap9_16obj. m(略)

思考题与习题 9

9.1　针对本章中的实例,如果将输入信号改为 M 序列,通过仿真给出辨识结果,并进行比较分析。

9.2　试与自己研究方向相结合,举例说明智能优化算法在系统辨识中的应用。

参 考 文 献

[1] J. E. Slotine, W. P. Li. On the adaptive control of robot manipulators. The International Journal of Robotics Research, 1987, 6(3):49-59.

[2] O. Karahan, Z. Bingul. Modelling and identification of STAUBLI RX-60 robot. 2008 IEEE Conference on Robotics, Automation and Mechatronics, 2008, Chengdu:78-83.

[3] Z. Bingül, O. Karahan. Dynamic identification of Staubli RX-60 robot using PSO and LS methods. Expert Systems with Applications, 2011, 38:4136-4149.

[4] M. Sharma, D. G. Ward, Flight-path angle control via neuro-adaptive backstepping. AIAA-02-3520, 2002.

[5] Xinhua Wang, Jinkun Liu, Kai-Yuan Cai. Tracking control for VTOL aircraft with disabled IMUs. International Journal of Systems Science, 2010, 41(10):1231-1239.

[6] Liu Yang, Jinkun Liu. Parameter Identification for a Quadrotor Helicopter Using PSO. 52nd IEEE Conference on Decision and Control December 10-13, Florence, Italy, 2015:5828-5833.

第10章　智能辨识算法在控制系统中的应用

10.1　控制系统的摩擦现象

在高精度、超低速控制系统中，由于非线性摩擦环节的存在，使系统的动态及静态性能受到很大程度的影响，主要表现为低速时出现爬行现象，稳态时有较大的静差或出现极限环振荡。

摩擦现象是一种复杂的、非线性的、具有不确定性的自然现象。摩擦学的研究结果表明，人类目前对摩擦的物理过程的了解还只停留在定性认识阶段，无法通过数学方法对摩擦过程给出精确描述。在现实生活中，摩擦现象几乎无处不在，在有些情况下，摩擦环节是人们所期望的，如汽车的刹车系统，但对于控制系统而言，摩擦环节却成为提高系统性能的障碍，使系统出现爬行、振荡或稳态误差。为了减轻控制系统中摩擦环节带来的负面影响，人们在大量的实践中总结出很多有效的方法，可概括为以下 3 类：

① 改变控制系统的机械结构设计，减少传动环节；

② 选择更好的润滑剂，减小动、静摩擦的差值；

③ 通过摩擦模型的参数辨识，采用控制补偿方法，对摩擦力进行补偿。

有关摩擦建模及动态补偿控制技术方面的研究已有近百年的历史，进入 20 世纪 80 年代以后，这一领域的研究渐渐活跃，许多先进的摩擦模型和补偿方法被相继提出，其中很多补偿技术已经在控制系统的设计中得到了成功应用[1]。

在控制系统辨识中，选择一个合适的摩擦模型是非常重要的。目前，已提出的摩擦模型很多，主要有基于库仑摩擦＋黏性摩擦的摩擦模型、Karnopp 模型、LuGre 模型及综合模型。其中，LuGre 模型是 Canudas 等在 1995 年提出的典型控制系统摩擦模型[2]，该模型能够准确描述摩擦过程中复杂的动态、静态特性，如爬行、极限环振荡、滑前变形、摩擦记忆、变静摩擦及静态 Stribeck 曲线等。

10.2　基于粒子群算法的控制系统摩擦参数辨识

10.2.1　系统描述

简单的电机－负载系统可描述为

$$J\ddot{\theta} = u - F(\dot{\theta}) \tag{10.1}$$

其中，J 为转动惯量；θ 为转角；$\dot{\theta}$ 为转角的速度；u 为控制输入；F 为摩擦力。

图 10-1 表明了在不同的摩擦阶段摩擦力与速度之间的关系，该关系即为 Stribeck 曲线[3]。

在 Stribeck 曲线中，摩擦力与速度之间的稳态对应关系为[3]

$$F(\dot{\theta}) = \left[F_c + (F_s - F_c) e^{-\left(\frac{\dot{\theta}}{V_s}\right)^2} \right] \mathrm{sgn}(\dot{\theta}) + \alpha \dot{\theta} \quad (10.2)$$

其中, α 和 V_s 为摩擦系数, $\alpha > 0$, $V_s > 0$。

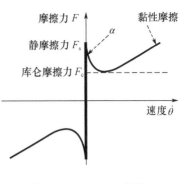

图 10-1 Stribeck 曲线

电机在正、反转速度方向运行时, 其摩擦力的参数取不同的值。当 $\dot{\theta} > 0$ 时, 参数值为 F_c^+, F_s^+, α^+, V_s^+; 当 $\dot{\theta} < 0$ 时, 参数值为 F_c^-, F_s^-, α^-, V_s^-, 表示如下

$$F_i(\dot{\theta}_i) = \begin{cases} \left(F_c^+ + (F_s^+ - F_c^+) e^{-\left(\frac{\dot{\theta}_i}{v_s^+}\right)^2} \right) \mathrm{sgn}(\dot{\theta}_i) + \alpha^+ \dot{\theta}_i, & \dot{\theta}_i > 0 \\ \left(F_c^- + (F_s^- - F_c^-) e^{-\left(\frac{\dot{\theta}_i}{v_s^-}\right)^2} \right) \mathrm{sgn}(\dot{\theta}_i) + \alpha^- \dot{\theta}_i, & \dot{\theta}_i < 0 \end{cases}$$
$$(10.3)$$

由上式所确定的转速—摩擦力曲线称为 Stribeck 曲线。

10.2.2 静摩擦模型 Stribeck 曲线的获取

由式(10.1)可知, 当 $\ddot{\theta} = 0$ 时, 此时 $u = F(\dot{\theta})$, 故采用恒速跟踪, 可获得一组相应的控制输入信号和摩擦力, 从而获得 Stribeck 曲线。具体方法为[4]: 取闭环系统的一组恒定转速序列 $\{\dot{\theta}_i\}$ $(i=1,2,\cdots,N)$ 作为速度指令信号, 通过采用 PD 控制律, 实现被控对象精确的速度跟踪, 得到相应的控制力矩序列 $\{u_i\}$ $(i=1,2,\cdots,N)$, 从而获得一组相应的摩擦力序列 $\{F_i\}$ $(i=1,2,\cdots,N)$。

PD 控制律设计为

$$u_i = k_p e_i + k_d \dot{e}_i \quad (10.4)$$

10.2.3 基于粒子群算法的摩擦参数辨识

取待辨识摩擦参数向量 $\boldsymbol{x}_m$ 为个体, 辨识算法的每步迭代都可得到摩擦参数的辨识值为

$$\hat{\boldsymbol{x}}_m = [\hat{F}_c^+ \quad \hat{F}_s^+ \quad \hat{\alpha}^+ \quad \hat{V}_s^+ \quad \hat{F}_c^- \quad \hat{F}_s^- \quad \hat{\alpha}^- \quad \hat{V}_s^-]^T, \, m=1,2,\cdots,M \quad (10.5)$$

其中, M 为种群规模。

在某一速度 $\dot{\theta}_i$ 下, 可由下式得到相应的摩擦力辨识值

$$\hat{F}_i(\dot{\theta}_i) = \begin{cases} \left[\hat{F}_c^+ + (\hat{F}_s^+ - \hat{F}_c^+) e^{-\left(\frac{\dot{\theta}_i}{\hat{v}_s^+}\right)^2} \right] \mathrm{sgn}(\dot{\theta}_i) + \hat{\alpha}^+ \dot{\theta}_i, & \dot{\theta}_i > 0 \\ \left[\hat{F}_c^- + (\hat{F}_s^- - \hat{F}_c^-) e^{-\left(\frac{\dot{\theta}_i}{\hat{v}_s^-}\right)^2} \right] \mathrm{sgn}(\dot{\theta}_i) + \hat{\alpha}^- \dot{\theta}_i, & \dot{\theta}_i < 0 \end{cases}$$
$$(10.6)$$

其中, $F_i(\dot{\theta}_i)$ 根据所建立的 Stribeck 曲线得到。

辨识参数误差为 $e_i = F_i(\dot{\theta}_i) - \hat{F}_i(\dot{\theta}_i)$, $i=1,2,\cdots,N$。取目标函数为

$$J_m = \frac{1}{2} \sum_{i=1}^{N} e_i^2, \quad m=1,2,\cdots,M \quad (10.7)$$

一旦辨识得到参数估计值, 便可以设计摩擦力的补偿环节, 实现系统的摩擦补偿。基于摩擦力补偿的控制系统描述为

$$J \ddot{\theta} = u - F(\dot{\theta}) + \hat{F}(\dot{\theta}) \quad (10.8)$$

10.2.4 仿真实例

被控对象为式(10.1)，取 $J=0.20$，控制律取 PD 控制。仿真分为模型测试和辨识两部分。

仿真之一：Stribeck 曲线的测试

恒速斜波跟踪时，实际系统的静态摩擦模型式(10.3)，取 $F_c^+=0.15, F_s^+=0.60, \alpha^+=0.02, V_s^+=0.05, F_c^-=0.20, F_s^-=0.70, \alpha^-=0.03, V_s^-=0.05$。取速度信号作为指令信号，序列 $\{\dot{\theta}_i\}(i=1,2,\cdots,N)$ 为 $[-1.0:0.05:+1.0]$，共 41 个指令信号。针对每个指令信号，采用 PD 控制律，取 $k_p=200, k_d=200$。仿真结果如图 10-2 和图 10-3 所示。仿真结束后，将所得到的静摩擦力保存在文件 Fi_file.mat 中。

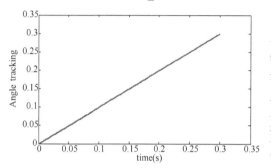

图 10-2　恒速斜波跟踪(速度指令为 1.0 时)

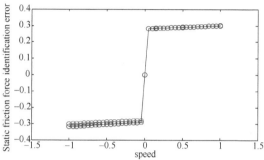

图 10-3　Stribeck 曲线的辨识

仿真程序：

(1) 斜波跟踪测试：chap10_1.m

```
% Static Lugre friction model identification
clearall;
closeall;

ts= 0.001;   % Sampling time
for j= 1:1:41
j
v= -1+ (j-1)* 0.05
dyd(j)= v;

xk= zeros(2,1);
u_1= 0;
for k= 1:1:300
t(k)= k* ts;
yd(k)= dyd(j)* t(k);

para= u_1;
tSpan= [0 ts];
[tt,xx]= ode45('chap10_1plant',tSpan,xk,[],para);
xk= xx(length(xx),:);
y(k)= xk(1);
dy(k)= xk(2);     % Practical speed value

e(k)= yd(k)- y(k);
```

```
de(k)= dyd(j)- dy(k);

kp= 200;
kd= 100;
u(k)= kp* e(k)+ kd* de(k);

u_1= u(k);
end
pause(0.001);
figure(1);
plot(t,yd,'r',t,y,'b');
xlabel('time(s)'),ylabel('Angle tracking');

w(j)= dy(300);
F_iden(j)= u(300);   %  Identified static friction force
end

figure(2);   %  Practical Static friction model
for j= 1:1:41
    if w(j)> 0
        Fc= 0.15;Fs= 0.6;alfa= 0.02;Vs= 0.05;
        F(j)= [Fc+ (Fs-Fc)* exp(- (w(j)/Vs)^2)]* sign(w(j))+ alfa* w(j);
    elseif w(j)< 0
        Fc= 0.2;Fs= 0.7;alfa= 0.03;Vs= 0.05;
        F(j)= [Fc+ (Fs-Fc)* exp(- (w(j)/Vs)^2)]* sign(w(j))+ alfa* w(j);
    else
        F(j)= 0;
    end
end
plot(w,F,'-or');
xlabel('w'),ylabel('Practical static friction force');
hold on;
plot(w,F_iden,'-ob');
xlabel('w'),ylabel('Identified static friction force');

figure(3);
plot(w,F-F_iden,'-or');
xlabel('speed'),ylabel('Static friction force identification error');
save Fi_file F_iden F;
```
（2）用于测试的模型：chap10_1plant. m
```
function dx = PlantModel(t,x,flag,para)
dx= zeros(2,1);
ut= para;
J= 0.2;

if x(2)== 0
    F_static= 0;
elseif x(2)> 0
    Fc= 0.15;Fs= 0.6;alfa= 0.02;Vs= 0.05;
```

```
    F_static= [Fc+ (Fs-Fc)* exp(-(x(2)/Vs)^2)]* sign(x(2))+ alfa* x(2);
    % Static friction model
elseif x(2)< 0
    Fc= 0.2;Fs= 0.7;alfa= 0.03;Vs= 0.05;
    F_static= [Fc+ (Fs-Fc)* exp(-(x(2)/Vs)^2)]* sign(x(2))+alfa* x(2);
    % Static friction model
end
F= F_static;
dx(1)= x(2);
dx(2)= 1/J* (ut-F);
```

仿真之二:粒子群算法的摩擦参数辨识

首先将仿真之一所得到的摩擦力从文件 Fi_file.mat 中调出,作为实际系统的静摩擦力 F_s。

恒速跟踪时,取速度信号作为指令信号,序列 $\{\dot{\theta}_i\}(i=1,2,\cdots,N)$ 为 $[-1.0:0.05:+1.0]$,共 41 个指令信号。针对每个指令信号,采用 PD 控制律,取 $k_p=200,k_d=100$。

采用粒子群算法式(8.6)和式(8.7),取粒子群个数为 Size=200,最大迭代次数 $G=500$。参数搜索范围为 $F_c\in[0,1],F_s\in[0,1],\alpha\in[0,0.1],V_s\in[0,0.1]$。摩擦模型取式(10.3),将粒子群算法设计所得到了静摩擦力 F_s 与实际摩擦力 F_i 比较,得到目标函数值。

粒子运动的最大速度为 $V_{max}=1.0$,即速度范围为 $[-1,1]$。学习因子取 $c_1=1.3,c_2=1.7$,采用线性递减的惯性权重,惯性权重采用从 0.90 线性递减到 0.10 的策略。目标函数的倒数作为粒子群的适应度函数。将辨识误差指标直接作为粒子的目标函数,并且越小越好。

更新粒子的速度和位置,产生新种群。经过 500 步迭代,得到最佳样本 BestS,目标函数的变化过程如图 10-4 所示,辨识 Stribeck 曲线与实际 Stribeck 曲线如图 10-5 所示,真值与辨识值比较结果见表 10-1。

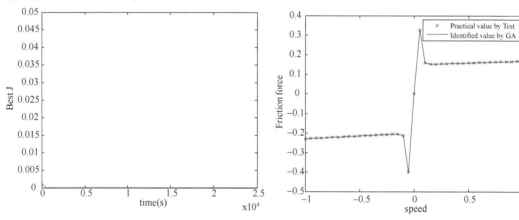

图 10-4 目标函数的变化过程   图 10-5 辨识 Stribeck 曲线与实际 Stribeck 曲线

表 10-1 真值与辨识值的比较

参数	F_c^+	F_s^+	α^+	V_s^+	F_c^-	F_s^-	α^-	V_s^-
真值	0.15	0.60	0.02	0.05	0.20	0.70	0.03	0.05
辨识值	0.1503	0.6306	0.019	0.05	0.2002	0.7327	0.0294	0.0505

仿真程序:

(1) 主程序:chap10_2pso.m

```
clear all;
```

```
close all;
load Fi_file;
Fi= F_iden;  % 摩擦力参数实验值

% 设计粒子群参数
Size= 100;   % 种群规模
CodeL= 8;    % 参数个数

w= [-1:0.05:1]';   % 取一组恒定转速
N= size(w,1);

% 限定位置和速度的范围
MinX= zeros(CodeL,1);    % 参数搜索范围
MaxX(1:2)= ones(2,1);
MaxX(3:4)= 0.1* ones(2,1);
MaxX(5:6)= ones(2,1);
MaxX(7:8)= 0.1* ones(2,1);
MaxX= MaxX';

Vmax= 1;Vmin= -1;          % 限定速度的范围
c1= 1.3;c2= 1.7;           % 学习因子:[1,2]
wmax= 0.90;wmin= 0.10;     % 惯性权重:(0,1)
G= 500;                    % 最大迭代次数

% (1)初始化种群的个体
for i= 1:G          % 采用时变权重
    wi(i)= wmax- ((wmax- wmin)/G)* i;
end
for i= 1:1:CodeL        % 十进制浮点编码
    X(:,i)= MinX(i)+ (MaxX(i)- MinX(i))* rand(Size,1);
    v(:,i)= Vmin+ (Vmax- Vmin)* rand(Size,1);% 随机初始化速度
end

% (2)初始化个体最优和全局最优:先计算各个粒子的目标函数,并初始化 Ji 和 BestS
for i= 1:Size
    Ji(i)= chap10_2obj(w,X(i,:),N,Fi);
    XL(i,:)= X(i,:);     % XL 用于局部优化
end

BestS= X(1,:); % 全局最优个体初始化
for i= 2:Size
    if chap10_2obj(w,X(i,:),N,Fi)< chap10_2obj(w,BestS,N,Fi)
        BestS= X(i,:);
    end
end

% (3)进入主循环,直到满足精度要求
for kg= 1:1:G
    times(kg)= kg;
  for i= 1:Size
```

```
        v(i,:)= wi(kg)*v(i,:)+c1*rand*(XL(i,:)-X(i,:))+c2*rand*(BestS-X(i,:));
                        % 加权,实现速度的更新
            for j= 1:CodeL   % 检查速度是否越界
                if v(i,j)< Vmin
                    v(i,j)= Vmin;
                elseif  v(i,j)> Vmax
                    v(i,j)= Vmax;
                end
            end
        X(i,:)= X(i,:)+ v(i,:); % 实现位置的更新
        for j= 1:CodeL   % 检查位置是否越界
            if X(i,j)< MinX(j)
                X(i,j)= MinX(j);
            elseif X(i,j)> MaxX(j)
                X(i,j)= MaxX(j);
            end
        end
% 每个参数分别自适应变异,避免陷入局部最优
        if rand>0.8
            k=ceil(8*rand);   % ceil 为向上取整
            X(i,k)= rand;
            if k== 3||4||7||8
                X(i,k)= 0.1*rand;
            end
        end
% (4)判断和更新
        if chap10_2obj(w,X(i,:),N,Fi)<Ji(i) % 局部优化:判断此时的位置是否为最优的情况
            Ji(i)= chap10_2obj(w,X(i,:),N,Fi);
            XL(i,:)= X(i,:);
        end

        if Ji(i)< chap10_2obj(w,BestS,N,Fi)   % 全局优化
            BestS= XL(i,:);
        end
    end
Best_J(kg)= chap10_2obj(w,BestS,N,Fi);
 end


display('true value: 0.15 0.60 0.02 0.05 0.20 0.70 0.03 0.05');
BestS % 最佳个体

figure(1);% 目标函数值变化曲线
plot(times,Best_J(times),'r','linewidth',2);
xlabel('time(s)');ylabel('Best J');

figure(2); % 辨识前、后的 Stribeck 曲线
for j= 1:1:41
    if w(j)> 0
        Fc= BestS(1);Fs= BestS(2);alfa= BestS(3);Vs= BestS(4);
        F_PSO(j)= [Fc+(Fs-Fc)* exp(-(w(j)/Vs)^2)]* sign(w(j))+ alfa*w(j);
```

```
elseif w(j)< 0
    Fc= BestS(5);Fs= BestS(6);alfa= BestS(7);Vs= BestS(8);
    F_PSO(j)= [Fc+ (Fs-Fc)* exp(- (w(j)/Vs)^2)]* sign(w(j))+ alfa*w(j);
else
    F_PSO(j)= 0;
end
end
plot(w,F,'-or');
hold on;
plot(w,F_PSO,'-+b');
xlabel('speed'),ylabel('Friction force');
legend('friction force with true value','friction force with identified value by PSO');
```

(2) 子程序：chap10_2obj.m

```
function J= obj(w,X,N,Fi)% * * * * * * * * 计算个体目标函数值
J= 0;
    Fcp= X(1);
    Fsp= X(2);
    alfap= X(3);
    Vsp= X(4);
    Fcm= X(5);
    Fsm= X(6);
    alfam= X(7);
    Vsm= X(8);
    for j= 1:1:N    % 摩擦力的辨识值
      if w(j)> 0
        F_PSO(j)= (Fcp+ (Fsp-Fcp)* exp(- (w(j)/Vsp)^2))* sign(w(j))+ alfap* w(j);
      else
        F_PSO(j)= (Fcm+ (Fsm-Fcm)* exp(- (w(j)/Vsm)^2))* sign(w(j))+ alfam* w(j);
      end
      Ji(j)= Fi(j)-F_PSO(j);
      J= J+ 0.5* Ji(j)* Ji(j);
    end
```

10.3　基于粒子群算法的摩擦模型参数在线辨识及 **PD** 控制

10.3.1　问题描述

被控对象为二阶传递函数

$$G(s)=\frac{400}{s^2+50s}$$

采样周期为 1ms，采用 Z 变换进行离散化，经过 Z 变换后的离散化对象为

$$y(k)=-\mathrm{den}(2)y(k-1)-\mathrm{den}(3)y(k-2)+\mathrm{num}(2)u(k-1)+\mathrm{num}(3)u(k-2)$$

设外加在控制输入上的干扰为一个等效摩擦，取摩擦模型为库仑摩擦＋黏性摩擦，表达式为

$$F_{\mathrm{f}}(t)=\mathrm{sgn}(\dot{\theta}(t))(kx_1|\dot{\theta}(t)|+kx_2)=\mathrm{sgn}(\dot{\theta}(t))(0.30|\dot{\theta}(t)|+1.50) \qquad (10.9)$$

其中，kx_1 和 kx_2 为待辨识参数。

为获取满意的过渡过程动态特性,采用误差绝对值时间积分性能指标作为参数选择的最小目标函数。为了防止控制能量过大,在目标函数中加入控制输入的平方项。选用下式作为参数选取的最优指标

$$J = \int_0^\infty (w_1 |e(t)| + w_2 u^2(t)) \mathrm{d}t \tag{10.10}$$

式中,$e(t)$为系统误差,$e(t) = y_\mathrm{d}(t) - y(t)$,$y_\mathrm{d}(t)$为理想的信号,$y(t)$为实际对象的输出;$w_1$和$w_2$为惯性权重。

采用PD控制,$u(t) = k_\mathrm{p}e + k_\mathrm{d}\dot{e}$。为了避免超调,采用惩罚功能,即一旦产生超调,将超调量作为最优指标的一项,此时最优指标为

$$J = \int_0^\infty (w_1 |e(t)| + w_2 u^2(t) + w_3 |e(t)|) \mathrm{d}t \qquad \text{当 } e(t) < 0 \text{ 时} \tag{10.11}$$

式中,w_3为惯性权重,且$w_3 \gg w_1$。

在应用粒子群算法时,为了避免参数选取范围过大,可以先按经验选取一组参数,然后再在这组参数的周围利用粒子群算法进行设计,从而大大减少初始寻优的盲目性,节约计算量。

10.3.2 仿真实例

采样周期为1ms,输入指令为阶跃信号,$y_\mathrm{d} = 1.0$,取$k_\mathrm{p} = 50$,$k_\mathrm{d} = 0.50$。仿真程序见chap10_3pso.m,通过在子程序 chap10_3obj.m 中取$[kx_1, kx_2] = [0, 0]$,使摩擦补偿为0,得到无摩擦补偿的阶跃响应,如图 10-6 所示。可见,如果无摩擦补偿,会出现较大的静差。

待辨识参数采用实数编码,取$[kx_1, kx_2] = [0.3, 1.5]$,辨识参数$kx_1$和$kx_2$的范围为$[0, 2.0]$,取进化代数为 60。采用粒子群算法式(8.6)和式(8.7),取粒子群个数为 Size=30,最大迭代次数$G=50$,粒子运动的最大速度为$V_\mathrm{max} = 1.0$,即速度范围为$[-1, 1]$。学习因子取$c_1 = 1.3$,$c_2 = 1.7$,采用线性递减的惯性权重,惯性权重采用从 0.90 线性递减到 0.10 的策略。

更新粒子的速度和位置,产生新种群。经过 50 步迭代,优化获得的最优样本和最优指标分别为$[0.3523, 1.2257]$和25.5439。仿真程序见 chap10_3pso.m 和 chap10_3obj.m。摩擦参数辨识结果为$kx_1 = 0.3523$,$kx_2 = 1.2257$,采用摩擦补偿后的阶跃响应如图 10-7 所示,最优指标的变化过程如图 10-8 所示。

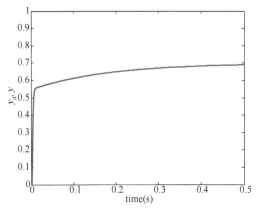

图 10-6 无摩擦补偿的阶跃响应

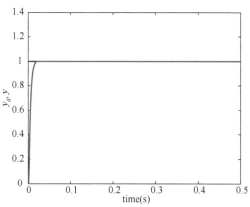

图 10-7 采用摩擦补偿后的阶跃响应

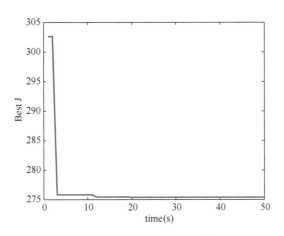

图 10-8 最优指标的变化过程

仿真程序：

(1) 仿真主程序：chap10_3pso.m

```
% PSO Program to identify Parameters of Friction model
clear all;
close all;
global yd y timef

% 设计粒子群参数
Size= 30;
CodeL= 2;
% kx= [0.3,1.5];    % Idea parameters
MinX= [0 1];
MaxX= [1 2];

Vmax= 1;Vmin= -1;          % 限定速度的范围
c1= 1.3;c2= 1.7;           % 学习因子:[1,2]
wmax= 0.90;wmin= 0.10;     % 惯性权重:(0,1)
G= 50.0;                   % 最大迭代次数

% (1)初始化种群的个体
for i= 1:G             % 采用时变权重
    wi(i)= wmax- ((wmax-wmin)/G)* i;
end
for i= 1:1:CodeL       % 十进制浮点编码
    kx(:,i)= MinX(i)+ (MaxX(i)- MinX(i))* rand(Size,1);
    v(:,i)= Vmin+ (Vmax- Vmin)* rand(Size,1);% 随机初始化速度
end
BsJ= 0;
% (2)初始化个体最优和全局最优:先计算各个粒子的目标函数,并初始化 Ji 和 BestS
for i= 1:Size
    Ji(i)= chap10_3obj(kx(i,:));
    kxL(i,:)= kx(i,:);     % XL用于局部优化
end
```

```
BestS= kx(1,:); % 全局最优个体初始化
for i= 2:Size
    if chap10_3obj(kx(i,:))< chap10_3obj(BestS)
        BestS= kx(i,:);
    end
end

% (3)进入主循环,直到满足精度要求
for kg= 1:1:G
    times(kg)= kg;
    for i=1:Size

v(i,:)= wi(kg)* v(i,:)+ c1* rand* (kxL(i,:)-kx(i,:))+ c2*rand* (BestS-kx(i,:));
                            % 加权,实现速度的更新
        for j= 1:CodeL   % 检查速度是否越界
            if v(i,j)< Vmin
                v(i,j)= Vmin;
            elseif  v(i,j)> Vmax
                v(i,j)= Vmax;
            end
        end
        kx(i,:)= kx(i,:)+ v(i,:); % 实现位置的更新
        for j= 1:CodeL     % 检查位置是否越界
            if kx(i,j)< MinX(j)
                kx(i,j)= MinX(j);
            elseif kx(i,j)> MaxX(j)
                kx(i,j)= MaxX(j);
            end
        end
% 每个参数分别自适应变异,避免陷入局部最优
        if rand> 0.8
            kk= ceil(2* rand);   % ceil 为向上取整
            kx(i,1)= rand;
            kx(i,2)= 1+ rand;
        end
% (4)判断和更新
        if chap10_3obj(kx(i,:))< Ji(i) % 局部优化:判断此时的位置是否为最优的情况
            Ji(i)= chap10_3obj(kx(i,:));
            kxL(i,:)= kx(i,:);
        end

        if Ji(i)< chap10_3obj(BestS)   % 全局优化
            BestS= kxL(i,:);
        end
    end
Best_J(kg)= chap10_3obj(BestS);
end

display('true value: 0.3 1.5');
BestS % 最佳个体
```

```
figure(1);
plot(timef,yd,'b',timef,y,'r','linewidth',2);
xlabel('time(s)');ylabel('yd,y');
figure(2);
plot(times,Best_J,'r','linewidth',2);
xlabel('time(s)');ylabel('Best J');
```
(2) 仿真子程序:chap10_3obj.m
```
function BsJ= pid_fm_gaf(kx)
global yd y timef

a= 50;b= 400;
ts= 0.001;
sys= tf(b,[1,a,0]);
dsys= c2d(sys,ts,'z');
[num,den]= tfdata(dsys,'v');

u_1= 0;u_2= 0;
y_1= 0;y_2= 0;
e_1= 0;
B= 0;
kg= 500;
for k= 1:1:kg
timef(k)= k* ts;
yd(k)= 1;

y(k)= -den(2)* y_1-den(3)* y_2+ num(2)* u_1+ num(3)* u_2;
error(k)= yd(k)- y(k);
derror(k)= (error(k)-e_1)/ts;

kp= 5.0;kd= 0.50;
u(k)= kp* error(k)+ kd* derror(k);

speed(k)= (y(k)- y_1)/ts;

% Coulomb & Viscous Friction
Ff(k)= sign(speed(k))* (0.30* abs(speed(k))+ 1.50);

% kx= [0,0];      % No Identification
% kx= [0.3,1.5];   % Idea parameters

u(k)= u(k)-Ff(k);

% Friction Estimation
Ffc(k)= sign(speed(k))* (kx(1)* abs(speed(k))+ kx(2));

u(k)= u(k)+ Ffc(k);
u_2= u_1;u_1= u(k);
y_2= y_1;y_1= y(k);
```

```
e_1= error(k);
end
for i= 1:1:kg
    Ji(i)= 0.999* abs(error(i))+ 0.01* u(i)^2* 0.1;
    B= B+Ji(i);
    if error(i)< 0    % Punishment
      B= B+10*abs(error(i));
    end
end
BsJ= B;
```

思考题与习题 10

10.1 针对本章 10.2 节和 10.3 节,分析粒子群个数、迭代次数、粒子运动的最大速度、学习因子、惯性权重对辨识精度的影响,并给出仿真分析。

10.2 针对本章 10.2 节和 10.3 节,改用差分进化算法进行参数辨识,写出辨识步骤、仿真程序,并给出仿真结果及分析。

参 考 文 献

[1] Olsson H, Astrom K J, Wit C C D. Friction Models and Friction Compensation. European Journal of Control, 1998, 4(3):176-195.

[2] C. Canudas de Wit, H. Olsson, K. J. Astrom, and P. Lischinsk. A new model for control of systems with friction. IEEE trans. Automatic Control, 1995, 40(3):419-425.

[3] Karnopp D. Computer Simulation of Stick-slip Friction in Mechanical Dynamic Systems. Journal of Dynamic Systems, Measurement and Control, 1985, 107:100-103.

[4] 刘强,扈宏杰,刘金琨,尔联洁. 基于遗传算法的伺服系统摩擦参数辨识研究. 系统工程与电子技术, 2003,25(1):77-80.

第 11 章　微分器的信号提取及参数辨识

信号微分的求取是一个传统而众所周知的问题,近年来吸引了很多的学者来研究这一问题。迅速精确地获取被跟踪目标的速度和加速度对于一些系统至关重要。在实际工程应用中,由传感器测量到的位置信息来估计速度、加速度仍然是一项困难的任务。

用数学表达式表示的信号,如基础函数等,能够用数学方法求导。在大多数情况下,信号是没有数学表达式的,所以不能用数学方法直接求导,通常采用差分方法来近似估计信号的导数。通常情况下,由于几乎所有的信号中都存在扰动噪声,因此通过差分方法不能正确地估计出信号的速度。卡尔曼滤波器可以被用来抑制扰动,同时求取信号的导数,但卡尔曼滤波器需要有系统的模型,限制了其工程上的应用。所以,构造不基于系统模型的微分器势在必行。微分器的最大特点是不基于系统模型。

11.1　基于微分器的微分信号提取

11.1.1　微分器的由来

构造如下形式[1]

$$\begin{cases} \dot{x}_1 = x_2 \\ \dot{x}_2 = f(x_1 - v(t), x_2) \end{cases} \tag{11.1}$$

在上述微分方程有解的情况下,如果能够保证:当 x_1 收敛于 $v(t)$ 的同时,x_2 收敛于 $\dot{v}(t)$,那么一个微分器就构成了。

在微分器设计中,需要注意的问题是既要尽量准确求导,又要对信号的测量误差和输入噪声具有鲁棒性。

11.1.2　微分器的工程应用

在传感器失效或者无传感器的情况下,微分器的发展为信号跟踪提供了一种有效的方法,并且微分器在系统辨识中也得到了成功的应用。微分器能够估计信号的导数,其最大特点在于它是不基于系统模型进行估计的。

微分器的主要用途是对信号进行滤波和求导,重要应用在以下几个方面。

① 运动控制系统中的应用。在运动控制系统中,经常需要由位置信号求速度和加速度。由于所测量的位置信号中存在着大量的噪声,一般的求导方法很难获得信号的导数。通过微分器能够在很好地消除噪声的同时获取较为精确的信号导数,并能用于反馈控制中。

② 过程控制系统中的应用。通过将数据采样间隔缩短(等价为在高采样频率下),采用微分器的离散化方法对过程控制系统中的数据进行处理,这样就把大离散事件的过程控制系统处理为高频采样系统,使过程控制系统的变化具有更多的连续性。

③ 汽车、飞行器、雷达等控制系统中的应用。人们对汽车的机动性要求越来越高,随之而

来的就要求汽车的反馈性能越迅速和精确。同时,人们对汽车速度及加速度的测量要求也越来越高。尤其是天气不好的情况下,为了保证行驶的安全,对汽车自带的雷达系统的要求越来越高。加入微分器,能够使汽车雷达系统更迅捷、更准确,以应对各种紧急情况。

④ GPS 定位系统中的应用。定位系统越来越多地用于无人机、机器人等控制系统中,这就对 GPS 性能的要求越来越高。由于目标位置变化的机动性,要求 GPS 系统能迅速且准确地反映被定位目标的信息。在 GPS 系统中引入微分器,能够获取被定位目标更多的机动性信息,从而更好地进行定位。

经典的微分器有高增益微分器[2]、全程快速微分器[3]、非线性微分—跟踪器[4,5]、滑模微分器[6]和混合微分器[7]等。

11.1.3 积分链式微分器

在积分链式微分器中,扰动仅存在于最后一个微分方程中,并且通过每一层的积分作用,扰动能够被充分抑制。相对于通常的高增益微分器,积分链式微分器可以有效地抑制噪声。这种微分器可以直接估计系统的高阶导数,避免了多个微分器的串联,形式简单且稳定性好。

针对如下系统

$$
\begin{cases}
\dot{x}_1 = x_2 \\
\quad\vdots \\
\dot{x}_{n-1} = x_n \\
\dot{x}_n = f(\boldsymbol{x}) + g(\boldsymbol{x})u \\
y = x_1
\end{cases}
\tag{11.2}
$$

其中,$\boldsymbol{x} = [x_1 \quad x_2 \quad \cdots \quad x_n]^{\mathrm{T}}$ 是状态向量;$f(\boldsymbol{x})$ 和 $g(\boldsymbol{x})$ 是非线性函数,$g(\boldsymbol{x})$ 是有界的;$u, y \in R$,分别为控制输入和测量输出。

积分链式微分器描述为[1]

$$
\begin{cases}
\dot{\hat{x}}_1 = \hat{x}_2 \\
\quad\vdots \\
\dot{\hat{x}}_{n-1} = \hat{x}_n \\
\dot{\hat{x}}_n = \hat{x}_{n+1} \\
\dot{\hat{x}}_{n+1} = -\dfrac{a_1}{\varepsilon^{n+1}}(\hat{x}_1 - x_1) - \dfrac{a_2}{\varepsilon^n}\hat{x}_2 - \cdots - \dfrac{a_n}{\varepsilon^2}\hat{x}_n - \dfrac{a_{n+1}}{\varepsilon}\hat{x}_{n+1}
\end{cases}
\tag{11.3}
$$

其中,$s^{n+1} + a_{n+1}s^n + \cdots + a_2 s + a_1 = 0$ 满足 Hurwitz 判据。当 ε 为充分小时,可以证明

$$
\lim_{\varepsilon \to 0} \hat{x}_i = x_i, \qquad i = 1, \cdots, n
\tag{11.4}
$$

并且

$$
\lim_{\varepsilon \to 0} \hat{x}_{n+1} = f(\hat{\boldsymbol{x}}) + g(\hat{\boldsymbol{x}})u
\tag{11.5}
$$

其中,$\hat{\boldsymbol{x}} = [\hat{x}_1 \quad \cdots \quad \hat{x}_n]^{\mathrm{T}}$。

针对二阶电机模型,设计微分器为

$$\begin{cases} \dot{\hat{x}}_{i1} = \hat{x}_{i2} \\ \dot{\hat{x}}_{i2} = \hat{x}_{i3} \\ \dot{\hat{x}}_{i3} = -\dfrac{a_{i1}}{\varepsilon_i^3}(\hat{x}_{i1} - x_{i1}) - \dfrac{a_{i2}}{\varepsilon_i^2}\hat{x}_{i2} - \dfrac{a_{i3}}{\varepsilon_i}\hat{x}_{i3} \end{cases} \tag{11.6}$$

其中，$i = 1, 2, 3$；$x_{11} = x$，$x_{21} = y$，$x_{31} = \theta$；$\hat{x}_{i1}, \hat{x}_{i2}, \hat{x}_{i3}$ 分别是 x, y, θ 的估计、一阶导数及二阶导数的估计。

对式(11.6)进行拉氏变换，可得

$$\frac{\hat{X}_{i1}(s)}{X_{i1}(s)} = \frac{\dfrac{a_{i1}}{\varepsilon_i^3}}{s^3 + \dfrac{a_{i3}}{\varepsilon_i}s^2 + \dfrac{a_{i2}}{\varepsilon_i^2}s + \dfrac{a_{i1}}{\varepsilon_i^3}} \tag{11.7}$$

合适地选取 a_{i1}, a_{i2}, a_{i3}，式(11.7)相当于多个一阶惯性环节或二阶振荡环节的串联，可以获得很好的滤波效果。

11.1.4 仿真实例

利用式(11.6)求正弦信号的导数，如下所示

$$\begin{cases} \dot{\hat{x}}_1 = \hat{x}_2 \\ \dot{\hat{x}}_2 = \hat{x}_3 \\ \dot{\hat{x}}_3 = -\dfrac{a_1}{\varepsilon^3}(\hat{x}_1 - x_1) - \dfrac{a_2}{\varepsilon^2}\hat{x}_2 - \dfrac{a_3}{\varepsilon}\hat{x}_3 \end{cases} \tag{11.8}$$

其中，$\varepsilon > 0$ 为充分小的参数，$s^3 + a_3 s^2 + a_2 s + a_1 = 0$ 满足 Hurwitz 判据。

取正弦信号为 $\sin(2\pi t)$，取 $\varepsilon = 0.005$，$a_1 = a_2 = a_3 = 10$，位置、速度及加速度估计曲线如图 11-1 所示。由仿真可以看出，积分链式微分器能够精确地估计信号的速度和加速度。

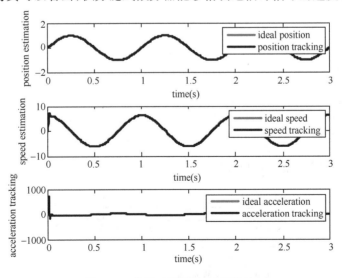

图 11-1　位置、速度及加速度估计

仿真程序：

(1) 微分器程序：chap11_ltd. m

```
function [sys,x0,str,ts] = Differentiator(t,x,u,flag)
switch flag,
case 0,
    [sys,x0,str,ts]= mdlInitializeSizes;
case 1,
    sys= mdlDerivatives(t,x,u);
case 3,
    sys= mdlOutputs(t,x,u);
case {2, 4, 9 }
    sys = [];
otherwise
    error(['Unhandled flag = ',num2str(flag)]);
end
function [sys,x0,str,ts]= mdlInitializeSizes
sizes = simsizes;
sizes.NumContStates  = 3;
sizes.NumDiscStates  = 0;
sizes.NumOutputs     = 3;
sizes.NumInputs      = 1;
sizes.DirFeedthrough = 1;
sizes.NumSampleTimes = 1;
sys = simsizes(sizes);
x0 = [0 0 0];
str = [];
ts = [0 0];
function sys= mdlDerivatives(t,x,u)
x1= u(1);
x1p= x(1);

epc= 0.005;
R= 1/epc;
a1= 10;a2= 10;a3= 10;

sys(1)= x(2);
sys(2)= x(3);
sys(3)= - R^3* a1* (x1p-x1)- R^2* a2* x(2)- R* a3* x(3);
function sys= mdlOutputs(t,x,u)
sys= x;
```

(2) 模型测试程序：chap11_1. mdl

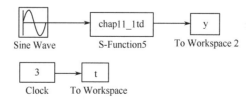

(3) 微分器作图程序:chap11_1plot.m

```
close all;

figure(1);
subplot(311);
plot(t,sin(2* pi* t),'r',t,y(:,1),'k','linewidth',2);
xlabel('time(s)');ylabel('position estimation');
legend('ideal position','position tracking');
subplot(312);
plot(t,2* pi* cos(2* pi* t),'r',t,y(:,2),'k','linewidth',2);
xlabel('time(s)');ylabel('speed estimation');
legend('ideal speed','speed tracking');
subplot(313);
plot(t,- 2* pi* 2* pi* sin(2* pi* t),'r',t,y(:,3),'k','linewidth',2);
xlabel('time(s)');ylabel('acceleration tracking');
legend('ideal acceleration','acceleration tracking');
```

11.2 基于微分器的差分进化参数辨识

利用微分器可获得信号的速度和加速度,从而实现只有位置信息的参数辨识[8]。

11.2.1 系统描述

考虑如下电机模型

$$J\ddot{\theta}+b\dot{\theta}=u \tag{11.9}$$

其中,θ 为转动角度;J 为转动惯量;b 为黏性系数。

针对只有角度测量信号的电机模型,采用微分器求速度和加速度,并利用差分进化算法辨识模型参数 J 和 b。

式(11.9)可写为

$$\begin{bmatrix} \ddot{\theta} & \dot{\theta} \end{bmatrix}\begin{bmatrix} J \\ b \end{bmatrix}=u$$

从而可得到如下线性无关的形式

$$Ya=u \tag{11.10}$$

其中,$Y=\begin{bmatrix} \ddot{\theta} & \dot{\theta} \end{bmatrix}$,$a=\begin{bmatrix} J & b \end{bmatrix}^{\mathrm{T}}$,$Y$ 可通过角度测量信号及微分器获得。

采用实数编码,辨识误差指标取

$$E = \sum_{i=1}^{N} \frac{1}{2}(u_i - \hat{u}_i)^2 \tag{11.11}$$

其中,N 为测试数据的数量;u_i 为模型第 i 个测试样本的输入。

11.2.2 仿真实例

针对式(11.9),真实参数为 $J=10,b=5$,对象的输入信号取 $u=\sin(2\pi t)$。

首先运行模型测试程序 chap11_2sim.mdl,对象的输入信号取正弦信号,从而得到用于辨识的模型测试数据,并将数据保存在 para_file.mat 中。

在差分进化算法仿真程序中，将待辨识的参数向量记为$[\hat{J} \quad \hat{b}]$，取种群规模为 Size＝30，最大迭代次数为$G=100$，待辨识参数J和b分别分布在区间$[5,15]$和$[0,10]$。将辨识误差指标直接作为目标函数，并且越小越好。

采用式(11.8)求速度和加速度信号，取$\varepsilon=0.001,a_1=a_2=a_3=10$，基于微分器的信号估计如图 11-2 所示。在差分进化算法仿真中，取变异因子$F=0.7$，交叉因子 CR＝0.6，按式(8.14)～式(8.18)设计差分进化算法。

辨识结果为$\hat{J}=10.0065,\hat{b}=4.7704$，最终的辨识误差指标为$E=0.0210$，辨识误差指标的变化过程如图 11-3 所示。

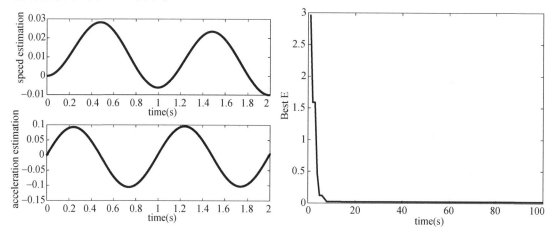

图 11-2　基于微分器的信号估计　　　　　图 11-3　辨识误差函数的变化过程

仿真程序：

1. 模型测试程序

(1) 微分器程序：chap11_2td.m

```
function[sys,x0,str,ts] = Differentiator(t,x,u,flag)
switch flag,
case 0,
    [sys,x0,str,ts]= mdlInitializeSizes;
case 1,
    sys= mdlDerivatives(t,x,u);
case 3,
    sys= mdlOutputs(t,x,u);
case {2, 4, 9 }
    sys = [];
otherwise
    error(['Unhandled flag = ',num2str(flag)]);
end
function [sys,x0,str,ts]= mdlInitializeSizes
sizes = simsizes;
sizes.NumContStates  = 3;
sizes.NumDiscStates  = 0;
sizes.NumOutputs     = 3;
sizes.NumInputs      = 1;
sizes.DirFeedthrough = 1;
```

```
sizes.NumSampleTimes = 1;
sys = simsizes(sizes);
x0  = [0 0 0];
str = [];
ts  = [0 0];
function sys= mdlDerivatives(t,x,u)
vt= u(1);

R= 1000;
a0=10;b0=10;c0=10;

s10= x(1)- vt;

sys(1)= x(2);
sys(2)= x(3);
sys(3)= - R^3* a0* s10- R^2* b0* x(2)- R* c0* x(3);
function sys= mdlOutputs(t,x,u)
sys = x;
```

(2) 模型测试程序:chap11_2sim.mdl

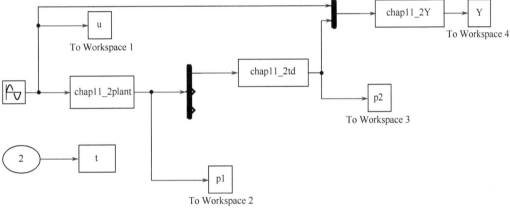

(3) 模型程序:chap11_2plant.m

```
function [sys,x0,str,ts]= s_function(t,x,u,flag)
switch flag,
case 0,
    [sys,x0,str,ts]= mdlInitializeSizes;
case 1,
    sys= mdlDerivatives(t,x,u);
case 3,
    sys= mdlOutputs(t,x,u);
case {2,4,9}
    sys = [];
otherwise
    error(['Unhandled flag = ',num2str(flag)]);
end
function [sys,x0,str,ts]= mdlInitializeSizes
sizes = simsizes;
sizes.NumContStates  = 2;
```

```
sizes.NumDiscStates  =  0;
sizes.NumOutputs= 3;
sizes.NumInputs= 1;
sizes.DirFeedthrough = 1;
sizes.NumSampleTimes = 0;
sys= simsizes(sizes);
x0= [0,0];
str= [];
ts= [];
function sys= mdlDerivatives(t,x,u)
ut= u(1);
J= 10;b= 5;

sys(1)= x(2);
sys(2)= 1/J*(ut-b*x(2));
function sys= mdlOutputs(t,x,u)
J= 10;b= 5;
ut= u(1);
dx2= 1/J*(ut-b*x(2));
sys(1)= x(1);
sys(2)= x(2);
sys(3)= dx2;
```

(4) 作图程序:chap11_2plot.m

```
close all;

figure(1);
subplot(211);
plot(t,p1(:,2),'r',t,p2(:,2),'k','linewidth',2);
xlabel('time(s)');ylabel('speed estimation');
subplot(212);
plot(t,p1(:,3),'r',t,p2(:,3),'k','linewidth',2);
xlabel('time(s)');ylabel('acceleration estimation');
```

2. 辨识程序

(1) 差分进化算法辨识程序:chap11_3.m

```
save para_file u Y;
clear all;
close all;
load para_file;
n= size(u);
N= n(1);

MinX= [5 0];   % 参数搜索范围
MaxX= [15 10];

% 设计参数
Size= 30;    % 种群规模
CodeL= 2;    % 参数个数

F= 0.7;         % 变异因子:[1,2]
```

```
cr= 0.6;           %  交叉因子
G= 100;             %  最大迭代次数
%  初始化种群的个体
for i= 1:1:CodeL
    P(:,i)= MinX(i)+ (MaxX(i)- MinX(i))* rand(Size,1);
end

BestS= P(1,:); % 全局最优个体
for i= 2:Size
    if chap11_3obj(P(i,:),u,Y,N)< chap11_3obj(BestS,u,Y,N)
        BestS= P(i,:);
    end
end
Ei= chap11_3obj(BestS,u,Y,N);
%  进入主循环,直到满足精度要求
for kg= 1:1:G
    time(kg)= kg;
%  变异
    for i= 1:Size
        r1= 1;r2= 1;r3= 1;r4= 1;
        while(r1 == r2||r1 == i|| r2 == i)
            r1 =  ceil(Size *  rand(1));
            r2 =  ceil(Size *  rand(1));
        end
        h(i,:)= BestS+ F* (P(r1,:)-P(r2,:));

        for j= 1:CodeL    %  检查位置是否越界
            if h(i,j)< MinX(j)
                h(i,j)= MinX(j);
            elseif h(i,j)> MaxX(j)
                h(i,j)= MaxX(j);
            end
        end
%  交叉
        for j =  1:1:CodeL
            tempr =  rand(1);
            if(tempr< cr)
                v(i,j) =  h(i,j);
            else
                v(i,j) =  P(i,j);
            end
        end
%  选择
        if(chap11_3obj(v(i,:),u,Y,N)< chap11_3obj(P(i,:),u,Y,N))
            P(i,:)= v(i,:);
        end
%  判断和更新
        if chap11_3obj(P(i,:),u,Y,N)< Ei    %  判断此时的位置是否为最优的情况
            Ei= chap11_3obj(P(i,:),u,Y,N);
            BestS= P(i,:);
```

```
            end
        end
    Best_E(kg)= chap11_3obj(BestS,u,Y,N);
    end
    display('true value: J= 10,b= 5');
    BestS        % 最佳个体
    Best_E(G)

    figure(1);% 目标函数值变化曲线
    plot(time,Best_E(time),'k','linewidth',2);
    xlabel('time(s)');ylabel('Best E');
```

（2）目标函数计算程序：chap11_3obj.m

```
    function E= evaluate_objective(a,u,Y,N)    % 计算个体目标函数值
    E= 0;
    up= Y*a';
    for j= 1:1:N
        e(j)= u(j)-up(j);
    end
    for j= 1:1:N
        E= E+0.5*e(j)*e(j);
    end
    end
```

思考题与习题 11

11.1　以 9.1.3 节中基于粒子群算法的机械手参数辨识为例，如何采用微分器实现式 (9.3) 中 $Y(q,\dot{q},\ddot{q})$ 的速度和加速度信号提取，从而实现无须速度和加速度信号测量的参数辨识。

11.2　针对 11.1.3 节的积分链式微分器，分析微分器参数 ε、a_1、a_2 和 a_3 对信号提取精度的影响，并仿真说明。

参考文献

[1] 王新华,刘金琨. 微分器设计与应用——信号滤波与求导. 北京:电子工业出版社,2010.

[2] A. N. Atassi, H. K. Khalil. Separation results for the stabilization of nonlinear systems using different high-gain observer designs. Systems and Control Letters，2000,39:183-191.

[3] 王新华,陈增强,袁著祉. 全程快速非线性跟踪—微分器. 控制理论与应用,2003,20 (6):875-878.

[4] 韩京清,王伟. 非线性跟踪—微分器. 系统科学与数学,1994,14(2):177-183.

[5] 韩京清,袁露林. 跟踪—微分器的离散形式. 系统科学与数学,1999,19(3):268-273.

[6] A. Levant. Sliding order and sliding accuracy in sliding mode control. International Journal of Control，1993,58:1247-1263.

[7] X. Wang, Z. Chen, G. Yang. Finite-time-convergent differentiator based on singular perturbation technique. IEEE Transactions on Automatic Control，2007, 52(9): 1731-1737.

[8] 张文革,韩京清. 跟踪—微分器用于连续系统辨识. 控制与决策,1999,14(Suppl.):557-560.

第 12 章　集员辨识理论及应用

12.1　集员辨识的定义及发展

1979 年,集员辨识首先出现于 Fogel[1] 撰写的文献中,1982 年 Fogel 和 Huang 又对其做了进一步的改进[2]。

根据噪声干扰的有界假定和系统输入/输出所提供的信息,搜寻出能产生这些数据的系统模型的集合或参数的集合,称为集员辨识[3]。通过集员辨识,可以获得参数空间中的一个集合或包含频域模型的一个区域。集员辨识是估计线性系统参数的一种方法。

集员辨识是假设在噪声或噪声功率未知但有界的情况下,利用数据提供的信息给参数或传递函数确定一个总是包含真参数或传递函数的成员集(如椭球体、多面体、平行六面体等)。集员辨识方法主要有椭球外界算法、参数不定区间估计算法等。集员辨识使线性系统的所有解处于某一确定集内,这个集合包括所有测量参数值和外在噪声信号集。

由于集员辨识只需知道系统噪声有界,不需要对系统噪声的统计分布特征做假定,这给系统辨识带来了很大的方便。集员辨识作为系统辨识的一种,已成为系统辨识研究的重要课题。

12.2　集员辨识意义

绝大部分系统辨识都假定噪声是随机的且满足某种统计方面的假设,在这种假设下可证明参数辨识的收敛性,但在工程实践中,噪声是不可测的,很难保证它满足某种统计方面的假设,因此无法证明辨识的收敛性。考虑到工程中噪声是有界的,因此,对噪声的有界假设应运而生。集员辨识是一种与鲁棒控制接轨的辨识方法,该方法能给出参数或传递函数所属的集合,根据该集合中最不利情形可设计鲁棒控制器。

集员辨识有以下几个方面的优点。

① 噪声有界假设在许多场合比随机噪声假设更符合实际,如通过模数转换器或传感器进行测量引入的误差及建模误差等,都可看成具有有界误差形式。

② 噪声有界假设所需的先验知识较少。它只要求不确定性的上、下界已知,不需考虑在此界内的分布情况,因而在噪声有界假设下的辨识算法比在随机噪声假设下的辨识算法更具鲁棒性。此外,由于未建模动态所引起的误差可看作有界噪声,集员辨识算法可以很方便地处理系统未建模动态的情况。

③ 集员辨识算法可给出未建模动态界的描述,因而能满足鲁棒控制对模型的要求。

目前,集员辨识算法已成为系统辨识的重要发展方向和研究课题,集员辨识理论已广泛应用到多传感器信息融合处理、软测量技术、通信、信号处理、鲁棒控制及故障检测等方面。以飞行器参数辨识为例,文献[4]针对飞行器系统噪声统计分布特征难以确定的情况,先用迭代法给出参数的中心估计,然后对参数进行集员估计(区间估计),成功解决了飞行器气动参数的辨识。

12.3 集员辨识的数学描述

考虑如下线性系统

$$y_k = \boldsymbol{\theta} \boldsymbol{x}_k + v_k \tag{12.1}$$

其中, $y_k \in R^m$ 为测量输出, $\boldsymbol{x}_k \in R^{n \times m}$ 为回归向量, $\boldsymbol{\theta} \in R^n$ 为待估计参数, $v_k \in R^m$ 是未知但有界的噪声,即

$$|v_k| \leqslant \delta_k \tag{12.2}$$

令

$$\boldsymbol{Y} = \begin{bmatrix} y_1 \\ \vdots \\ y_k \end{bmatrix}, \boldsymbol{\psi} = \begin{bmatrix} \boldsymbol{x}_1 \\ \vdots \\ \boldsymbol{x}_k \end{bmatrix}, \boldsymbol{H} = \begin{bmatrix} v_1 \\ \vdots \\ v_k \end{bmatrix} \tag{12.3}$$

由式(12.2)和式(12.3)可得

$$\boldsymbol{Y} = \boldsymbol{\theta} \boldsymbol{\psi} + \boldsymbol{H} \tag{12.4}$$

由于 $\boldsymbol{\psi}^{\mathrm{T}} \boldsymbol{\psi} > 0$,则最小二乘估计为

$$\hat{\boldsymbol{\theta}} = (\boldsymbol{\psi}^{\mathrm{T}} \boldsymbol{\psi})^{-1} \boldsymbol{\psi}^{\mathrm{T}} \boldsymbol{Y} = \left(\sum_{i=1}^{k} \boldsymbol{x}_i^{\mathrm{T}} \boldsymbol{x}_i \right)^{-1} \sum_{i=1}^{k} \boldsymbol{x}_i^{\mathrm{T}} y_i \tag{12.5}$$

设 $\boldsymbol{P}^{-1} = \boldsymbol{\psi}^{\mathrm{T}} \boldsymbol{\psi} = \sum_{i=1}^{k} \boldsymbol{x}_i^{\mathrm{T}} \boldsymbol{x}_i$,则

$$\hat{\boldsymbol{\theta}} = \boldsymbol{P} \sum_{i=1}^{k} \boldsymbol{x}_i^{\mathrm{T}} y_i$$

可验证包含 $\boldsymbol{\theta}$ 的椭球 Θ_k 可写成

$$\boldsymbol{\theta} \in \Theta_k = \left\{ \boldsymbol{\theta} : \sum_{i=1}^{k} |y_i - \boldsymbol{\theta} \boldsymbol{x}_i| \leqslant F \right\} \tag{12.6}$$

其中, $\sum_{i=1}^{k} |v_i| \leqslant F$, F 由经验确定。由式(12.6)给出的 Θ_k 是一个椭球,它以最小二乘估计为中心,保证未知参数总落在椭球内。在推导过程中做了 $\boldsymbol{P}^{-1} > 0$ 的假定,如果不满足,则椭球退化, $\lim_{k \to \infty} \max_{\boldsymbol{\theta} \in \Theta_k} \| \boldsymbol{\theta} \| = \infty$ 。

12.4 集员辨识主要算法

以线性系统参数辨识为例,集员辨识算法主要有椭球外界算法、盒子外界算法、支持向量机算法和精确描述算法。

1. 椭球外界算法

Fogel 在集员辨识研究中最早使用的是椭球外界算法[1],他讨论了所有观测数据噪声总能量为有界时系统的参数辨识问题,给出了简单的递推辨识算法并讨论了其收敛性。Fogel 和 Huang 给出了每个观测数据噪声分别有界条件下两个递推外界椭球算法[2],即极小化椭球容积算法和极小化椭球迹算法,其优点是对噪声先验知识的假设更符合实际,且在递推过程中可去掉不提供有效信息的冗余数据。文献[5]将文献[2]中的算法推广到多 SISO 系统参数的集员辨识,具有更小的参数估计区间和更小包含真参数的椭球,并具有识别冗余数据的能力,

减少了计算量。上述算法都是以椭球的最优化为指标来求解的,均能保证收敛性。

2. 盒子外界算法

文献[6]给出了集员辨识的一种参数不定区间估计算法,即盒子外界算法。该算法将集员辨识问题归结为求解线性规划问题,其中每个线性规划问题均有线性不等式约束。文献[7]给出了求解基于绝对最小容积盒子的集员辨识算法,将辨识问题归结为求解一个适当描述的多项式优化问题,解决了函数为未知参数多项式的集员辨识问题。针对复杂的非线性系统,文献[8]采用区间分析法较好地描述了未知参数可行集的形状。

3. 支持向量机算法

支持向量机(Support Vector Machines,SVM)算法是 20 世纪 90 年代提出的以统计学习理论为基础的一种新型数据驱动算法。它是一种专门研究小样本情况下的机器学习方法,能较好地解决小样本、非线性、高维数据等实际问题[9],相对神经网络和模糊计算,在精度、结构确定、泛化性能等方面都有明显的优势,克服了神经网络结构难以确定、局部最小、收敛慢、受空间维数限制及模糊计算依靠经验等缺点。目前支持向量机算法在系统辨识领域得到了很好的应用,例如,叶美盈[10]采用最小二乘支持向量机算法进行混沌光学系统辨识,郑水波[11]基于最小二乘支持向量机算法实现了汽车转向时的非线性动态系统辨识,充分描述了汽车的动力学行为。

4. 精确描述算法

前面 3 种方法由于成员集的描述包含大量的不相容元素,因而在实用中显得粗糙。人们试图研究出成员集的精确描述方法,对成员集的精确描述算法均为递推算法[12]。

上述集员辨识算法各具优缺点,椭球外界算法通常是递推算法,有收敛性分析结论,其描述和运算的复杂性均较低。盒子外界算法描述简单,近似程度比椭球外界算法好,但随着观测数据的增加及精度要求的提高,计算量迅速增加,且不适合实时辨识[13]。精确描述算法所得结果较精确,但其描述和计算复杂性高。另外,盒子外界算法和精确描述算法大多没有收敛性分析的结果。

系统辨识如何与鲁棒控制接轨是一个挑战性的问题,目前集员辨识的研究日益增多,一些有效方法正在形成,但仍有许多问题有待于进一步研究。例如:

(1)集员辨识的收敛性问题

目前这方面研究成果比较少,特别是当参数中含有某种动态时,其极限收敛问题值得研究。

(2)集员辨识如何与鲁棒控制器在线设计相结合的问题

某些集员辨识算法设计复杂,不适于在线进行,如何将集员辨识与鲁棒控制器相结合有待于深入研究。

12.5 基于向量回归的集员估计

12.5.1 基本原理

支持向量机是一类按监督学习方式对数据进行二元分类的广义线性分类器,其决策边界是对学习样本求解的最大边距超平面[14,15]。

集员辨识就是得到 θ 的具体描述,对于每一时刻得到的测量值,可得到样本集 $S(t) =$

$\{\boldsymbol{\theta}, \varepsilon_i\}$，向量 $\boldsymbol{\theta}$ 是参数空间中的点，ε_i 是第 i 个样本的辨识误差。

考虑集合为

$$\boldsymbol{\theta} \in \{\boldsymbol{\theta}: |\varepsilon_i| \leqslant d\} \tag{12.7}$$

采用支持向量机原理，根据样本集 $S(t)$ 建立辨识误差 ε_i 与 $\boldsymbol{\theta}$ 之间的函数关系，定义分界直线为

$$\varepsilon = \boldsymbol{w}^{\mathrm{T}} \boldsymbol{x} + b \tag{12.8}$$

其中，$\boldsymbol{x} = \eta(\boldsymbol{\theta})$，$\boldsymbol{\theta} \in R^2$，$\eta(\cdot)$ 为非线性映射；$\boldsymbol{w} \in R^2$ 为权重向量，表示支持向量机分界线的法线；$b \in R$ 表示支持向量机分界线两边的点到分界线的距离。

定义样本点到分界线的间隔为[15]

$$r = \frac{2}{\boldsymbol{w}^{\mathrm{T}} \boldsymbol{w}} \tag{12.9}$$

通过增大间隔可使分类器泛化性能最好。若想最大化上述公式，需最小化其分母，为方便优化，将上述问题转化为最小化问题，即

$$\min \frac{1}{2} \boldsymbol{w}^{\mathrm{T}} \boldsymbol{w}, s.t. \ \boldsymbol{w}^{\mathrm{T}} \boldsymbol{x}_i + b \geqslant 1, \varepsilon_i = \boldsymbol{w}^{\mathrm{T}} \boldsymbol{x}_i + b \tag{12.10}$$

其中，i 为迭代次数，M 为迭代上限，即 $i \in [1, M]$。

假设该样本无法被完全区分开，即 $\boldsymbol{w}$ 无解，此时可引入松弛变量 B_i，如

$$\min \frac{1}{2} \boldsymbol{w}^{\mathrm{T}} \boldsymbol{w}, s.t. \ \boldsymbol{w}^{\mathrm{T}} \boldsymbol{x}_i + b \geqslant 1 - B_i, \varepsilon_i = \boldsymbol{w}^{\mathrm{T}} \boldsymbol{x}_i + b + B_i \tag{12.11}$$

其中，B_i 为松弛变量，针对个别无法进行分类的参数进行松弛使其满足分类器分类条件。

为避免 B_i 变得任意大，应加惩罚系数 γ

$$\min \frac{1}{2} \boldsymbol{w}^{\mathrm{T}} \boldsymbol{w} + \frac{1}{2} \gamma \sum_{i=1}^{M} B_i^2, s.t. \ \boldsymbol{w}^{\mathrm{T}} \boldsymbol{x}_i + b \geqslant 1 - B_i, \varepsilon_i = \boldsymbol{w}^{\mathrm{T}} \boldsymbol{x}_i + b + B_i \tag{12.12}$$

其中，γ 起到了平衡的作用，如果分类错误，则会产生一个较大的惩罚。

根据式（12.12），用拉格朗日乘子法求解，根据凸优化理论，定义拉格朗日函数为

$$\begin{aligned}
L(\boldsymbol{w}, b, \alpha_i, \beta_i) = &\frac{1}{2} \boldsymbol{w}^{\mathrm{T}} \boldsymbol{w} + \frac{1}{2} \gamma \sum_{i=1}^{M} B_i^2 \\
&- \sum_{i=1}^{M} \alpha_i (k_i(\boldsymbol{w}^{\mathrm{T}} \boldsymbol{x}_i + b) - 1 + B_i) - \sum_{i=1}^{M} \beta_i (k_i(\boldsymbol{w}^{\mathrm{T}} \boldsymbol{x}_i + b) + B_i - \varepsilon_i)
\end{aligned} \tag{12.13}$$

Karush-Kuhn-Tucker (KKT)条件是非线性规划最佳解的必要条件：

条件 1——拉格朗日平稳性，即约束优化问题的极值总是发生在切点上，见式（12.14）至式（12.16）；

条件 2——可行性，即满足约束式（12.12）的要求；

条件 3——对偶松弛，即 $\alpha_i \beta_i \in [0, \gamma]$；

条件 4——互补松弛条件，即 $\sum_i (\alpha_i + \beta_i) = 0$。

根据上述 KKT 条件 1 可得

$$\frac{\partial L}{\partial \boldsymbol{w}} = 0 \Rightarrow \boldsymbol{w} = \sum_{i=1}^{M} k_i \boldsymbol{x}_i \tag{12.14}$$

$$\frac{\partial L}{\partial b} = 0 \Rightarrow \sum_{i=1}^{M} k_i = 0 \tag{12.15}$$

$$\frac{\partial L}{\partial B_i}=0\Rightarrow k_i=\gamma B_i \tag{12.16}$$

其中,$k_i=\alpha_i+\beta_i$。

将式(12.14)至式(12.16)代入式(12.11),可得

$$\varepsilon_i=\Big[\sum_{i=1}^{M}k_i\boldsymbol{x}_i\Big]^{\mathrm{T}}\boldsymbol{x}_j+b+\frac{1}{\gamma}k_i=\sum_{i=1}^{M}k_i\boldsymbol{x}_i^{\mathrm{T}}\boldsymbol{x}_j+b+\frac{1}{\gamma}k_i=\sum_{i=1}^{M}k_i\boldsymbol{\Omega}_{ij}+b+\frac{1}{\gamma}k_i \tag{12.17}$$

从而可得基于最小二乘支持向量回归的方程组

$$\begin{bmatrix} 0 & \mathbf{1}^{\mathrm{T}} \\ \mathbf{1} & \boldsymbol{\Omega}+\frac{1}{\gamma}\boldsymbol{I} \end{bmatrix}\begin{bmatrix} b \\ \boldsymbol{K} \end{bmatrix}=\begin{bmatrix} 0 \\ \boldsymbol{\xi} \end{bmatrix} \tag{12.18}$$

式中,$\boldsymbol{\xi}=[\varepsilon_1 \cdots \varepsilon_M]$,$\mathbf{1}=[1 \cdots 1]_{1\times M}$,$\boldsymbol{K}=[k_1 \cdots k_M]$,$\boldsymbol{\Omega}_{ij}=\boldsymbol{x}_i^{\mathrm{T}}\boldsymbol{x}_j=\eta(\boldsymbol{\theta}_i)^{\mathrm{T}}\eta(\boldsymbol{\theta}_j)$,其中 M 为迭代上限;$i,j=1,2,\cdots,M$。

解式(12.18)可得

$$\begin{bmatrix} b \\ \boldsymbol{K} \end{bmatrix}=\begin{bmatrix} 0 & \mathbf{1}^{\mathrm{T}} \\ \mathbf{1} & \boldsymbol{\Omega}+\frac{1}{\gamma}\boldsymbol{I} \end{bmatrix}^{-1}\begin{bmatrix} 0 \\ \boldsymbol{\xi} \end{bmatrix} \tag{12.19}$$

根据 Mercer 定理[14],可知任何半正定的函数都可以作为核函数。选取核函数为

$$G(\boldsymbol{\theta}_i,\boldsymbol{\theta}_j)=\exp(-\parallel\boldsymbol{\theta}_i-\boldsymbol{\theta}_j\parallel^2/\sigma^2),i,j=1,2,\cdots,M \tag{12.20}$$

其中,$\sigma>0$ 为核函数的宽度系数。如果对于任意 $\boldsymbol{\theta}_i,\boldsymbol{\theta}_j\in\boldsymbol{\theta}$,都有 $G(\boldsymbol{\theta}_i,\boldsymbol{\theta}_j)=\eta(\boldsymbol{\theta}_i)^{\mathrm{T}}\eta(\boldsymbol{\theta}_j)$,则可用该函数表示 $\boldsymbol{\Omega}_{ij}$。

则式(12.17)变为

$$\varepsilon_i=\sum_{i=1}^{M}k_iG(\boldsymbol{\theta},\boldsymbol{\theta}_i)+b+\frac{1}{\gamma_i}k_i=\sum_{i=1}^{M}k_i\exp\{-\parallel\boldsymbol{\theta}-\boldsymbol{\theta}_j\parallel^2/\sigma^2\}+b+\frac{1}{\gamma}k_i \tag{12.21}$$

其中,$i=1,2,\cdots,M;j=1,2,\cdots,M$。

惩罚系数 γ 反映了算法对样本数据的惩罚程度,其值影响模型的复杂性和稳定性;宽度系数 σ 反应了支持向量之间的相关程度,根据经验确定 γ 和 σ 参数。

集员估计可行解为

$$\boldsymbol{\theta}\in\Big\{\boldsymbol{\theta}:|\varepsilon_i|\leqslant d\to\Big|\sum_{i=1}^{M}k_iG(\boldsymbol{\theta},\boldsymbol{\theta}_i)+b+\frac{1}{\gamma}k_i\Big|\leqslant d\Big\} \tag{12.22}$$

假设得到 N 组采样数据,每组数据得到一个可行解

$$\boldsymbol{H}_j=\Big\{\boldsymbol{\theta}:\sum_{i=1}^{M}k_iG(\boldsymbol{\theta},\boldsymbol{\theta}_i)+b+\frac{1}{\gamma}k_i\leqslant d\Big\}(i=1,\cdots,M) \tag{12.23}$$

如果真实参数的先验信息 $\boldsymbol{\theta}^*\in\Theta_0$,$\Theta_0$ 是参数空间的有界集合,则参数集员估计的可行解为 Θ_0 与 $\boldsymbol{H}_j$ 的交集,即同时满足式(12.23)与式(12.22)的交集

$$\boldsymbol{\theta}:\boldsymbol{\theta}=\Theta_0\bigcap_{j=1}^{M}\boldsymbol{H}_j \tag{12.24}$$

12.5.2 离散系统集员辨识

考虑离散系统

$$y(k)=a_1u(k)+a_2+\varepsilon_0(k)$$

其中,a_1 和 a_2 为两个未知的待辨识参数;$u(k)$ 为输入信号;$\varepsilon_0(k)$ 为噪声信号,$|\varepsilon_0(k)|\leqslant d$。采

样周期取 0.001s，$a_1 = 133$，$a_2 = 5$，$\varepsilon_0(k)$ 为幅值为 0.10 的随机噪声。

模型可写为

$$y(k) = \begin{bmatrix} a_1 & a_2 \end{bmatrix} \begin{bmatrix} u(k) \\ 1 \end{bmatrix} + \varepsilon_0(k) = \boldsymbol{\theta}\boldsymbol{\tau}(k) + \varepsilon_0(k)$$

其中，$\boldsymbol{\theta} = \begin{bmatrix} a_1 & a_2 \end{bmatrix}$，$\boldsymbol{\tau}(k) = \begin{bmatrix} u(k) \\ 1 \end{bmatrix}$。则辨识误差为

$$\varepsilon(k) = y(k) - \hat{\boldsymbol{\theta}}\boldsymbol{\tau}(k)$$

取输入为 $u(t) = \sin(10\pi t)$，采用集员辨识算法式(12.19)，取 $\gamma = 100$，$d = 0.50$，核函数选取式(12.20)，取 $\sigma = 0.10$，集员辨识结果为 $a_1 \in [132 \quad 136]$，$a_2 \in [4.6 \quad 5.4]$。仿真结果如图 12-1 和图 12-2 所示。

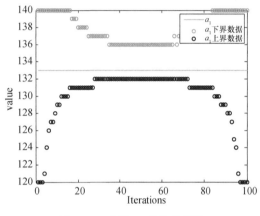

图 12-1 参数 a_1 的集员辨识　　　　图 12-2 参数 a_2 的集员辨识

仿真程序：
(1) 测试程序：chap12_1init. m

```
clear all;
close all;
a1= 133;a2= 5;
ts= 0.001;
k= 1;
for k= 1:1:100
    ut(k)= sin(10* pi* k* ts);
    y(k)= a1* ut(k)+ a2+ 0.1* rands(1);
    k= k+1;
end
save data_file2 ut y
```

(2) 集员辨识主程序：chap12_1svm. m

```
clear all;
close all;
load data_file1;
n= size(ut);
N= n(2);
d= 0.50

k=1;
```

```matlab
for i= 1:1:N    % 学习训练数据
  times(i)= i;
  M=1;
  for a1= 120:1:140
      for a2= 2:0.2:6
          theta(:,M)= [a1;a2];
          e(:,M)= y(i)- [ut(i) 1]* [a1;a2];
          M= M+1;
      end
  end

% 函数训练
    for i= 1:1:M-1
      for j= 1:1:M-1
          sigma= 0.10;
          Omega(i,j)= exp(- (norm(theta(:,i)- theta(:,j)))^2/sigma^2);    % 核函数
      end
    end

z1= ones(M-1,1);
gama= 100;

Y1= [0 z1';
    z1 Omega+1/gama];
Y2= [0 e]';
V= inv(Y1)* Y2;    % get b,ki

% 集员估计
i=1;
 BestS= [0 0];
  for a1= 120:1:140
      for a2= 2:0.2:6
      A= [a1 a2];
      ki= V(i+1);
      if abs(chap12_1obj(A,theta,V,M,ki))< d        % (15)
      BestS(i,:)= A;
      i=i+1;
      end
      end
end
    aU(k,:)= max(BestS);    % 上界数据
    aL(k,:)= min(BestS);    % 下界数据

    k=k+1;
end
disp('True value of parameters:a1= 133;a2= 5');
% 集员辨识是取上界的最小值和下界的最大值
aiU= min(aU);    % 上界的最小值
aiL= max(aL);    % 下界的最大值
disp('参数的集员辨识结果为:');
```

```
a1= [aiL(1) aiU(1)]
a2= [aiL(2) aiU(2)]
%%%%%%%%%%%%%%%%%%%%%%%%%%%%%%%%%%%%%%%%%%%%%%%

figure(1);
plot(times,133* ut. /ut,'r','linewidth',1.5);
xlabel('Iterations');ylabel('Value');legend('a1');
hold on;
plot(times,aL(:,1),'o',times,aU(:,1),'o','linewidth',1.5);legend('a1','a1 下界数据
','a1 上界数据');

figure(2);
plot(times,5* ut. /ut,'r','linewidth',1.5);
xlabel('Iterations');ylabel('Value');legend('a2');
hold on;
plot(times,aL(:,2),'o',times,aU(:,2),'o','linewidth',1.5);legend('a2','a2 下界数据
','a2 上界数据');
```

（3）目标函数程序：chap12_1obj. m

```
function J= train(A,theta,V,M,ki)    % 计算个体目标函数值
a1= A(1);
a2= A(2);
sum= 0;

for i= 1:1:M-1
    sigma= 0.10;
    kii= V(i+1);
    sum= sum+ kii* exp(-(norm([a1;a2]-theta(:,i)))^2/sigma^2);
end
    b= V(1);
    gama= 100;
    epc= sum+b+ki/gama;
    J= abs(epc);
End
```

12.5.3　连续系统集员辨识

考虑连续系统

$$
\begin{cases}
\dot{x}_1 = x_2 + \varepsilon_1(t) \\
\dot{x}_2 = -a_2 x_2 + a_1 u + \varepsilon_2(t)
\end{cases}
$$

其中，$a_1 = 133$，$a_2 = 5$，$\varepsilon_1(t)$ 和 $\varepsilon_2(t)$ 分别为幅值为 0.5 和 1.5 的随机噪声。则

$$
\ddot{x}_1 = \begin{bmatrix} a_1 & a_2 \end{bmatrix} \begin{bmatrix} u \\ -x_2 \end{bmatrix} + \varepsilon_2(t) = \boldsymbol{\theta}\boldsymbol{\tau} + \varepsilon_2(t)
$$

其中，$\boldsymbol{\theta} = \begin{bmatrix} a_1 & a_2 \end{bmatrix}$，$\boldsymbol{\tau} = \begin{bmatrix} u \\ -x_2 \end{bmatrix}$。则辨识误差为

$$
\varepsilon_i = \ddot{x}_1 - \hat{\boldsymbol{\theta}}\boldsymbol{\tau}
$$

其中，$\hat{\boldsymbol{\theta}} = \begin{bmatrix} \hat{a}_1 & \hat{a}_2 \end{bmatrix}$。

为了提高辨识精度，需要对样本数据进行加权处理，取 $\varepsilon_i = e_i^2$，对样本 $(\theta(i), \varepsilon_i)(\varepsilon_i \leqslant d)$ 取

较大权重,而对样本$(\theta(i),\varepsilon_i)(\varepsilon_i>d)$取较小权重,并且 ε_i 越大,权重越小。则优化问题式(12.12)变为

$$\min \frac{1}{2}\boldsymbol{w}^{\mathrm{T}}\boldsymbol{w}+\frac{1}{2}\gamma\sum_{i=1}^{N}v_i B_i^2 \tag{12.25}$$

其中,v_i 表示权重。

式(12.19)变为

$$\begin{bmatrix} b \\ \boldsymbol{K} \end{bmatrix}=\begin{bmatrix} 0 & \boldsymbol{1}^{\mathrm{T}} \\ \boldsymbol{1} & \boldsymbol{\Omega}+\dfrac{1}{v_i\gamma}\boldsymbol{I} \end{bmatrix}^{-1}\begin{bmatrix} 0 \\ \boldsymbol{\xi} \end{bmatrix} \tag{12.26}$$

在仿真中,当 $\varepsilon_i\leqslant d$ 时,取 $v_i=1$;当 $d<\varepsilon_i<2d$ 时,取 $v_i=2-\dfrac{\varepsilon_i}{d}$;当 $\varepsilon_i\geqslant 2d$ 时,取 $v_i=0.01$。

取输入为 $u(t)=\sin(10\pi t)$ 来获取辨识数据,采用集员辨识算法式(12.26),取 $\gamma=100$,$d=15$,核函数选取式(12.20),取 $\sigma=0.10$,集员辨识结果为 $a_1\in[132\quad 135]$,$a_2\in[3.6\quad 5.6]$。仿真结果如图 12-3 和图 12-4 所示。

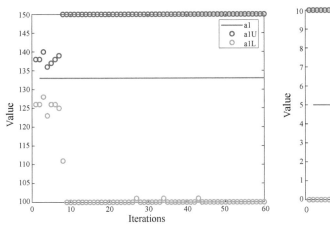

图 12-3　参数 a_1 的集员辨识　　　　图 12-4　参数 a_2 的集员辨识

仿真程序:包括测试程序和参数辨识程序两部分。

测试程序:

(1) Simulink 程序:chap12_2sim. mdl

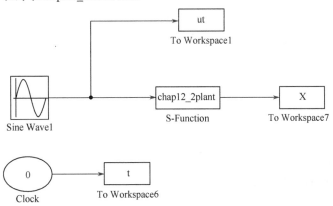

(2) 被控对象程序：chap12_2plant.m

```
function [sys,x0,str,ts]= plant(t,x,u,flag)
switch flag,
case 0,
    [sys,x0,str,ts]= mdlInitializeSizes;
case 1,
    sys= mdlDerivatives(t,x,u);
case 3,
    sys= mdlOutputs(t,x,u);
case {2, 4, 9}
    sys = [];
otherwise
    error(['Unhandled flag = ',num2str(flag)]);
end
function [sys,x0,str,ts]= mdlInitializeSizes
sizes = simsizes;
sizes.NumContStates  = 2;
sizes.NumDiscStates  = 0;
sizes.NumOutputs     = 3;
sizes.NumInputs      = 1;
sizes.DirFeedthrough = 1;
sizes.NumSampleTimes = 1;
sys = simsizes(sizes);
x0  = [0 0];
str = [];
ts  = [0 0];
function sys= mdlDerivatives(t,x,u)
a1= 133;a2= 5;
sys(1)= x(2);
sys(2)= a1* u(1)- a2* x(2);
function sys= mdlOutputs(t,x,u)
a1= 133;a2= 5;
dx= x(2)+ 0.5* rands(1);
ddx= a1* u(1)- a2* x(2)+ 1.5* rands(1);

sys(1) = x(1);
sys(2) = dx;
sys(3) = ddx;
```

(3) 保存数据程序：chap12_2save.m

```
save data_file2 t ut X
clear all;
close all;

load data_file2
figure(1);
plot(t,ut,'r','linewidth',2);
xlabel('t');ylabel('ut');

figure(2);
```

```
plot(t,X(:,1),'r',t,X(:,2),'b',t,X(:,3),'g','linewidth',2);
legend('x','dx','ddx');
xlabel('t');ylabel('x,dx,ddx');
```

参数辨识程序：

(1) 集员辨识主程序：chap12_2svm.m

```
clear all;
close all;
load data_file2;
n= size(ut);
N= n(1);
d= 15;

k= 1;
for i= 1:1:N    % 学习训练数据
  times(i)= i;
  dx(i)= X(i,2);
  ddx(i)= X(i,3);
  M=1;
  for a1= 100:1:150
      for a2= 0:0.4:10
          theta(:,M)= [a1 a2];
          tol= [ut(i) - dx(i)]';
          e(:,M)= ddx(i)- [a1 a2]* tol;
          M= M+1;
      end
  end

% 样本加权处理
  h=1;
  for i=1:1:M-1
      epc(i)= e(i)^2;
      if epc(i)< = d
          v(h)= 1;
          h= h+1;
      else if  epc(i)> d&&epc(i)< 2* d
          v(h)= 2- epc(i)/d;
          h= h+1;
      else if  epc(i)> = 2* d
          v(h)= 0.01;
          h= h+1;
      end
      end
      end
end
% 函数训练
  for i= 1:1:M-1
      for j= 1:1:M-1
          sigma= 0.10;
```

```
        Omega(i,j)= exp(-(norm(theta(:,i)-theta(:,j)))^2/sigma^2);    % 核函数
        end
    end
z1= ones(M-1,1);
z2= zeros(M-1,M-1);
gama= 1000;
for i= 1:1:M-1
    z2(i,i)= 1/(gama* v(i));
end

Y1= [0 z1';
    z1 Omega+z2];    % Omega+1/(gama* v)* I
Y2= [0 epc]';
V= inv(Y1)* Y2;    % get b,ki

% 集员估计
  J= 0;
  i= 1;
  BestS= [0 0];
  for a1= 100:1:150
      for a2= 0:0.4:10
      A= [a1 a2];
      ki= V(i+1);
      if chap12_2obj(A,theta,V,M,ki)< d
      BestS(i,:)= A;
      J(i)= chap12_2obj(A,theta,V,M,ki);
      i= i+1;
      end
      end
end
    c1(k,1:2)= max(BestS);   % 上界
    c2(k,1:2)= min(BestS);   % 下界

    c(2* k-1,:)= c1(k,:);   % 奇数存上界
    c(2* k,:)= c2(k,:);     % 偶数存下界
    k= k+1;
end
disp('True value of parameters:a1= 133;a2= 5');
% 集员辨识是取上界的最小值和下界的最大值
cc1= min(c(1:2:2* k-3,:));   % 上界的最小值
cc2= max(c(2:2:2* k-2,:));   % 下界的最大值
% cc1= mean(c(1:2:2* k-3,:));   % 上界的平均值
% cc2= mean(c(2:2:2* k-2,:));   % 下界的平均值
disp('参数的集员辨识结果为:');
a1= [cc2(1) cc1(1)]
a2= [cc2(2) cc1(2)]
%%%%%%%%%%%%%%%%%%%%%%%%%%%%%%%%%%%%%%%%%%%%%%%%
C1= c(1:2:2* k-3,:);
C2= c(2:2:2* k-2,:);
a1U= C1(:,1);a1L= C2(:,1);
```

```
a2U= C1(:,2);a2L= C2(:,2);
figure(1);
plot(times,133* t./t,'r','linewidth',1.5);
xlabel('Iterations');ylabel('Value');legend('a1');
hold on;
plot(times,a1U,'o',times,a1L,'o','linewidth',1.5);legend('a1','a1U','a1L');

figure(2);
plot(times,5* t./t,'r','linewidth',1.5);
xlabel('Iterations');ylabel('Value');legend('a2');
hold on;
plot(times,a2U,'o',times,a2L,'o','linewidth',1.5);legend('a2','a2U','a2L');
```
（2）目标函数程序：chap12_2obj.m
```
function J= obj(A,theta,V,M,ki)    % 计算个体目标函数值
a1= A(1);
a2= A(2);
sum= 0;

for i= 1:1:M-1
    sigma= 0.10;
    kii= V(i+1);
    sum= sum+kii*exp(-(norm([a1;a2]-theta(:,i)))^2/sigma^2);
end
    b= V(1);
    gama= 100;
    epc= sum+b+ki/gama;
    J= abs(epc);
end
```

思考题与习题 12

12.1　以某飞行器或机械手的动力学模型为例，给出集员辨识的设计和仿真方法。

12.2　针对本章的仿真实例，如何改进支持向量机算法，提高集员辨识的精度？

12.3　针对本章的仿真实例，如何采用 12.4 节所介绍的其他三种集员辨识算法实现集员辨识？

12.4　针对本章的仿真实例，分析集员辨识参数 v_i、γ 和 d 对集员辨识精度的影响。

参 考 文 献

[1] Fogel E. System identification via membership set constraints with energy constrained noise. IEEE Transactions on Automatic Control,1979,24(5):752-758.

[2] Fogel E, Huang Y F. On the value of information in system identification-Bounded noise case. Automatica，1982，18(2):229-238.

[3] Milanese M,Vicino A. Optimal Estimation Theory for Dynamic Systems with Set membershipuncertainty：an Overview. Automatica,1991,997-1009.

[4] 王文正,蔡金狮．飞行器气动参数的集员辨识．宇航学报,1998,19(2)：31-36.

［5］王文正,袁震东. MIMO 系统参数的集员辨识的优化计算. 控制理论与应用,1997,14(3):402-406.

［6］Milanese M. , Belforte G. Estimation theory and uncertainty intervals evaluation in presence of unknown but bounded errors: Linear families of models and estimators. IEEE Transactions on Automatic Control, 2003, 27(2):408-414.

［7］Milanese M. , Vicino A. Estimation theory for nonlinear models and set membership uncertainty. Automatica, 1991, 27(2):403-408.

［8］Jaulin L. , Walter E. Set Inversion via Interval Analysis for Nonlinear Bounded ErrorEstiamtion. Automatica,1993:1053-1064.

［9］Ingo Steinwart, Andreas Christmann. Support Vector Machines. Springer, 2014.

［10］叶美盈,汪晓东. 混沌光学系统辨识和支持向量机方法. 光学学报,2004,24(7):953-956.

［11］郑水波,韩正之,唐厚君,张勇. 最小二乘支持向量机在汽车动态系统辨识中的应用. 上海交通大学学报,2005,39(3):392-395.

［12］Walter E , Piet-Lahanier H. Exact recursive polyhedral description of the feasible parameter set for bounded-error models. IEEE Transactions on Automatic Control, 1989, 34(8):911-915.

［13］王文正,蔡金狮. 非线性系统参数集员辨识的一种新方法. 控制理论与应用,1999,16(5):721-724.

［14］Vapnik, V. Statistical learning theory. New York:Wiley,1998.

［15］周志华. 机器学习. 北京:清华大学出版社,2016.